Vandana Shiva

Agrarökologie und regenerative Landwirtschaft

## Stimmen zum Buch

»*Agrarökologie und regenerative Landwirtschaft* verbindet modernste Wissenschaft mit indigener Weisheit zu einem klaren Aufruf für die Zukunft der Landwirtschaft. Die Methoden, Prinzipien und Fallstudien in diesem Buch können nicht ignoriert werden. Während andere endlos diskutieren, gehen Vandana Shiva und ihr Team an die Arbeit und beweisen es wissenschaftlich: So können wir den Welthunger beenden und die Klimakatastrophe abmildern.«

**Erik Ohlsen**, Geschäftsführender Direktor, Permaculture Skills Center

»Vandana Shiva ist die prägende Stimme der Bewegung für eine biologische regenerative Landwirtschaft. Hier legt sie dar, wie die irreführend ›Grüne Revolution‹ genannte industrielle Landwirtschaft vorangetrieben wurde, die auf Giften und Patenten basiert, die die Menschen und den Planeten töten, um die Profite transnationaler Konzerne zu steigern. Eine unverzichtbare Lektüre für jeden, der sich für das Entstehen einer ökologischen Zivilisation einsetzt, die sich dem Wohlergehen der Menschen und der Erde widmet.«

**David Korten**, Autor von *When Corporations Rule the World* und *The Great Turning: From Empire to Earth Community*

»Vandana Shiva führt geschickt die Fäden zusammen, die zu lange als getrennte Krisen behandelt wurden: von der menschlichen Gesundheit und dem Wohlbefinden über die Nahrungsmittelproduktion bis hin zur Umweltkrise und zu den globalen Klimaveränderungen. Indem sie über 30 Jahre Praxis und Forschung bei Navdanya zusammenbringt, würdigt Shiva die wichtige Rolle der Bauern als Schlüsselfiguren bei der Regeneration und Umkehrung der weitreichenden katastrophalen Folgen der gescheiterten Versprechen der ›Grünen Revolution‹.«

**Nicole Masters**, Agrarökologin und Autorin von *For the Love of Soil: Strategies to Regenerate our Food and Production Systems*

»Basierend auf jahrzehntelanger ethnoökologischer Forschung und landwirtschaftlicher Erfahrung rückt dieses umfassende und bahnbrechende Buch das traditionelle ökologische Wissen der Bauern in den Vordergrund. Es unterstreicht die Bedeutung von Dutzenden von Maßnahmen, die Landwirte ergreifen oder ergreifen können, die wieder mit der Erneuerungsfähigkeit der Erde zusammenarbeiten und gleichzeitig die Gesundheit der globalen Allmende sichern. Dieses Buch ist angesichts der Globalisierungsagenda, des Verlusts an biologischer Vielfalt, der Ernährungssouveränität, der Umweltverschmutzung und der Klimaveränderungen auf der ganzen Welt mehr denn je relevant.«

**M. Kat Anderson**, Autorin von *Tending the Wild: Native American Knowledge and the Management of California's Natural Resources*

»Eine aufgeklärte Synthese, die jahrzehntelange Erfahrungen und Studien aus der ganzen Welt miteinander verknüpft, um die grundlegenden Narrative der modernen Landwirtschaft in Frage zu stellen. Mit dem Blick einer Wissenschaftlerin für Erkenntnisse und der Leidenschaft einer Aktivistin für den Wandel legt Shiva einen dringenden Aufruf für eine regenerative ökologische Landwirtschaft vor, die auf der Wiederherstellung von Vielfalt und organischer Materie beruht.«

**David R. Montgomery**, Autor von *Dreck: Warum unsere Zivilisation den Boden unter den Füßen verliert*

»Dieses Buch, das viele Beispiele für die Notlage von Land und Menschen aufzeigt, ist ein dringend notwendiger Aufruf, warum eine biodiverse ökologische Landwirtschaft auf menschlicher und planetarischer Ebene sinnvoll ist. Es ist ein gut recherchierter Band und eine geschickte Balance zwischen Breite und Tiefe, Wissenschaft und praktischer Anleitung, die aus gelebter Erfahrung entsteht; Vandana Shivas tiefes Verständnis spricht aus jeder Seite.«

**Jane Raddiford, PhD**, Autorin von *Learning to Lead Together*

*Vandana Shiva*

# Agrarökologie und regenerative Landwirtschaft

**Nachhaltige Lösungen für Hunger, Armut und Klimaveränderungen**

Mit einem Vorwort von
**Hans Rudolf Herren**

Bücher haben feste Preise.
1. Auflage 2023

Vandana Shiva
*Agrarökologie und regenerative Landwirtschaft*

Der Titel des englischen Originals lautet »Agroecology & Regenerative Agriculture«. erschienen bei Synergetic Press, 1 Bluebird Court, Santa Fe, NM 87508, USA und 24 Old Gloucester St., London, WC1N 3AL, England



Übersetzung aus dem Englischen von Andreas Lentz
Lektorat: Rolf Thormann und Alice Deubzer

Umschlag:
Illustration: Morphart Creation und Mashikomo,
Fond: Paladin12, alle shutterstock.com
Gestaltung: Dragon Design, GB

Satz und Gestaltung:
Dragon Design, GB
Gesetzt aus der Palatino

Gesamtherstellung: Appel & Klinger, Schneckenlohe
Printed in Germany

ISBN 978-3-89060-842-6

Neue Erde GmbH
Cecilienstr. 29 · 66111 Saarbrücken
Deutschland · Planet Erde
www.neue-erde.de

# Inhalt

## TEIL 4
## LÖSUNGEN FÜR DIE KLIMAVERÄNDERUNGEN



## TEIL 5
## BIODIVERSITÄT ZUR SCHÄDLINGSKONTROLLE: SCHÄDLINGSBEHANDLUNG OHNE PESTIZIDE

## TEIL 6
## LEBENSMITTEL, ERNÄHRUNG UND GESUNDHEIT



## TEIL 7
## BÄUERLICHE LEBENSGRUNDLAGEN UND LÄNDLICHE WIRTSCHAFT

# Vorwort

Hans Rudolf Herren

*Präsident des Millennium-Instituts, Gründer und Vorsitzender der Stiftung Biovision und Ko-Vorsitzender des IAASTD**

Der Zeitpunkt für die Veröffentlichung dieses aufschlussreichen Buches könnte nicht besser sein, da sich mehrere Krisen zuspitzen, die unser Lebensmittelsystem betreffen, nicht zuletzt der Ausbruch von COVID 19, der sich schnell zu einer Pandemie mit den heute bekannten schrecklichen Folgen entwickelte und noch lange nicht vorbei ist. Die Alarmglocken läuten bereits seit mehreren Jahrzehnten, und in der Tat wurden viele Forderungen nach einer genaueren Betrachtung der Entwicklung des Lebensmittelsystems laut, die bis zu *Der stumme Frühling* und *Grenzen des Wachstums* vor über 50 Jahren zurückreichen.

Die Forderungen nach einem radikalen Wandel in der Art und Weise, wie wir unsere Lebensmittel anbauen, weg von den synthetischen Chemikalien zur Schädlingsbekämpfung und Düngung der Pflanzen, wurden als Ideologie und Träumerei bezeichnet, die nicht in der Lage wären, eine wachsende Weltbevölkerung zu ernähren. Wie wir gerade erfahren haben, ist das globalisierte Lebensmittelsystem, das vom weltweiten Handel mit einigen wenigen Rohstoffen abhängt, allerdings sehr anfällig und versagt, wenn die Versorgungsketten durch Ereignisse wie eine Pandemie oder andere Faktoren wie steigende Energiekosten und große Wetterereignisse unterbrochen werden.

Der Zustand unseres Lebensmittelsystems ist bestenfalls unzureichend. In Wirklichkeit wurde es von Gier bestimmt und dem Wissen,

* IAASTD *International Assessment of Agricultural Knowledge, Science and Technology for Development*, auch Weltagrarrat

dass die Kontrolle über die Lebensmittel gleichbedeutend mit der Kontrolle über die Menschen ist. Dies führte einerseits dazu, die Preise für Lebensmittel so niedrig wie möglich zu halten, insbesondere für Grundnahrungsmittel wie Weizen (Brot), Mais, Zucker und Palmöl, wobei die Konzentration auf einige wenige Rohstoffe es möglich machte, die Lieferketten zu straffen und so die Preise zu drücken. Diese niedrigen Preise hielten die Landwirte in einem Abhängigkeitsverhältnis: von den Lieferanten der Betriebsmittel und den Abnehmern ihrer Produkte; das brachte sie in eine Zwickmühle. Es ist kein Wunder, dass mit der Entwicklung dieses Lebensmittelsystems die Zahl der Landwirte zurückging, oft aufgrund von Konkursen und der Unfähigkeit, die Kredite zu bedienen, was sich aus den niedrigen Produktpreisen, den hohen Inputpreisen und den ständig steigenden Bodenpreisen ergab. Das Ergebnis ist ein Bild nach dem Motto: »Wachsen oder weichen.« Dies führte zu Mega-Farmen, Mega-Massentierhaltungen, Mega-Maschinen, Mega-Umweltverschmutzung, Mega-Verlust der biologischen Vielfalt und Mega-Beiträgen zu den Klimaveränderungen auf der einen Seite und Mini-Einkommen und Minimal-Ernährung und -Gesundheit auf der anderen Seite. Es ist klar, dass ein solches System mittel- und langfristig nicht funktionieren kann, weder in wirtschaftlicher noch sozialer oder ökologischer Hinsicht. Ein dramatisches Beispiel, das sich nicht wiederholen sollte, ist die Palmölindustrie in Indonesien, aber auch in der Demokratischen Republik Kongo, wo die riesigen Torfgebiete gezielt ausgebeutet werden sollen. Wie viel Zerstörung der unberührten und unersetzlichen Natur und der biologischen Vielfalt wird noch hingenommen, nur damit ein immer größeres Einkommens-

* IPES – International Panel of Experts on Sustainable Food Systems. IPES-Food ist ein 2015 gegründetes Gremium, das die Debatten über die Reform des Lebensmittelsystems durch politikorientierte Forschung und direkte Einbindung in politische Prozesse auf der ganzen Welt mitgestalten will. Das Gremium bringt Umweltwissenschaftler, Entwicklungsökonomen, Ernährungswissenschaftler, Agronomen und Soziologen sowie erfahrene Praktiker aus der Zivilgesellschaft und den sozialen Bewegungen zusammen.

gefälle entsteht, weil die Vorteile eindeutig nicht der lokalen Bevölkerung zugutekommen?

Wie im IPES*-Lebensmittelbericht »Von der Einheitlichkeit zur Vielfalt« beschrieben, sind die Schlüsselfaktoren, die eine Umgestaltung des Lebensmittelsystems in Richtung der agrarökologischen Prinzipien blockieren (wie im jüngsten HLPE-Bericht des CFS** über agrarökologische und andere innovative Ansätze zur Verbesserung der Ernährungssicherheit und der Ernährung definiert), die Machtkonzentration im globalisierten Lebensmittelsystem und das damit verbundene kurzfristige Denken – das Hinarbeiten auf billige Lebensmittel, die Pfadabhängigkeit, die Exportorientierung, das Narrativ »Welternährung«, die Erfolgskriterien und das Schubladendenken. Um das Lebensmittelsystem umzugestalten, müssen wir all diese Elemente angehen. Es gibt zahlreiche Belege dafür, dass es entlang der gesamten Lebensmittelwertschöpfungskette – von der Produktion bis zum Konsum – alternative Wirtschaftsweisen gibt, und auch der Kreislauf für Abfälle zurück zum Boden hin wird in diesem Buch aufgezeigt. Von agrarökologischen Praktiken, einschließlich der organischen Regeneration und der Permakultur, die keine chemischen Inputs und kein gentechnisch verändertes Saatgut verwenden, gibt es bewährte Lösungen, aus denen Landwirte wählen können, um gesunde Lebensmittel in einer gesunden und vielfältigen Umwelt zu produzieren. Diese Praktiken können und werden, wenn sie weltweit angewandt werden, sich bei gleichzeitiger Berücksichtigung des Energieverbrauchs schlimmstenfalls neutral und höchstwahrscheinlich positiv im Hinblick auf die Emissionen auswirken, die das Klima verändern. Das Streben nach billigen Lebensmitteln, das im Fleischsektor am stärksten ausgeprägt ist, ist schließlich ein Hauptverursacher der Klimaveränderungen, und wir werden es nicht schaffen,

** HLP – High Level Panel of Experts, CFS Committee on World Food Security. Das Hochrangige Expertengremium für Ernährungssicherheit und Ernährung des Ausschusses für Welternährungssicherheit (CFS) ist das Gremium der Vereinten Nationen für die wissenschaftliche Bewertung der Welternährungssicherheit und Ernährung.

das gesetzte Ziel von 1,5 Grad Celsius einzuhalten, wenn wir nicht auch unsere Ernährung umstellen.

Die planetarischen Grenzen und die inzwischen gut dokumentierten Überschreitungen zeigen deutlich, dass das Lebensmittelsystem ein wichtiger Faktor in den Bereichen Biosphärenintegrität (funktionale und genetische Vielfalt), Stickstoff- und Phosphorverschmutzung, Veränderung der Landsysteme (Degradation) und Süßwassernutzung (Verschmutzung) ist. Werden die Entscheidungsträger dem Aufmerksamkeit schenken? Wahrscheinlich nur, wenn die gegenwärtigen Krisen andauern und sich verschlimmern. Die große Erwartung, dass technische Lösungen unsere Rettung bringen werden, wird sich nicht erfüllen. Wie wir im letzten halben Jahrhundert erlebt haben, verlangt eine technische Lösung nach der nächsten technischen Lösung, denn das ist das Wesen technischer Lösungen: Sie bekämpfen die Symptome des Problems, anstatt bei den Ursachen anzusetzen. Im Falle des Lebensmittelsystems sei auf den oben erwähnten IPES-Lebensmittelbericht verwiesen. Bestes Beispiel für technische Lösungen sind Pestizide, Herbizide und Fungizide, die die Landwirte in einen Teufelskreis geraten lassen, aus dem sie nur ein Übergang zu agrarökologischen und biologisch-regenerativen Praktiken befreien kann. Die mit technischen Lösungen verbundene Gentechnik, einschließlich CRISPRcas,* geht in die gleiche Richtung und hat kein einziges Problem dauerhaft gelöst, wie es zum Beispiel biologischen Bekämpfungsprogrammen gelingt, die die Gaben der Natur nutzen, um Probleme zu lösen.

Dass das Saatgut ebenso wie der Boden wieder in das Eigentum der Bauern und insbesondere der Bäuerinnen übergehen soll, ist eine entscheidende Grundlage für die Transformation des Lebensmittelsystems. Schließlich haben die Bauern auf der ganzen Welt das beste ökologisch und kulturell angepasste Saatgut ausgewählt und bewahrt und sich um den Boden gekümmert, auf dem sie ihre Feld-

* Mit dem CRISPR/Cas-System können Gene eingefügt, entfernt oder ausgeschaltet werden, auch Nukleotide in einem Gen können verändert werden.

früchte anbauen. Die Bauern müssen die Verantwortung für ihren Betrieb und ihre Betriebsmittel übernehmen, sie müssen die Kontrolle über die Preise haben, um sicherzustellen, dass der wichtigste Berufszweig der Welt nicht auch noch der ärmste ist und an Unterernährung leidet. Die Bemühungen um die Einführung fairer Preise helfen bereits einigen Bauern, aber es kann noch mehr getan werden, indem die Milliarden an Subventionen an Landwirte vergeben werden, die ihre Betriebe auf agrarökologische Praktiken umstellen, sowie an Akteure, die in der Wertschöpfungskette weiter oben stehen und Lebensmittel produzieren, die nahrhaft und frei von chemischen Rückständen sind. Um die Verbraucher in die Pflicht zu nehmen, ist die Zeit für eine echte Kostenrechnung reif. Durch die Berücksichtigung sowohl der positiven als auch der negativen externen Effekte im Endproduktpreis würden die heutigen billigen Lebensmittel teurer werden als nachhaltig erzeugte Lebensmittel. Die Landwirte hätten außerdem einen zusätzlichen Anreiz, auf agrarökologische Praktiken umzustellen.

Mit all den Kenntnissen und der Wissenschaft, die zur Verfügung stehen, um den Wandel des Lebensmittelsystems zu vollziehen, stellt sich die Frage, welche Hebel hier am wirkungsvollsten sind? In diesem gut recherchierten Buch werden die Probleme, die im Lebensmittelsystem bestehen, mit soliden Daten und Referenzen untermauert und die Krisen, die in den letzten Jahrzehnten aufgetreten sind, sehr detailliert erläutert. Darüber hinaus, und dies ist sehr wichtig, werden Lösungen anhand von Beispielen aus der Forschung und der Umsetzung von Navdanya aufgezeigt, welche die immer wiederkehrenden Argumente der Agrarindustrie und anderer Interessengruppen der Großagrarier widerlegen, nach denen ein agrarökologisches und ökologisch-regeneratives Landwirtschaftssystem die Welt nicht ernähren könne. Besonders erwähnenswert ist, dass auf die Notwendigkeit hingewiesen wird, alle drei Ebenen der nachhaltigen und gerechten Entwicklung – die soziale, die ökologische und die wirtschaftliche – einzubeziehen und zu integrieren.

# Regenerativer Biolandbau

*Überlegungen von Vandana Shiva*

Weil nunmehr auch die Agroindustrie merkt, auf welch tönernen Füßen ihr landwirtschaftliches Modell beruht, versucht sie – ganz im Trend der Zeit – sich ebenfalls als umweltverträglich auszugeben und reklamiert das Regenerative für sich. Wir stellen diesem Buch, welches die »regenerative Landwirtschaft« im Titel trägt, deshalb die aktuelle Vorrede voran.

Der Verlag

Regenerative Landwirtschaft ist biologisch, und biologische Landwirtschaft ist regenerativ. Es sind unterschiedliche Bezeichnungen für dieselben ökologischen Prozesse, die nach den ökologischen Gesetzen der Natur arbeiten.

Die Natur und die Erde sind lebendig. Pflanzen und Tiere sind empfindungsfähige, intelligente, schöpferische Wesen, die sich in Symbiose in Ökosystemen dynamisch weiterentwickeln. Da der lebendige Boden, das lebendige Saatgut und die Tiere generativ sind, bedeutet die Ko-Kreation mit den generativen Kräften der biologischen Vielfalt, des lebendigen Saatguts und des lebenden Bodens Regeneration.

Auch der biologische Landbau arbeitet mit den lebendigen ökologischen Prozessen der Natur und der lebendigen Erde.

Wie Sir Albert Howard in *Mein landwirtschaftliches Testament* schreibt, war die Landwirtschaft in Indien eine Landwirtschaft wie der Wald.

> Die landwirtschaftlichen Arbeitsweisen des Orients haben die höchste Probe bestanden; sie sind beinahe so dauerhaft wie die des Urwalds, der Prärie oder des Meeres.

Landwirtschaft nach dem Vorbild des Waldes beruht auf biologischer Vielfalt, auf dem Gesetz der Rückführung und einem Gleichgewicht zwischen Nutztieren und Nutzpflanzen. Wie Howard in *Mein landwirtschaftliches Testament* schreibt:

> Welches sind die Hauptprinzipien, die der Landwirtschaft der Natur zugrunde liegen? In unseren Wäldern kann man sie am leichtesten erkennen.
>
> Mischsaaten sind die Regel: Pflanzen sind immer zusammen mit Tieren anzutreffen: Viele Pflanzen- und Tierarten leben zusammen. Im Wald kommen alle Tierarten vor, von den Säugetieren bis zu den einfachsten wirbellosen Tieren. Das Pflanzenreich weist eine ähnliche Bandbreite auf: Es gibt nie den Versuch einer Monokultur; Mischkulturen und Mischanbau sind die Regel.
>
> Der Boden ist stets vor der direkten Einwirkung von Sonne, Regen und Wind geschützt. Bei dieser Bodenpflege ist strenge Wirtschaftlichkeit die Grundlage: Nichts geht verloren. Die gesamte Energie des Sonnenlichts wird durch das Laub des Waldes und des Unterwuchses genutzt. Der Wald düngt sich selbst. Er stellt seinen eigenen Humus her und versorgt sich selbst mit Mineralien.

In der Natur und in der echten regenerativen Landwirtschaft nach dem Vorbild der Natur ist kein synthetischer Dünger nötig.

> Die Pflanzen und das Vieh versorgen sich selbst. Die Natur hat es nie für nötig befunden, das Äquivalent von Sprühmaschine und Giftspritze zur Bekämpfung von Insekten und Pilzkrankheiten zu entwickeln. Impfstoffe und Seren zum Schutz des Viehbestands gibt es in der Natur nicht. Zwar finden sich unter den Pflanzen und Tieren des Waldes hier und da allerlei Krankheiten, doch nehmen diese nie große Ausmaße an. Es gilt der Grundsatz, dass sich die Pflanzen und Tiere sehr gut selbst schützen können, selbst wenn sie von Parasiten befallen werden. Die Regel der Natur in diesen Angelegenheiten lautet: leben und leben lassen.

In der regenerativen, der biologischen Landwirtschaft gibt es keinen Platz für Pestizide, Fungizide und Herbizide. Die Natur und ihre lebenden Organismen sind selbstorganisiert, selbstheilend und regenerativ.

Während die regenerative Landwirtschaft und der ökologische Landbau im Grunde das gleiche sind und auf den gleichen Prozessen beruhen, greifen die Konzerne systematisch »Bio« an und versuchen, »regenerativ« zu vereinnahmen und zu kapern, obwohl regenerativ und biologisch-organisch inhaltlich und von den Prinzipien her nicht zu trennen sind.

Während das Giftkartell die Begriffe verwendet, die Bio beschreiben, führt es ein hyperindustrielles Landwirtschaftsmodell weiter, das auf Kommerzialisierung und Chemisierung beruht und die ökologischen Prozesse untergräbt, die die Grundlage von regenerativem Biolandbau bilden.

So entlarvt sich Syngenta auf ihrer Website selbst. Sie versucht, den Begriff »regenerativ« für sich zu vereinnahmen, als Betreiber einer industriellen Landwirtschaft, die sich nun »regenerative Landwirtschaft« nennt. (https://www.syngentagroup.com/de/regenerative-landwirtschaft)

Sie reduziert ihre »regenerativ« genannte Landwirtschaft von einem lebendigen System zur Erhaltung des Lebens auf der Erde auf ein industrielles, Waren produzierendes System. Für sie ist regenerative Landwirtschaft ein »ergebnisorientiertes Produktionssystem«. Mit anderen Worten: Die lebendige Erde und ihre lebendigen ökologischen Prozesse werden immer noch geleugnet. Die Landwirtschaft wird immer noch auf die Produktion von nährstofflosen Waren reduziert.

Syngentas Pseudo-»Regenerativ« betreibt immer noch die Chemisierung der Landwirtschaft, jetzt im Namen von Digitalisierung und Präzision. Die »regenerative Landwirtschaft« von Syngenta basiert auf der »präzisen Anwendung von biologischen und chemischen Inputs«. Das ist immer noch eine chemische, eine industrielle Landwirtschaft mit externen Inputs. Es handelt sich nicht um ein regeneratives internes Input-System, das auf Biodiversität und dem Gesetz der Rückführung beruht. Es widerspricht dem ökologischen Grundsatz, dass »die Natur es nie für nötig befunden hat, das Äquivalent einer Spritzpistole zu entwickeln«.

Eine digital gesteuerte Sprühpistole ist immer noch eine Sprühpistole. Eine digital gesteuerte Drohne, die Pestizide versprüht, versprüht immer noch Gifte.

Dies ist keine regenerative Landwirtschaft. Es ist industrielle Landwirtschaft auf Steroiden.

***Nachtrag des Verlags:*** *Wie Vandana Shiva in Navdanya beispielhaft gezeigt hat, indem der völlig degradierte Boden einer Eukalyptusfarm in einen lebendigen Biogarten verwandelt wurde, kann Landwirtschaft nur dann als regenerativ bezeichnet werden, wenn aus toten Böden fruchtbare Erde wird. Und das geht halt nur ohne Kunstdünger und Pestizide.*

# TEIL 1
# Einführung

## Mehrfachkrisen in landwirtschaftlichen Systemen und die dringende Notwendigkeit eines Paradigmenwechsels

Unter den vielen Gefahren, denen sich die Menschheit gegenübersieht, gibt es eine besonders bedrohliche Dreifachkrise, die unsere Agrar- und Ernährungssysteme bedroht. Die erste Krise ist die ökologische, zu der Folgendes gehört:

- das Verschwinden der biologischen Vielfalt und der Arten
- Klimaveränderungen, Klimainstabilität und Klimaextreme
- Bodenerosion, Bodenverschlechterung und Wüstenbildung
- Übernutzung und Verschmutzung des Wassers
- die Verbreitung von Giftstoffen im gesamten Lebensmittelsystem.

Die zweite ist die Krise der öffentlichen Gesundheit durch Hunger, Unterernährung und die Epidemie nicht übertragbarer chronischer Krankheiten. Die dritte Krise betrifft den Lebensunterhalt der Bauern, die Verschuldung und die Selbstmorde aufgrund der hohen Kosten für Betriebsmittel und der schlechten Lage aufgrund von Bodendegradation und Wüstenbildung.

Alle drei Krisen sind miteinander verknüpft, auch wenn sie meist getrennt betrachtet werden. Den wichtigsten Anteil an allen drei Krisen hat das fossilbrennstoff-, chemie- und kapitalintensive System der nicht nachhaltigen industriellen Landwirtschaft, das die Umwelt, die öffentliche Gesundheit und die Lebensgrundlage der Bauern zerstört.

Die Schwere dieser Krisen ist ein klarer Hinweis darauf, dass das alte Paradigma der Landwirtschaft krachend gescheitert ist. Wie der UN-Bericht des *International Assessment of Agriculture, Science, Technology, and Development* (IAASTD) feststellt, ist »business as usual« keine Option mehr. Weder die Grüne Revolution noch GVO (Gentechnisch veränderte Organismen) können die Ernährungssicherheit gewährleisten.

Das industrielle Landwirtschaftsmodell wurde mit der Begründung eingeführt, dass es die Ernährungssicherheit erhöhe: durch eine Steigerung der Nahrungsmittelproduktion und des Einkommens der Bauern. Während die Produktion einer Handvoll landwirtschaftlicher Erzeugnisse zunahm, ging die biologische Vielfalt der Kulturpflanzen – die für die Ernährung und Gesundheit von entscheidender Bedeutung ist – zurück. Industrielle Lebensmittel sind nährstoffarm und voller Giftstoffe, was die Unterernährung verschlimmert und zu einem Dilemma der öffentlichen Gesundheit führt.

Diese negativen Auswirkungen auf den Planeten und die Gesellschaft sind Bestandteil des wissenschaftlichen Paradigmas und der Technologien der industriellen Landwirtschaft, von denen viele ihre Wurzeln in der Denkweise des Krieges haben. Diese Denkweise beruht auf einer militaristischen Sichtweise: Der Mensch wähnt sich im Krieg mit der Natur, die Bauern konkurrieren miteinander und die Länder sind in Handelskriege verwickelt. Die in der industriellen Landwirtschaft verwendeten Chemikalien haben ihren Ursprung in der Kriegsführung, insbesondere in den Gaskammern der Konzentrationslager. Die Einführung von Agrochemikalien im Westen vor fast einem Jahrhundert (und in Indien in den 1960er-Jahren mit der Grünen Revolution) verwandelte die Landwirtschaft und machte sie zum größten Verursacher der Schädigung der Erde. Jetzt konzentriert sie sich auf den externen Eintrag von Chemikalien und vernachlässigt die Rolle und die Funktion der biologischen Vielfalt in lebendigen Samen und Böden sowie die Wasser- und Nährstoffkreisläufe, die das Klimasystem der Erde aufrechterhalten. Anstatt mit den ökologischen Prozessen zusammenzuarbeiten, die in der Agrarökologie verankert sind – und dabei die Gesundheit des gesamten Agrarökosystems und seiner vielfältigen Arten zu berücksichtigen – wurde die Landwirtschaft auf ein System mit externem Input reduziert und an giftige Chemikalien angepasst.

Die industrielle Landwirtschaft arbeitet mit der Vorspiegelung, ein Paradigma, das auf einem Krieg gegen die Erde beruhe, sei die einzig verfügbare »Wissenschaft« und der Einsatz von Kriegschemikalien in der Landwirtschaft sei das beste Mittel, um die Ernährungssicherheit der Menschheit zu gewährleisten.

Im Gegensatz dazu entwickelt sich mit der Biodiversität, der Agrarökologie und dem regenerativen ökologischen Landbau ein wissenschaftliches und ökologisch robustes Paradigma der Landwirtschaft, das die dreifache Krise angeht. Anstatt den Boden, die Gesundheit und die ländlichen Lebensgrundlagen zu zerstören, werden sie erneuert und regeneriert. Anstatt giftige Chemikalien zu verwenden, die der Umwelt und der öffentlichen Gesundheit schaden, stützt sie sich auf die Vielfalt von Flora, Fauna und Mikroorganismen, die alle ihre jeweiligen ökologischen Funktionen haben.

Biologische Vielfalt, Agrarökologie und regenerative ökologische Landwirtschaft sind die ökologischen Praktiken, um Armut, Hunger und die vielfältigen Gesundheitsschäden anzugehen, die durch die chemie- und fossilbrennstoffintensive industrielle Landwirtschaft verursacht werden. Dies ist der notwendige Paradigmenwechsel, um die Ziele für nachhaltige Entwicklung zu erreichen, wie sie von den Vereinten Nationen festgelegt wurden, insbesondere die Ziele 1, 2 und 3.

**ZIEL 1: Keine Armut: Armut in all ihren Formen überall beenden.** Armut ist mehr als der Mangel an Einkommen und Ressourcen, um eine nachhaltige Existenz zu sichern. Zu ihren Erscheinungsformen gehören Hunger und Unterernährung, begrenzter Zugang zu Bildung und anderer Grundversorgung, soziale Diskriminierung und Ausgrenzung sowie die mangelnde Beteiligung an Entscheidungsprozessen.

Das Wirtschaftswachstum muss integrativ sein, um nachhaltige Arbeitsplätze zu schaffen und die Gleichstellung zu fördern.

**ZIEL 2: Den Hunger beenden, Ernährungssicherheit und eine bessere Ernährung erreichen und eine nachhaltige Landwirtschaft fördern.**
»Es ist an der Zeit, darüber nachzudenken, wie wir unsere Lebensmittel anbauen, handeln und konsumieren.«

**ZIEL 3: Ein gesundes Leben für alle Menschen jeden Alters gewährleisten und ihr Wohlergehen fördern.**
»Die Gewährleistung eines gesunden Lebens und die Förderung des Wohlbefindens in jedem Alter sind für eine nachhaltige Entwicklung von wesentlicher Bedeutung. Es wurden bedeutende Fortschritte bei der Erhöhung der Lebenserwartung und der Verringerung der Kinder- und Müttersterblichkeit erzielt.«

In diesem neuen Paradigma sind die ökologischen Funktionen der biologischen Vielfalt die Produktionsmethoden, die auch als das Naturgesetz von Vielfalt und Ertrag bekannt sind. Wie die Forschung und Praxis von Navdanya in den letzten drei Jahrzehnten gezeigt haben, können wir durch die Erhaltung und Intensivierung der biologischen Vielfalt in Agrarökosystemen mehr Nahrungsmittel und Nährstoffe erzeugen, das Einkommen der Bauern erhöhen, den Boden, das Wasser und die biologische Vielfalt regenerieren und die Klimaveränderungen abschwächen, indem wir Kohlenstoff aus der Atmosphäre im Boden binden. Deshalb nennen wir unser Anbausystem *regenerative* biologische Landwirtschaft.

Dieses Buch fasst 31 Jahre Navdanya-Praxis und -Forschung im Bereich der biodiversen ökologischen Landwirtschaft zusammen. Es zeigt, dass wir durch Biodiversität und Agrarökologie die Produktion echter Lebensmittel verdoppeln (basierend auf dem Nährwert pro Hektar) und das Nettoeinkommen der Landwirte erhöhen können (basierend auf dem Wohlstand pro Hektar und der Kostenwahrheit). Die Forschungsarbeit unserer Organisation wird ergänzt durch die weltweite Erfahrung von André Leu als Biobauer, ehemaliger Vorstandsvorsitzender der IFOAM und derzeitiger internationaler Direktor von *Regeneration International,* einer Organisation, die wir gemeinsam mit Hans Herren vom IAASTD und Ronnie Cummins von der *Organic Consumers Association* gegründet haben.

## Verschlechterung der Umwelt, der öffentlichen Gesundheit und der ländlichen Wirtschaft

Die industrielle Landwirtschaft ist für vier miteinander verbundene Umweltkatastrophen auf unserem Planeten verantwortlich: den dramatischen Rückgang der biologischen Vielfalt, die Klimaveränderungen, die Bodendegradation und die Wasserkrise. Gemeinsam tragen diese Krisen zu dem bei, was als »anthropogenes Massenaussterben« bezeichnet wird, das sechste große Aussterbeereignis auf unserem Planeten. Der Artenrückgang – insbesondere bei den Bienen, Vögeln und Fröschen – ist in erster Linie auf den Einsatz giftiger Agrochemikalien zurückzuführen, welche die Fruchtbarkeit und das Immunsystem beeinträchtigen, als endokrine Disruptoren wirken, Geburtsfehler verursachen und andere negative Auswirkungen auf die Gesundheit haben.

Der *Millennium Ecosystem Assessment Synthesis Report* der Vereinten Nationen ist die umfassendste Studie, die jemals über den Zustand der Umwelt auf unserem Planeten durchgeführt wurde. Dieser detaillierte Bericht vieler weltweit führender wissenschaftlicher Experten zeigt, dass unsere derzeitigen landwirtschaftlichen Praktiken eindeutig nicht nachhaltig sind und zum Verlust der biologischen Vielfalt beitragen. In den letzten 50 Jahren hat der Mensch die Ökosysteme schneller und umfassender verändert als in jedem anderen vergleichbaren Zeitraum der Menschheitsgeschichte, vor allem um den wachsenden Bedarf an Nahrungsmitteln, Süßwasser, Holz, Fasern und Brennstoffen zu decken. Dies hat zu einem erheblichen und weitgehend unumkehrbaren Verlust der Vielfalt des Lebens auf der Erde geführt.

In einer Studie der Universität von Kalifornien aus dem Jahr 2001 wurde festgestellt, dass die Landwirtschaft in den nächsten 50 Jahren eine der Hauptursachen für die globalen Umweltveränderungen sein und in ihren Auswirkungen den Treibhausgasen nicht nachstehen wird. Der Hauptautor, David Tilman, stellte fest, dass der Einsatz von Pestiziden, chemischen Düngemitteln und die Zerstörung von Lebensräumen ein großes Massenaussterben verursacht haben, das die biologische Vielfalt der Welt dezimiert und ihre Ökologie verändert: »Weder die Gesellschaft noch die meisten Wissenschaftler verstehen die Bedeutung der Landwirtschaft. Sie wird grob missverstanden und ist kaum auf dem Radar, dabei ist sie wahrscheinlich genauso entscheidend wie die Klimaveränderungen«, so Tilman. »Wir müssen für die Landwirtschaft klügere Lösungen finden.«

Der Synthesebericht des *International Assessment of Agricultural Knowledge, Science, and Technology for Development* (IAASTD) war die umfangreichste jemals durchgeführte Bewertung unserer derzeitigen globalen Agrarsysteme. Es handelte sich um einen Multi-Stakeholder-Prozess, an dem mehr als 400 wissenschaftliche Autoren, 61 Länder und ein Büro beteiligt waren, das von der Ernährungs- und Landwirtschaftsorganisation der Vereinten Nationen (FAO), der Globalen Umweltfazilität (GEF), dem Entwicklungsprogramm der Vereinten Nationen (UNDP), dem Umweltprogramm der Vereinten Nationen (UNEP), der Organisation der Vereinten Nationen für Erziehung, Wissenschaft und Kultur (UNESCO), der Weltbank und der Weltgesundheitsorganisation (WHO) gefördert wurde. In dem Bericht wurden zahlreiche Umweltprobleme aufgedeckt, die die Nachhaltigkeit der weltweiten landwirtschaftlichen Produktion beeinträchtigen:

**Bodendegradation und Nährstoffverknappung**

- Die Verschlechterung der Bodenqualität betrifft weltweit etwa 2.000 Millionen Hektar Land und damit 38 Prozent der weltweiten Anbauflächen.

- Die Verschlechterung der Bodenqualität bewirkte einen Rückgang der Nährstoffe im Boden, was zu Stickstoff-, Phosphor- und Kalium-Mängeln bei 59 Prozent (Stickstoff), 85 Prozent (Phosphor) bzw. 90 Prozent (Kalium) der Agrarflächen im Jahr 2000 führte.
- Dies verursachte wiederum einen Produktionsverlust von insgesamt 1.136 Millionen Tonnen pro Jahr in der Welt.
- 1,9 Milliarden Hektar (und 2,6 Milliarden Menschen) sind heute in erheblichem Maße von der Bodendegradation betroffen.

**Salzgehalt und Versauerung**

- Die Versalzung betrifft etwa 10 Prozent der bewässerten Flächen der Welt.

**Verlust der biologischen Vielfalt (über und unter der Erde) und der damit verbundenen agrarökologischen Funktionen ausgelöst durch**

- wiederholten Anbau von Monokulturen,
- übermäßigen Einsatz von Agrochemikalien,
- Ausweitung der Landwirtschaft in ökologisch sensible Gebiete und
- übermäßige Abholzung der natürlichen Vegetation, was sich negativ auf die Produktivität auswirkt.

**Geringere Verfügbarkeit von Wasser, Verschlechterung von Qualität und Zugang zu Wasser**

- Vor 50 Jahren betrug die Wasserentnahme aus Flüssen nur ein Drittel des heutigen Wertes.
- Die Landwirtschaft verbraucht bereits 75 Prozent des gesamten weltweit entnommenen Süßwassers.

**Zunehmende Verschmutzung (Luft, Wasser, Boden)**

- Die zunehmende Verschmutzung trägt auch zu Problemen mit der Wasserqualität von Flüssen und Bächen bei.
- Auch der Einsatz von Pestiziden und Düngemitteln wirkte sich weltweit negativ auf Boden, Luft und Wasserressourcen aus.

- Die Landwirtschaft trägt zu etwa 60 Prozent zu den anthropogenen Methanemissionen bei und zu etwa 50 Prozent der Lachgasemissionen (Distickstoffmonoxid).
- Unsachgemäße Düngung verursachte Eutrophierung (übermäßigen Eintrag von Nährstoffen) und große tote Zonen in einer Reihe von Küstengebieten.
- Der unsachgemäße Einsatz von Pestiziden führte zu einer Verschmutzung des Grundwassers sowie zu gesundheitlichen Problemen und Verlust der Artenvielfalt.

Der IAASTD-Bericht gelangt zu dem Schluss, dass unsere derzeitigen landwirtschaftlichen Produktionssysteme nicht nachhaltig sind und verändert werden müssen: »Die Art und Weise, wie die Welt ihre Nahrungsmittel anbaut, muss sich radikal ändern, um die Armen und Hungernden besser zu versorgen, wenn die Welt mit der wachsenden Bevölkerung und den Klimaveränderungen fertigwerden und zugleich einen sozialen Zusammenbruch und einen ökologischen Kollaps verhindern will.« Die Paradigmen der gentechnisch veränderten Organismen und der industriellen Landwirtschaft werden nicht befürwortet. Stattdessen werden Lösungen vorgeschlagen, die die Nachhaltigkeit verbessern, auf lokaler Ebene mit geringeren Inputs arbeiten und ökologische Anbaumethoden, einschließlich des biologischen Landbaus, anwenden.

»Business as usual« ist keine Option, wenn wir ökologische Nachhaltigkeit erreichen wollen. Die industrielle Monokultur-Landwirtschaft hat mehr als 75 Prozent der genetischen Pflanzenvielfalt zum Aussterben gebracht, und sehr viele Bienen sterben aufgrund von giftigen Pestiziden. Albert Einstein warnte, dass, wenn die letzte Biene verschwindet, auch die Menschheit verschwinden wird. Wie die FAO am Internationalen Tag der biologischen Vielfalt 2018 erklärte:

> Die biologische Vielfalt in der Landwirtschaft erhöht die Widerstandsfähigkeit, hilft den Landwirten, klimatische und wirtschaftliche Risiken zu verringern, und kann Produktivität, Stabilität,

> Lebensmittelsicherheit und Ernährung verbessern. Globale Veränderungen in der Nahrungsmittelproduktion und in den Ernährungsgewohnheiten bedrohen jedoch die landwirtschaftliche Artenvielfalt. Heute liefern 30 Kulturpflanzen 95 Prozent der Kalorien, die die Menschen durch die Nahrung aufnehmen, und nur vier Kulturpflanzen – Mais, Reis, Weizen und Kartoffeln – liefern mehr als 60 Prozent dieser Kalorien. Diese wachsende Abhängigkeit von einer immer engeren Palette von Kulturpflanzen untergräbt die Fähigkeit der Landwirtschaft, sich an die Klimaveränderungen anzupassen, da viele lokale Kulturpflanzen und Tierrassen widerstandsfähiger sind als die modernen Sorten, die an deren Stelle getreten sind.

Darüber hinaus hat ein aktueller Bericht der FAO die industrielle Landwirtschaft als eine der Hauptursachen für die Wasserkrise ausgemacht. Er zeigte, dass die chemieintensive industrielle Landwirtschaft mehr Wasser verbraucht und gleichzeitig die Wasserspeicherfähigkeit des Bodens zerstört, wodurch 75 Prozent des Wassers und des Bodens der Erde erschöpft und verschmutzt werden. Die Nitrate im Wasser aus der industriellen Landwirtschaft führen außerdem zu »toten Zonen« in den Ozeanen.

Das *Intergovernmental Panel on Biodiversity and Ecosystem Services* (Zwischenstaatliches Gremium für biologische Vielfalt und Ökosystemleistungen) warnte davor, dass Bodendegradation, Wüstenbildung und das Verschwinden der biologischen Vielfalt bereits die Lebensgrundlage und das Überleben von Millionen von Menschen beeinträchtigen. Es wurde festgestellt, dass jährlich 24 Milliarden Tonnen fruchtbarer Boden durch intensive und nicht nachhaltige Landwirtschaft verlorengehen und dass 700 Millionen Menschen zu Flüchtlingen werden könnten, wenn Boden, biologische Vielfalt und Ökosysteme nicht regeneriert werden.

Wie in meinem Buch *Soil Not Oil* (Erdboden statt Erdöl) analysiert, trägt die industrielle Landwirtschaft wesentlich zu den Klimaveränderungen bei. Fast 40 Prozent aller Treibhausgasemissionen, die für die Klimaveränderungen verantwortlich sind, stammen aus dem fossilen und chemieintensiven industriellen System der Landwirtschaft. Im Gegensatz dazu trägt eine biodiverse ökologische Landwirtschaft zum Klimaschutz, zur Anpassung und Widerstandsfähigkeit bei.

## Öffentliche Gesundheit

Die industrielle Landwirtschaft hat nicht nur die Gesundheit des Planeten geschädigt, sondern auch das Recht auf Nahrung untergraben und sich negativ auf die Gesundheit der Menschen ausgewirkt. Etwa 75 Prozent der chronischen Krankheiten haben ihre Wurzeln in der Nahrung, die wir zu uns nehmen, und in den Giftstoffen in der Umwelt.

Während die Zerstörung der biologischen Vielfalt und des ökologischen Kapitals mit dem Argument der »Welternährung« gerechtfertigt wird, ist das Problem des Hungers gewachsen. Mehr als eine Milliarde Menschen sind ständig hungrig. Weitere zwei Milliarden leiden an ernährungsbedingten Krankheiten wie Fettleibigkeit. Hunger und Fehlernährung sind Teil eines Nahrungsmittelsystems, das mehr auf Profit als auf Gesundheit und Nachhaltigkeit ausgerichtet ist.

Wie bereits erwähnt, hat dieses System seinen Ursprung in der Herstellung von Sprengstoffen und Kriegschemikalien, die nach dem Ende der Kriege in die agrochemische Industrie verwandelt wurde. Die Sprengstofffabriken begannen, synthetische Düngemittel herzustellen, und die Kriegschemikalien wurden als Pestizide und Herbizide eingesetzt. Im Jahr 1984 führte ein Gasaustritt aus einer Pestizidanlage zur Bhopal-Katastrophe (auch bekannt als Bhopal-Gastragödie), bei der in der unmittelbaren Folge etwa 3.000 bis 7.000 Menschen starben. Seitdem hat die Katastrophe mehr als 15.000 weitere Todesopfer gefordert, und Hunderttausende Einwohner von Bhopal müssen mit langfristigen gesundheitlichen Problemen leben. Dies ist eine deutliche Mahnung, dass Pestizide töten. Der UN-Bericht über »Pestizide und das Recht auf Nahrung« stellt fest:

> Pestizide verursachen jedes Jahr schätzungsweise 200.000 akute Vergiftungsfälle, von denen 99 Prozent in Entwicklungsländern auftreten. Gefährliche Pestizide verursachen hohe Kosten für die Regierungen. Schädliche Insektizide haben katastrophale Auswirkungen auf die Gesundheit und bergen das Potential für Menschenrechtsverletzungen an Landwirten und Landarbeitern, Gemeinschaften, die in der Nähe landwirtschaftlicher Flächen leben, an indigenen Gemeinschaften sowie Kindern und schwangeren Frauen (UNGA 2017).

Das Navdanya-Buch *Poisons in Our Food* (Gifte in unserer Nahrung) zeigt einen weiteren Zusammenhang zwischen Krankheitsepidemien wie Krebs und dem Einsatz von Pestiziden in der Landwirtschaft auf und führt an, dass täglich ein »Krebszug« Punjab – das Land der Grünen Revolution in Indien – mit Krebskranken verlässt. In den letzten fünf Jahren sind in Punjab fast 33.000 Menschen an Krebs gestorben. André Leus Bücher *The Myth of Safe Pesticides* (Das Märchen von sicheren Pestiziden) und *Poisoning Our Children* (Die Pestizid-Lüge) dokumentieren ebenfalls die Gesundheitsschäden durch Pestizide.

## Lebensunterhalt der Landwirte und ländliche Wirtschaft

Ein kapitalintensives System mit externen Inputs hat auch die Produktionskosten in die Höhe getrieben, so dass die Bauern mehr ausgeben, als sie einnehmen, und sich folglich verschulden müssen. Die industrielle Landwirtschaft in Verbindung mit der Globalisierung des Lebensmittelhandels führte zu einer beispiellosen Krise in der Landwirtschaft und löste eine Epidemie von Bauernselbstmorden auf der ganzen Welt aus. Wir haben jedoch die Möglichkeit, auf eine Art und Weise zu wirtschaften, die Überfluss schafft, wirtschaftlich tragfähig ist und den Bauern zu Wohlstand verhilft.

Um die industrielle Landwirtschaft einzuführen, hat man ein falsches Paradigma aufgestellt, das eine negative Wirtschaft als »produktiv« und notwendig für die Ernährung der Welt darstellt. Die industrielle Landwirtschaft verbraucht das Zehnfache der Energie, die in den von ihr produzierten Nahrungsmitteln enthalten ist. Sie verbraucht auch mehr finanzielle Mittel, als der Landwirt angesichts des Preisverfalls bei den weltweit gehandelten Rohstoffen wieder hereinholen kann, was in eine Schuldenfalle und zu Vertreibungen führt. Die Pseudoproduktivität verdeckt die wahren Kosten der Schäden, die die Erde und die Gesellschaft zu tragen haben. Diese versteckten externen Kosten sind die Grundlage für die ökologischen, bäuerlichen und gesundheitlichen Krisen, die mit der industriellen Landwirtschaft zusammenhängen. Auf der Grundlage des Produktivitätsmythos konzentrierte sich die Landwirtschaft auf große Industriebetriebe, chemische Monokulturen für eine Handvoll Rohstoffe. Als die Produktionskosten stiegen, gerieten die Landwirte in die Schuldenfalle, und die Kleinbauern begannen zu verschwinden. Die Landwirtschaftsbetriebe wurden konsolidiert, nicht weil große Betriebe effizienter sind, sondern weil sie die meisten Subventionen erhalten. Die gesamten Agrarsubventionen betragen 500 Milliarden Dollar, was Großbetriebe begünstigt. Was den Ressourcenverbrauch und die Produktivität betrifft, so sind kleine Betriebe produktiver. Der ehemalige indische Premierminister Charan Singh erkannte dies, als er schrieb:

> Da die Landwirtschaft ein Lebensprozess ist, sinken in der Praxis unter gegebenen Bedingungen die Erträge pro Hektar mit zunehmender Betriebsgröße (das heißt mit abnehmendem Einsatz menschlicher Arbeit und Betreuung pro Hektar). Die oben genannten Ergebnisse sind nahezu universell: Der Ertrag der Investition pro Hektar ist in kleinen Betrieben höher als in großen Betrieben. Wenn also ein dicht besiedeltes, kapitalarmes Land wie Indien die Wahl zwischen einem einzigen 40-Hektar-Betrieb und 40 Ein-Hektar-Betrieben hat, sind die Kapitalkosten für die Volks-

wirtschaft geringer, wenn sich das Land für die kleinen Betriebe entscheidet.

Die negativen Folgen für Kleinbauern haben sich auch auf die Gesundheit und die Ernährung der Menschen ausgewirkt. Die menschliche Ernährung hat sich von 8.500 Pflanzenarten auf etwa acht weltweit gehandelte Waren verlagert, die keinen ausreichenden Nährwert haben. Wie bereits angedeutet, hat die Zerstörung der artenreichen kleinbäuerlichen Landwirtschaft erhebliche Auswirkungen auf die Gesundheit und führt zu einer wachsenden Epidemie nicht übertragbarer chronischer Krankheiten wie Krebs, Herz-Kreislauf-Erkrankungen, Bluthochdruck, neurologischen Problemen, Darmproblemen und Unfruchtbarkeit.

Wenn der Schwerpunkt auf der Produktion von Rohstoffen für den Handel und nicht auf der Ernährung liegt, sind Krankheiten und Unterernährung die Folge. Nur 10 Prozent der angebauten Mais- und Sojaprodukte werden als Lebensmittel verwendet – der Rest als Tierfutter und Biokraftstoffe. Rohstoffe ernähren die Menschen nicht, sondern nährstoffreiche Lebensmittel. Darüber hinaus haben »billige« Rohstoffe einen sehr hohen finanziellen, ökologischen und sozialen Preis. Diese Rohstoffe werden mit Subventionen in Höhe von 500 Milliarden Dollar (mehr als einer Milliarde Dollar pro Tag) künstlich über Wasser gehalten, was zu massiven Schulden führt. Schulden und Hypotheken sind der Hauptgrund für das Verschwinden der Familienbetriebe. In extremen Fällen, vor allem im Baumwollgürtel Indiens, haben die Schulden, die durch den Kauf von teurem Saatgut und chemischen Betriebsmitteln entstanden sind, in etwas mehr als zwei Jahrzehnten mehr als 300.000 Bauern in den Selbstmord getrieben. Der Ausstieg aus dieser Selbstmordökonomie ist für das Wohlergehen der Bauern, der Verbraucher und allen Lebens auf der Erde dringend notwendig geworden.

Anstelle eines ökologischen Ansatzes, der die wechselseitige Vernetzung einbezieht, wurde die Landwirtschaft in einzelne Disziplinen aufgespalten, die auf einem reduktionistischen, mechanistischen

Paradigma beruhen. Anstatt sich auf die ökologischen Funktionen der biologischen Vielfalt im Boden und zwischen Pflanzen, Tieren und Insekten zu konzentrieren, wurde die Landwirtschaft auf den externen Einsatz von chemischen Düngemitteln, Pestiziden, Fungiziden und Herbiziden reduziert.

So wie das BIP die reale Wirtschaft, die Gesundheit der Natur und die Gesellschaft im weiteren Sinne nicht erfasst, so erfasst auch die Kategorie »Ertrag« nicht die realen Kosten des externen Inputs und den realen Ertrag der landwirtschaftlichen Systeme. Wie die UNO feststellte, sollten die sogenannten Hochertragssorten (High- yielding Varieties: HYV) der Grünen Revolution eigentlich High-Response-Sorten genannt werden, denn sie werden gezüchtet, um auf Chemikalien zu reagieren, und sind nicht aus sich heraus ertragreich. Der enge Maßstab von »Ertrag« trieb die Landwirtschaft in die Sackgasse der Monokulturen, die die Vielfalt verdrängen, die ökologischen Leistungen und Funktionen der biologischen Vielfalt zerstören und damit das natürliche und soziale Kapital aushöhlen. Mit einer industriellen Landwirtschaft ist es für Indien und andere Länder unmöglich, die Ziele für nachhaltige Entwicklung zu erreichen, zu denen sie sich verpflichtet haben.

## Ein biodiversitätsbasierter Ansatz in der Landwirtschaft: Agrarökologie und regenerative ökologische Landwirtschaft

Wir brauchen ein neues Paradigma der Arbeit *mit* den Gesetzen der Natur und der ökologischen Nachhaltigkeit, nicht *gegen* sie. Die Naturgesetze beruhen auf biologischer Vielfalt und Agrarökologie. Die industrielle Landwirtschaft basiert auf dem externen Einsatz von Chemikalien, durch den die biologische Vielfalt und ihre ökologischen Funktionen zerstört wird. Es besteht ein breiter Konsens, dass die wichtigsten landwirtschaftlichen Produktionssysteme, die

die Nahrungsmittel der Welt erzeugen, geändert werden müssen, da sie eindeutig nicht nachhaltig sind. Viele Experten sind sich zudem einig, dass das derzeitige Wissen, auf das sich die konventionelle Landwirtschaft stützt, nicht ausreicht, um Folgendes zu erreichen:

> Das formale AKST-System [Agricultural Knowledge, Science, and Technology] (Kenntnis, Wissenschaft und Technik der Agrikultur) ist nicht gut gerüstet, um den Übergang zur Nachhaltigkeit voranzubringen. Die derzeitige Art und Weise der Organisation von Technologieentwicklung und -verbreitung eignet sich immer weniger, um den neuen ökologischen Herausforderungen, der Multifunktionalität der Landwirtschaft, dem Verlust der biologischen Vielfalt und den Klimaveränderungen zu begegnen. Die Ausrichtung der AKST-Systeme und -Akteure auf Nachhaltigkeit erfordert einen neuen Ansatz und eine neue Weltanschauung, um die Entwicklung von Wissen, Wissenschaft und Technologie sowie die politischen und institutionellen Veränderungen zu steuern, die deren Nachhaltigkeit ermöglichen. Sie erfordert auch einen neuen Ansatz bei den Wissensgrundlagen (IAASTD 2008).

Ein wissenschaftlich und ökologisch robustes Paradigma der Landwirtschaft ist im Entstehen, und es beruht auf dem Paradigma der Agrarökologie – der Wissenschaft der Ökologie in der Landwirtschaft. Anstelle von chemischen Mitteln, die der Umwelt und der öffentlichen Gesundheit schaden, basiert das Paradigma der ökologischen Landwirtschaft auf biologischer Vielfalt (Biodiversität). Die regenerative ökologische Landwirtschaft ist gut für den Boden, das Wasser, das Klimasystem, die öffentliche Gesundheit und den Lebensunterhalt der Bauern. Die Agrarökologie stellt die biologische Vielfalt in den Mittelpunkt der Lebensmittelproduktion. Sie misst nicht allein die Produktivität und Erträge von Monokulturen, in denen mit intensiven fossilen Brennstoffen und chemischen Mitteln produziert wird, sondern die auf der biologischen Vielfalt basierende

Gesamtleistung biodiverser Systeme, einschließlich der internen ökologischen Funktionen, die von der biologischen Vielfalt bereitgestellt werden und Alternativen zu chemischen Mitteln darstellen.

Die mehr als drei Jahrzehnte durchgeführte Praxis und Forschung von Navdanya zeigten, dass wir die biologische Vielfalt, den Boden und das Wasser regenerieren, die Klimaveränderungen abmildern, die Ernährung und Gesundheit verbessern und die Nahrungsmittelproduktion und das Einkommen der Bauern durch den Einsatz einer biodiversen, regenerativen ökologischen Landwirtschaft verdoppeln können. Seit den 1980er-Jahren praktiziert und fördert die Autorin eine gewaltfreie, biodiverse Landwirtschaft. Sie erkannte, dass mit dem Begriff »Monokultur des Geistes« der Rahmen definiert wird, in dem »Ertrag« (der nur einen kleinen Teil biodiverser Ökosysteme ausmacht) im Vordergrund steht und der so tut, als erhöhe die chemische Landwirtschaft die Gesamtproduktion und sei daher die Lösung für die Ernährungsunsicherheit.

Durch Navdanya begann die Autorin, die auf Biodiversität beruhende Produktivität zu untersuchen, und stellte fest, dass der Gesamtertrag viel höher war als die Monokulturerträge der chemischen Landwirtschaft. Navdanya fing an, die Gesundheit pro Acre und die Ernährung pro Acre* zu messen, anstatt den Ertrag pro Acre (Navdanya, *Health Per Acre,* 2011). Auf der Grundlage dieser Forschung wurde festgestellt, dass eine biodiversitätsintensive ökologische Landwirtschaft die doppelte Bevölkerungszahl Indiens ernähren und gleichzeitig unsere natürlichen Ressourcen erhalten kann.

Auch die FAO bekräftigte den Zusammenhang zwischen biologischer Vielfalt und Ernährung in ihrer Pressemitteilung zum Internationalen Tag der biologischen Vielfalt. Es ist inzwischen anerkannt, dass die biologische Vielfalt auf unseren Feldern an die biologische Vielfalt in unserer Ernährung gekoppelt ist. Wie die Navdanya-Forschung zu biologisch vielfältigen ökologischen Systemen offenlegt, erzeugen ökologische Systeme höhere Erträge und Einkommen für

* Ein Acre sind etwa 4.000 Quadratmeter oder 0,4 Hektar.

ländliche Familien. Der Navdanya-Bericht *Health Per Acre* (Gesundheit pro Acre) zeigt, dass ökologische Systeme, gemessen am Nährwert pro Acre, mehr Lebensmittel produzieren. Eine auf Biodiversität beruhende ökologische Landwirtschaft senkt zudem die Kosten der Landwirte, indem sie die multifunktionalen ökologischen Prinzipien der Agrarökologie anwendet. Das Navdanya-Buch *Wealth Per Acre* (Wohlstand pro Acre) erläutert, warum Biodiversität und Agrarökologie eine Antwort auf die Armut im ländlichen Raum (und damit der Bauern) und die Agrarkrise sind. Biologische Agrarsysteme beruhen auf Fürsorge, Mitgefühl und Zusammenarbeit, um die ökologische Widerstandsfähigkeit und Vielfalt, die nachhaltige Existenzsicherung und die Gesundheit zu verbessern.

Dieses neue Paradigma der Landwirtschaft schafft eine lebendige Wirtschaft und eine lebendige Kultur, die das Wohlergehen aller Menschen und aller Lebewesen steigert. Das Herzstück dieses Systems sind Biodiversität und Agrarökologie, sowohl als Paradigma als auch als Produktionsweise. Wie die Arbeit von Navdanya und vielen anderen Organisationen auf der ganzen Welt zeigt, können wir durch eine auf biologischer Vielfalt beruhende ökologische und regenerative Landwirtschaft, die den Boden, das Wasser, die Klimasysteme, die Gesundheit, den Lebensunterhalt der Landwirte und die Lebensmitteldemokratie auf unserem Planeten regeneriert, mehr Nahrung erzeugen und für die Bauern höhere Einkommen erzielen.

## Biologische Vielfalt

Geboren in den Wäldern des Himalayas beschreitet die Autorin seit ihrer Kindheit den Weg der Vielfalt. Als sie sich in den 1970er-Jahren als Freiwillige in der Chipko-Bewegung engagierte, wurde der Kontrast zwischen den beiden Paradigmen der Forstwirtschaft deutlich – das eine auf Kommerz und Monokulturen beruhend, das andere auf Bewahrung und Vielfalt. Von ihren Schwestern (von denen keine jemals eine Universität besucht hatte) lernte sie viel über die biologische Vielfalt und die gegenseitige Abhängigkeit; wie der Wald einerseits mit Bächen und Flüssen und andererseits mit der nachhaltigen Landwirtschaft verknüpft ist. Der Leitspruch der Frauen lautete, dass die wichtigsten Erzeugnisse des Waldes nicht Holz, Harz und Einkommen seien, sondern Boden, Wasser und reine Luft. 1981 gelang es der Chipko-Bewegung, ein Abholzungsverbot im hohen Himalaya zu erwirken, und seither sind die ökologischen Funktionen der Bergwälder und ihre Bedeutung für den Boden- und Wasserschutz sowie die Erneuerung der reinen Luft anerkannt. Die Zusammenhänge der Nährstoff- und Wasserkreisläufe lernte die Autorin an der, wie sie es nennt, »Chipko Unviversität« – und dies parallel zu ihrer Promotion über »Verborgene Variablen und Nichtlokalität in der Quantentheorie« an der Universität von Western Ontario in Kanada.

1982 wurde die Autorin von der Universität der Vereinten Nationen gebeten, eine fünfjährige Studie über Konflikte um natürliche Ressourcen durchzuführen. Im Rahmen der UNU-Studie wurde sie 1984 auf die Tragödien von Punjab und Bhopal aufmerksam und schrieb das Buch *The Violence of the Green Revolution* (Die Gewalt der Grünen Revolution), das ebenfalls veröffentlicht wurde.

Ihr Weg zum Thema der biologischen Vielfalt in der Landwirtschaft begann mit dem Versuch, die Gewalt zu verstehen, die in der chemischen Landwirtschaft steckt. Nur mit Blindheit gegenüber der biologischen Vielfalt und ihren ökologischen Funktionen gelangt man zur Einführung von Chemikalien, die der Erde und der Gesundheit schaden. Die chemische Landwirtschaft ließ uns die Rolle vergessen, die die biologische Vielfalt für eine nachhaltige Landwirtschaft spielt.

Biologische Vielfalt umfasst die Vielfalt der Pflanzen, Tiere und Mikroorganismen in der Welt, zusammen mit ihren ökologischen Funktionen und den Beziehungen unter ihnen. Je größer die Vielfalt und je mehrdimensionaler die ökologischen Funktionen sind, desto stabiler und nachhaltiger ist ein System und desto mehr Güter und Dienstleistungen kann es bereitstellen.

Eine Vielfalt von Saatgut und Pflanzensorten ist notwendig, um die Bodengesundheit zu verbessern, Wasser zu bewahren und Kohlenstoff zu binden. Die vielfältigen Funktionen, welche die Biodiversität erfüllt, erneuert die Bodenfruchtbarkeit und trägt zur Schädlings- und Unkrautbekämpfung bei. Die Alternative zu chemischen Düngemitteln, Pestiziden und Herbiziden, die der Gesundheit des Planeten und der Menschen schaden, ist eine biologische Vielfalt von Pflanzen, Insekten, Vögeln, Bodenorganismen und Nutztieren.

Das Ausmaß der Wechselwirkungen zwischen verschiedenen biotischen und abiotischen Komponenten bestimmt das Gesamtverhalten eines Agrarökosystems, das sich in der landwirtschaftlichen Leistung niederschlägt. Ein höheres Maß an funktionaler Biodiversität in einem Agrarökosystem löst ein Bündel von Synergien aus, die die Bodenbiologie verbessern, Nährstoffe recyceln, die Effizienz der Photosynthese steigern und andere biologische Funktionen erfüllen. Mit anderen Worten: Ein hohes Maß an Biodiversität versetzt das gesamte Agrarökosystem in einen Zustand erhöhter Dynamik. Je dynamischer ein Agrarökosystem ist, desto funktionaler, produktiver und nachhaltiger kann es sein.

Traditionelle Bauern bewahren die Weisheit der biologischen Vielfalt. Sie haben verschiedene Methoden entwickelt, um die biologische Vielfalt auf jeder Ebene ihrer landwirtschaftlichen Systeme zu verbessern. Aus diesem Grund hat die traditionelle Landwirtschaft nicht nur über Jahrtausende hinweg überlebt, sondern auch gut und nachhaltig funktioniert. Die traditionelle Landwirtschaft, die von einer lebendigen biologischen Vielfalt geprägt ist, ist unvergänglich. Die ständige Vergrößerung der biologischen Vielfalt ist der Kern der Evolution, und die traditionellen Landwirte haben diese Realität immer verstanden und in ihren Anbaustrategien zum Ausdruck gebracht. Jede Innovation der Bauern dreht sich um die biologische Vielfalt. Ihre Entdeckung neuer Sorten und die Charakterisierung jeder einzelnen ist eine wunderbare Möglichkeit, die Landwirtschaft durch neue Erfahrungen zu bereichern.

Die Erosion der Agrobiodiversität führte zur Erosion der traditionellen Landwirtschaft. Die Befürworter der industriellen Landwirtschaft versuchten, die traditionelle Landwirtschaft zu diffamieren. Und inzwischen, nachdem die meisten Landsorten verschiedener

Nahrungspflanzen verschwanden – vielleicht für immer –, verlor die traditionelle Landwirtschaft viel von ihrer Attraktivität. Sie blieb nur auf einige wenige isolierte und arme Gebiete beschränkt, in denen eine genetische Erosion nicht stattfinden konnte.

Die biologische Vielfalt in der Landwirtschaft kann jedoch auf verschiedene Weise wieder hergestellt werden, wenn man den Grundsätzen der Agrarökologie folgt. Viele Wissenschaftler machten die zentrale Bedeutung der biologischen Vielfalt deutlich und schlugen Wege zu ihrer Wiederherstellung in der Landwirtschaft vor. Hier seien einige Strategien zur Diversifizierung von Agrarökosystemen genannt:

**Agroforstliche Systeme**
Bäume oder andere mehrjährige Gehölze, einjährige Pflanzen und Nutztiere werden integriert, um die komplementären Beziehungen zwischen den Komponenten zu verbessern und die Mehrfachnutzung der Agrarökosysteme zu erhöhen.

**Polykulturen:** Zwei oder mehr Pflanzenarten werden zusammen angebaut. Zum Beispiel pflanzt man flachwurzelnde Hirse mit tiefwurzelnden Hülsenfrüchten, so dass pro Flächeneinheit ein höherer Ertrag von mehr als einem Nahrungsmittel (Wirtschaftsgut) erzielt wird.

**Deckfrucht:** Pflanzung von Leguminosen oder anderen einjährigen Pflanzen in Rein- oder Mischbeständen unter Obstbäumen zur Verbesserung der Bodenfruchtbarkeit, zur biologischen Schädlingsbekämpfung und zur Verbesserung des Mikroklimas.

**Fruchtfolgen:** Eine Vielfalt in der Abfolge der angebauten Pflanzen liefert Nährstoffe und unterbricht die Lebenszyklen verschiedener Schädlinge, Krankheiten und Unkräuter.

**Nutztiere:** Die Viehhaltung in Agrarökosystemen schafft zusätzliche Nährstoff- und Energiepfade, welche die Produktion einer Vielzahl von Nahrungsmitteln ermöglichen und das Nährstoffrecycling verbessern. Alle diversifizierten Formen von Agrarökosystemen weisen folgende Merkmale auf (Altieri, 2000):

- Die Vegetationsdecke wird als wirksamer Boden- und Wasserschutz durch den Einsatz von Direktsaat, Mulchen, Gründüngung und anderen geeigneten Methoden bewahrt.
- Sie erhalten eine regelmäßige Zufuhr von organischem Material in Form von organischen Stoffen (Dünger, Kompost und Förderung der biotischen Aktivität im Boden).
- Die Mechanismen des Nährstoffrecyclings werden durch die Tierhaltung verbessert, welche auf dem Anbau von Leguminosen und anderen Deckfrüchten basiert.
- Die Regulierung von Schädlingen wird durch das Einbringen oder die Förderung natürlicher Feinde und Antagonisten erreicht.

Die biologische Vielfalt steht im Mittelpunkt unseres Konzepts für die Gestaltung landwirtschaftlicher Systeme nach agrarökologischen Grundsätzen. In Agrarökosystemen ist die biologische Vielfalt aus einer Vielzahl von Gründen von entscheidender Bedeutung (Altieri 1994, Gliessman 1998):

- Mit zunehmender Vielfalt steigen die Chancen für die Koexistenz und Wechselwirkungen zwischen den Arten, welche die Nachhaltigkeit von Agrarökosystemen verbessern.
- Eine größere Vielfalt ermöglicht eine effizientere Ressourcennutzung in Agrarökosystemen durch eine bessere Anpassung auf der Systemebene an die Heterogenität der Lebensräume. Dies führt zu einer wechselseitigen Ergänzung der Bedürfnisse der Pflanzenarten, einer Diversifizierung der Nischen, einem Überlappen der Nischen der Arten und einer Aufteilung der Ressourcen.
- In vielfältigen Ökosystemen, in denen Pflanzenarten gemischt sind, existiert eine größere Anzahl und Vielfalt an natürlichen Feinden von Schädlingen, wodurch deren Populationen in Schach gehalten werden.
- Ein vielfältiger Pflanzenbestand kann zu einem vielfältigen Mikroklima innerhalb des Anbausystems führen, so dass sich Lebewesen ansiedeln, die nicht zum Anbau gehören – darunter nützliche

Räuber, Parasiten, Bestäuber, Bodenfauna und Antagonisten –, die aber für das gesamte System von Bedeutung sind.

- Die Vielfalt im Boden erbringt eine Vielzahl ökologischer Leistungen, wie etwa einen Nährstoffkreislauf, die Entgiftung schädlicher Chemikalien und die Regulierung des Pflanzenwachstums: Sie trägt zur Erhaltung der biologischen Vielfalt in den umliegenden natürlichen Ökosystemen bei und verringert das Risiko der Bauern in abgelegenen Gebieten durch unvorhersehbare Umweltbedingungen.

Das Übereinkommen der Vereinten Nationen über die biologische Vielfalt wurde 1992 auf dem Erdgipfel von Rio von 150 Staats- und Regierungschefs unterzeichnet, um den Erhalt der biologischen Vielfalt, ihre nachhaltige Nutzung und eine gerechte Aufteilung zu fördern. Da zu den ökologischen Funktionen der biologischen Vielfalt die Bereitstellung von frischer Luft, Nahrung, Wasser, Medizin und Unterkunft gehört, ist ihre Erhaltung mit den Grundbedürfnissen der Menschen verbunden. Eine auf biologischer Vielfalt basierende Agrarökologie ist für die Lebensmittel- und Ernährungssicherheit unerlässlich.

## Die globale Erosion der biologischen Vielfalt

Vielfalt ist ein wesentliches Merkmal der Natur und die Grundlage für ökologische Stabilität. Vielfältige Ökosysteme bringen vielfältige Lebensformen und Kulturen hervor, und dies ist die Grundlage der Nachhaltigkeit. Die Koevolution von Kulturen, Lebensformen und Lebensräumen hat die biologische Vielfalt auf diesem Planeten bewahrt; kulturelle Vielfalt und biologische Vielfalt gehen Hand in Hand.

Überall auf der Welt entwickelten Gemeinschaften Wissen und fanden Wege, ihren Lebensunterhalt aus der Vielfalt der Natur zu bestreiten – in wilden und domestizierten Formen. Jäger- und Sammlergemeinschaften nutzen Tausende von Pflanzen und Tieren für

Nahrung, Medizin und Behausung. Hirten-, Bauern- und Fischergemeinschaften entwickelten ebenfalls Wissen und Fähigkeiten, um ihren Lebensunterhalt aus der lebendigen Vielfalt von Land und Wasser zu bestreiten. Das tiefe und differenzierte ökologische Wissen über die biologische Vielfalt führte zu gesellschaftlichen Regeln für ihre Erhaltung, die sich in Vorstellungen von Heiligkeit und Tabus widerspiegeln.

Heute jedoch ist die Vielfalt der Ökosysteme, Lebensformen und Lebensweisen vieler Gemeinschaften vom Aussterben bedroht. Lebensräume wurden eingehegt oder zerstört, die Vielfalt ging zurück, und die von der biologischen Vielfalt abgeleiteten Lebensgrundlagen sind bedroht.

Tropische Regenwälder bedecken nur 7 Prozent der Landoberfläche der Erde, beherbergen aber mindestens die Hälfte aller Arten. Die Entwaldung in diesen Regionen schreitet rasch voran, wobei konservative Schätzungen von einer Nettoabholzungsrate von bis zu 6,5 Prozent in der Elfenbeinküste und durchschnittlich etwa 6 Prozent pro Jahr (etwa 7,3 Millionen Hektar) für alle tropischen Länder ausgehen. Bei dieser Rate, die Wiederaufforstung und natürliches Wachstum berücksichtigt, würden alle geschlossenen tropischen Wälder innerhalb von 177 Jahren abgeholzt werden (FAO 1981). Etwa 48 Prozent der Pflanzenarten der Welt kommen in oder in der Nähe von Waldgebieten vor, in denen in den nächsten 20 Jahren mehr als 90 Prozent der Fläche zerstört werden, was zum Verlust von etwa einem Viertel dieser Arten führen wird (Raven 1988). Die derzeitige Aussterberate wird auf etwa eintausend Arten pro Jahr geschätzt (Wilson 1988). In den 1990er-Jahren wurde erwartet, dass diese Zahl auf zehntausend Arten pro Jahr ansteigen würde, was einer Art pro Stunde entspricht. In den nächsten 30 Jahren könnten eine Million Arten ausgelöscht werden.

Die biologische Vielfalt in den marinen Ökosystemen ist ebenfalls bemerkenswert, und Korallenriffe werden, was die Vielfalt angeht, manchmal mit tropischen Wäldern verglichen (Connell 1978). Leider sind auch die marinen Lebensräume und das Meeresleben stark bedroht. Durch die Zerstörung der Vielfalt steht die Grundlage der Fischerei in den meisten Küstenregionen der Welt kurz vor dem Zusammenbruch.

## Die Zunahme der ökologischen Anfälligkeit

Die Erosion der Vielfalt ist ebenfalls in den landwirtschaftlichen Ökosystemen gravierend. Diese Ökosysteme, insbesondere in den Tropen, sind seit jeher die Quelle der Welternährung. Weizen, Reis, Kartoffeln, Gemüse und Obst haben sich von diesen Ursprüngen aus über die ganze Welt verbreitet. Zu den Landsorten dieses Gürtels gehören dürreresistente und schädlingsresistente Sorten, Heilpflanzen und Grundstoffe für die Behausung und Kleidung der Menschen. Darüber hinaus sind die einheimischen Sorten am widerstandsfähigsten gegen lokal auftretende Schädlinge und Krankheiten.

Selbst wenn bestimmte Krankheiten auftreten, sind vielleicht einige der Sorten anfällig, während andere resistent sind und überleben. Traditionell trugen zudem Anbaumuster wie die Fruchtfolge zur Schädlingsbekämpfung bei. Da viele Schädlinge auf bestimmte Pflanzen spezialisiert sind, führt der Anbau verschiedener Kulturen zu unterschiedlichen Jahreszeiten zu einer starken Reduzierung der Schädlingspopulationen, so dass weniger Chemikalien eingesetzt werden müssen. Außerdem ist eine weniger intensive Bewässerung erforderlich, denn das Bewässern ist eine nachteilige Praxis, die die Ausbreitung von Schädlingen fördert und viele Pflanzensorten schädigt. Solche Anbausysteme haben also einen eingebauten Schutz. Die traditionelle Landwirtschaft kennt das Konzept des »Unkrauts« nicht. Alle Pflanzen haben ihren Nutzen, manche sogar mehr als einen. In einigen Fällen haben die verschiedenen Teile einer einzigen Pflanze jeweils eine eigene Verwendung. Denial Querol schreibt über einen Bauernhof in Mexiko, der über 200 »Unkräuter« hatte. »Der Bauer hatte jedoch für alle diese Pflanzen eine bestimmte Verwendung. Für ihn war keine einzige ein Unkraut, das man zu vernichten hatte.«

Mit dem Einsatz von »Wundersaatgut« im Rahmen der Grünen Revolution wurde das Konzept eingeführt, dass nur ein Erzeugnis der Pflanze nützlich ist: das vermarktbare Produkt. Bei den Hochertragssorten (HYVs) – eigentlich High-Response-Sorten – wurde nur das Korn als nützliches Produkt betrachtet. Pflanzen, die nicht genügend Körner lieferten, wurden als Unkraut angesehen und vernichtet, auch wenn sie den Bedarf der Bauern an Futter, Dachbedeckung (wie im Falle der Reissorten) und anderen Ressourcen deckten. Vor der Grünen Revolution gab es in Indien etwa 30.000 einheimische Reissorten, während es heute im kommerziellen Anbau nicht mehr als 50 Sorten sind.

Uniformität bedeutete, dass auf den Feldern nicht mehr als eine Kultur gleichzeitig angebaut werden durfte. Wenn die Bauern früher Kichererbsen zusammen mit einheimischen Weizensorten oder Senf mit Fingerhirse anbauten, verlangte es die Uniformität, dass solche Praktiken abgeschafft werden. So verschwand die ausreichende Versorgung mit Nahrungsmitteln (außer Getreide) zusammen mit Sorten wie Bathua, Amaranth und anderen traditionell wichtigen Pflanzen. Da nur das Getreide wichtig war, wurde es zwingend notwendig, die Felder nicht brachliegen zu lassen, sondern das Getreide immer wieder anzubauen, was zu einer Vermehrung der Schädlinge im Boden führte:

> Die Einführung von Hochertragssorten hat zu einer deutlichen Veränderung des Status von Schadinsekten geführt... Die meisten der bisher eingesetzten Hochertragssorten sind anfällig für großflächigen Schädlingsbefall mit einem Ernteverlust von 30 bis 100 Prozent (Shiva 2016).

Die HYV-Sorten erbrachten nur dann große Mengen an Getreide, wenn sie mit übermäßigen Mengen an Chemikalien in Form von Düngemitteln und Pestiziden behandelt wurden. Auch der Bedarf an Bewässerung stieg, was zu viel Gift und Staunässe im Boden verursachte.

Diese Uniformität führt zu Monokulturen, die ökologisch nicht nachhaltig sind. Monokulturen erzeugen per Definition identische Pflanzen. Wenn also eine Pflanze anfällig ist, dann sind es alle. In den Jahren 1970–71 wurde der riesige Maisgürtel Amerikas von der Südlichen Maisfäule verwüstet. Asiens Reis wurde 1968–69 von der Bakterienkrankheit und 1970–71 von der Tungro-Krankheit heimgesucht. Über 2 Millionen Hektar der indonesischen Reisanbaugebiete wurden 1975 von Schädlingen befallen. Und 1992–93 erlitt die Kartoffelernte in Nordindien schwere Verluste, insbesondere in Uttar Pradesh.

Die zunehmende Anfälligkeit der Landwirtschaft spiegelt sich in der Viehwirtschaft wider. Traditionelle Rinderrassen weichen Kreuzungen von Jersey und Holstein, die weitaus anfälliger für Krankheiten sind und besser geplante Fütterungsstrategien erfordern als einheimische Rassen (die sich selbst ernähren können). Diese Rassen produzieren nicht genug Dung – den wichtigsten organischen Dünger für Kleinbauern –, sondern sind lediglich Milchproduzenten.

Die Erosion der Artenvielfalt setzt eine Kettenreaktion in Gang. Das Verschwinden einer Art führt zum Aussterben zahlloser anderer Arten, die über Nahrungsnetze und Nahrungsketten miteinander verbunden sind (was wir Menschen nicht vollständig verstehen). Die Verdrängung einheimischer Sorten, sei es im Ackerbau oder in der Viehzucht, hat schwerwiegende ökologische Folgen, die die Produktivität beeinträchtigen. Bei der Krise der biologischen Vielfalt geht es nicht einfach nur um das Verschwinden von Arten, die als Industrierohstoffe den Unternehmen Geld einbringen. Es handelt sich vielmehr um eine Krise, welche die Lebensgrundlagen und den Lebensunterhalt von Millionen von Menschen in den Entwicklungsländern bedroht.

Die biologische Vielfalt ist das wichtigste Produktionsmittel einer nachhaltigen, kleinbäuerlichen Landwirtschaft. Die ökologischen Funktionen der biologischen Vielfalt liefern die internen Inputs, die es dem Bauern ermöglichen, sich von externen chemischen Inputs wie Düngemitteln, Pestiziden und Herbiziden unabhängig zu machen. Der Navdanya-Ansatz zur Erhaltung der biologischen

Vielfalt in der Landwirtschaft basiert auf der Erhaltung der Vielfalt auf fünf Ebenen:

- Vielfalt der Ökosysteme
- Vielfalt der landwirtschaftlichen Systeme
- Artenvielfalt
- Sortenvielfalt oder genetische Vielfalt
- Vielfalt der Erzeugnisse

Indien ist ein großes Land mit einer großen Vielfalt an Ökosystemen. Die Vielfalt der Ökosysteme führt zu unterschiedlichen landwirtschaftlichen Systemen, in denen Land, Wasser und biologische Vielfalt auf unterschiedliche Weise bewirtschaftet werden, mit verschiedenen Verbindungen zwischen Vieh, Bäumen und Feldfrüchten. Diese Systeme beruhen auf dem Wissen über Ökosysteme und die biologische Vielfalt, das die Bauerngemeinschaften über Generationen hinweg entwickelt und verfeinert haben. Die Gemeinschaften brachten Strategien hervor, um die nachhaltige Nutzung der natürlichen Ressourcen zu gewährleisten.

Auch wenn die biologische Vielfalt erodiert, gibt es noch eine Arten- und Sortenvielfalt, die das Ergebnis von Millionen unerkannter und unsichtbarer kultureller Praktiken und Wissenssysteme der Bauern sind. In indischen Landwirtschaftssystemen erfüllen die meisten Arten mehr als einen Bedarf oder eine Funktion. Die Erhaltung der bäuerlichen Vielfalt erfolgt in dem Bewusstsein, dass die Messung bloß einzelner Erträge das volle Potential von Anbausystemen verzerrt, die verschiedene Arten mit unterschiedlichen Erzeugnissen nutzen.

Der Erhalt der Vielfalt auf mehreren Ebenen ist ein Gebot der Effizienz und Produktivität, weil sie eine ökologische Intensivierung der landwirtschaftlichen Produktion ermöglicht. Durch die Vielfalt wird ein umsichtiger Umgang mit den Ressourcen erreicht. Dies schafft Arbeitsplätze, weil es die Bauern schützt und ihre Erträge steigert.

## Biodiversität ist die Grundlage der Agrarökologie

Agrarökologie ist das wissenschaftliche Paradigma für nachhaltige Landwirtschaft. Landwirtschaft ist und sollte unbedingt etwas Lebensförderndes sein. Die Erzeugung einer Vielzahl gesunder und nahrhafter Lebensmittel erfordert ein produktives und gesundes Agrarökosystem, das die biologische Vielfalt in seinen Wäldern, seinen Anbauflächen und im Viehbestand widerspiegelt. Eine Landwirtschaft, die auf einem gesunden, artenreichen und lebendigen Agrarökosystem beruht, ist natürlicherweise die Landwirtschaft, die in der unerschöpflichen Quelle der Natur verwurzelt ist: im solarbetriebenen Agrarökosystem.

Agrarökologie ist die ganzheitliche Untersuchung von Agrarökosystemen, die alle Elemente der Umwelt und des Menschen einbezieht. Sie konzentriert sich auf die Form, die Dynamik und die Funktionsweise ihrer Wechselbeziehungen und die Prozesse, an denen sie beteiligt sind (Altieri 1987; Reijntjes et al. 1992). Zwischenfruchtanbau, Agroforstwirtschaft und andere traditionelle Methoden ahmen die natürlichen ökologischen Prozesse nach. Die Nachhaltigkeit vieler lokaler Praktiken liegt in den ökologischen Modellen, die Agrarökologen befolgen. Durch die Gestaltung von Anbausystemen, die die Natur nachahmen, können die Bauern Sonnenlicht, Bodennährstoffe und Niederschläge optimal nutzen (Reijntjes 1992).

Die Agrarökologie verleiht der Landwirtschaft einen tieferen Sinn. Sie bindet die Landwirtschaft in die Ökologie ein. Sie hilft uns, die direkte Beziehung zwischen Landwirtschaft und Ökologie zu verstehen. Sie lehrt uns, im Einklang mit der Natur zu leben und gleichzeitig eine Vielfalt an gesunden, nahrhaften und köstlichen Lebensmitteln aus natürlichen Quellen zu erzeugen. Im Kern ist die Philosophie der Agrarbiologie, alle Nahrung aus der Natur zu genießen und diese dabei zu pflegen, damit sie in ihrer Artenvielfalt aufblühen kann. Die Agrarökologie ist heute eine eigenständige Disziplin von Landwirtschaft und Ökologie. Sie ist das zentrale Konzept vieler wertvoller Ideen, Philosophien, Ansätze, Strategien und Praktiken des Lebens, zu denen die natürliche Landwirtschaft, die traditionelle

Landwirtschaft, die Permakultur, die biodynamische Landwirtschaft, der integrierte Pflanzenschutz, die biologische Landwirtschaft und die nachhaltige Landwirtschaft gehören. Die Agrarökologie nutzt die ökologische Theorie zur Untersuchung, Gestaltung, Verwaltung und Bewertung von Lebensmittelproduktionssystemen. Sie ist das Konzept, auf dem die nachhaltige Landwirtschaft – die die Zukunft der Landwirtschaft sichert – aufgebaut ist. Durch die Anwendung der Grundsätze der Agrarökologie können wir natürliche Ressourcen wie Wälder, Grasland, Viehbestand, Böden, Wasserressourcen und Landwirtschaft schützen, erhalten und vermehren. Die Agrarökologie schätzt und stärkt die Wechselwirkungen zwischen allen wichtigen biophysikalischen, sozioökonomischen und technischen Komponenten der Agrarökosysteme. Alle Komponenten werden als wesentliche Bestandteile eines integrierten Systems betrachtet.

Die Agrarökologie hilft uns, lebenswichtige Mineralstoffkreisläufe, biologische Prozesse, Energieumwandlungen und sozioökonomische Beziehungen auf zusammenhängende Weise zu verstehen und zu erhalten. Landwirtschaftliche Strategien, die sich an den Grundsätzen der Agrarökologie orientieren, berücksichtigen lokale geografische, sozioökonomische, ökologische und kulturelle Besonderheiten und berücksichtigen Traditionen wie Essgewohnheiten, Feste und ethische oder ästhetische Werte.

Die eindimensionale monokulturelle Sichtweise der konventionellen Landwirtschaft hat in der Agrarökologie keinen Platz. Stattdessen ist ein Verständnis der ökologischen und sozialen Ebenen von Koevolution, Struktur und Funktion notwendig (Altieri 2000). Anstatt sich auf eine bestimmte Komponente des Agrarökosystems zu konzentrieren, betont die Agrarökologie die Wechselbeziehungen zwischen allen Komponenten und die komplexe Dynamik der ökologischen Prozesse (Vandermeer 1995). Die Agrarökologie ist auf der einen Seite eine ganzheitliche Antwort auf agrarindustrielle Ausbeutungstechnologien und auf den auf Profit ausgerichteten Handel, die keinen Platz für andere Werte des Lebens haben und sich nicht um die Zukunft des Planeten scheren. Auf der anderen Seite vernachlässigt die Agrarökologie die technischen und wirtschaftlichen Aspekte nicht, berücksichtigt aber genauso soziale, kulturelle und ökologische Aspekte und setzt sich nachdrücklich für das gegenwärtige und zukünftige Wohlergehen der Gesellschaft ein.

Die Erfordernisse der Nahrungsmittelproduktion stehen im Mittelpunkt des Konzepts der Agrarökologie. Die Leistungskriterien der Agrarökologie berücksichtigen wichtige aktuelle Themen, nämlich ökologische Nachhaltigkeit, Ernährungssicherheit sowie Klimaschutz und Anpassung an die Klimaveränderungen. Die traditionellen Konzepte des biologischen Landbaus, der natürlichen Landwirtschaft und des ökologischen Landbaus bieten Lösungen für zahlreiche Probleme: von der einzelnen Familie bis zur globalen Ebene, vom Saatgut bis zum *Swaraj* (Selbstbestimmung), von der Ernährungssicherheit bis zur Ernährungssouveränität und führt vom Agrarimperium zu echter Teilhabe, von der ökologischen Katastrophe zum ökologischen Wohlergehen und vom Klimachaos zur Klimaordnung.

## Die Grundsätze der Agrarökologie

Die Prinzipien der Agrarökologie drehen sich um die drei funktionalen biotischen Komponenten eines Agrarökosystems: eine Gemeinschaft von Pflanzen, Tieren und Mikroorganismen, die untereinander und mit der von den Bauern veränderten physikalisch-chemischen Umwelt interagieren, um Nahrungsmittel, Futtermittel, Fasern, Brennstoffe und andere nützliche Produkte zu erzeugen. Die Agrarökologie bietet uns die Möglichkeit, die Agrarökosysteme, die wir für die Nahrungsmittelproduktion gestalten und verwalten, ganzheitlich zu verstehen. Die Gestaltung von Agrarökosystemen beruht auf den folgenden agrarökologischen Prinzipien (Reijntjes et al. 1992; Altieri 1987, 2000; Singh 2005):

- Verbesserung des Recyclings von Biomasse, Optimierung der Nährstoffverfügbarkeit und Ausgleich des Nährstoffflusses

- Sicherung günstiger Bodenbedingungen für das Pflanzenwachstum durch Bewirtschaftung der organischen Substanz und Förderung der biotischen Aktivität im Boden
- Minimierung der Verluste durch Sonneneinstrahlung, Luft- und Wasserströme durch Mikroklimamanagement, Wassergewinnung und Bodenmanagement durch verstärkte Bodenbedeckung
- Artenvielfalt und genetische Diversifizierung des Agrarökosystems
- Steigerung der positiven biologischen Wechselwirkungen und Synergien zwischen den Komponenten der Agrobiodiversität, die zur Förderung wichtiger ökologischer Prozesse und Dienstleistungen führen

Je nach lokalen Möglichkeiten, Ressourcenbeschränkungen und Marktbedürfnissen müssen verschiedene Techniken und Strategien angewandt werden, um die Produktivität, Stabilität und Widerstandsfähigkeit eines Agrarökosystems zu beeinflussen. Das ultimative Ziel der agrarökologischen Gestaltung ist es:

- Die Komponenten so zusammenzuführen, dass die biologische Gesamteffizienz verbessert wird
- Erhaltung der Artenvielfalt
- Erhaltung der Produktivität und Selbsterhaltungskapazität von Agrarökosystemen
- Gestaltung einer Reihe von Agrarökosystemen innerhalb einer Landschaftseinheit, die jeweils die Struktur und Funktion natürlicher Ökosysteme nachahmen

Seit Altieri und Reijntjes die agrarökologischen Prinzipien ausgearbeitet haben, ist viel Wasser den Ganges hinabgeflossen. Nun müssen neue Ziele gesetzt und ihre Vision muss erweitert werden. Das ultimative Ziel für die Gestaltung und Bewirtschaftung von Agrarökosystemen wäre angesichts der sich verändernden Umstände Folgendes:

- Verbesserung der ökologischen Integrität für eine nachhaltige Lebensmittelproduktion
- Schaffung eines sozioökonomischen und kulturellen Umfelds, in dem sich Ernährungssouveränität durchsetzen kann
- Aufbau des Mikroklimas
- Verstärkte Kohlenstoffbindung zur wirksamen Bewältigung der Klimaveränderungen

Die Förderung der biologischen Vielfalt in Agrarökosystemen ist die Grundlage der ökologischen Prozesse. Es ist die biologische Vielfalt, durch die ein Agrarökosystem funktioniert. Sie ist das aktive Prinzip eines Ökosystems und die Ursache für das Funktionieren der Biosphäre. Weniger vielfältige Ökosysteme oder Agrarökosysteme, die auf Monokulturen beruhen, sind äußerst anfällig und nicht nachhaltig. Je größer die biologische Vielfalt in einem Ökosystem ist, desto größer ist auch seine Widerstandsfähigkeit und Nachhaltigkeit. Extreme Vielfalt führt zu extremer Widerstandsfähigkeit und einem Höchstmaß an Nachhaltigkeit. Aus Sicht des Managements ist das agrarökologische Ziel, durch die Gestaltung diversifizierter Agrarökosysteme und den Einsatz von Low-Input-Technologien für ein ausgeglichenes Umfeld zu sorgen, die Erträge zu sichern, die Bodenfruchtbarkeit biologisch zu vermitteln und eine natürliche Schädlingsregulierung zu schaffen (Gliessman 1998; Altieri 2000). Durch die Gestaltung von Anbausystemen, die die Natur nachahmen, können Sonnenlicht, Bodennährstoffe und Niederschläge optimal genutzt werden (Pretty 1994; Altieri 2000).

## Agrarökologie und nachhaltige Landwirtschaft

Kein System kann ohne ökologische Integrität nachhaltig sein. Die Grüne Revolution und die auf Biotechnologie basierende Landwirtschaft sind nicht nachhaltig, da sie die ökologische Nachhaltigkeit ignorieren. Die Agrarökologie hingegen setzt darauf, denn Ökologie ist das Wesen einer nachhaltigen Landwirtschaft – einer Landwirtschaft, die die Bedürfnisse der Gegenwart erfüllt, ohne ihre Fähigkeit zu beeinträchtigen, die Bedürfnisse der Zukunft zu erfüllen. Eine nachhaltige Landwirtschaft, die nach den Grundsätzen der Agrarökologie gestaltet ist, weist folgende grundlegende Merkmale auf:

- **Ökologisch dynamisch:** Das System umfasst ein Höchstmaß an biologischer Vielfalt in all seinen Komponenten, hat ein angemessenes Verhältnis zwischen Wald und bebauter Fläche und steuert zyklische Nährstoffströme. Es ist energieeffizient, regenerativ, ressourcenschonend, verbessert die Kohlenstoffbindung, trägt zur Klimaregulierung bei und hat eine hohe Resilienz.
- **Wirtschaftlich lebensfähig:** Das System ist dauerhaft höchst produktiv und deckt alle lebensnotwendigen Bedürfnisse ab, nicht nur die Nahrungs- und Ernährungssicherheit, sondern auch die Ausbildung der Kinder einer Familie und andere alltägliche häusliche Bedürfnisse. Die meisten, wenn nicht alle Inputs werden innerhalb des Systems erzeugt. Der Abstand zwischen Output und Input muss groß genug sein, das heißt die Preise der Outputs müssen höher sein als die der Inputs. Das bedeutet auch, dass es sich eher um ein Export- als um ein Importsystem handelt.
- **Soziokulturell:** Es dreht sich alles um die bäuerliche Gemeinschaft und um die Menschen, nicht um private Interessen. Lebensmittelressourcen und Ernährungssicherheit sind für alle zugänglich und gewährleistet. Dieses System respektiert die lokalen Ernährungsgewohnheiten und die kulturelle Vielfalt, erkennt ökologisches Wissen an und fördert traditionelles und wird von den bäuerlichen Gemeinschaften verwaltet, was der Integration der Gesellschaften und der Schaffung von Zusammenhalt dient.

Ökologische Lebendigkeit, wirtschaftliche Lebensfähigkeit und soziokulturelle Gerechtigkeit sind die wichtigsten Merkmale einer nachhaltigen Landwirtschaft. Unter Berücksichtigung dieser Merkmale und unter Anwendung der Grundsätze der Agrarökologie kann Nachhaltigkeit durch die folgenden Methoden verwirklicht werden:

**1. Aufrechterhaltung eines ökologischen Gleichgewichts durch:**
- Ein gutes Verhältnis zwischen Wald und bebautem Land
- Vollständigen Schutz des Waldgebiets

**2. Verbesserung der ökologischen Prozesse durch:**
- Stärkung des Immunsystems (gute Funktionalität der natürlichen Schädlingsbekämpfung)
- Verringerung der Toxizität durch Verzicht auf Agrochemikalien
- Optimierung der Stoffwechselfunktion (Abbau organischer Stoffe und Nährstoffkreislauf)
- Ausgleich durch Regelsysteme (Nährstoffkreisläufe, Wasserhaushalt, Energiefluss, Bevölkerungsregulierung usw.)
- Verbesserung der Erhaltung und Regeneration der Boden-Wasser-Ressourcen und der biologischen Vielfalt
- Steigerung und Erhalt der langfristigen Produktivität

**3. Umsetzung von Mechanismen zur Verbesserung der Resilienz von Agrarökosystemen durch:**
- Vermehrung der Pflanzenarten und Erhöhung der genetischen Vielfalt
- Förderung der funktionalen biologischen Vielfalt (natürliche Feinde, Antagonisten usw.)
- Verbesserung der organischen Bodensubstanz und Erhöhung der biologischen Aktivität
- Erhöhung der Bodenbedeckung und der Widerstandsfähigkeit der Pflanzen
- Eliminierung von toxischen Einträgen und Rückständen

**4. Optimierung der Nutzung der lokal verfügbaren Ressourcen:**
- Kombination der verschiedenen Komponenten des landwirtschaftlichen Systems, also Pflanzen, Tiere, Boden, Wasser, Klima und Menschen
- Nutzung der größtmöglichen Synergieeffekte

**5. Verringerung des Einsatzes von externen, nicht erneuerbaren Betriebsmitteln außerhalb der Landwirtschaft, die die Umwelt schädigen oder Bauern und Verbrauchern schaden, indem:**

- hauptsächlich auf Ressourcen innerhalb des Agrarökosystems zurückgegriffen wird und externe Inputs durch Nutzung von Nährstoffkreisläufen, besserer Konservierung und einer erweiterten Nutzung lokaler Ressourcen ersetzt werden
- eine bessere Abstimmung zwischen den Anbaumustern, dem produktiven Potential und den Umweltbedingungen von Klima und Landschaft stattfindet, womit die langfristige Nachhaltigkeit des derzeitigen Produktionsniveaus gewährleistet ist
- die biologische Vielfalt wertgeschätzt und erhalten wird sowohl in der freien Natur als auch in den bebauten Landschaften, indem das biologische und genetische Potential von Pflanzen- und Tierarten, das lokale Wissen und die lokalen Praktiken optimal genutzt werden, einschließlich innovativer Ansätze, die von Wissenschaftlern noch nicht vollständig verstanden, von Bauern jedoch weitgehend praktiziert werden.

## Der Kreislauf der Nachhaltigkeit

Nachhaltigkeit ist kein statisches, sondern ein dynamisches Phänomen. Nachhaltigkeit ist auch kein Endergebnis, sondern ein zyklischer Prozess. Traditionelle Landwirte bewirtschaften den Boden so, dass er durch Mist, Pflanzenmaterial, direkte Düngung, Mischkulturen, Mulchen und andere Bewirtschaftungsmethoden immer wieder mit Nährstoffen versorgt wird. Sie halten sich noch immer an das alte Sprichwort: Füttere nicht die Pflanze, sondern füttere den Boden, der die Pflanze nährt.

Die Bauern bauen in solch großer Biodiversität an, wie es in dem jeweiligen Gebiet möglich ist. Sie fördern die natürliche biologische Vielfalt auch in nicht bewirtschafteten Gebieten (Wäldern, Grasland, Weideland usw.). Diese biologische Vielfalt ist der Schlüssel zur Nachhaltigkeit – je höher der Grad an biologischer Vielfalt, desto besser die Nachhaltigkeit. Die Landwirte steuern ebenso die zyklischen Nährstoffströme. Alle Nährstoffe, die den Anbauflächen entzogen werden, werden dem Boden in Form von Dünger wieder zugeführt. Die Bodenfruchtbarkeit wird weiter verbessert, indem Nährstoffe aus dem Waldboden ergänzt werden.

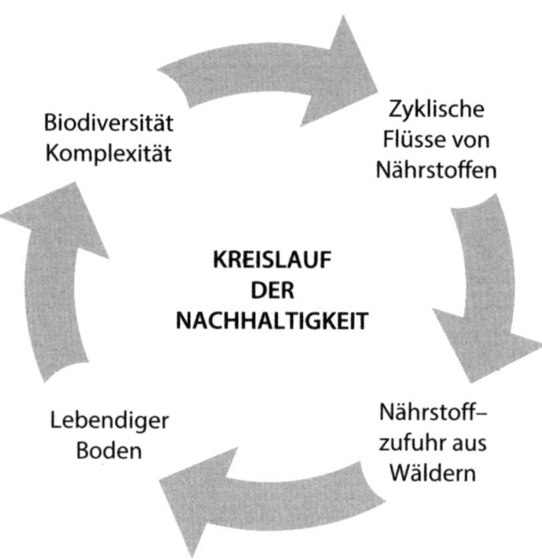


Diese wunderbare Praxis ist ein Beispiel für das Nachhaltigkeitsmanagement der Bauern in der traditionellen Landwirtschaft (Abb. 1). Nachhaltigkeit in der Landwirtschaft ist also kein bestimmter statischer Zustand oder ein bestimmtes Produktionsniveau; sie ist ein Paradigma und ein Prozess, ein dynamisches Phänomen, das seinen Zyklus in jeder der vier Stufen vervollständigt: Biodiversität – Komplexität, Nährstoffflüsse, Nährstoffzufuhr aus Wäldern und lebendigem Boden.

Unterschiedliche Methoden der nachhaltigen Landwirtschaft praktizieren Agrarökologie unter verschiedenen Namen und mit leicht variierenden Schwerpunkten. Permakultur, biologische Landwirtschaft, natürlicher Landbau und ökologischer Landbau sind verschiedene Schulen der einen Praxis. Die Prinzipien aller nichtindustriellen, nicht-chemischen Landwirtschaftssysteme sind die Prinzipien der Agrarökologie.

Die FAO ermittelte die folgenden »10 Elemente der Agrarökologie« für die Planung, das Management und die Evaluierung der Umstellung auf Agrarökologie:

1. Vielfalt
2. Ko-Kreation von Wissen und interdisziplinäre Ansätze für Innovation
3. Synergieeffekte
4. Wirkungsgrad
5. Recycling
6. Widerstandsfähigkeit
7. Menschlicher und sozialer Wert
8. Kultur und kulinarische Traditionen
9. Verantwortungsvolles Regieren
10. Kreislaufwirtschaft und Solidarität

Wir konzentrieren uns auf den regenerativen ökologischen Landbau, weil die ökologische, gesellschaftliche und individuelle Gesundheit in einer dreifältigen Krise steckt. Dieser Landbau konzentriert sich auf Saatgut, Boden, Wasser und Klimasysteme, um das Leben der Bauern zu verbessern.

## Die vier Grundsätze des ökologischen Landbaus

Die vier Grundsätze des ökologischen Landbaus wurden von der *International Federation of Organic Agricultural Movements* (IFOAM) auf der Grundlage aktueller ökologischer Praktiken durch umfassende weltweite Konsultationen entwickelt. Sie sind der internationale Konsens über die Basis der ökologischen Produktion. Diese Prinzipien dienen als Grundlage für die Entwicklung von Praktiken, Programmen und Standards:

- Gesundheit
- Ökologie
- Fairness
- Fürsorge

Die IFOAM ist die internationale Dachbewegung, die die Aufgabe hat, die Biobranche weltweit zu vertreten und zu vereinen. Sie ist die Organisation, die die internationalen Standards, Richtlinien, Definitionen und Positionen rund um die Multifunktionalität des ökologischen Landbaus festlegt, indem sie sich mit ihren Mitgliedern berät, die das gesamte Spektrum des Sektors in den meisten Ländern der Welt abdecken. Folglich werden IFOAM-Dokumente als äußerst glaubwürdige Quellen angesehen.

Die von der IFOAM entwickelte einvernehmliche Definition des biologischen Landbaus zeigt deutlich, dass biologische Methoden auf ökologischer und sozialer Nachhaltigkeit beruhen sollten, indem sie mit den ökologischen Wissenschaften, den natürlichen Kreisläufen und den Bauern zusammenarbeiten:

> Die biologische Landwirtschaft ist eine Produktionsweise, welche die Gesundheit der Böden, der Ökosysteme und der Menschen aufrechterhält. Sie stützt sich auf die ökologischen Prozesse, biologische Vielfalt und auf die an die lokalen Bedingungen angepassten Kreisläufe und nicht auf den Einsatz von Betriebsmitteln mit nachteiligen Auswirkungen. Der ökologische Landbau verbindet Tradition, Innovation und Wissenschaft zum Nutzen der gemeinsamen Umwelt und fördert faire Beziehungen und eine gute Lebensqualität für alle Beteiligten.

## Zwei signifikante Unterschiede zwischen konventionellen und ökologischen Systemen

In den meisten Richtlinien für den biologischen Landbau ist eindeutig festgelegt, dass im biologischen Landbau auf den Einsatz von synthetischen Düngemitteln und Pestiziden verzichtet wird. Die Ernährungs- und Landwirtschaftsorganisation der Vereinten Nationen (FAO) schuf den internationalen Standard für den Handel mit Lebensmitteln, den *Codex Alimentarius*, der auch die biologische Erzeugung umfasst. In den *Richtlinien für die Erzeugung, Verarbeitung, Kennzeichnung und Vermarktung von Lebensmitteln aus biologischer Landwirtschaft* (die von der Codex-Alimentarius-Kommission erarbeitet wurden) heißt es: »Der biologische Landbau beruht auf der Minimierung des Einsatzes externer Betriebsmittel und der Vermeidung des Einsatzes synthetischer Düngemittel und Pestizide.«

Dies ist ein wichtiger Unterschied zwischen konventionellen und biologischen Produkten. Leider ist es zu der falschen Annahme gekommen, dass biologische Methoden zwei wichtige Inputs der konventionellen Landwirtschaft nicht einsetzen: Düngemittel zur Behebung von Nährstoffmängeln und Methoden zur Bekämpfung von Schädlingen und Krankheiten. Der biologische Landbau wird von einigen Behörden als Vernachlässigung der Landwirtschaft angesehen, die geringe Erträge und minderwertige Produkte hervorbringt (Avery 2000; Trewavas 2001). Dies ist nicht der Fall, und in diesem Buch werden die wichtigsten Umweltvorteile auf der Grundlage glaubwürdiger veröffentlichter Literatur dargelegt. Mehrere von Fachleuten begutachtete Vergleichsstudien ergaben, dass ökologische Landwirtschaftssysteme im Vergleich zu unseren derzeitigen landwirtschaftlichen Systemen am nachhaltigsten sind und die geringsten Auswirkungen auf die Umwelt haben (Drinkwater 1998; Welsh 1999; Reganold et al. 2001; Mader et al. 2002; Hole 2004; Pimentel 2005). Ökologische Nachhaltigkeit, insbesondere im Hinblick auf die Arbeit mit biologischen Methoden und die Gewährleistung gesunder Ökosysteme durch aktive Fürsorge in der Produktion, ist für den biologischen Landbau von grundlegender Bedeutung. Dies ist ein beabsichtigtes Ergebnis, das auf den Grundprinzipien der biologischen Erzeugungsmethoden beruht.

Der biologische Landbau ist kein System zur Substitution externer Inputs. Er ist keine Methode, die das Land sich selbst überlässt.

Aber er macht synthetische Pestizide und Düngemittel überflüssig, indem er die biologische Vielfalt und ihre ökologischen Funktionen zur Verbesserung der Bodenfruchtbarkeit intensiviert: durch den Einsatz von Kompost, natürlichen Mineralien, Gründüngung und die Wiederverwertung organischer Materialien. Die biologische Vielfalt sowie kulturelle und ökologische Managementsysteme werden vorrangig zur Kontrolle von Schädlingen, Unkräutern und Krankheiten eingesetzt, wobei natürliche Biozide mineralischen, pflanzlichen und biologischen Ursprungs in begrenztem Umfang als letztes Mittel eingesetzt werden.

## Die Wiederverwertung von organischen Stoffen ist die Grundlage des biologischen Landbaus

Der Schlüssel zur Gesundheit von Landökosystemen liegt darin, sicherzustellen, dass der Boden, der komplexe Nahrungsnetze tragen und hervorbringen kann, kontinuierlich mit organischem Material versorgt wird. Dies ist der Grund, warum J. I. Rodale den Begriff »biologisch« in den 1940er-Jahren populär machte, und es ist die Grundlage der biologischen Landwirtschaft.

Rodale wurde von Albert Howard inspiriert, der 1905 vom britischen Empire als »kaiserlicher Wirtschaftsbotaniker« nach Indien geschickt wurde. Als er in Indien in Bihar ankam, stellte er fest, dass die Böden fruchtbar waren und es auf den Feldern keine Schädlinge gab. Er beschloss, die Schädlinge und die Bauern zu seinen Lehrern zu machen, um zu lernen, wie man gute Landwirtschaft betreibt. Aus dieser Erfahrung heraus schrieb er den Klassiker der ökologischen Landwirtschaft *The Agricultural Testament* (Mein landwirtschaftliches Testament), das Rodale inspirierte. Rodale war der erste große internationale Autor und Herausgeber von Büchern und Zeitschriften über den ökologischen Landbau. Seine wichtigste Zeitschrift *Organic Farming and Gardening* (Biologischer Land- und Gartenbau) wurde von vielen Tausend Menschen in der ganzen Welt gelesen. In dieser und weiteren Publikationen setzte er sich aktiv für den

Begriff »biologischer Landbau« ein. Rodale erklärte wiederholt, dass das Grundlegende des biologischen Landbaus die Verbesserung der Bodengesundheit und der Aufbau von Humus durch eine Vielzahl von Praktiken sei, die organisches Material wiederverwerten (Rodale 2011).

Die biologische regenerative Landwirtschaft beruht auf der Wiederverwertung organischer Stoffe und damit auf der Wiederverwertung von Nährstoffen. Sie beruht auf dem Gesetz der Rückführung, also darauf, dem Boden Nährstoffe zurückzugeben – und nicht bloß Nährstoffe aus ihm zu entnehmen. Albert Howard zufolge ist es »eine besonders gemeine Form des Banditentums, wenn man künftigen Generationen, die sich nicht wehren können, etwas wegnimmt, ohne der Grundlage, die den Lebensunterhalt unserer globalen Gemeinschaft sichert, etwas zurückzugeben.«

Wie die alten Veden schon vor 4.000 Jahren feststellten, »hängt unser Überleben von dieser Handvoll Erde ab. Sorge für sie, und sie wird unsere Nahrung, unsere Energie und unsere Unterkunft bereitstellen und uns mit Schönheit umgeben. Missbrauche den Boden, und er wird zusammenbrechen und sterben und die Menschheit mit sich reißen.«

Im lebendigen Boden liegt der Wohlstand und die Sicherheit der Zivilisation. Der Tod des Bodens ist der Tod der Zivilisation. Unsere Zukunft ist untrennbar mit der Zukunft der Erde verbunden. Es ist kein Zufall, dass das Wort »Mensch« seine Wurzeln im lateinischen Wort *humous* (Erde) hat, und Adam, der erste Mensch in den abrahamitischen Traditionen, leitet sich von *Adamus* (hebräisch: Erde) ab. Wir vergessen, dass wir Erde sind. Wenn wir uns um den Boden kümmern, gewinnen wir unsere Menschlichkeit zurück und produzieren mehr Nahrung auf weniger Fläche. Fruchtbare Böden sind die nachhaltige Antwort auf die Lebensmittel- und Ernährungskrise.

Böden, die reich an lebendem organischem Kohlenstoff und Humus sind, sind auch die wirksamste Lösung für die Abschwächung der Klimaveränderungen und die Anpassung an sie. Eine auf fossile Brennstoffe ausgerichtete Wirtschaft, einschließlich der industriellen

Landwirtschaft, hat die Kohlendioxidkonzentration in der Atmosphäre so in die Höhe getrieben, dass das Klima instabil wird. Wir müssen die Emissionen reduzieren und die Kohlenstoffkonzentration in der Atmosphäre verringern. Der biologische Landbau bietet ein ökologisches Verfahren, um überschüssigen Kohlenstoff aus der Luft zu holen, wo er nicht hingehört, und ihn in den Boden zu bringen, wo er hingehört. Ein Boden, der reich an organischen Stoffen ist, speichert zudem mehr Wasser, was den Bedarf an Bewässerung verringert, die Widerstandsfähigkeit gegen Dürre erhöht und die Klimaresistenz verbessert.

## Biologischer Landbau sorgt für mehr Artenvielfalt

In Europa und den Vereinigten Staaten durchgeführte Untersuchungen zeigen, dass ökologische Systeme im Vergleich zu anderen Landwirtschaftssystemen auf den Feldern des Betriebs die höchste Artenvielfalt aufweisen (Reganold et al., 2001; Mader et al., 2002; Pimentel 2005).

Die in der Fachzeitschrift *Biological Conservation* veröffentlichte umfassende Auswertung von 76 Studien aus der ganzen Welt, in denen die biologische mit der konventionellen Landwirtschaft verglichen wurden, ergab, dass der biologische Landbau die biologische Vielfalt auf jeder Ebene der Nahrungskette erhöht, angefangen bei den Bodenlebewesen (etwa Bakterien) bis hin zu höheren Tieren (wie Säugetieren):

> Sie identifiziert eine breite Palette von Taxa, darunter Vögel und Säugetiere, Wirbellose und die Ackerflora, die durch eine Zunahme der Abundanz und/oder des Artenreichtums aufgrund der biologischen Bewirtschaftung profitieren. Darüber hinaus werden drei weit gefasste Bewirtschaftungspraktiken hervorgehoben (Verbot/Verringerung des Einsatzes chemischer Pestizide und anorganischer Düngemittel, vorsichtige Behandlung nicht bewirtschafteter Lebensräume und Erhaltung von Mischkulturen), die größtenteils

(aber nicht ausschließlich) typisch für den biologischen Landbau und für die Tierwelt auf dem Acker besonders vorteilhaft sind (Hole et al. 2004).

In einem früheren Bericht der Ernährungs- und Landwirtschaftsorganisation der Vereinten Nationen (FAO) heißt es: »Der biologische Landbau hat seine Fähigkeit unter Beweis gestellt, nicht nur Erzeugnisse, sondern zugleich auf allen Ebenen biologische Vielfalt hervorzubringen« (FAO 2003).

## Endemische Biodiversität

Die Welt erlebt derzeit das größte Aussterbeereignis seit dem Ende der Kreidezeit, welches damals zum Aussterben der Dinosaurier führte. Der derzeitige Verlust der biologischen Vielfalt wird als das sechste große Massenaussterben bezeichnet und ist in erster Linie auf die Rodung von Land für die Landwirtschaft zurückzuführen (Tilman et al., 2001, MA Report 2005).

Dieser weitreichende Verlust von Lebensraum und Arten verursacht auch große gesundheitliche und soziale Probleme auf dem gesamten Planeten (Sala 2009). Der größte Teil dieses Verlusts ist auf die Rodung von Land und die Zerstörung von Lebensräumen für die Produktion von Agrarrohstoffen, vor allem von Ölpalmen, Kautschuk, Sojabohnen, Zucker, Rindfleisch und Holz, zurückzuführen (ETC Group 2009).

Einer der Kritikpunkte an der biologischen Landwirtschaft ist, dass aufgrund der geringeren Erträge mehr Land gerodet werden müsse, um den prognostizierten Bedarf an mehr Nahrungsmitteln weltweit zu decken. Ein weiterer Kritikpunkt ist, dass biologische Zertifizierungssysteme die Abholzung von altem Baumbestand und die Zerstörung von wertvollen Lebensräumen nicht verbieten und daher diese Ökosysteme nicht besser erhalten werden als durch die konventionelle Landwirtschaft. Die Schlussfolgerung ist, dass konventionelle Systeme besser für die Umwelt seien als biologische Systeme, weil weniger Land gerodet werden müsse (Avery 2000; Trewavas 2001).

Diese Kritik an der Umweltschutzwirkung von ökologischen Systemen ist sehr irreführend. Biologische Systeme müssen nicht zwangsläufig ertragsärmer sein. Die Arbeit der Vereinten Nationen und von Navdanya in den letzten drei Jahrzehnten zeigt, dass biodiversitätsintensive ökologische Landwirtschaftssysteme mehr Lebensmittel und Nährstoffe pro Hektar produzieren und im Gegensatz zu chemieintensiven Monokulturen flächenschonend sind. Im Kapitel »Auf dem Weg zu einem auf biologischer Vielfalt beruhenden System« wird gezeigt, dass biologische Systeme, die sich in der Praxis bewährt haben, überaus ertragreich sind. Dies ist besonders in den tropischen Regionen der Welt von Bedeutung, wo der größte Teil der weltweiten Landrodung und des Lebensraumverlustes stattfindet. Allen Bauern kann leicht beigebracht werden, wie sie ertragreiche biologische Wirtschaftsweisen betreiben können. Wo dies in Afrika geschehen ist, konnten die Erträge um mehr als 100 Prozent gesteigert werden. Die Schulung von Landwirten in der Anwendung bewährter biologischer Verfahren bedeutet, dass mehr Land für den Schutz der biologischen Vielfalt erhalten werden kann (UNEP-UNCTAD 2008).

Der Grund, warum die meisten Bio-Standards keine speziellen Klauseln enthalten, die die Abholzung von altem Baumbestand und die Zerstörung von ökologisch wertvollem Lebensraum verbieten, ist, dass dies nie ein Problem war und sie sich daher nicht mit diesem Thema befassen mussten. Es gibt keine Beweise für eine großflächige Abholzung wertvoller Ökosysteme für die kommerzielle biologische Produktion, also ist klar, dass dieses Problem gar nicht existiert. Der überwältigende Großteil der Lebensraumzerstörung erfolgt für die groß angelegte Rohstoffproduktion, insbesondere für genetisch verändertes Soja und Palmöl. Diese Produktionssysteme dienen ganz klar der konventionellen Agrarindustrie zur Erzeugung von Rohstoffen für industrielle Prozesse – das Gegenteil der meisten ökologischen

Systeme –, die nichts mit der Erzeugung von Nahrung für die Hungernden zu tun haben (ETC Group 2009).

## Erhaltung und Wertschätzung von Lebensräumen

Im Gegensatz zu den Millionen Hektar Lebensraum, die durch die konventionelle Agrarindustrie zerstört werden, erhalten die biologischen Zertifizierungssysteme Millionen Hektar Lebensraum, indem sie den Bewirtschaftern ermöglichen, eine Prämie für nachhaltig geerntete Wildprodukte zu erhalten. Die zertifizierte ökologische Wildsammlung ist ein neuer und schnell wachsender Bereich, durch den weltweit über 41 Millionen Hektar erhalten werden (Willer 2011).

Dies ist eine sehr wichtige Vorgehensweise, weil sie die nachhaltige Nutzung wildwachsender Ressourcen ermöglicht, die Erhaltung von Ökosystemen mit großer biologischer Vielfalt gewährleistet und den Menschen, die diese Ökosysteme bewirtschaften, ein Einkommen verschafft. Sie sind die erfolgreichsten Beispiele für ein marktorientiertes System, das Landbesitzer für Ökosystemleistungen belohnt und einen wirtschaftlichen Anreiz für die Erhaltung von Ökosystemen bietet, damit diese eine nachhaltige Einkommensquelle bleiben.

Das Zertifizierungssystem legt die Kriterien und Bewirtschaftungsanforderungen fest, um sicherzustellen, dass die Produkte nachhaltig geerntet werden und der Lebensraum nicht geschädigt und nachhaltig bewirtschaftet wird. Die Mehrzahl der zertifizierten Bio-Wilderntegebiete befindet sich in Entwicklungsländern, und die für die Produkte erzielten guten Preise bringen den Gemeinschaften, die diese Ökosysteme bewirtschaften, enorme Vorteile.

## Landwirtschaftliche Biodiversität auf dem Bauernhof

Biobauern haben sich schon immer aktiv für die Erhaltung traditioneller Sorten von Nutzpflanzen und -tieren eingesetzt. In der Regel werden im biologischen Landbau weitaus mehr Sorten angebaut als im konventionellen, da die Wurzeln des biologischen Landbaus in der traditionellen Landwirtschaft liegen und vielfältige Fruchtfolgen erforderlich sind.

Navdanya – was so viel wie »Neun Samen« bedeutet – hat sich als ein auf Biodiversität basierendes Landwirtschaftsmodell entwickelt, das die Vielfalt von Saatgut, Pflanzen, Insekten, Bestäubern und Bodenorganismen fördert. Die Intensivierung der biologischen Vielfalt erhöht auch die Nahrungsmittel- und Ernährungssicherheit, wie unsere Forschungsergebnisse über Gesundheit pro Hektar und Nährwert pro Hektar in diesem Buch aufzeigen. Das auf biologischer Vielfalt beruhende Paradigma der Agrarökologie wird von den Regierungen von Nordostindien und Madhya Pradesh in Form einer auf Nährwert ausgerichteten Landwirtschaft übernommen. Das Aufkommen der industriellen Landwirtschaft hatte zu einem massiven Rückgang der biologischen Vielfalt in den Betrieben geführt, da sich diese kommerziellen Systeme auf wenige Sorten konzentrieren, um eine einheitliche Produktion für Supermarktketten und Marken zu gewährleisten. Die Untersuchungen von Pat Mooney und Kollegen von der ETC-Gruppe stellten diesen kontinuierlichen Rückgang der biologischen Vielfalt in unseren industriellen Landwirtschaftssystemen fest (ETC-Gruppe 2009):

> Die industrielle Verwertungskette von Lebensmitteln konzentriert sich auf weit weniger als 100 Rassen von fünf Tierarten. Die Pflanzenzüchter der Unternehmen arbeiten mit 150 Pflanzenarten, konzentrieren sich aber auf kaum ein Dutzend. Von den 80.000 kommerziellen Pflanzensorten, die heute auf dem Markt sind, sind weit über die Hälfte Zierpflanzen. Was von unseren schrumpfenden Fischbeständen übrig ist, stammt von 336 Arten, die fast zwei Drittel der von uns konsumierten aquatischen Arten ausmachen.

Die Mehrheit der Bauern weltweit betreibt traditionelle Landwirtschaft, die eindeutig dem biologischen Landbau zuzurechnen ist.

Diese bäuerlichen Gemeinschaften sind für die Erhaltung einer enormen Menge an einzigartiger bäuerlicher Artenvielfalt verantwortlich. Als die ETC-Gruppe die traditionellen Systeme untersuchte, die in das ökologische Paradigma passen, entdeckten sie, dass

> Bauern 40 Nutztierarten und fast 8.000 Rassen züchten und erhalten. Bauern züchten auch 5.000 domestizierte Nutzpflanzen und tragen mit mehr als 1,9 Millionen Pflanzensorten zu den Genbanken der Welt bei. Ländliche Fischer fangen und bewahren mehr als 15.000 Süßwasserarten.

Der Verlust dieser biologischen Anbausysteme bringt das Aussterben einer unersetzlichen Artenvielfalt mit sich, die in einzigartiger Weise an die entsprechenden Regionen angepasst ist. Es ist wichtig, dass diese Anbausysteme gefördert werden, um diese wertvolle immense biologische Vielfalt zu erhalten.

## Biologische Vielfalt des Bodens

Nährstoffreiche Böden weisen die größte Artenvielfalt der Erde auf und bilden das Nahrungsnetz des Bodens, das die Grundlage der meisten terrestrischen Ökosysteme bildet. Die von Mikrobiologen seit mehr als 100 Jahren betriebene Forschung entwickelt allmählich ein integriertes Verständnis der Hauptaufgaben der Schlüsselarten und ihrer Bedeutung für die Nährstoff- und Gesundheitszyklen höherer Organismen. Die biologische Vielfalt des Bodens ist so komplex und vielfältig, dass die meisten hier vorkommenden Arten von der Wissenschaft gar nicht beschrieben und ihre spezifischen ökologischen Funktionen nicht vollständig verstanden werden (Bardgettr 2005). Der überwiegende Teil der biologischen Vielfalt des Bodens findet sich in der organischen Bodensubstanz (*soil organic matter*: SOM), insbesondere in den Abscheidungen der organischen Substanz, die von den Wurzeln lebender Pflanzen gebildet werden (Stevenson 1998). Die biologische Vielfalt des Bodens wird in erster Linie durch die

Produkte der Photosynthese von Pflanzen und photosynthetischen Mikroorganismen wie Cyanobakterien gespeist. Die Photosynthese nutzt die Sonnenenergie, um aus Kohlendioxid und Wasser Sauerstoff und zwei Einfachzucker zu erzeugen: Glukose und Fruktose. Glukose ist das Grundmolekül des Lebens; sie ist die Energiequelle der Zellen von Pflanzen und Tieren. Glukosemoleküle können kombiniert und leicht modifiziert werden und bilden dann zahlreiche andere Zuckerarten, die das Leben nutzt, wie Saccharose (Rohrzucker), Dextrose (Fruchtzucker) und Laktose (Milchzucker).

Glukosemoleküle können zu langen Ketten verbunden werden, um Zellulose zu bilden. Zellulose ist das primäre Polymer, aus dem die Stämme, Äste und Blätter von Pflanzen bestehen. Sie wird zu Papier verarbeitet oder als Holz verwendet. Glukosemoleküle können auch zu verschiedenen Arten von langen Ketten zusammengefügt werden, um Kohlenhydrate zu bilden. Dies sind die Stärken, die wir in Getreide, Mehl, Kartoffeln und anderen Grundnahrungsmitteln zu uns nehmen. Kohlenhydrate werden von Pflanzen und Tieren in Kohlenwasserstoffe umgewandelt. Dies sind die Öle und Fette in unserer Ernährung.

Die Energie in Gas, Kohle und Öl, mit der wir unsere modernen Industrien betreiben, stammt aus fossilen Brennstoffen, die vor Millionen von Jahren durch Photosynthese entstanden sind. Die meisten lebenden Organismen wandeln Kohlenhydrate unter Hinzufügung von Stickstoff und manchmal Schwefel in Aminosäuren um. Diese sind die Grundlage für Proteine, DNA, Hormone und andere lebenswichtige Moleküle. Nahezu alles Leben auf der Erde hängt von der Photosynthese ab, entweder direkt oder indirekt, wie im Fall von Mikroorganismen und Tieren. Die komplexe biologische Vielfalt des Bodens recycelt all diese organischen Moleküle, die ursprünglich durch die Photosynthese entstanden sind, durch den Abbau organischer Stoffe und durch die Synthese neuer Verbindungen zum Aufbau neuer organischer Stoffe. Diese komplexen Zyklen von Aufbau, Zerfall und Wiederaufbau organischer Moleküle sind die grundlegende Basis aller Bodensysteme wie auch höherer Lebensformen, einschließlich des Menschen, der sich letztlich von ihren Erzeugnissen ernährt.

## Höhere Gehalte an organischer Materie im Boden

Die Hauptgründe für eine größere biologische Vielfalt im Boden in biologischen Betrieben sind der höhere Anteil an organischer Substanz sowie der Verzicht auf synthetische Chemikalien. Ganz allgemein gilt: Je höher der Gehalt an organischer Substanz (SOM), desto höher ist die biologische Vielfalt im Boden (Stevenson 1998, Zimmer 2000).

Zwei unabhängige globale Metaanalysen untersuchten Vergleichsstudien zwischen biologischen und konventionellen Anbausystemen, um festzustellen, ob es Unterschiede in der Zunahme des Bodenkohlenstoffs gibt. Die Studie des FiBL (Forschungsinstitut für biologischen Landbau) und der britischen *Soil Association* ergab, dass der ökologische Landbau auf einem Hektar Ackerland jährlich etwa 2.000 Kilogramm Kohlendioxid aus der Luft bindet. In beiden Studien wurden Daten aus australischen Studien berücksichtigt (Azeez 2009, Gattinger 2011). Die meisten Studien über konventionelle Systeme zeigen dagegen entweder Rückgänge oder bestenfalls sehr geringe Zunahmen. Umfassende Arbeiten von Wissenschaftlern des CSIRO (*Commonwealth Scientific and Industrial Research Organisation* in Australien) zeigten auf, dass die konventionellen australischen Anbausysteme vor allem Bodenkohlenstoff verloren:

> Eine wichtige Schlussfolgerung, die aus dieser Zusammenstellung australischer Feldversuchsdaten gezogen werden kann, ist, dass bei der Verfolgung der SOC-Bestände [SOC = organischer Kohlenstoff im Boden] im Laufe der Zeit selbst bei verbesserter Bewirtschaftung oft ein deutlicher Rückgang zu verzeichnen war, was in vielen Fällen wahrscheinlich eine direkte Folge der Tatsache war, dass diese Böden immer noch auf die ursprüngliche Bewirtschaftung des ursprünglichen Bodens reagierten.

Da die konventionelle Bewirtschaftung jedoch häufig einen höheren SOC-Verlust aufwies, ergab sich beim Vergleich der beiden Behandlungen am Ende des Versuchs ein relativer SOC-Gewinn für die verbesserte Bewirtschaftung. Das bedeutet, dass die australischen Böden zumindest bei den konventionellen agronomischen Systemen, die in diesen Versuchen getestet wurden, im allgemeinen nur die Verluste abmildern und nicht tatsächlich zusätzliches atmosphärisches $CO_2$ binden. (Sanderman, 2010)

## Synthetische Stickstoffdünger zerstören den Bodenkohlenstoff

Einer der Hauptgründe für die Unterschiede beim Bodenkohlenstoff zwischen ökologischen und konventionellen Systemen ist, dass synthetische Stickstoffdünger den Kohlenstoff im Boden abbauen. Die Forschung belegt einen direkten Zusammenhang zwischen dem Einsatz von synthetischen Stickstoffdüngern und dem Rückgang des Bodenkohlenstoffs. Laut La Salle und Hepperly:

> Die Ausbringung von löslichen Stickstoffdüngern ... fördert einen schnelleren und vollständigeren Abbau der organischen Substanz, wodurch Kohlenstoff in die Atmosphäre gelangt, anstatt ihn im Boden zu halten, wie es biologische Systeme tun (La Salle und Hepperly 2008).

Wissenschaftler der Universität von Illinois analysierten die Ergebnisse eines über 50 Jahre laufenden landwirtschaftlichen Versuchs und fanden heraus, dass synthetischer Stickstoffdünger dazu führte, dass alle Kohlenstoffrückstände aus der Ernte verschwanden und im Boden ein durchschnittlicher Verlust von etwa 10 Tonnen Kohlenstoff pro Hektar entstand. Das sind etwa 37 Tonnen Kohlendioxid pro Hektar zusätzlich zu den vielen Tausend Kilogramm aus Ernterückständen, die jedes Jahr in $CO_2$ umgewandelt werden (Khan et al. 2007; Mulvaney et al. 2009).

Die Forscher stellten fest, dass die Menge an Bodenkohlenstoff, die als $CO_2$ verlorengeht, um so größer ist, je mehr synthetischer Stickstoffdünger ausgebracht wird. Dies ist einer der Hauptgründe, warum konventionelle landwirtschaftliche Systeme einen Rückgang des Bodenkohlenstoffs aufweisen, während ökologische Systeme den Kohlenstoff im Boden vermehren. Es gibt eine ganze Reihe von Studien, die von Fachleuten überprüft wurden, die beweisen, dass die zur Bekämpfung von Schädlingen, Krankheiten und Unkraut eingesetzten Pestizide, Herbizide und Fungizide auch für die Bodenbiologie giftig sind. Rachel Carson schrieb bereits 1962 darüber, und diese Beweise werden immer zahlreicher (Carson 1962; Colborn 1996; Cadbury 1997).

Diese Veränderungen der Bodenbiota führen zu einem Rückgang der Produktion von Stickstoff, Phosphor und anderen pflanzenverfügbaren Nährstoffen im Boden. Außerdem kommt es zu Ernteverlusten durch Pflanzenpathogene wie Pilzkrankheiten, Bakterienwelke und andere Krankheiten (Cox 2001; Cox 2004; Huber 2010).

## Erosion und Bodenverlust

Bodenverlust und Erosion in landwirtschaftlichen Systemen sind weltweit ein großes Problem und die Hauptursache für Produktivitätsrückgänge. Bodenverlust ist auch einer der Hauptgründe für die Eutrophierung aquatischer Systeme, die zu toxischen Algenblüten, Fischsterben und dem Absterben von Korallen, Seegräsern, Plankton, Daphnien (Wasserflöhen) und zahlreichen Meeres- und Süßwasserlebewesen führt, weil durch die zunehmende Trübung der Sauerstoffgehalt und das Sonnenlicht abnehmen (MA Report 2005; IAASTD 2008). Vergleichsstudien zeigten, dass biologische Systeme aufgrund der besseren Bodengesundheit weniger Bodenverluste aufweisen (Reganold et al., 1987; Reganold et al. 2001; Mader et al. 2002; Pimentel 2005). Professor Reganold erklärte:

> Wir vergleichen seit 1948 die langfristigen Auswirkungen von ökologischem und konventionellem Landbau auf ausgewählte

Eigenschaften desselben Bodens. Der biologisch bewirtschaftete Boden wies einen deutlich höheren Gehalt an organischer Substanz, eine dickere Oberbodenschicht, einen höheren Polysaccharidgehalt, eine geringere Bruchfestigkeit und eine geringere Bodenerosion auf als der konventionell bewirtschaftete Boden. Diese Studie deutet darauf hin, dass der biologische Landbau langfristig die Bodenerosion wirksamer verringert als der konventionelle und damit die Produktivität des Bodens erhält.

Kritiker des biologischen Landbaus verweisen darauf, dass pfluglose konventionelle Anbaumethoden dem ökologischen Landbau überlegen seien, weil bei den biologischen Methoden der Boden bearbeitet wird. Es gibt nur eine veröffentlichte Studie, in der konventionelle Direktsaat mit ökologischer Bodenbearbeitung verglichen wurde. Die Forscher fanden heraus, dass die biologische Methode immer noch die bessere Bodenqualität aufwies:

> Die [biologische] Methode verbesserte deutlich die Bodenproduktivität, gemessen an den Maiserträgen im Feldversuch ... Diese höheren Gehalte an Kohlenstoff und Stickstoff im Boden wurden trotz Meißelpflug und Scheibenegge zur Einarbeitung von Dung und des Einsatzes von Kultivatoren zur Unkrautbekämpfung erreicht. [...] Unsere Ergebnisse deuten darauf hin, dass Methoden, die hohe Mengen an organischen Inputs aus Dung und Gründüngung einbeziehen, die Böden stärker als konventionelle Direktsaat verbessern können, obwohl sie auf ein gewisses Maß an Bodenbearbeitung angewiesen sind (Teasdale et al. 2007).

Die jüngsten Verbesserungen bei den vom Rodale Institute entwickelten biologischen Low-/No-Till-Methoden (wenig oder keine Bodenbearbeitung) zeigen, dass diese sowohl hohe Erträge als auch hervorragende Umwelteffekte erzielen können (Rodale 2006).

## Ökologische Systeme nutzen Wasser effizienter

Im *Millennium Ecosystem Assessment* (eine globale, wissenschaftliche Analyse der Ökosystemveränderungen) heißt es: »Die Menge des in Dämmen aufgestauten Wassers hat sich seit 1960 vervierfacht, und in Stauseen wird drei- bis sechsmal so viel Wasser gespeichert wie in natürlichen Flüssen. Die Wasserentnahme aus Flüssen und Seen hat sich seit 1960 verdoppelt; der größte Teil des Wassers (70 Prozent weltweit) wird für die Landwirtschaft verwendet.« (MA-Bericht 2005)

Die derzeitige Politik in Australien, mehr Wasser für die Bewässerung in die Flüsse umzuleiten, um die Umwelt zu schonen, insbesondere im Einzugsgebiet des Murray Darling, hat erhebliche Auswirkungen auf die Landwirtschaft.

Die wissenschaftlichen Erkenntnisse über die Klimaveränderungen zeigen, dass in Australien die Häufigkeit und Dauer von Dürren zunehmen wird. Die Art der Niederschläge wird sich den Prognosen zufolge in vielen Gebieten verändern. Während sich die Niederschlagsmenge vielleicht nur geringfügig ändert, werden sich die Niederschlagsmuster stark verändern: seltener Regen, aber mit höherer Intensität und von kürzerer Dauer. Dies bedeutet, dass die Landwirtschaft in der Lage sein muss, mehr Wasser von diesen kürzeren Regenfällen aufzufangen und sie für längere Zeit im Boden zu speichern. Untersuchungen zeigen, dass ökologische Systeme das Wasser aufgrund der besseren Bodenstruktur und des höheren Gehalts an organischer Substanz, insbesondere Humus, effizienter nutzen (Lotter 2003; Pimentel, 2005):

> Es wurde gemessen, dass das in der Wurzelzone der Pflanzen gespeicherte Bodenwasser in den ökologisch bewirtschafteten Parzellen statistisch signifikant höher ist als in den konventionellen Parzellen, was auf den höheren Gehalt an organischer Substanz in den ökologisch behandelten Böden zurückzuführen ist. […] Die in den letzten zehn Jahren des FST-Versuchs gesammelten Daten

> zeigen, dass die Behandlungen MNR [organisches Düngesystem] und LEG [organisches Leguminosensystem] die Wasserspeicherkapazität, die Infiltrationsrate und die Wasseraufnahmefähigkeit der Böden verbessern. LEG-Maisböden wiesen im gleichen Anbaustadium einen durchschnittlich 13 Prozent höheren Wassergehalt auf als CNV-Böden [konventionelles System] und einen 7 Prozent höheren als CNV-Böden in Sojaparzellen… (Lotter 2003)

Die offene Struktur ermöglicht ein schnelles Eindringen des Regenwassers in den Boden, was zu einem geringeren Wasserverlust durch Abfluss führt: »Die außergewöhnliche Wasseraufnahmefähigkeit der biologischen Behandlungen fiel während der sintflutartigen Regenfälle während des Hurrikans Floyd im September 1999 auf. Die biologischen Systeme fingen während dieses zweitägigen Ereignisses etwa doppelt so viel Wasser auf wie die [konventionellen] CNV-Systeme.« (Lotter 2003)

Humus kann mehr als das 20-fache seines Gewichts an Wasser speichern, so dass Regen- und Bewässerungswasser nicht durch Auswaschung oder Verdunstung verlorengeht (Handrek, 1990; Stevenson, 1998; Handrek und Black, 2002). Es wird im Boden gespeichert und kann später von den Pflanzen genutzt werden (Drinkwater, 1998; Zimmer 2000; Mader, 2002). Übereinstimmendes Ergebnis vieler Studien ist, dass der biologische Landbau bei ungünstigen Wetterereignissen wie Dürren besser abschneidet als die konventionelle Landwirtschaft (Drinkwater, L. E., Wagoner, P. & Sarrantonio, M. 1998; Welsh R., 1999; Lotter, 2003; Pimentel 2005).

Es ist von entscheidender Bedeutung, dass die Anbaumethoden ausreichende Erträge liefern, um sicherzustellen, dass auf den vorhandenen Anbauflächen genügend Nahrungsmittel, Fasern und Brennstoffe produziert werden können, so dass kein Druck zur weiteren Zerstörung von Lebensräumen entsteht. Obwohl einige biologische Methoden geringere Erträge aufweisen, zeigen zahlreiche Studien, dass die biologische Landwirtschaft bei bester Praxis vergleichbare Erträge – und manchmal sogar bessere Erträge – im Vergleich zur intensiven konventionellen Landwirtschaft erzielen kann (Pretty, 1995; Pretty, 1998a; Welsh, 1999; Reganold, *et al.*, 2001; Parrot, 2002; Leu 2004; Pimentel, 2005; Badgley, 2007; Unep-Unctad, 2008; Bradford, 2008; Posner, 2008).

Die Annahme, dass ein höherer Einsatz von chemisch-synthetischen Düngemitteln und Pestiziden erforderlich ist, um die Nahrungsmittelerträge zu steigern, ist nicht immer richtig. In einer in *The Living Land: Agriculture, Food and Community Regeneration in the 21st Century* veröffentlichten Studie untersuchte Jules Pretty Obe Projekte in sieben Industrieländern Europas und in Nordamerika:

> Die Bauern stellen fest, dass sie den Einsatz von teuren Pestiziden und Düngemitteln um 20–80 Prozent reduzieren können und finanziell besser dastehen. Die Erträge sinken zwar zunächst (in der Regel um 10–15 Prozent), aber es gibt zwingende Beweise dafür, dass sie bald steigen und weiter zunehmen. In den USA beispielsweise erzielt das oberste Viertel der Bauern, die nachhaltige Landwirtschaft betreiben, inzwischen höhere Erträge als konventionelle Landwirte, und ihre negativen Auswirkungen auf die Umwelt sind wesentlich geringer (Pretty 1998).

Im Folgenden werden drei Studien vorgestellt, welche die hohen Erträge und positiven Umwelteffekte von biologischen Anbaumethoden belegen:

### Studie der Vereinten Nationen: Biologische Landwirtschaft steigert Erträge um 116 Prozent

Der Bericht der Welthandels- und Entwicklungskonferenz (UNCTAD) und des Umweltprogramms der Vereinten Nationen (UNEP) stellt fest, dass die biologische Landwirtschaft die Erträge in Afrika insgesamt um durchschnittlich 116 Prozent und in Ostafrika um 128 Prozent steigert. Der Bericht zeigt auf, dass trotz der Einführung der konventionellen Landwirtschaft in Afrika die Nahrungsmittelproduktion pro Person heute 10 Prozent niedriger ist als in den

1960er-Jahren: »Die in dieser Studie präsentierten Beweise stützen das Argument, dass die biologische Landwirtschaft für die Ernährungssicherheit in Afrika förderlicher sein kann als die meisten konventionellen Produktionssysteme und dass sie auf lange Sicht wahrscheinlich nachhaltiger sein wird.« (UNEP-UNCTAD 2008)

**US Agricultural Research Service (ARS): Pekannuss-Versuch**
Die von der ARS biologisch bewirtschafteten Pekannüsse waren in jedem der fünf erfassten Jahre ertragreicher als die konventionell bewirtschaftete und chemisch gedüngte Gebert-Obstanlage. Die Erträge auf der biologischen Testfläche der ARS übertrafen die der kommerziellen Gebert-Obstanlage um 18 Pfund Pekannüsse pro Baum im Jahr 2005 und um 12 Pfund pro Baum im Jahr 2007 (Bradford 2008).

**Rodale: biologisches Low/No-Till (wenig oder keine Bodenbearbeitung)**
Das Rodale Institute hat Versuche mit einer Reihe von biologischen Methoden mit wenig oder ganz ohne Bodenbearbeitung durchgeführt. Bei den Versuchen im Jahr 2006 wurden biologische Erträge von 10,76 Tonnen pro Hektar erzielt, verglichen mit dem Landesdurchschnitt von 8,74 Tonnen pro Hektar. In einem im *Guardian* veröffentlichten Artikel berichtete Professor George Monbiot, dass bei Versuchen im Vereinigten Königreich Weizen, der mit Dung angebaut wurde, in den letzten 150 Jahren durchweg höhere Erträge lieferte als Weizen, der mit chemischem Dünger angebaut wurde (Monbiot 2000). Die von der Washington State University durchgeführte Studie zur Apfelproduktion verglich die wirtschaftliche und ökologische Nachhaltigkeit von konventionellen, biologischen und integrierten Anbausystemen in der Apfelproduktion und kam zu ähnlichen Ergebnissen: »Hier berichten wir über die Nachhaltigkeit biologischer, konventioneller und integrierter Apfelerzeugungssysteme im Staat Washington von 1994 bis 1999. Alle drei Systeme lieferten ähnliche Apfelerträge.« (Reganold et al., 2001)

In einem Artikel, der in der wissenschaftlichen Fachzeitschrift *Nature* veröffentlicht wurde, wiesen Laurie Drinkwater und Kollegen vom Rodale Institute nach, dass der biologische Landbau im Vergleich zur konventionellen, intensiven Landwirtschaft bessere Umweltergebnisse sowie ähnliche Erträge bei Produkten und Gewinnen aufweist (Drinkwater 1998). Dr. Rick Welsh vom Henry A. Wallace Institute untersuchte zahlreiche akademische Veröffentlichungen, in denen die biologische Produktion mit konventionellen Produktionssystemen in den USA verglichen wurde. Die Daten zeigten, dass die biologischen Systeme rentabler waren. Dieser Gewinn war nicht immer auf Prämien zurückzuführen, sondern auf niedrigere Produktions- und Inputkosten sowie auf gleichmäßigere Erträge. Die Studie von Dr. Welsh zeigte zudem, dass der biologische Landbau bei ungünstigen Witterungsbedingungen wie Dürren oder überdurchschnittlichen Niederschlägen bessere Erträge als die konventionelle Landwirtschaft lieferte (Welsh 1999). Im Leitartikel des *New Scientist* vom 3. Februar 2001 heißt es, dass eine nachhaltige Landwirtschaft mit geringem technischem Aufwand die Ernteerträge auf armen Bauernhöfen in der ganzen Welt oft um 70 Prozent oder mehr steigert. Dies wurde erreicht, indem synthetische Chemikalien durch natürliche Schädlingsbekämpfung und natürliche Düngemittel ersetzt wurden (New Scientist, 2001). Professor Jules Pretty, der Direktor des Zentrums für Umwelt und Gesellschaft an der Universität Essex im Vereinigten Königreich, schrieb: »Jüngste Erkenntnisse aus 20 Ländern zeigen, dass mehr als zwei Millionen Familien auf über vier bis fünf Millionen Hektar nachhaltig wirtschaften. Dies ist nicht länger eine Randerscheinung. Es kann nicht ignoriert werden. Bemerkenswert sind nicht so sehr die Zahlen, sondern die Tatsache, dass das meiste davon in den letzten fünf bis zehn Jahren geschehen ist. Außerdem finden viele der Verbesserungen in abgelegenen und ressourcenarmen Gebieten statt, von denen man annahm, dass sie nicht in der Lage seien, Nahrungsmittelüberschüsse zu produzieren« (Pretty, 1998b). Professor Pretty nennt weitere Beispiele aus der ganzen Welt für Ertragssteigerungen, wenn Bauern synthetische

Chemikalien ersetzt und auf nachhaltige biologische Methoden umgestellt haben.

- 223.000 Landwirte in Südbrasilien, die Gründüngung und Deckfrüchte aus Leguminosen einsetzen und die Viehzucht einbeziehen, haben ihre Mais- und Weizenerträge auf 4–5 Tonnen pro Hektar verdoppelt.
- 45.000 Bauern in Guatemala und Honduras nutzten regenerative Technologien, um ihre Maiserträge auf 2–2,5 Tonnen pro Hektar zu verdreifachen und ihre Bergbauernhöfe zu diversifizieren, was zu einem lokalen Wirtschaftswachstum führte, welches wiederum die Rückwanderung aus den Städten begünstigte.
- 200.000 Bauern in Kenia, die an Programmen für nachhaltige Landwirtschaft teilnehmen, haben ihre Maiserträge auf 2,5 bis 3,3 Tonnen pro Hektar mehr als verdoppelt und ihre Gemüseproduktion in der Trockenzeit erheblich verbessert.
- 100.000 kleine Kaffeebauern in Mexiko führten vollständig biologische Produktionsmethoden ein und steigerten ihre Erträge um die Hälfte.
- Eine Million Nassreisbauern in Bangladesch, China, Indien, Indonesien, Malaysia, auf den Philippinen, in Sri Lanka, Thailand und Vietnam stellten auf eine nachhaltige Landwirtschaft um, wobei sie in Gruppenschulungen Alternativen zu Pestiziden kennenlernen und ihre Erträge um etwa 10 Prozent steigern konnten (Pretty, 1995).

In dem Bericht *The Real Green Revolution* (Die wahre grüne Revolution) stellt Nicolas Parrott von der Cardiff University, Großbritannien, Fallstudien vor, die den Erfolg biologischer und agrarökologischer Anbaumethoden in den Entwicklungsländern bestätigen (Parrott, 2002).

- In Madhya Pradesh, Indien, sind die durchschnittlichen Baumwollerträge der Betriebe, die sich am Maikaal-Biobaumwollprojekt beteiligen, 20 Prozent höher als in benachbarten konventionellen Betrieben.

- In Madagaskar erhöhte das SRI (System of Rice Intensification) die Erträge von den üblichen 2–3 Tonnen pro Hektar auf Erträge von 6, 8 oder 10 Tonnen pro Hektar.
- In Tigray, Äthiopien, führte die Abkehr vom intensiven Einsatz von Agrochemikalien zugunsten der Kompostierung zu einer Steigerung der Erträge und einer Vielfalt der möglichen Kulturen.
- Im Hochland von Bolivien trugen die Verwendung von Knochenmehl und Phosphatgestein und der Zwischenfruchtanbau mit stickstoffbindenden Lupinenarten erheblich zur Steigerung der Kartoffelerträge bei.

## Klimaveränderungen

Die Klimaveränderungen werden zusammen mit dem Verlust von Lebensräumen zu einem der wichtigsten Umweltthemen. Die neuesten Studien zeigen nämlich eindeutig, dass sich die Welt erwärmt und dass die Treibhausgasemissionen trotz internationaler Bemühungen wie des Pariser Abkommens weiter zunehmen. Die Treibhausgase haben 2016 mit 400 ppm einen neuen Rekordwert erreicht, den höchsten seit 800.000 Jahren. Sie steigen jährlich um 2 ppm, und im Jahr 2017 stiegen sie sogar um den Rekordwert von 3,3 ppm.

Selbst wenn die Welt aufhört, den Planeten mit Treibhausgasen zu verschmutzen, wird es viele Jahrzehnte dauern, die Klimaveränderungen umzukehren. Das bedeutet, dass sich die Landwirte auf die zunehmende Intensität und Häufigkeit von ungünstigen und extremen Wetterereignissen wie Dürre und Regenfälle einstellen müssen. In vielen Gebieten der Erde ist genau dies der Fall. Veröffentlichte Studien zeigen, dass der biologische Landbau gegenüber den vorhergesagten Wetterextremen widerstandsfähiger ist. Zudem stellten sie fest, dass biologische Betriebe bei extremen Wetterbedingungen höhere Erträge erzielen können als konventionelle Anbausysteme (Drinkwater, 1998; Wels, 1999; Pimentel, 2005). Die Versuche mit integrierten Anbausystemen in Wisconsin ergaben, dass die biologischen Erträge in Dürrejahren höher und in Jahren mit normalem

Wetter gleich hoch wie die konventionellen waren (Posner et al., 2008). Der Rodale Farm Systems Trial (FST) zeigte, dass die biologischen Methoden in Dürrejahren mehr Mais produzierten als konventionelle:

> Die durchschnittlichen Maiserträge in diesen fünf Trockenjahren waren in den beiden biologischen Systemen deutlich höher (28 Prozent bis 34 Prozent): 6.938 und 7.235 Kilogramm pro Hektar mit organischen Dung- bzw. Leguminosenmethoden gegenüber 5.333 Kilogramm pro Hektar im konventionellen Anbau (Pimentel, 2005).

Die Forscher führten die höheren Erträge in Trockenjahren darauf zurück, dass die Böden auf Biobetrieben Niederschläge besser aufnehmen können. Dies ist auf den höheren Gehalt an organischem Kohlenstoff zurückzuführen, der die Böden krümeliger macht, so dass sie mehr Regen aufnehmen und speichern: »Dieser Ertragsvorteil in Dürrejahren ergibt sich daraus, dass Böden mit höherem Kohlenstoffgehalt mehr Wasser speichern und für die Nutzpflanzen verfügbar halten können.« (La Salle und Hepperly, 2008)

## Effiziente Energienutzung und Energieeinsparung

Zwei in wissenschaftlichen Fachzeitschriften veröffentlichte Studien (Mader et al., 2002; Pimentel 2005) über Langzeitvergleichsversuche (21 und 22 Jahre) zwischen konventionellen und biologischen Methoden ergaben, dass die biologischen Methoden weniger fossile Brennstoffe verbrauchen und daher deutlich weniger Treibhausgase ausstoßen (etwa 30 Prozent). Der von Reganold in Washington, USA, durchgeführte Langzeit-Vergleichsversuch mit Äpfeln zeigte, dass die biologische Methode effizienter in der Energienutzung ist.

> Im Vergleich zu den konventionellen und integrierten Systemen produzierte das biologische System süßere und weniger säuerliche

Äpfel und hatte eine höhere Rentabilität sowie eine größere Energieeffizienz (Reganold et al., 2001).

Das ökologische Direktsaatsystem des Rodale-Instituts kann den Bedarf an fossilen Brennstoffen für den Anbau jeder Direktsaat in der Fruchtfolge um bis zu 75 Prozent im Vergleich zu normal gesäten biologischen Kulturen senken (LaSalle und Hepperly, 2008).

**Tabelle 1: Energieeinsatz in verschiedenen Maisanbausystemen**
in Liter Diesel pro Hektar (l/ha)

| | |
|---|---|
| Konventionelle Bodenbearbeitung | 231 |
| Konventionelle Direktsaat | 199 |
| Biologische Bodenbearbeitung | 121 |
| Biologische Direktsaat | 77 |

Das Entscheidende ist, dass das System mit dem geringsten Energieeinsatz auch die höchsten Erträge aufweist. Dies zeigt das Potential dieser neuen biologischen Systeme mit geringem Energieeinsatz, die sicherstellen können, dass die Welt sich an die Klimaveränderungen anpassen und genügend Lebensmittel für alle Lebewesen hervorbringen kann. Diese sehr wichtigen Informationen sollten von Regierungen und Forschungseinrichtungen auf der ganzen Welt aufgegriffen werden, um dafür zu sorgen, dass diese verbessert und an alle landwirtschaftlichen Regionen des Planeten angepasst werden können (Pimentel et al., 2005).

## Böden als Kohlenstoffsenke

Die Böden sind nach den Ozeanen die größte Kohlenstoffsenke. Laut Professor Rattan Lal von der Ohio State University »wird diese Zahl zwar aufgrund neuer Entdeckungen immer wieder nach oben korrigiert, aber weltweit sind über 2.700 Gigatonnen Kohlenstoff in den Böden gespeichert (eine Gigatonne sind eine Milliarde Tonnen), was weit über der Summe in der Atmosphäre (780 Gigatonnen) oder der Biomasse (575 Gigatonnen) liegt, wobei letztere zum größten Teil aus Holz besteht.« (Lal 2008)

Die Menge an $CO_2$ in den Ozeanen verursacht bereits eine Reihe von Problemen, insbesondere für Arten mit kalkhaltigem Exoskelett wie Korallen. Wissenschaftler befürchten, dass der durch den höheren $CO_2$-Gehalt verursachte Anstieg des Säuregehalts diese Arten schädigt, und machen sich daher große Sorgen um die Zukunft von Meeresökosystemen wie dem Great Barrier Reef. Die Weltmeere können ebenso wie die Atmosphäre nicht mehr $CO_2$ aufnehmen, ohne dass es zu schwerwiegenden Umweltschäden in vielen aquatischen Ökosystemen kommt (Hoegh-Guldberg et al., 2007). Studien zeigen jedoch, dass eine großflächige Einführung regenerativer biologischer Anbausysteme die Klimaveränderungen umkehren kann. In Abschnitt 4 »Lösungen für die Klimaveränderungen« wird erläutert, wie dies möglich ist.

Eine der wichtigsten Debatten über Bodenkohlenstoff dreht sich um die Frage, wie die Anforderungen des Kyoto-Protokolls für den Mechanismus für umweltverträgliche Entwicklung (Clean Development Mechanism, CDM) für eine 100-jährige Dauerhaftigkeit erfüllt werden können. Bodenkohlenstoff ist eine komplexe Mischung verschiedener Kohlenstoffverbindungen. Zwei davon, Humus und Holzkohle, sind sehr stabil. Wie australische Forschungen zeigten, können sie Tausende von Jahren im Boden überdauern (Handrek 1990). Andere Verbindungen sind weniger stabil und können sich leicht in $CO_2$ auflösen.

In den meisten konventionellen Landwirtschaftsbetrieben verflüchtigt sich der Bodenkohlenstoff in $CO_2$. Mit den richtigen Bewirtschaftungssystemen können jedoch sowohl die stabilen als auch die labilen Anteile kontinuierlich erhöht werden. Dafür existieren zahlreiche Gründe, von denen einige in späteren Abschnitten erörtert werden. Die von Dr. Christine Jones in Winona durchgeführten Untersuchungen stellten fest, dass der Großteil des neu hinzugewonnenen Bodenkohlenstoffs in stabilen Verbindungen enthalten ist: »78 Prozent des neu gebundenen Kohlenstoffs befindet sich in den nicht-labilen (humosen) Bestandteilen des Bodens und ist damit sehr stabil.« (Jones, 2011)

Langfristige Forschungen, die seit mehr als 100 Jahren an der Rothamsted Research Station im Vereinigten Königreich und den Morrow Plots der University of Illinios in den USA durchgeführt werden, legten offen, dass der Gesamtkohlenstoffgehalt des Bodens in landwirtschaftlichen Systemen, die organische Stoffe einsetzen, stetig ansteigen und dann ein neues stabiles Gleichgewicht erreichen (Handrek, 1990). Dies bedeutet, dass gute biologische Bewirtschaftungsmethoden sowohl die labilen als auch die stabilen Bestandteile über die vom CDM geforderten Zeiträume erhöhen und erhalten können.

Die chemische Landwirtschaft betrachtet den Boden als träge: einfach als leeren Behälter für chemische Düngemittel. Das neue Paradigma erkennt den Boden als lebendig an, in dem Milliarden von Bodenorganismen die Bodenfruchtbarkeit schaffen. Laut Dr. Elaine Ingham beherbergt ein einziger Teelöffel kompostreicher organischer Erde 600 Millionen bis 1 Milliarde nützliche Bakterien von 15.000 Arten. Außerdem stellt Ingham fest, dass ein Teelöffel mit Chemikalien behandelter Erde jedoch nur 100 nützliche Bakterien beherbergen kann.

Die chemische Landwirtschaft zerstört die biologische Vielfalt; die biologische Landwirtschaft wiederum dient der Erhaltung und Erneuerung der biologischen Vielfalt und stützt sich auf die vielfältigen ökologischen Funktionen, die die biologische Vielfalt bereitstellt. Die chemische Landwirtschaft verbraucht und verschmutzt Wasser; die biologische Landwirtschaft spart Wasser ein, indem sie die Wasserspeicherkapazität der Böden durch die Wiederverwendung organischer Stoffe erhöht.

Biodiversität und Böden, die reich an organischer Substanz sind, sind die beste Strategie für Klimaschutz, Klimaresistenz und Klimaanpassung, wie bereits in meinem Buch *Soil Not Oil* gezeigt wird. Während der ökologische Fußabdruck verringert wird, erhöht die regenerative biologische Landwirtschaft die Erzeugung – und zwar gemessen an der Vielfalt und den multifunktionalen Vorteilen und nicht im Sinne der reduktionistischen Kategorie »Ertrag«.

## Die Vorteile des biologischen Landbaus für die Umwelt

Studien zeigen, dass der Verzicht auf lösliche Düngemittel und Pestizide, der mit einer Konzentration auf den Aufbau eines hohen Humusgehalts im Boden und die Anwendung von Bodenerhaltungsmethoden verbunden ist, zu einem minimalen Boden- und Nährstoffabfluss sowie zu einer höheren Artenvielfalt in Biobetrieben führt (Reganold et al., 1987; Zimmer 2001; Reganold et al., 2001; Drinkwater, 1998; Welsh 1999).

Eine 21 Jahre dauernde Vergleichsstudie von Schweizer Forschern (Mader et al., 2002), die in *Science* veröffentlicht wurde, belegte, dass der biologische Landbau energieeffizienter ist als die konventionelle Landwirtschaft. Die Studie ergab, dass biologisch bewirtschaftete Felder gesündere Böden und eine größere Vielfalt und Anzahl an Organismen aufweisen, darunter Regenwürmer, nützliche Pilze, Käfer und Wildpflanzen. Eine Langzeitstudie der Washington State University, die in der Wissenschaftszeitschrift *Nature* veröffentlicht wurde, zeigte, dass die negativen Umweltauswirkungen konventioneller Anbausysteme 6,2-mal höher waren als die biologischer Systeme (Reganold et al., 2001). Ein tragfähiges Einkommen ist ein wesentlicher Bestandteil der ökologischen Nachhaltigkeit von landwirtschaftlichen Systemen.

Die IAASTD-Berichte legten offen, dass das Versagen der Märkte bei der Bewertung von Umweltleistungen einer der Hauptgründe für Umweltschäden ist. Sie empfahlen, dass die Regierungen eine Reihe von Maßnahmen ergreifen, um diese ständig zunehmende Verschlechterung umzukehren. Dazu gehört eine Mischung aus regulatorischen und marktorientierten Lösungen:

> Die Landwirtschaft führt zu großen externen Effekten [Auswirkungen, für welche die Verursacher nicht zur Rechenschaft gezogen werden], von denen viele darauf zurückzuführen sind, dass die Märkte ökologische und soziale Schäden nicht einpreisen und keine Anreize für Nachhaltigkeit schaffen. AKST [*Agricultural Knowledge, Science and Technology,* landwirtschaftliches Wissen, Wissenschaft und Technik] hat das große Potential, diesen Trend umzukehren. Zu den markt- und handelspolitischen Maßnahmen, welche die AKST zur Verringerung des ökologischen Fußabdrucks der Landwirtschaft fördern sollen, gehören die Abschaffung von Subventionen, die die Ressourcennutzung verzerren, die Besteuerung von externen Faktoren, eine bessere Festlegung von Eigentumsrechten und die Entwicklung von Märkten für Agrarumweltdienstleistungen und deren Einpreisung, einschließlich der Ausweitung der Kohlenstofffinanzierung, um Anreize für eine nachhaltige Landwirtschaft zu schaffen (IAASTD, 2008).

Der biologische Landbau fällt eindeutig unter die IAASTD-Definition von AKST (landwirtschaftliches Wissen, Wissenschaft und Technologie) und birgt ein großes Potential, um den Trend einer immer stärker werdenden Umweltzerstörung umzukehren. Kommerzielle, marktorientierte Treiber sind immer am effektivsten, da sie nicht von Änderungen der Regierungspolitik und konkurrierenden Finanzierungskomplexen von Politikern und Bürokraten abhängen.

Die Rentabilität ist für die Landwirte ein Anreiz, umweltschonende Praktiken einzuführen und nachhaltig zu wirtschaften. Veröffentlichte Studien, die das Einkommen biologischer Betriebe mit dem konventioneller Betriebe vergleichen, belegten, dass die Nettoeinkommen ähnlich sind, wobei biologische Methoden mit den besten Verfahren höhere Nettoeinkommen aufweisen (Cacek 1986, Wynen 2006). Der National Agricultural Statistics Service des US-Landwirtschaftsministeriums führte 2008 eine Umfrage unter 14.540 US-Biobetrieben und Ranches durch. Ökologische Betriebe hatten im Durchschnitt 217.675 $ Umsatz, verglichen mit 134.807 $ über alle

US-Betriebe, wie es in der Landwirtschaftszählung 2007 berichtet wird (Organic Production Survey, 2008).

Die von der australischen Agrarökonomin Dr. Els Wynen durchgeführten Untersuchungen kamen zu ähnlichen Ergebnissen wie die in Europa, den USA und Afrika durchgeführten Studien, die höhere finanzielle Erträge für biologische Erzeugungssysteme ergaben (Wynen 2006). In einem Bericht der Vereinten Nationen heißt es: »Der biologische Landbau ermöglicht den Bauern den Zugang zu Märkten und Nahrungsmitteln, so dass sie für ihre Erzeugnisse (für den Export und im Inland) höhere Preise erzielen und das zusätzlich erwirtschaftete Einkommen für den Kauf zusätzlicher Nahrungsmittel, für Bildung und/oder Gesundheitsfürsorge verwenden können.« Der Bericht stellt fest: »Ein Übergang zu integrierter biologischer Landwirtschaft, der in der Größenordnung dieser Projekte einen größeren Nutzen bringt, verbessert nachweislich den Zugang zu Lebensmitteln auf verschiedene Weise: durch höhere Erträge, eine höhere Gesamtproduktivität im Betrieb, die Möglichkeit für die Bauern, ihre höheren Exporteinnahmen für den Kauf von Lebensmitteln zu verwenden, und, als Folge der höheren Erträge im Betrieb, die Möglichkeit für die breitere Bevölkerung, biologische Lebensmittel auf lokalen Märkten zu kaufen.« (UNEP-UNCTAD 2008)

## Schlussfolgerung

Zahlreiche wissenschaftliche Veröffentlichungen zeigen, dass biologische Anbaumethoden zu den ökologisch nachhaltigsten unserer derzeitigen Agrarsysteme gehören. Sie weisen die höchste Artenvielfalt auf, verzichten auf den ökologisch problematischen Einsatz von Pestiziden und löslichen Düngemitteln, verzeichnen die geringsten Abflüsse und Bodenverluste, reduzieren Treibhausgase, sind besser in der Lage, Niederschläge aufzunehmen und zu speichern, und erzielen gute Erträge an qualitativ hochwertigem Obst und Gemüse, das zu vernünftigen Preisen verkauft werden kann.

Die Umstellung auf den biologischen Landbau ist eine wirksame Lösung für viele Umweltprobleme, die durch einige unserer derzeitigen Anbaumethoden verursacht werden. Die Ernährungs- und Landwirtschaftsorganisation der Vereinten Nationen erklärte: »Der biologische Landbau sollte einfach als der geeignetste Ausgangspunkt betrachtet werden. [...] Seine umfassende Ausdehnung wäre eine kosteneffiziente politische Option in Hinblick auf die biologische Vielfalt« (FAO 2003). Die Langzeitvergleichsstudie der Washington State University kam zu dem Schluss: »Unsere Daten zeigen, dass das biologische System bei der ökologischen und wirtschaftlichen Nachhaltigkeit an erster Stelle steht, das integrierte System an zweiter und das konventionelle System an letzter Stelle.« (Reganold et al., 2001)

Untersuchungen aus der ganzen Welt beweisen, dass ein gut durchgeführter biologischer Landbau ertragreich sein kann, insbesondere bei klimatischen Extremen wie Dürren und Überschwemmungen, die aufgrund der Klimaveränderungen voraussichtlich häufiger und heftiger auftreten werden.

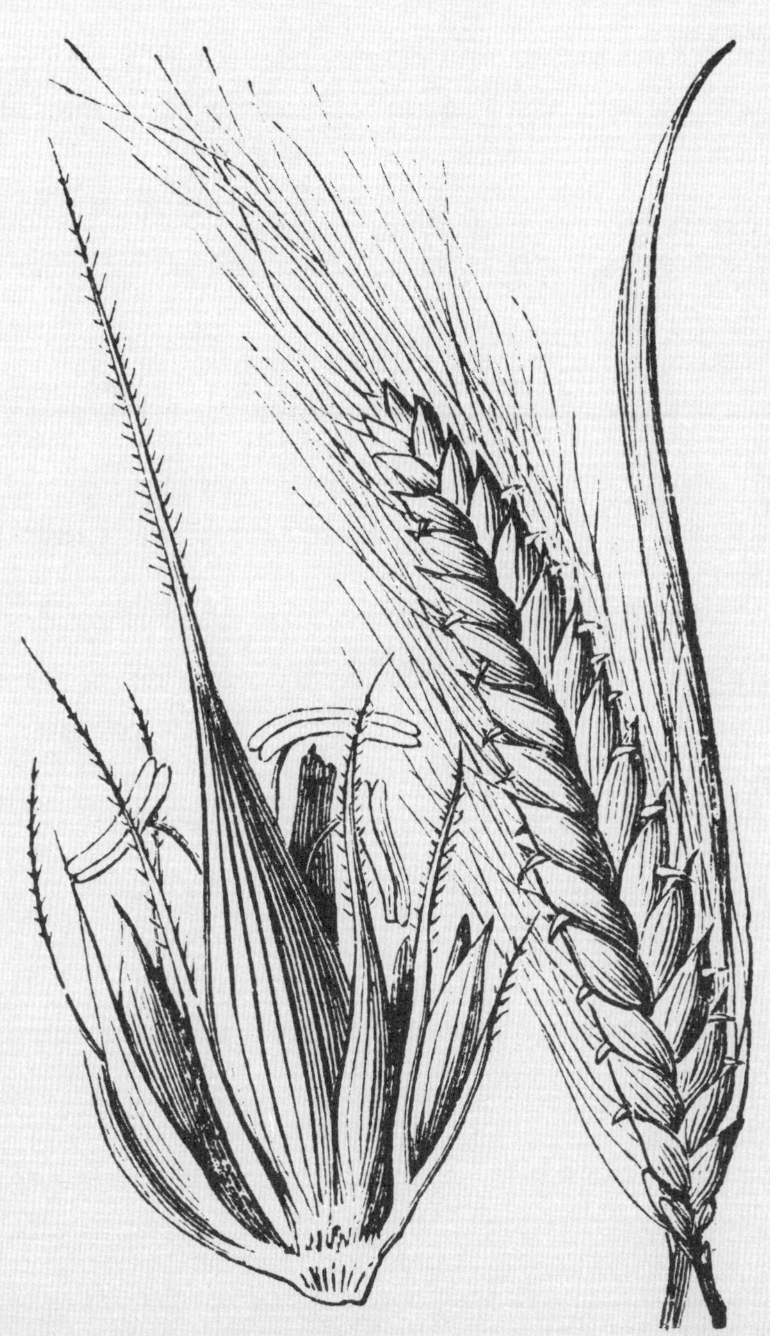

# TEIL 2
# Saatgut der biologischen Vielfalt

## Saatgut: Die Quelle eines Lebens in Fülle und ständiger Erneuerung

Saatgut heißt auf Sanskrit und Hindi *bija*, in Japan *shido*, in China *zhangzi*, in Italien *semi*, in Spanien *semilla*, in Frankreich *semence* und in Deutschland *Samen*. Samen sind die Quelle des Lebens und das erste Glied in der Nahrungskette; sie sind die Grundlage aller Lebensformen im Universum. Saatgut verkörpert Jahrtausende der Evolution, Jahrtausende der bäuerlichen Züchtung und die Kultur des freien Bewahrens und Teilens von Saatgut. Es ist Ausdruck der Intelligenz der Erde und der Intelligenz der bäuerlichen Gemeinschaften über die Jahrhunderte hinweg. Ein Samen erneuert sich über die Zeit, wenn er zu einer Pflanze heranwächst, aus der ein neuer Samen entsteht.

Ein Samenkorn ist ein lebender Organismus, auch wenn es leblos aussieht. Um am Leben zu bleiben, muss dieser »Embryo« Zugang zu Nahrung und Sauerstoff erhalten. Geht ihm die Nahrung aus oder wird er physisch geschädigt, etwa durch Insekten oder Pilze, stirbt er. Die Lebensdauer und Vitalität von Samen kann je nach Behandlung verkürzt oder verlängert werden. Sie können vor oder während der Ernte, des Transports oder der Lagerung physisch beschädigt werden, und ihre Lebensdauer kann sich drastisch verkürzen, wenn sie nicht unter günstigen Bedingungen gelagert werden.

Der größte Teil der weltweiten landwirtschaftlichen Vielfalt wurde in mehr als 10.000 Jahren von der Menschheit geschaffen, aber wir könnten den größten Teil davon in einer einzigen Generation verlieren. Bis ins frühe 20. Jahrhundert wurde die menschliche Ernährung von bis zu 10.000 verschiedenen Pflanzenarten bereitgestellt, die jeweils durch Tausende von verschiedenen Kultursorten vertreten waren. Heute jedoch werden über 90 Prozent der weltweiten Nahrung von nur 30 verschiedenen Pflanzenarten geliefert, wobei 75 Prozent der von der Menschheit insgesamt verbrauchten Kalorien von nur vier Kulturpflanzen stammen: Weizen, Reis, Mais und Sojabohnen. In der Vergangenheit wurden die verschiedenen Sorten, die jedes lokale Ökosystem stark machten, durch eine Handvoll Super-Hybridsorten der Grünen Revolution ersetzt, die in weltweiten Monokulturen angebaut werden.

Saatgut verkörpert die Vorstellungen, das Wissen, die Kultur, die Philosophie, die Tradition und das Erbe eines Volkes. Somit repräsentiert Saatgut die Weisheit jahrelanger bäuerlicher Forschung, die akribisch in perfekter Abstimmung mit der Natur und unter Berücksichtigung der klimatischen und hydrogeologischen Parameter der Region stattfand. Es befand sich in vollkommener Harmonie mit der ökologischen Nische und der Region, in der die Pflanzen wuchsen.

Die Biodiversität des Saatguts geht daher Hand in Hand mit der Biodiversität der Wissenssysteme und der Biodiversität der Züchtungsparadigmen.

Seit mehr als 10.000 Jahren haben indische Landwirte ihr Können und ihr indigenes Wissen genutzt, um Tausende von Kulturpflanzen zu domestizieren und weiterzuentwickeln, darunter 200.000 Reissorten, 1.500 Weizensorten, 1.500 Bananensorten und Hunderte von Dalsorten, Ölsaaten, Mangos, Hirse, Pseudogetreide, Gemüse und Gewürze.

Diese Brillanz der Züchtung wurde abrupt beendet, als die chemische Industrie uns in den 1960er-Jahren die Grüne Revolution aufzwang, die ihre Wurzeln im Krieg hat. Wie bei der vorangegangenen Kolonialisierung wurde uns unsere Intelligenz abgesprochen, jetzt bei der Saatgutzüchtung und in der Landwirtschaft; unser Saatgut wurde als »primitiv« bezeichnet und verdrängt. Eine mechanistische

»Intelligenz« der industriellen Züchtung, die auf Uniformität und externen Input beruht, wurde uns aufgezwungen. Anstatt eine Vielfalt von Sorten verschiedener Arten zu entwickeln, wurden unsere Landwirtschaft und unsere Ernährung auf Reis und Weizen reduziert.

Unser einheimisches Saatgut ist auf Widerstandsfähigkeit gezüchtet worden. Industrielles Saatgut wird für chemische Monokulturen gezüchtet. Diese Sorten benötigen viel Wasser und sind für Ausfälle in Dürreperioden anfällig. Um den Klimaveränderungen und der Wasserknappheit zu begegnen, müssen wir Hirsesorten anbauen, die weniger Wasser verbrauchen, die Wasserspeicherkapazität des Bodens erhöhen und gleichzeitig unsere Lebensmittel- und Ernährungssicherheit verbessern.

Wissenschaftlich gesehen ist ein Samen eine kleine embryonale Pflanze, die von einer Hülle, der sogenannten Samenschale, umschlossen ist und in der Regel eine bestimmte Nahrung enthält. Saatgut wird auch als Keimplasma bezeichnet. Das Keimplasma ist die Gesamtheit der modernen und traditionellen Sorten (einheimische Sorten oder Landsorten) einer Pflanzenart, einschließlich ihrer wilden Nachkommen – sofern noch verfügbar.

Bei Saatgutsorten handelt es sich um Untergruppen innerhalb einer bestimmten Art, die entweder das Ergebnis natürlicher Selektion sind oder vom Menschen nach bestimmten Merkmalen ausgewählt wurde. Bei den Sorten wird in der Regel zwischen »modernen« oder »verbesserten« Sorten (also von Forschern im Rahmen von Züchtungsprogrammen selektiert) und alten sowie einheimischen Sorten (also von Bauern selektiert und in vielen Fällen erhalten) unterschieden. Die neuen Sorten »modern« zu nennen, ist natürlich falsch, denn die Sorten der Bauern, die sie entwickelten und die heute noch verwendet werden, sind ebenfalls moderne Sorten, weil sie in der heutigen Zeit verwendet werden. Ein üblicherweise gemachter Unterschied zwischen alten, traditionellen Sorten und »modernen« Sorten ist deren genetische Homogenität. »Moderne« Sorten werden auf Einheitlichkeit gezüchtet, während die Bauern ihre Sorten auf Vielfalt züchteten. Ältere Sorten sind daher besser an schwierigere Bedingungen angepasst, zum Beispiel an weniger fruchtbare Böden oder Trockenheit. Vielfalt und evolutionäres Potential schaffen Widerstandsfähigkeit gegenüber Schädlingen, Krankheiten und den Klimaveränderungen, während Uniformität zu diesen Faktoren beiträgt und dafür anfällig ist.

## Bauern: Das erste Glied der Pflanzenzucht

Das Saatgut landwirtschaftlicher Nutzpflanzen wurde über Jahrhunderte von Bauerngemeinschaften auf der ganzen Welt entwickelt. Dieses Saatgut wurde frei mit anderen Gemeinschaften rund um den Globus ausgetauscht und führte zur Entwicklung neuer Sorten. Mit dem Eintritt der Konzerne in die Saatguterzeugung und -vermarktung sowie mit neuen Technologien zur Saatguterzeugung haben Saatgutsorten heute eine Vielzahl von Namen erhalten, je nachdem, wer sie entwickelt hat, wie sie entwickelt wurden und welches Gewinnpotential sie bieten.

Seit Jahrtausenden haben die Bauern ihr Saatgut erforscht, immer besser kennengelernt, verändert, kultiviert und frei ausgetauscht, um die besten Lebensmittel in Bezug auf Nährwert und Geschmack anbieten zu können. In dieser Eigenschaft war der Bauer schon immer ein wissenschaftlicher Pflanzenzüchter. Die Bauern erhielten die Vielfalt auf ihren Feldern traditionell durch den kontinuierlichen Anbau der Sorten und entwickelten diese weiter. Durch ihre Pflanzenzüchtung brachten die Bauern unsere Nahrungs- und Faserpflanzen hervor und entwickelten Tausende von Pflanzensorten. In der heutigen Zeit hat sich die Pflanzenzüchtung professionalisiert, und die meisten Bauern verlassen sich bei der Deckung ihres jährlichen Saatgutbedarfs auf Saatgutunternehmen.

Während Bauern auf Vielfalt züchten, züchten Konzerne auf Uniformität; während Bauern auf Widerstandsfähigkeit züchten, züchten Konzerne auf Anfälligkeit. Während Bauern auf Geschmack,

Qualität und Nährwert züchten, züchten die Konzerne auf industrielle Verarbeitung und Ferntransport in einem globalisierten Lebensmittelsystem.

Die industrielle Züchtung setzte verschiedene technologische Instrumente ein, um die Kontrolle über das Saatgut zu festigen, von den sogenannten Hochertragssorten (HYV) über Hybride, gentechnisch verändertes Saatgut und »Terminator-Saatgut« bis hin zur synthetischen Biologie. Die Werkzeuge mögen sich ändern, das Streben nach Kontrolle über das Leben und die Gesellschaft ist jedoch dasselbe.

Da die Bauern hauptsächlich für die Familie, das Dorf und die übrige größere Gemeinschaft produzierten – mit der zentralen Vision der Nachhaltigkeit sowohl der Lebensweise als auch der Natur, einschließlich der Land- und Wasserressourcen –, waren sie daran interessiert, die von ihnen entwickelten Pflanzensorten zu erhalten.

## Ex-situ- und In-situ-Methoden

Heute gibt es drei Quellen für Saatgut:

- Der Bauer ist seit jeher der Erzeuger von mehrjährigen Sorten, die sich ständig vermehren können.
- Öffentliche Forschungseinrichtungen züchteten kurzlebige Sorten für »hohe Erträge«. Dieses Saatgut kann von den Landwirten eine Zeit lang weitervermehrt und verwendet werden, aber ihr Ertrag nimmt nach einigen Jahren ab.
- Transnationale Konzerne produzieren nicht erneuerbares und daher nicht nachhaltiges Saatgut in Form von Hybriden und Gewebekulturen oder GVO (gentechnisch veränderten Organismen), bei denen die Landwirte jedes Mal, wenn sie säen, bei dem Unternehmen neues Saatgut kaufen müssen. Die Saatgutkonzerne sind zudem Chemiekonzerne, die sich zu drei dominierenden Gruppen zusammengeschlossen haben: Bayer Monsanto, Dow Dupont und Syngenta ChemChina.

Die beiden Hauptgründe dafür, dass die Bauern die Kontrolle über Vielfalt, Saatgut und Landwirtschaft verloren haben, sind:

- ***Die Betrachtung der Landwirtschaft als Produktion von Gütern für die Marktwirtschaft und nicht als nachhaltige Lebensweise:*** Als nur noch das vermarktbare Produkt der Landwirtschaft im Mittelpunkt stand, war es das oberste Gebot, immer mehr Getreide zu produzieren. Dies führte zu Monokulturen und zum Verlust vieler Sorten, die die Bauern für die Fruchtbarkeit ihrer Böden, den Schutz ihrer Pflanzen und ihren Lebensunterhalt benötigten.
- ***Die Entwicklung von Saatgut verlagerte sich von den Bauern zu den Wissenschaftlern:*** Mit dem Hauptaugenmerk auf hohe Erträge wurde das Saatgut so gezüchtet, dass mehr Korn produziert werden konnte – auf Kosten der anderen wertvollen Pflanzenteile wie Blätter und Stroh. Da dieses Getreide nur bei intensivem Einsatz von chemischen Düngemitteln erzeugt werden konnte, wurde der Bauer von der Regierung und der Düngemittelindustrie abhängig. Diese Inputs kosten Geld, so dass der Landwirt auf Subventionen und Bankkredite angewiesen ist.

Der Staat übernahm darüber hinaus die Vermarktung der Produkte, und so wurde die direkte Verbindung zwischen dem Verbraucher und dem Erzeuger unterbrochen. Der Staat kaufte die Produkte vom Erzeuger und gab sie dann an den Verbraucher weiter. Da die Vergütung für die Erzeugnisse nicht alle Kosten des Bauern abdeckte, konnte er seine Schulden nicht begleichen und seine Unabhängigkeit bewahren. Die Landwirtschaft ist somit wirtschaftlich nicht mehr lebensfähig. Auf diese Weise verloren die Bauern die Kontrolle über die Vielfalt auf ihrem Feld und darüber, was sie wann, wie und für wen produzierten.

## Die Politik der Sprache

Solange der Bauer als wichtigster Pflanzenzüchter und Hauptlieferant von Saatgut gesehen wurde, betrachtete man Saatgut als Allgemeingut. Es war kollektives Eigentum der bäuerlichen Gemeinschaft, und sie behielt damit die Kontrolle über die biologische Vielfalt. Als die Konzerne in den Saatgutsektor eindrangen, um Märkte zu schaffen, indem sie die erneuerbaren Sorten der Landwirte verdrängten, wurde eine neue Phraseologie für Saatgut geschaffen, um die Trennung der Bauern und ihres Wissens vom Saatgut zu rechtfertigen; so wurde der Beitrag der Bauern zur Züchtung ausgelöscht, und die Sorten der Bauern wurden zum »Rohmaterial« für die industrielle Züchtung durch die Konzerne. Diese Denkweise offenbarte sich in der Verwendung von Begriffen wie »Landsorten«, »Keimplasma« und der Definitionen von »Sorte«, »Hochertrag«, »Innovation« und »geistigem Eigentum«.

Bauernsorten sind Sorten, die von Bauern entwickelt und über viele Generationen hinweg angebaut wurden, um ihren ökologischen, ernährungsphysiologischen, medizinischen und ressourcenbezogenen Bedürfnissen gerecht zu werden. Ihre physischen und genetischen Eigenschaften sind relativ stabil. Sie werden manchmal als »Landsorten« bezeichnet, um zu verschleiern, was die Bauern durch Selektion zu ihrer Entwicklung beigetragen haben.

Auch suggeriert dieser Begriff, solche Sorten seien wie wilde Arten aus dem Boden geschossen und die Bauern hätten keinen geistigen und kreativen Beitrag zur Züchtung geleistet. Sie wurden auch abwertend als »primitive Sorten« bezeichnet, im Gegensatz zu den »Elitesorten«, die von Wissenschaftlern entwickelt wurden. Bauernsorten sind wie jede andere Saatgutsorte die Verkörperung eines geistigen Beitrags. Bauernsorten sind mehrjährig und nachhaltig. Sie werden auch als indigen, nativ, ererbt, offen bestäubt und in Indien als *jwaari, nate* oder *desi* bezeichnet.

Durch die Streichung des Zutuns der Bauern als Züchter werden zudem die Rechte der bäuerlichen Gemeinschaft am Saatgut ausgelöscht. Saatgut wurde von einem gemeinschaftlich verwalteten Gemeingut mit klaren Regeln für die Erhaltung und Weitergabe in einem System des offenen Zugangs oder als »gemeinsames Erbe der Menschheit« in etwas verwandelt, das mächtige Konzerne sich aneignen und zu ihrem geistigen Eigentum machen konnten. Dies führt zu Saatgutmonopolen und Biopiraterie, was in den 1980er und 1990er-Jahren zu Saatgutkriegen in der FAO führte.

Tatsache ist, dass Bauern die ersten Züchter sind; viele Sorten entwickelten sich durch ihre Eingriffe über Jahrhunderte hinweg. »Landsorte« ist ein wissenschaftlich und erkenntnistheoretisch ungenauer Begriff. Ein genauerer Begriff ist »Bauernsorte«. Die Verwendung des Begriffs »Bauernsorte« erkennt die Rolle des Bauern als Pflanzenzüchter an und bringt solche Sorten aus dem Bereich des »gemeinsamen Erbes der Menschheit« in den Bereich der Gemeingüter, die von den Bauerngemeinschaften bewahrt, bewirtschaftet, nachhaltig genutzt und kollektiv besessen werden. Diese Gemeingüter müssen vor Einhegung und Piraterie geschützt werden.

Während die Verwendung des Begriffs »Landsorte« die Intervention von Unternehmen rechtfertigt, verdeutlicht die Verwendung des Begriffs »Bauernsorte«, dass die Bauern die Innovatoren sind. Wenn es Preise für Innovationen geben soll, dann sollten diese an die Bauern vergeben werden.

### *Erbstück-Samen*

Der Begriff »Erbstück« bezieht sich auf eine Pflanzen- oder Tierart, die von Generation zu Generation weitergegeben wurde. In der Regel sind mindestens drei (menschliche) Generationen erforderlich, damit eine Pflanze als Erbstück bezeichnet werden kann, aber der Begriff kann sich auch auf alte (mehr als 100 Jahre) kommerzielle Sorten beziehen. Alle Erbstücke sind offen bestäubt, aber nicht alle offen bestäubten Sorten sind Erbstücke.

### *Sorte*

Das Wort »Sorte« bezieht sich in der heutigen Landwirtschaft nicht mehr auf die große Vielfalt, die durch die Innovationen der Bauern über Jahrhunderte hinweg entstanden ist. Es steht vielmehr für eine Standardisierung, die durch Rechtsvorschriften wie die des Internationalen Verbands zum Schutz von Pflanzenzüchtungen (UPOV) geschützt werden muss. Um nach den Rechtsvorschriften zum Schutz von Pflanzenzüchtungen schutzfähig zu sein, muss eine Sorte nämlich Folgendes aufweisen:

- **Neu:** Die Sorte darf noch nicht kommerziell verwertet worden sein. Neuheit ist kommerziell und nicht evolutionär definiert.
- **Unterscheidbar:** Sie muss sich von allen anderen zum Zeitpunkt des Schutzantrags bekannten Sorten deutlich unterscheiden lassen.
- **Gleichmäßig:** Alle Pflanzen der Sorte müssen hinreichend gleichförmig sein, damit sie unter Berücksichtigung der Vermehrungsmethode der Art von anderen Sorten zu unterscheiden sind.
- **Beständig:** Die Sorte muss unverändert vermehrt werden können.

Diese Definition schließt naturgemäß die Sorten der Bauern aus und zerstört die biologische Vielfalt, indem sie Gleichförmigkeit als Notwendigkeit vorgibt.

Die Kriterien für die industrielle Züchtung und die industrielle Landwirtschaft werden als Unterscheidbarkeit, Einheitlichkeit und Stabilität (DUS) bezeichnet. Sie beruhen auf dem intensiven Einsatz von Chemikalien, Wasser und fossilen Brennstoffen. DUS ignoriert die Notwendigkeit der Vielfalt, des Nährwertes, der Sicherheit und der Schaffung wirtschaftlich tragfähiger nachhaltiger Lebensgrundlagen vor dem Hintergrund des wirtschaftlichen Zusammenbruchs und des Abschwungs und der daraus folgenden Notwendigkeit, die Lebensmittelsysteme zu lokalisieren. Als Indien Mitglied der WTO wurde, sorgten wir dafür, dass wir nicht die UPOV übernahmen, sondern ein System *sui generis* entwickelten, das 2001 als das Gesetz über Sortenschutz und Bauernrechte verabschiedet wurde.

### *Keimplasma Sarkari*

Mit diesem Begriff wird das genetische Material innerhalb der Pflanze, insbesondere im Samen, bezeichnet. Solches Saatgut wird auch abwertend als »primitives Saatgut« bezeichnet. Der Begriff »Keimplasma« ist nicht nur wissenschaftlich ungenau, sondern führt außerdem zur Negierung der Rechte der Bauern, indem er die Sorten der Bauern abwertet. Er wurde von dem deutschen Biologen August Weismann kreiert, der damit die vererbbaren Bestandteile von Organismen bezeichnete, von denen er annahm, dass sie sowohl vom Körper des Organismus als auch von der Umwelt völlig getrennt seien.

Die Annahme, dass das genetische Material des »Keimplasmas« völlig vom Organismus und der Umwelt isoliert sei, hat sich wissenschaftlich als falsch erwiesen. Genetische Merkmale und Gene sind keine unabhängigen Einheiten, sondern wechselseitig verbundene Teile des gesamten Organismus, der ihnen Wirkung verleiht. Pflanzen sind Organismen, die mit der Umwelt interagieren, von ihr beeinflusst werden und sich in ihr entwickeln. Dieser Einfluss ist in der Tat die Quelle der biologischen Vielfalt. Dies wird nun auch in der aufkommenden Wissenschaft der Epigenetik anerkannt.

Der Begriff »Keimplasma« wird auch heute noch verwendet, um den Bauern weiter von der Quelle des genetischen Materials abzuschneiden: dem Saatgut verschiedener Sorten. Er geht davon aus, dass das Saatgut für den Bauern wertlos sei, weil es nicht »verbessert« oder »ertragreich« ist, dass es aber »Keimplasma« oder vielmehr genetisches Material enthält, das Wissenschaftler und Unternehmen nutzen können, um Pflanzensorten zum Nutzen des Bauern zu verbessern. Die Erhaltung dieser Pflanzen wird zum Anliegen der internationalen und nationalen Genbanken und nicht zum Anliegen der Bauern, die diese Vielfalt seit Jahrhunderten auf ihren Höfen selbst erhalten haben.

Abgesehen davon, dass die Rolle des Bauern in der Pflanzenzüchtung negiert wird, wird er durch diese Abkoppelung von der Sorte zum Verbraucher von Saatgut, das von Konzernen produziert wird. Und dies sind dann wiederum die einzigen Sorten, die ihm zur Verfügung stehen: entwickelt von Konzernen, und meist Saatgut, das nicht mehr vermehrt werden kann.

### *Hochertragssorten (HYVs)*

Die Bezeichnung dieser Sorten für das Saatgut der Grünen Revolution ist falsch, denn der Begriff impliziert, dass das Saatgut an sich schon sehr ertragreich ist. Das Unterscheidungsmerkmal dieses Saatguts ist jedoch, dass es in hohem Maße auf bestimmte wichtige Inputs wie Dünger und Bewässerung reagiert. Es handelt sich dabei um die sogenannten High-Response-Sorten. Obwohl dieses Saatgut von den Bauern vermehrt werden kann, ist es aufgrund seiner Anfälligkeit für Krankheiten und Schädlinge nicht nachhaltig und muss daher alle paar Jahre ersetzt werden. Dieses Saatgut wird auch als »sarkari«, »vikas«, »society« oder sogar »government« bezeichnet, da es in erster Linie vom öffentlichen Sektor entwickelt und verteilt wird.

### *Hybrid-Saatgut*

Bei diesem Saatgut handelt es sich um Saatgut der ersten Generation (Fl), das aus der Kreuzung zweier genetisch unterschiedlicher Elternarten hervorgegangen ist. Die Nachkommen dieses Saatguts können wirtschaftlich nicht erhalten und wieder ausgesät werden, weil die nächste Generation nicht vermehrungsfähig ist und wesentlich geringere Erträge liefert.

Die Hybridisierung ist nur eine der Züchtungstechniken. Sie liefert ertragreiche Sorten, aber dies tun auch andere Züchtungsverfahren. Warum hat sich die Hybridisierung so stark gegenüber anderen Methoden durchgesetzt? Am Beispiel der Hybridisierung von Mais in den USA erklärt Jack Kloppenburg in *First the Seed* (Zuerst der Samen):

> Es gibt einen noch zwingenderen Grund, die historische Wahl der Züchtungsmethoden bei Mais genau zu untersuchen, denn der Einsatz der Hybridisierung führte zu radikalen Veränderungen in der politischen Ökonomie der Pflanzenzucht und der Saatguterzeugung. Es besteht ein entscheidender Unterschied zwischen frei bestäubten und hybriden Maissorten: Das Saatgut der letzteren weist, wenn es aufbewahrt und neu ausgesät wird, eine erhebliche Ertragsminderung auf. Die Hybridisierung entkoppelt also das Saatgut als »Saatgut« vom Saatgut als »Getreide« und erleichtert damit die Umwandlung des Saatguts von einem Nutz- in einen

Handelswert. Der Landwirt, der sich für Hybridsorten entscheidet, muss jedes Jahr neues Saatgut kaufen.

Die Hybridisierung kommt also einer biologischen Patentierung des Saatguts gleich. Niemand sonst, weder der Landwirt noch ein konkurrierendes Unternehmen, kann exakt ähnliches Saatgut herstellen, es sei denn, sie kennten die Elternlinien, die allerdings das Geheimnis des Unternehmens sind. Diese Eigenschaft des Hybridsaatguts war ausschlaggebend für das schnelle Wachstum der amerikanischen Saatgutindustrie. Auch in Indien sind Saatgutunternehmen tätig, vor allem in der Entwicklung von Hybridsaatgut, darunter Mais-, Hirse-, Gemüse- und Getreidesaatgut. Letzteres wird als biologische Patentierung von Saatgut bezeichnet. Patente geben dem Saatgutbesitzer das ausschließliche Recht, das Saatgut zu vermehren, aufzubewahren, daraus Sorten zu entwickeln und zu verkaufen. Die biologische Patentierung hindert den Bauern wirksam daran, sein Saatgut zu vermehren, aufzubewahren und zu verkaufen.

Solange Hybridsaatgut noch in der Entwicklung ist, hat der Landwirt noch eine gewisse Kontrolle über das Saatgut. Die Agrarindustrie nutzt legale Patente in der Landwirtschaft, um diese Kontrolle zu übernehmen.

## Neue Biotechnologien und gentechnische Verfahren

Zu den neuen Biotechnologien gehören die Gewebe- oder Zellkultur, Klonierungs- und Fermentierungsmethoden, Zellfusion, Embryotransfer und die rekombinante DNA-Technologie (Gentechnik).

### Gewebe- oder Zellkultur

Dies ist eine der am häufigsten eingesetzten neuen Technologien. Winzige Stücke von Pflanzenmaterial – Gewebe oder isolierte Zellen – werden in einem künstlichen Medium gezüchtet, das sie am Leben hält. Bestimmte Hormone wie Bewurzelungshormone helfen ihnen, sich zu vollständigen Pflanzen zu entwickeln. Diese Babypflanzen sind mit der Mutterpflanze und untereinander identisch.

**Klonen und Fermentation**

Unter Klonen versteht man das Anlegen einer Zellkultur, ausgehend von einer einzigen Zelle, die sich selbst vermehren kann. Die Kultur enthält somit Zellen mit identischen Merkmalen. Jede dieser Zellen kann dann zur Vermehrung neuer Pflanzen durch Gewebekultur verwendet werden. Unter Fermentation versteht man im allgemeinen einen natürlichen Prozess, bei dem die biologische Aktivität eines Mikroorganismus (Bakterien oder Viren) eine wichtige Rolle spielt, etwa bei der Herstellung von Joghurt, Wein oder anderen Produkten. Durch solche Verfahren mit gentechnisch veränderten Bakterien können Vanille-, Jasmin- und Zitrusdüfte aus einem völlig fremden Medium gewonnen werden. Mit dieser Methode kann Speiseöl in Kakaobutter umgewandelt werden.

**Zellfusion und Embryotransfer**

Diese Technologien werden vor allem in der Milchwirtschaft und der Viehzucht eingesetzt.

**Rekombinante DNA-Technologie (Gentechnik)**

Bei dieser Technologie werden Gene von einer Zelle auf eine andere übertragen. Die Gentechnik überschreitet die Grenzen der Natur, indem sie es ermöglicht, Gene einer Lebensform in eine andere Lebensform zu übertragen, die nicht mit ihr in Verbindung steht. So wurden zum Beispiel Gene von Glühwürmchen in Tabak eingeführt, um eine Sorte zu schaffen, die natürlich leuchtet; Gene eines Fisches aus dem Arktischen Ozean wurden in Sojabohnen und Tomaten eingeführt, so dass diese Pflanzen Kälte und Frost widerstehen und auch über längere Zeiträume gekühlt werden können. Es wurden auch Gene in Pflanzensorten eingeführt, um sie gegen eine bestimmte Marke von Herbiziden resistent zu machen.

Gentechnisch veränderte Zellen werden mit Hilfe von Gewebekulturen massenhaft vermehrt, um Tausende von neuen Lebensformen mit einzigartigen Eigenschaften hervorzubringen. Solche Lebensformen werden oft als transgene Formen bezeichnet.

Die neuen Biotechnologien stören das soziale Gefüge noch stärker, da sie den Bauern weiter von der Saatgutentwicklung entfernen. Jegliche Entwicklung findet nicht nur in den Labors statt, sondern im Saatgut selbst. Der Landwirt wird noch abhängiger von externen Akteuren, wenn es um Ressourcen und Informationen darüber geht, wie sie zu nutzen sind.

Das mit den neuen Technologien erzeugte Saatgut ist weder den Bauernsorten noch dem Saatgut der Grünen Revolution in irgendeiner Weise überlegen. Es sind von Natur aus Monokulturen und daher genauso anfällig für Krankheiten und Schädlinge.

Da ihre Eigenschaften auf der Ebene des Gens verändert wurden, werden ihre Nachkommen die gleichen Eigenschaften haben. So wird eine Pflanze, die so verändert wurde, dass sie ihr Pestizid produziert, diese Eigenschaft an ihre Nachkommen weitergeben, die das Pestizid weiterhin in die Umwelt freisetzen, ohne Rücksicht auf mögliche Schäden, die das verursachen kann. Außerdem wurden die Produkte der Gentechnik nicht ausreichend lange getestet, um ihre langfristigen Auswirkungen beurteilen zu können.

Gene sind ein Abschnitt der DNA, der sehr spezifische Informationen über Pflanzen enthält. Die Anzahl der Gene kann von einigen Dutzend (Viren) bis zu Zehntausenden (höhere Pflanzen und Tiere) reichen. Einige Gene enthalten Informationen zur Aktivierung anderer Gene. Von den 100.000 Genen der Tomatenpflanze, die zu den am besten untersuchten Pflanzen gehört, wurden bisher nur etwa 300 Gene identifiziert. Die DNA ist ein Molekül, das alle notwendigen Informationen enthält, um eine neue identische Pflanze zu schaffen. Die neuen Biotechnologien gehen davon aus, dass die DNA allein neues Leben hervorbringt und selbst von keiner äußeren Umgebung beeinflusst wird. Es zeigte sich jedoch, dass die DNA sich nicht ohne das Eingreifen anderer notwendiger Informationen und Enzyme selbst reproduzieren kann. Sie wird also von der Umwelt beeinflusst und entwickelt sich weiter, indem sie in der Umwelt existiert.

## Arten der Bestäubung

Lebende Organismen sind komplexe sich selbst organisierende Systeme. Egal, ob Gene durch Gentechnik hinzugefügt, bearbeitet oder entfernt werden, die Selbstorganisationsfähigkeit lebender Systeme wird dadurch gestört.

Vor einigen Jahren wurde mit Hilfe von Gates-Mitteln ein neues gentechnisches Werkzeug namens CRISPR entwickelt. CRISPR ist die Abkürzung für CRISPR/cas9, was für Clustered Regularly-Interspaced Short Palindromic Repeats/ CRISPR associated protein 9 steht. Es ist eine Kombination aus einer Leit-RNA und einem Protein, das DNA schneiden kann.

Dieses Paradigma ist das des alten genetischen Reduktionismus. Ziel ist es, im Eiltempo zu Patenten und Eigentumsrechten zu gelangen und der Regulierung zu entgehen. CRISPR wurde als »eine relativ einfache Möglichkeit, die DNA eines beliebigen Organismus zu verändern, so wie ein Computerbenutzer ein Wort in einem Dokument bearbeiten kann« beschrieben.

Ein Samenkorn oder ein lebender Organismus sind jedoch keine Computer. Menschen schreiben und bearbeiten Dokumente mit den Möglichkeiten von Computern, aber die komplexe Selbstorganisation lebender Systeme wird vom lebenden System selbst geschrieben.

### Offen bestäubtes Saatgut

Freiblühende Pflanzen können sich durch den Impuls von Bestäubern wie Bienen, Wind oder andere Bestäubungsmechanismen, von denen sie abhängig sind, vermehren. »Offen bestäubt« kann sich auch auf selbstbestäubende Pflanzen (zum Beispiel Reis, Tomaten, Okra und Bohnen) oder auf fremdbestäubende Pflanzen (Mais, Papaya, Brinjal, Kürbisse, Kohl, Karotten und so weiter) beziehen. Dieser Begriff wird gewöhnlich für Pflanzen verwendet, die keine Hybriden sind. Offen bestäubtes Saatgut kann bei richtiger Lagerung ebenso kräftig, krankheitsresistent und kommerziell nutzbar sein wie Hybriden.

**Selbstbefruchtende Pflanzen**

Selbstbestäubende Pflanzen bestäuben sich selbst, um fruchtbare Samen zu bilden. Diese Pflanzen haben sowohl männliche als auch weibliche Teile in derselben Blüte. Oft bestäuben sich selbstbestäubende Pflanzen selbst, noch bevor sich die Blüte geöffnet hat. Viele Gemüse und kleine Getreide sind selbstbestäubend, was bedeutet, dass sich diese Arten »automatisch« selbst bestäuben und Tausende von reinen Zuchtlinien (genetisch einheitliche Linien) bilden, nachdem die erste Kreuzung oder Mutation stattfand. Ein selbstbestäubter Bestand kann entweder einer einzigen oder mehreren Linien entstammen.

Eine reinerbige Sorte ist völlig einheitlich, die Nachkommenschaft einer einzigen Pflanze, die dann zu Tausenden von Samen vermehrt wird. Diese Populationen sind fast vollständig einheitlich und werden oft von bedeutenden kommerziellen Saatgutherstellern angeboten. Die Selektion in dieser Linie ist ineffektiv, weil es nicht genügend genetische Vielfalt beinhaltet, aus der man auswählen könnte. Diese Populationen verändern sich im Laufe der Zeit nur langsam, und nach Dutzenden von Generationen können sie aufgrund von Mutationen oder zufälligen Kreuzungen leichte Variationen aufweisen.

Eine Mehrlinienpopulation ist eine Sammlung von Pflanzen mit reinen Linien. Bei der Arbeit mit dieser Art von Populationen (häufig bei Erbstücksorten zu finden) kann man effektiv zwischen verschiedenen Linien selektieren und Veränderungen erzielen. Innerhalb dieser Populationen gibt es trotz der geringen Fremdbestäubung noch genügend genetische Variation.

Auf Feldern, wo eine Vielfalt von Blüten und Lebensräumen für einheimische und domestizierte Bestäuber existiert, ist eine Fremdbestäubung innerhalb der selbstbestäubten Pflanzen möglich. Die Wahrscheinlichkeit ist zwar gering, aber bei bestimmten Paprika- und Tomatensorten ist die Wahrscheinlichkeit einer Fremdbestäubung recht hoch.

**Tabelle 1: Bestäubungsverhalten einiger Kulturpflanzen**

| | Feldkulturpflanzen | Gemüsekulturen |
|---|---|---|
| *Selbstbestäubt* | Reis | Kuhbohne |
| | Weizen | Guarbohne |
| | Fingerhirse | Tomate |
| | Gerste | Helmbohne |
| | Hafer | Stangenbohne |
| | Urdbohne | Gartenerbse |
| | Mungbohne | Kopfsalat |
| | Kichererbse | |
| | Erdnuss | |
| | Sojabohne | |
| | Jute | |
| *Fremdbestäubt* | Mais | Kohl |
| | Perlhirse | Karotte |
| | Sonnenblume | Kürbisgewächse |
| | Färberdistel | Zwiebel |
| | Senf | Rettich |
| | Sonnenhanf | Amaranthus |
| | Mesta | |
| *Häufig kreuzbestäubt* | Sorghumhirse | Okra |
| | Straucherbse | Aubergine |
| | Sesam | Chili |
| | Baumwolle | Kapuzinerkresse |
| | Luzerne | Paprika |
| | Alexandriner-Klee | Limabohne |

## Fremdbestäubte Pflanzen

Fremdbestäubte Pflanzen sind Pflanzen, deren Blüten so gestaltet sind, dass sie die Bestäubung durch andere Pflanzen erfordern. Dies ist ein evolutionärer Mechanismus, um Inzucht zu verhindern. Inzucht kann zu allen möglichen Problemen führen, wie zum Beispiel

Vitalitätsverlust, Ertragseinbußen und so weiter. Die evolutionäre Strategie der Fremdbestäubung besteht darin, die Vermischung mit anderen Genotypen zu erproben, um schädliche Merkmale auszuschalten und die Anpassung an die Umwelt zu verbessern.

Da diese Pflanzen von der Variation leben, bedarf es besonderer Anstrengungen, um solche Arten zu einer stabilen Sorte zu züchten. Im Gegensatz zu selbstbefruchtenden Pflanzen sind bei fremdbefruchtenden Mutterpflanze und Vaterpflanze nicht identisch. Merkmale können bei fremdbestäubten Pflanzen täuschen. Jedes Mal, wenn eine einzelne Pflanze fremdbestäubt wird, werden ihre Gene neu kombiniert, was oft zu unvorhersehbaren Kombinationen bei der nächsten Generation führt.

## Warum Saatgut erhalten?

Das Ausmaß der ökologischen Zerstörung der biologischen Vielfalt wird heute von Seiten des Staates wie durch die Landwirte ebenso wie die Notwendigkeit der Bewahrung von Saatgut erkannt.

Das derzeitige Modell der industriellen landwirtschaftlichen Entwicklung hat die Landwirtschaft in drei unterschiedliche Aktivitäten drei verschiedener Institutionen und Akteure aufgeteilt:

- Landwirte als Verbraucher von teurem Saatgut und chemischen Betriebsmitteln für die landwirtschaftliche Produktion
- Züchter, die sich mit der Züchtung von Pflanzen, die für den Einsatz von Chemikalien geeignet sind, und mit der Einheitlichkeit der Züchtung befassen. Während der Grünen Revolution waren die Züchter öffentliche Einrichtungen. Mit der Globalisierung und der Einführung der Gentechnik sind Konzerne zu den führenden Akteuren im Saatgutsektor geworden
- Ex-situ-Genbanken, die genetische Ressourcen erhalten

Es gibt zwei Arten von Erhaltungsmaßnahmen, die auf zwei unterschiedlichen Paradigmen der Züchtung beruhen. Die eine Art der

Erhaltung besteht darin, dass Saatgut und Vermehrungsmaterial von Pflanzen von Bevölkerungsgruppen (nicht unbedingt Bauern) gesammelt und in speziellen Genbanken gelagert werden. Hier ist der Bauer lediglich der Lieferant des genetischen Materials, das unter High-Tech-Bedingungen für die künftige Nutzung durch Züchter und Saatgutunternehmen aufbewahrt wird. Von seiner Rolle als Pflanzenzüchter ist er völlig abgekoppelt. Die einzige andere Rolle, die dem Bauern zugebilligt wird, ist die des Verbrauchers von Saatgut als nicht erneuerbarem Rohstoff, der wiederum mit dem Rohstoff Nahrungsmittel verbunden ist.

Die zweite Art der Erhaltung beginnt und endet auf den Feldern der Bauern. Die Erhaltung erfolgt in dem Umfeld, in dem die Vielfalt wächst. Der Bauer als Züchter selektiert und bewahrt die landwirtschaftliche Vielfalt, indem er sie auf seinen Feldern anbaut.

Die Navdanya-Philosophie betrachtet die Bauern als Züchter und Experten in eigener Sache. Während das vorherrschende Landwirtschaftssystem den Beitrag der Bauern bei der Züchtung nicht anerkennt und daher das Recht zur Züchtung nur der Saatgutindustrie oder den Forschern zugesteht, sind in dem von Navdanya geförderten Partnerschaftsmodell Bauern und Wissenschaftler gleichberechtigte Partner, und das Saatgut ist Gemeingut.

**Evolutionäre und partizipative Pflanzenzüchtung**

Diese Methode beruht auf der Schaffung umfangreicher Mischungen, das heißt, auf der Mischung von Kreuzungen oder alten Sorten oder der Mischung von alten und neuen Sorten (die Zusammensetzung der Mischung wird mit den Bauern besprochen), wobei diese Mischungen sich unter den Bedingungen entwickeln können, unter denen der Bauer die künftigen Sorten in seinem ökologischen Zusammenhang anbauen möchte.

Navdanya geht davon aus, dass die In-situ-Erhaltung (die Erhaltung vor Ort) politisch gewollt sein muss und nicht allein durch Subventionen und externe Unterstützung aufrechterhalten werden kann. Angesichts der vorherrschenden Landwirtschaftsmethoden, die sowohl die Vielfalt als auch die Rolle der Bauern in der Produktionswirtschaft zerstört haben, sind nämlich begleitende Maßnahmen erforderlich, um ein Bewusstsein für das Ausmaß und die Folgen der Erosion der biologischen Vielfalt zu schaffen und die Rechte der lokalen Gemeinschaften an der biologischen Vielfalt und ihren Kulturen sowie das Wissen zu bewahren, das die Erhaltung der Vielfalt ermöglicht.

Seit über 30 Jahren praktiziert und fördert Navdanya die Auswahl lokaler Saatgutsorten durch die Bauern, die an die klimatischen Bedingungen ihrer Region angepasst sind. Durch natürliche Selektion hat Navdanya verbesserte Varianten von 730 Reissorten, 15 Hirsesorten, 12 Hülsenfrüchten, 27 Gemüsesorten, 100 Weizensorten, 15 Gerstensorten und 8 Ölsaaten entwickelt. Die natürliche Auslese wirkt auf die Population, indem sie diese schrittweise und kontinuierlich verändert und besser anpasst.

Durch evolutionäre und partizipative Züchtung hat Navdanya mehr als zehn neue Sorten von Reis und zwei neue Sorten von Gerste entwickelt, nämlich *Pillu Motta, Bindu Dhan, Ruby, Neeli Saathi, Barik Naj, Pink Nan* und *Godiyal.* Die Ergebnisse mehrerer von Navdanya durchgeführter Experimente mit Reis zeigten, dass einige Merkmale wie Korngröße, Länge der Halme, Farbe des Korns, frühe oder späte Reifezeit, aromatische Eigenschaften, Resistenz gegen Staunässe oder Trockentoleranz bei diesen Mischungen im Laufe der Zeit durch natürliche Selektion zunehmen.

### Saatgut erhalten, um die biologische Vielfalt zu bewahren

Das Ausmaß der Umweltzerstörung und der damit einhergehende Verlust der biologischen Vielfalt zwingt die Staaten und internationalen Organisationen, Anstrengungen zu unternehmen, um ein Fortschreiten zu verhindern.

In Artikel 14.2 der Agenda 21 heißt es: »In der Agrar-, Umwelt- und makroökonomischen Politik sind sowohl auf nationaler als auch auf internationaler Ebene, sowohl in den Industrieländern als auch in den Entwicklungsländern erhebliche Anpassungen erforderlich«

(Art. 15.2). In Anerkennung der Tatsache, dass »die Felder und Gärten der Bauern ebenfalls von großer Bedeutung als Bewahrungsorte« für die biologische Vielfalt sind, fordert die Agenda sowohl In-situ- als auch Ex-situ-Erhaltung und überträgt den nationalen Regierungen die »Verantwortung für die Erhaltung ihrer biologischen Vielfalt und die nachhaltige Nutzung ihrer biologischen Ressourcen« (Art. 15.3).

Infolge der Züchtung in Richtung Uniformität sind Genbanken entstanden. Das Internationale Büro für pflanzengenetische Ressourcen (International Bureau of Plant Genetic Resources, IBPGR) wurde 1974 unter der Schirmherrschaft der Beratungsgruppe für internationale Agrarforschung (Consultative Group on International Agricultural Research, CGIAR) mit dem Auftrag gegründet, ein internationales Netz von Zentren für genetische Ressourcen zu fördern, um die Sammlung, Erhaltung, Dokumentation, Bewertung und Nutzung von pflanzlichem Keimplasma zu unterstützen. Auf nationaler Ebene wurde in Indien das Nationale Büro für pflanzengenetische Ressourcen (NBPGR) für die Sammlung und Ex-situ-Erhaltung von Pflanzensorten eingerichtet.

Obwohl Artikel 15.1 des Übereinkommens über die biologische Vielfalt, des weltweit wichtigsten Vertrags über die biologische Vielfalt, die nationale Souveränität über natürliche Ressourcen anerkennt, sind Einrichtungen wie ICRISAT und Genbanken von der nationalen Kontrolle ausgenommen. Sie sind zwar befugt, die Vielfalt von den Feldern der Landwirte zu sammeln, aber nicht verpflichtet, sie an diese zurückzugeben. Sie können diese jedoch unter dem Begriff »Zugang zu genetischen Ressourcen« an internationale Agenturen und private Unternehmen weitergeben, so wie die einheimische Saatgutsammlung von Dr. Richaria unter aktiver Mitwirkung der Ford Foundation und der ICAR an die Philippinen verschenkt wurde.

Genbanken können unsere Vielfalt nicht sichern, weil sie zentralisiert und für diejenigen zugänglich sind, die den genetischen Reichtum privatisieren, und weil in Zeiten der Klimaveränderungen das Saatgut ständig weiterentwickelt werden muss. Pflanzliches Erbgut wird ungestraft aus Genbanken gestohlen. Im Jahr 1970 wurde das Material des IRRI (International Rice Research Institute) gestohlen, und jetzt wird Hybridreis aus landwirtschaftlichen Universitäten gestohlen. In den Aufzeichnungen ab 1946, in denen aufgelistet ist, was fehlt und wohin es gegangen ist, ist weniger als 1 Prozent des Fehlenden aufgeführt.

Es ist also klar, dass Genbanken und öffentliche Saatgutzüchter zwar die biologische Vielfalt auf den Feldern der Bauern einsammeln, ihnen diese aber nicht wieder zur Verfügung stellen. Stattdessen fließt die Vielfalt von den Feldern der Bauern in die Genbanken und dann zu den Züchtern, und dabei wird diese Vielfalt systematisch untergraben. Diese Aushöhlung macht die Landwirtschaft anfällig und nicht nachhaltig. Außerdem schließt sie den Landwirt von der entscheidenden Rolle als Bewahrer der genetischen Vielfalt und als Züchter und Innovator bei der Nutzung und Entwicklung der biologischen Vielfalt aus.

Das Navdanya-Programm zur Erhaltung der biologischen Vielfalt unseres Saatguts zielt darauf ab, die Erhaltungsbasis zu erweitern und die Bauern – die wichtigsten Hüter der biologischen Vielfalt – einzubeziehen.

Während die Bemühungen um die Ex-situ-Erhaltung genetischer Ressourcen in hochtechnisierten, zentralisierten Genbanken auf nationaler und internationaler Ebene lobenswert sind, wurde der Erhaltung auf der Ebene der Bauern bisher nur unzureichende Aufmerksamkeit geschenkt. Die Erhaltung der biologischen Vielfalt auf dieser Ebene unterscheidet sich von den Maßnahmen zur Ex-situ-Erhaltung in zweierlei Hinsicht: Erstere basiert auf einer horizontalen Vernetzung, letztere auf einem vertikalen Fluss. Die Erhaltung der biologischen Vielfalt durch die Bauern erfolgt in beide Richtungen, während die Ex-situ-Erhaltung den einseitigen Fluss der biologischen Vielfalt von den Bauern zu den Genbanken bedeutet. Die Erhaltung der biologischen Vielfalt auf der Ebene der Bauern ist aus den folgenden Gründen notwendig.

## Ökologisch

**Widerstandsfähigkeit gegen Schädlinge und Krankheiten**
Die biologische Vielfalt in der Landwirtschaft wirkt wie eine Versicherung gegen Schädlinge und Krankheiten. Anbaumuster, die auf vielfältigen Mischungen von Kulturpflanzen beruhen, verringern die Anfälligkeit für Krankheiten und Schädlinge. Auch die genetische Variation von Nutzpflanzen verringert solche Risiken.

**Widerstandsfähigkeit gegen Umweltstress**
Die biologische Vielfalt in der Landwirtschaft ist eine Versicherung gegen Dürren. Die Förderung der Vielfalt auf den bäuerlichen Feldern ist zudem eine notwendige Strategie zur Anpassung an die Klimaveränderungen und zur Stärkung der Klimaresistenz.

Der Wandel in der Landwirtschaft im Rahmen der Grünen Revolution führte zu einer intensiven Wassernutzung und häufigen, zeitlich genau abgestimmten Wasserzufuhr durch Bewässerung. In Zeiten der Dürre und der Klimaveränderungen weisen die Sorten der Grünen Revolution jedoch sehr hohe Ausfallraten auf.

Doch Reissorten, die sich unter regenreichen Bedingungen entwickelt haben, sind gut an lange Perioden, die von Wasserstress und Klimaschwankungen geprägt sind, angepasst. Klimaresistente, salz- und überflutungstolerante Reissorten sind wichtig für die Klimaresistenz und für die Regeneration der Landwirtschaft nach Klimakatastrophen. Wenn solche Sorten in Mischungen von bis zu neun (»Navdanya«) oder zwölf (»Baranaja«) Kulturen angebaut werden, verringert sich das Risiko von Ernteausfällen noch weiter. Diese Versicherung geht nicht zu Lasten der Produktivität, denn wenn alle Ernteerträge in die Ertragsmessung einbezogen werden, weisen Mischkulturen im allgemeinen höhere Erträge als Monokulturen auf.

Die biologische Vielfalt ist von wesentlicher Bedeutung für die interne Zufuhr von Nährstoffen und Schädlingsbekämpfungsmitteln in den landwirtschaftlichen Betrieben. In nachhaltigen Landwirtschaftssystemen muss die Erhaltung der biologischen Vielfalt ein wesentlicher Bestandteil der landwirtschaftlichen Produktion sein.

## Der ernährungswissenschaftliche Imperativ

Die Erhaltung der biologischen Vielfalt in den landwirtschaftlichen Betrieben ist von entscheidender Bedeutung auch für die Vermeidung von nahrungsbedingten Mangelerscheinungen in ländlichen Gemeinschaften. Viele der vom Aussterben bedrohten Nutzpflanzen sind sehr nahrhaft, wurden jedoch auf den globalen Lebensmittelmärkten geringgeschätzt. Darüber hinaus sorgt eine Vielfalt der auf dem Hof verfügbaren Pflanzen für eine ausgewogene Ernährung. Die Förderung von Monokulturen ist auf die Notwendigkeit zurückzuführen, die städtischen Verbraucher mit billigen Lebensmitteln zu versorgen. Die Verbraucher sind sich heute sowohl der ökologischen als auch der gesundheitlichen Aspekte von Lebensmitteln bewusst. Sie wollen Lebensmittel, die nicht auf umweltschädliche Weise produziert wurden, und sie wollen Lebensmittel, die nahrhaft sind. Die Erhaltung der biologischen Vielfalt ist daher ein Gebot der guten Ernährung.

Angesichts der dreifachen Krise – Unterernährung, Verschuldung der Bauern und Klimaveränderungen – zeichnen sich neue Paradigmen der ökologischen Züchtung auf partizipativen und evolutionären Grundlagen ab.

Neue Forschungsergebnisse zeigen, dass bäuerliche Sorten nährstoffreicher und gesundheitsfördernder sind als industrielle Sorten. Die industrielle Züchtung und industrielle Produktion von Weizen, die auf Uniformität beruhen, in Verbindung mit industrieller Verarbeitung, die die Struktur des Weizens schädigt, führten zu einer Epidemie der Glutenunverträglichkeit.

Die Klimaveränderungen erfordern ein ständiges Evolutionspotential im Saatgut. Heute gibt es weltweit über sechs Millionen Akzessionen in mehr als 1.000 Genbanken als Ex-situ-Keimplasmasammlungen, darunter über 500.000 Akzessionen, die in Feldgenbanken verwaltet werden. 15 der Genbanken verfügen über Langzeiteinrichtungen. Etwa 40 Prozent der in den Genbanken aufbewahrten Akzessionen sind Getreide, 15 Prozent sind Hülsenfrüchte, der Rest gehört zu anderen Kulturpflanzen. Die Federführung liegt bei den Genbanken der *Consultative Group of International Agricultural Research Centers* (CGIAR – Beratungsgruppe für Internationale Agrarforschung), die sich auf Kulturpflanzen stützt. China, Indien und die USA verfügen über die größten Genbanken aller Länder.

**Tabelle 2: Keimplasmabestand im Ex-situ-Saatgutlager der Nationalen Genbank** (Stand: 31. März 1998)

| **Erntegut** | **Zahl der Zugänge** |
|---|---|
| Getreide und Pseudogetreide | 70.414 |
| Hirse und Kleinhirse | 16.587 |
| Ölsaaten | 24.857 |
| Hülsenfrüchte | 26.614 |
| Gemüse und Gewürze | 9.284 |
| Freigegebene Sorten (Vergleichsmuster) | 949 |
| Sicherheitsduplikate (IARCs) | 9.298 |
| Faserpflanzen, Narkotika | 862 |
| M&AP und genetische Bestände | 415 |
| Andere | 6.706 |
| **Insgesamt** | **165.986** |

Die nationalen und internationalen Erhaltungsbemühungen der letzten 30 Jahre haben sich auf den Aufbau und die Pflege von Ex-situ-Sammlungen konzentriert, wie etwa CGIAR, NBPGR, IBPGR, ICRISAT und die Internationalen Agrarforschungszentren, wobei die Tatsache ignoriert wurde, dass die Bauern ihre Sorten immer erfolgreich mit In-situ-Methoden erhalten haben. Die ausschließliche Abhängigkeit von Ex-situ-Methoden kann jedoch die biologische Vielfalt aus den weiter unten aufgeführten Gründen nicht erhalten. Für ein wirklich erfolgreiches Erhaltungsprogramm muss sowohl der In-situ- als auch der bäuerlichen Erhaltung die größte Bedeutung beigemessen werden.

Es ist seit Jahrhunderten bekannt, dass die Bauern frei waren, Fragen der Zucht nach ihren eigenen Bedürfnissen zu regeln, während das formale Züchtungssystem seine Strategien an die Bedürfnisse des kommerziellen Systems anpassen muss – und das schränkt die Arbeitsmöglichkeiten eines Pflanzenzüchters stark ein.

Die institutionelle Züchtung kommt zu den Bauern, nachdem das Saatgut eine Reihe von Zwischenstufen durchlaufen hat. Die Stabilität der Sorten ist ein Hauptkriterium für das formale System, und sie wird durch Uniformität erreicht, die keinen Raum für Vielfalt lässt. Die institutionelle Züchtung ist eine teure Angelegenheit und erfordert eine teure Infrastruktur für die Saatgutversorgung. Aus demselben Grund ist es schwierig, eine Vielzahl von Sorten zu züchten, so dass es unerlässlich ist, auf eine breite Anpassungsfähigkeit zu züchten. Dies geschieht um den Preis, dass die beste lokale Anpassung nicht erreicht werden kann. Bauern hingegen wählen ihr Saatgut für den eigenen Gebrauch aus und achten daher auf die örtlichen Gegebenheiten.

Die Zuchtmethoden der Bauern haben Auswirkungen auf die Evolution der Kulturpflanzen. Die beiden wichtigen Aspekte der Pflanzenevolution sind »Veränderung« und »Langsamkeit«. Die Sorten der Bauern sind unter bestimmten Anbaubedingungen, Klimaschwankungen und dem jeweiligen Schädlingsdruck leistungsfähig, was durch natürliche Selektion begünstigt wird. Die Sorten entwickeln sich entsprechend der veränderten Landnutzung und der Änderung der Anbaumuster weiter. Dies gilt auch für das Klima und die Niederschlagsmuster. Ein besonders wichtiger Aspekt ist dabei die Koevolution von Nutzpflanzen und ihren Parasiten, sagt Trygve

Berg. In unseren modernen Systemen gibt es keinen Raum für die Evolution von Sorten. Selbst wenn krankheitsresistente Sorten genutzt werden, gelingt es den sich aktiv entwickelnden Populationen von Parasiten früher oder später, die Resistenz zu überwinden. Ist diese einmal gebrochen, verbreiten sich die Krankheiten wie ein Lauffeuer in den uniformen Sorten. Der zweite Aspekt des evolutionären Charakters der On-Farm-Züchtung ist die Langsamkeit des Fortschritts. Dieser Aspekt gibt den Bauern Zeit, zu beobachten, Anpassungen vorzunehmen und die Neuerungen in ihre Landwirtschafts- und Lebensmittelsysteme zu übernehmen. Bauern, die ihr Saatgut auswählen, verwenden eine Methode namens Massenselektion. Das bedeutet, dass die einzelnen Pflanzen nach ihrer Leistung oder ihrem Aussehen ausgewählt werden. Wenn der Bauer sein Saatgut von der fruchtbarsten Stelle des Feldes nimmt, ist dies zwar nicht effizient in Hinblick auf die genetische Vielfalt, gewährleistet aber dennoch die höchstmögliche Qualität in Hinblick auf die physiologische Entwicklung des Saatguts.

## Die Grenzen von Genbanken

Genbanken sind nicht in der Lage, die biologische Vielfalt zu erhalten, weil die Philosophie oder Ideologie, die hinter solchen Erhaltungssystemen steht, auf drei Defiziten beruht: wissenschaftlichen, technischen und politischen.

1. **Wissenschaftliche Defizite:** Das Konzept der Genbanken beruht auf der Annahme, dass das genetische Material von Pflanzen (von den Befürwortern dieser Theorie Keimplasma genannt) unabhängig von der Pflanze selbst existieren kann und dass die Umwelt keine Rolle bei der Festlegung oder Beeinflussung der Eigenschaften der Sorte spielt. Diese Annahme hat sich als falsch erwiesen. Außerdem werden die Samen bei niedriger Luftfeuchtigkeit und Minustemperaturen gelagert und damit dem Evolutionsprozess

entzogen. Buchstäblich eingefroren in der Zeit, hängt die Lebensdauer der Sorte von ihrer Fähigkeit ab, sich an die Bedingungen der Genbank anzupassen, und nicht von den Merkmalen, die sie erhaltenswürdig machten. Somit ist der Verlust an Vielfalt in Genbanken genauso groß wie auf den Feldern der Bauern, wenn nicht sogar größer.
2. **Technische Defizite:** Ex-situ-Genbanken sind vollständig von der Hochtechnologie abhängig, die kostspielig ist und oft die Kapazitäten vieler Entwicklungsländer bei weitem übersteigt. Technisches Versagen oder fehlende finanzielle Mittel können zum Verlust von Saatgutsorten in der Genbank führen.
3. **Politische Defizite:** Saatgut, das in Genbanken gelagert wird, ist technisch für Landwirte, öffentliche Forschungseinrichtungen und den Privatsektor verfügbar. In der Praxis haben die einzelnen Landwirte nicht den gleichen Zugang zu diesen Banken – die meisten von ihnen befinden sich in den Industrieländern, denn ihnen fehlen die Zeit und die Mittel, um das Saatgut zu beschaffen. Gleichzeitig können private Saatgutunternehmen mit ihren umfangreichen Ressourcen und Niederlassungen in verschiedenen Teilen der Welt das Saatgut leicht beschaffen und dann jede Veränderung patentieren. Während der Bauer das Keimplasma kostenlos »spendet«, wird es oft zum Eigentum des Konzerns, der es patentiert und an den Bauern zurückverkauft.

Die gleichen Defizite bestehen auch auf nationaler Ebene. Die Einrichtung und Unterhaltung von Genbanken ist kostspielig. So befinden sich von den 127 Basissammlungen des *International Bureau of Plant Genetic Resources* nur 17 in den nationalen Genbanken der Entwicklungsländer. Von diesen Ländern wird erwartet, dass sie genetisches Material zu Erhaltungszwecken an die internationalen Genbanken spenden, die vor allem im Globalen Norden angesiedelt sind und häufig von privatwirtschaftlichen Unternehmen getragen werden.

Die weltweit größte Genbank der USA ist das National Seed Storage Laboratory (NSSL) in Fort Collins, in dem 232.210 Saatgutproben aufbewahrt werden. Davon haben sich nur 64.036 (oder 28 Prozent) als gesund erwiesen. Fast drei Viertel der Sammlung wurden seit mindestens fünf Jahren nicht mehr getestet, enthalten zu wenig Samen, um einen Test zu riskieren, oder entsprechen nicht den US-Standards für lebensfähiges Saatgut. Major Goodman, Pflanzengenetiker an der Universität von North Carolina, sagte: »Ich würde behaupten, dass diese Banken Leichenhallen für Saatgut sind. Was dort hineingeht, wird nicht wieder lebendig.«

### Warum es wichtig ist, die biologische Vielfalt zu erhalten

Da Saatguterhaltung und nachhaltige Landwirtschaft nicht in einem wirtschaftlichen Vakuum stattfinden können, sondern sich in den wirtschaftlichen Kontext, in dem Landwirtschaft betrieben wird, einfügen und diesen verändern müssen, waren die Saatguterhaltungsinitiativen von Navdanya von Anfang an mit dem Aufbau von Verbindungen zwischen Bauern und Verbrauchern verbunden, so dass durch die Verbrauchernachfrage nach biologischen Lebensmitteln ein wirtschaftliches Klima geschaffen wird, das die nachhaltige Landwirtschaft und Saatguterhaltung trägt.

Navdanya hat mehr als 137 gemeinschaftliche Saatgutbanken in verschiedenen Teilen Indiens eingerichtet, die mit auf biologischer Vielfalt beruhenden agrarökologischen Systemen beginnen und die Saatgutsouveränität, Ernährungssouveränität und wirtschaftliche Souveränität der Bauern in der gesamten Region stärken.

## Navdanya: Ein Katalysator für die dezentrale Saatguterhaltung

Die biologische Vielfalt kann nicht auf der Grundlage zentralisierter, globaler und hierarchischer Programme bewahrt werden. Es bedarf des Aufbaus von Netzwerken, die viele dezentralisierte Initiativen miteinander verbinden. Sie muss auf der Logik der »sich immer weiter ausdehnenden, niemals sich erhebenden Kreise« beruhen, wie Gandhi die Philosophie der Dezentralisierung beschrieb. Im Gegensatz zu der hierarchischen Sichtweise der Mikro-Makro-Verbindung war seine Vision:

»Das Leben wird keine Pyramide sein, bei der die Spitze vom Boden getragen wird. Sondern es wird ein ozeanischer Kreis sein, dessen Zentrum das Individuum sein wird, immer bereit, für das Dorf zu sterben, dieses bereit, für den Kreis der Dörfer zu sterben, bis schließlich das Ganze ein einziges Leben wird, das aus Individuen besteht, die niemals aggressiv in ihrer Arroganz, sondern immer demütig sind und die Majestät des ozeanischen Kreises teilen, von dem sie integrale Einheiten sind. Deshalb wird der äußerste Kreis keine Macht ausüben, um den inneren Kreis zu erdrücken, sondern er wird allen im Inneren Kraft geben und seine eigene Kraft aus ihm schöpfen.«

Navdanya sieht seine Rolle bei der Saatguterhaltung als Katalysator, der auf vielen Ebenen – von der Mikro- bis zur Makroebene – ein immer breiteres Bewusstsein schafft, lokale Gruppen und Gemeinschaften bei der Aufnahme von Saatguterhaltungsaktivitäten unterstützt und sich zurückzieht, wenn die lokalen Kapazitäten aufgebaut sind.

Die Navdanya-Philosophie der gemeinschaftlichen Saatgutbanken verkörpert das Saatgut einer nachhaltigen, lebendigen Wirtschaft vom Samen bis auf den Tisch. Die Landwirte erhalten und tauschen Saatgut über das Netzwerk der gemeinschaftlichen Saatgutbanken. Saatgut geht zu Saatgut und wandert von Bauer zu Bauer. Wenn Bauern ihre eigenen Sorten verwenden, sind sie zugleich Erhalter, Züchter und Produzenten. Sie entwickeln und verbessern das Saatgut durch Züchtung und verbessern auch die Ökosysteme durch Agrarökologie. Bauern, die Netzwerke des fairen Handels erhalten und gestalten, verbessern ihre eigene Produktivität, ihr Einkommen und ihre Existenzgrundlage nachhaltig. Bürgerinnen und Bürger, die sich an diesen Netzwerken für biologische Vielfalt, biologischen und fairen Handel beteiligen, werden zu Koproduzenten, die durch ihre bewusste Entscheidung, was sie essen, die biologische Vielfalt erhalten. Dabei verbessern sie durch den Verzehr nahrhafter, biologischer und chemiefreier Lebensmittel auch ihre Gesundheit und ihr Wohlbefinden.

## Die Bedeutung der Ernährung

Da die Landwirtschaft zunehmend als Industrie betrachtet wird, wird die Uniformität der Kulturen durch Monokulturen zu einem Gebot, was zu einem Verlust der Vielfalt führt. Dies hat zu der paradoxen Situation geführt, dass eine Verbesserung von Sorten, die die Vielfalt als Rohstoff nutzt, zur Zerstörung eben dieser Vielfalt geführt hat.

Die Aushöhlung dieser Vielfalt in der Landwirtschaft erfolgte hauptsächlich durch die Manipulation von Saatgut und die Pflanzenzüchtung durch Wissenschaftler in Labors und nicht in landwirtschaftlichen Betrieben, was zum Verschwinden traditioneller Pflanzensorten führte.

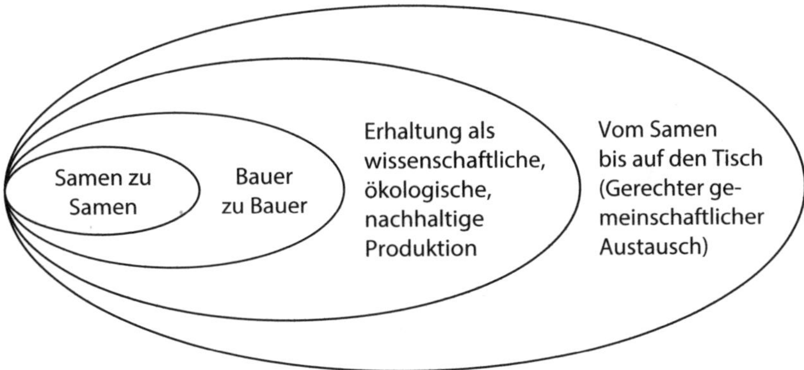


Die Landwirtschaft verengt sich auf wenige Weizen- und Reissorten, die auf einer schmalen genetischen Basis beruhen. Die Grüne Revolution verstärkte labororientierte Methoden der Pflanzenzüchtung, um ertragreiche Sorten, Hybridsorten, gentechnisch verändertes Saatgut und Gewebekulturen hervorzubringen.

Die zentrale Erzählung, die zur Verdrängung der unterschiedlichen Bauernsorten durch die Sorten der Grünen Revolution führte, ist, dass Erstere ertragsarm und Letztere ertragreich und hochproduktiv seien.

Die Produktivität ist grundsätzlich ein Verhältnis zwischen Output und Input. Die Anbausysteme haben unterschiedliche Erträge in Form von verschiedenen Pflanzen und unterschiedlicher Biomasse derselben Pflanze. Berücksichtigt man die Gesamtbiomasse, so erweisen sich traditionelle Anbausysteme, die auf einheimischen Sorten beruhen, nicht als ertragsarm. Viele einheimische Sorten sind sogar ertragreicher, sowohl in Hinblick auf den Ertrag an Getreide als auch auf die Gesamtbiomasse (Getreide und Stroh), als die Sorten der Grünen Revolution, die an ihrer Stelle eingeführt wurden. Die Erzählung von der hohen Produktivität der Sorten der Grünen Revolution wird auch dann nicht bestätigt, wenn alle Inputs berücksichtigt werden. Die Produktivität in der traditionellen Landwirtschaft war schon immer hoch, wenn man bedenkt, dass nur sehr wenige externe Betriebsmittel erforderlich sind. Während die Grüne Revolution in absoluten Zahlen zu einer Produktivitätssteigerung geführt haben soll, hat sie sich unter Berücksichtigung des Ressourceneinsatzes als kontraproduktiv erwiesen. Es hat sich gezeigt, dass sich die Produktivität ändert, wenn man anstatt auf das Land auf den Wasserverbrauch schaut und anstatt auf das Getreide auf die gesamte Biomasseproduktion (für Futter, Stroh, Brennstoff und so weiter) und von Gewicht je Fläche auf Nährstoff je Fläche. Dies gilt für die industriellen Inputs wie Düngemittel.

Was die Effizienz angeht, so erwies sich die Technik der Grünen Revolution als weitaus ineffizienter als die Techniken, die sie verdrängt hat. Während in der Zeit vor der Grünen Revolution der Energieoutput in Form von Lebensmitteln zehnmal so hoch war wie der Input, halbierte sich mit der Einführung der Grünen Revolution dieser Output bei gleichem Input. Auch in finanzieller Hinsicht ist die

Produktivität angesichts der steigenden Kosten für externe Inputs wie Düngemittel und Pestizide gesunken.

Was den Nährwert betrifft, so gibt es unter den von der Grünen Revolution verdrängten Pflanzen viele, die einen besseren Nährwert haben als der Weizen oder der Reis, denen sie weichen mussten.

Trotz des erwarteten Erfolgs bei der Steigerung der Weizen- und Reisproduktion ist die Grüne Revolution für Verzerrungen in der Nahrungsmittelproduktion verantwortlich. Diese Verzerrungen sind darauf zurückzuführen, dass die Grüne Revolution den Schwerpunkt auf den Anbau einer einzigen Kultur legt. Die Monokulturen und der Reis-Weizen-Zyklus löschten die reiche traditionelle Praxis des Anbaus einer Vielzahl von Pflanzen aus, die den Landwirten früher Sicherheit sowohl in Bezug auf die Ernährung als auch auf die Ökologie bot. Die beiden größten Verwerfungen der Grünen Revolution sind das zunehmende Verschwinden traditioneller Lebensmittel und der Rückgang nährstoffreicher Lebensmittel auf unseren Tellern.

Unter dem Druck der Ausbreitung von Monokulturen von Nutzpflanzen, die auf den Weltmärkten gehandelt werden, sind also sehr nahrhafte, an lokale Ökosysteme und lokale kulturelle Systeme angepasste Nutzpflanzen verschwunden. Diese werden oft als »weniger bekannte« oder »wenig genutzte Pflanzen« bezeichnet, weil sie aus der Sicht der zentralisierten Systeme der landwirtschaftlichen Entwicklung nicht bekannt sind und noch nicht »genutzt« werden. Die lokalen Gemeinschaften kennen den Wert und die Eigenschaften dieser Pflanzen jedoch schon seit langem und nutzen sie in vollem Umfang. Einer der Schwerpunkte von Navdanya ist es, das Aussterben einiger dieser hochwertigen, in kleinem Maßstab angebauten Pflanzen zu verhindern, indem sie wieder in die landwirtschaftlichen Systeme eingeführt werden, um sowohl die Ernährung als auch das Einkommen der Bauern zu verbessern und gleichzeitig die Ressourcen zu erhalten. Wir nennen sie aufgrund ihrer Nährstoffdichte und Klimaresistenz die »vergessenen Lebensmittel der Zukunft«.

## Ressourcenschonende nahrhafte Kulturen

### FINGERHIRSE (Ragi oder Madua)

Botanischer Name: *Eleusine corcana*

Fingerhirse ist in vielen Teilen Indiens traditionell die wichtigste Kulturpflanze. Die neuen Hybridpflanzen und die damit verbundene landwirtschaftliche »Entwicklung« haben diese Hirse in den letzten Jahrzehnten verdrängt. Sie ist ein Getreide mit hohem Nährwert.

Das Eiweiß dieser Hirse ist genauso nährstoffreich wie das von Milch. Sie gilt als besonders geeignetes Nahrungsmittel für Diabetiker. Ihre Mälzungseigenschaften machen sie zu einer Besonderheit unter den Hirsearten.

**Nährstoffe pro 100 Gramm:** Eiweiß 7,3 g, Kalzium 44 mg, Energie 328 kcal, Phosphor 283 mg, Eisen 6,4 mg, Karotin 42 mg.

### FUCHSSCHWANZHIRSE (Kauni)

Botanischer Name: *Setaria italica*

Fuchsschwanzhirse ist eine Kultur für Gebiete mit mittlerer Trokkenheit, die sehr hohe Erträge liefert. Sie kann in Höhenlagen von bis zu 2.000 Metern wachsen. Sie wird oft als Alternativpflanze zu Fingerhirse gesät, wenn die Niederschläge für diese nicht ausreichen.

**Nährstoffe pro 100 Gramm:** Eiweiß 12,3 g, Kalzium 37 mg, Energie 290 kcal, Phosphor 280 mg, Eisen 12,9 mg, Karotin 32 mg.

### JAPANHIRSE (Jhangora)

Botanischer Name: *Echinochloa frumentaceum*

Sie ist eine der am schnellsten wachsenden Hirsearten und kann nach etwa vier Monaten geerntet werden. Die Pflanze hat ein kräftiges Wachstum und ist sehr anpassungsfähig in Bezug auf Boden- und Feuchtigkeitsanforderungen. Sie wird als Getreide angebaut und ist zugleich eine wichtige Futterpflanze.

**Nährstoffe pro 100 Gramm:** Eiweiß 6,2 g, Kalzium 20 mg, Energie 307 kcal, Phosphor 280 mg, Eisen 2,9 mg, Karotin 34 mg.

PERL- ODER KOLBENHIRSE (Bajra)
Botanischer Name: *Pennisetum glaucum*

Perlhirse ist eine wichtige Hirseart in Indien. Sie wird in Indien und Afrika seit prähistorischen Zeiten angebaut. Die Pflanze erreicht eine Höhe von 1,5–1,8 Metern. Die Körner haben eine graue, selten gelbe Farbe. Perlhirse wird vor dem Verzehr entrappt. Sie wird normalerweise in den Reis gebrochen und gekocht oder zu Mehl gemahlen.

BUCHWEIZEN (Ogal, Phaphra)
Botanischer Name: *Fagopyrum esculentum*

Buchweizen ist ein Pseudogetreide und wird normalerweise in den Höhenlagen des Himalayas angebaut. Wenn die Pflanze jung ist, wird sie als grünes Gemüse verwendet. Das Korn gehört zu den »Phalahar« oder Lebensmitteln, die während des Fastens verzehrt werden können. In den Ebenen ist es als »Kotu« erhältlich.

AMARANTH (Marsha, Ramdana)
Botanischer Name: *Amaranthus frumentaceous*

Amaranth ist das nährstoffreichste Getreide der Welt. Seine Samen, die es in Schwarz, Braun, Rot, Gold und Weiß gibt, können geknackt, gemahlen, gebacken und gekocht werden. 50–80 Prozent der Amaranthpflanze sind essbar. Aufgrund seines hohen Trockensubstanzgehalts liefert die gleiche Menge frischen Amaranths die zwei- bis dreifache Menge an Nährstoffen, die in anderen Gemüsesorten enthalten sind. Er hat fast doppelt so viel Eiweiß wie andere Getreidearten, enthält mehr Ballaststoffe als Weizen, Mais, Reis oder Sojabohnen und ist eine reichere Quelle für Kalzium, Eisen und Vitamine.

## Hülsenfrüchte

Die Produktion von Hülsenfrüchten verzeichnet keine nennenswerten Zuwächse, so dass die Pro-Kopf-Verfügbarkeit von Hülsenfrüchten stark zurückgegangen ist und die Preise auf ein Niveau gestiegen sind, zu denen sie für die Armen unerschwinglich sind. Dies hat zu einem drastischen Rückgang der Proteinverfügbarkeit in der Ernährung der in Armut lebenden Menschen geführt. Die Erzeugung von Hülsenfrüchten ist mit der Ausbreitung von Weizen- und Reis-Monokulturen rapide zurückgegangen und wird mit dem politischen Schwerpunkt auf »Cash Cropping« (Anbau für den Gelderwerb) und exportorientierter Landwirtschaft zwangsläufig weiter zurückgehen.

Einige der auf der Navdanya-Farm biologisch angebauten Hülsenfrüchte sind folgende:

### URD- ODER LINSENBOHNE (Urad)

Botanischer Name: *Vigna mungo*

Die Urdbohne wird in der Regel rein angebaut. Die Sorte mit den großen Bohnen gilt als besser als die mit den kleinen. Sie ist trockenheitsresistent und stellt eine wertvolle Nahrungsquelle dar, wenn Hirse ausfällt. Die Proteine in der Urdbohne sind eher mit Proteinen aus tierischen Quellen vergleichbar, was diese Hülsenfrucht zu einem guten Fleischersatz macht.

## MUNGBOHNE (Moong)

Botanischer Name: *Vigna radiates*

Die Mungbohne kann sowohl in der frühen als auch in der späten Monsunzeit angebaut werden, wobei es für jede Jahreszeit speziell geeignete Sorten gibt. Die Mungbohne führt unter den Hülsenfrüchten am wenigsten zu Blähungen, ist leicht verdaulich und gilt als ideales Nahrungsmittel für Kranke. Das Mehl wird oft als Ersatz für Seife verwendet, vor allem für Kinder.

## REISBOHNE (Navrangi)

Botanischer Name: *Vigna umbellate*

Die widerstandsfähige Reisbohne wird oft auf verarmten und ausgelaugten Böden oder dort angebaut, wo andere Pflanzen nicht gut gedeihen. Erstaunlich an dieser Pflanze ist, dass sie nicht von Schädlingen und Krankheiten befallen wird. Diese bemerkenswerte Bohne zeichnet sich durch eine hervorragende Leistung vom Feld bis zum Tisch aus. Wie die meisten Hülsenfrüchte hat sie ein ausgezeichnetes Nährstoffprofil mit 16–25 Prozent Eiweiß, einer guten Menge Kalzium und vielen wichtigen Vitaminen, darunter Thiamine, Niacin und Riboflavin. Sie ist ebenfalls eine gute Quelle für Eisen und Phosphor. Sie ist in den Regalen der Bioläden von Navdanya erhältlich und sollte unbedingt in Ihren Speiseplan aufgenommen werden.

## KUHBOHNE (Lobiya)

Botanischer Name: *Vigna unguiculata*

Die *Vigna ungiculata* hat viele Namen sowohl im Englischen als auch in den Volkssprachen. Die Kuhbohne wurde wahrscheinlich zuerst in der Sambesi-Region und in Westafrika angebaut, inzwischen weist sie eine große Vielfalt in Süd- und Südostasien auf.

Es gibt sie mit vielen Verwendungsmöglichkeiten. In Indien werden die getrockneten Bohnen meist als Dal oder Currys verzehrt. Sie sollen den Milz-Pankreas- und Magen-Meridian tonisieren, harntreibend wirken und auch Beschwerden wie Leukorrhoe lindern.

PFERDEBOHNE (Gahath)

Botanischer Name: *Dolichos biflorus*

Die auf dem indischen Subkontinent beheimatete Pferdebohne wird seit 2000 v. Chr. als Nahrungsmittel verwendet. In Garwhal, Maharashtra und im Kokan-Gebiet wird sie auf verschiedene Weise zubereitet: als Dal, als Füllung für Rotis, als Snack namens Usal und als Curry aus den Sprossen sowie mit Kartoffeln und Zwiebeln.

In der traditionellen Medizin Indiens werden der Pferdebohne mehrere gesundheitliche Vorteile zugeschrieben. Laut Ayurveda hat sie wärmende Eigenschaften und sollte in den Wintermonaten gegessen werden. Sie kann das Medha Dhatu (Körperfett) reduzieren, die Spermienzahl verbessern und den Menstruationszyklus regulieren, um nur einige ihrer therapeutischen Anwendungen zu nennen. Einer der wichtigsten gesundheitlichen Vorteile, für den sie bekannt ist, ist die Auflösung von Nierensteinen.

LINSE (Masoor)

Botanischer Name: *Lens esculenta*

Linsen oder Masoor, wie wir diese Hülsenfrucht nennen, sind ein wichtiger Bestandteil der Ernährung in einer Reihe von Ländern, darunter Iran, Äthiopien, mehrere europäische Länder und Indien. Hier wird sie als Dal verzehrt, entweder ganz (*kala masoor*) oder geteilt (*lal masoor*). Manchmal wird es auch zu Biryani verarbeitet. Masoor ist eine der am leichtesten verdaulichen Hülsenfrüchte und hat einen hohen gesundheitlichen Wert und guten Geschmack.

**Eine Tasse Linsen (200 g):** Bei nur 230 Kalorien bietet eine Tasse Linsen 18 g Eiweiß, 1 g Fett, 40 g Kohlenhydrate (davon 16 g Ballaststoffe und 4 g Zucker). Sie deckt den Tagesbedarf an Folsäure zu

90 Prozent, Eisen zu 37 Prozent, Mangan zu 49 Prozent, Phosphor zu 51 Prozent, Thiamin zu 22 Prozent, Kalium zu 21 Prozent, Vitamin $B_6$ zu 21 Prozent und $B_1$ zu 28 Prozent. Außerdem enthält sie Vitamin A, Riboflavin, Niacin, Pantothensäure, Magnesium, Zink, Kupfer und Selen. Viele halten sie für die Hülsenfrucht mit dem höchsten Eiweißgehalt, und da sie keinen Schwefel enthält, gibt es bei ihr nur sehr wenig Blähungen.

## Der sozioökonomische und politische Imperativ: Die Stärkung der Rechte der Bauern

Die Bauern sind seit jeher die Erhalter und Entwickler von Saatgut. Sie haben ein Grundrecht darauf, die von ihnen bewahrte biologische Vielfalt weiter zu erhalten und zu nutzen.

Die bäuerlichen Gemeinschaften müssen die Begriffe neu definieren und ihre Rechte am Saatgut einfordern, sowohl als Pflanzenzüchter als auch als Saatgutlieferanten, um die Kontrolle über ihre genetischen Ressourcen zurückzugewinnen.

Am 5. und 6. März 1993 fand in Delhi die Nationale Konsultation über biologische Vielfalt, nachhaltige Landwirtschaft und die Rechte der Landwirte statt. Mehr als 70 Vertreter verschiedener Bauernorganisationen kamen zusammen und formulierten klar und deutlich diese Rechte, damit die Bauern die biologische Vielfalt auf ihren Feldern erhalten können (siehe umseitigen Kasten).

Die FAO hat die »Rechte der Bauern« an der biologischen Vielfalt anerkannt. Die Rechte der Bauern werden im Text der Internationalen Verpflichtung über pflanzengenetische Ressourcen der FAO wie folgt definiert: »Rechte, die sich aus den vergangenen, gegenwärtigen und künftigen Beiträgen der Landwirte zur Erhaltung, Verbesserung und Bereitstellung pflanzengenetischer Ressourcen ergeben, insbesondere in den Zentren der Herkunft und Vielfalt.« Diese Rechte stehen jedoch nicht den einzelnen Landwirten zu, sondern sind Rechte der Staaten, um Beihilfen für die Erhaltung der biologischen Vielfalt zu erhalten.

**Das Recht auf Erhaltung, Vermehrung und Veränderung von Saatgut und Pflanzenmaterial**

Die Bauern der Dritten Welt sind die ursprünglichen Schöpfer und Hüter der meisten genetischen Ressourcen, die das erste Glied im Kreislauf der Nahrungsmittelproduktion darstellen.

Sowohl Patente als auch Sui-generis-Regelungen schaffen Produktions-, Vertriebs- und Importmonopole. Jedes Mal, wenn ein solches Monopol geschaffen wird, wird ein Teil Indiens an Wirtschaftskonglomerate ausgeliefert. Weder das Patent- noch die Sui-generis-Regelungen bieten einen ausreichenden Schutz gegen Monopole. In beiden Fällen wurden die Rechte der Unternehmen über alles andere gestellt.

Artikel 19 der indischen Verfassung gibt jedem Bürger die Freiheit, seinen jeweiligen Beruf auszuüben. Diese Freiheit schließt das Recht ein, seine Produktionsmittel selbst zu gestalten. Da das Saatgut das wichtigste Instrument der landwirtschaftlichen Produktion ist – der »Beruf« der Bauern – sichert der Artikel die Rechte der Bauern bei der Erzeugung, Vermehrung, Veränderung und dem Verkauf von Saatgut. Jegliche Änderungen, die sich aus IPR-Regelungen ergeben, würden den Bauern ihr Recht auf Berufsfreiheit verweigern, das in Artikel 19 der indischen Verfassung geschützt ist.

Wir bekräftigen unser Vertrauen in das indische Patentgesetz von 1970, das den Gartenbau und die Landwirtschaft von der Patentierbarkeit ausnimmt. Wir bekräftigen auch das Recht der Bauern, die biologische Vielfalt in ihren Betrieben zu schützen und Saatgut frei zu vermehren und zu verändern, und erklären es als nicht verhandelbar.

Navdanya rief Bewegungen ins Leben, um die Rechte und Pflichten der Bauern in Indien zu definieren, insbesondere als Reaktion auf die ungerechten Regelungen für geistige Eigentumsrechte, die die Konzerne durch das TRIPS-Abkommen der WTO durchzusetzen versuchten.

Es ist uns gelungen, Saatgut, Pflanzen und Tiere von der Patentierung auszuschließen, und zwar durch Artikel 3(j) des Patentgesetzes, der »Pflanzen und Tiere als Ganzes oder in Teilen, mit Ausnahme von Mikroorganismen, aber einschließlich Saatgut, Sorten und Arten, sowie im wesentlichen biologische Verfahren zur Erzeugung oder Vermehrung von Pflanzen und Tieren« von der Patentierbarkeit ausschließt.

Im TRIPS-Übereinkommen der WTO und im UPOV-Übereinkommen sind die Rechte der Züchter nicht obligatorisch. Die Länder können sui generis Gesetze zum Sortenschutz entwickeln. Daher müssen die Züchterrechte nach dem UPOV-Modell nicht in nationale Gesetze umgesetzt werden. Dr. Vandana Shiva wurde in Indien in die Sachverständigengruppe berufen, die das Gesetz sui generis für den Sortenschutz ausgearbeitet hat. Indien hat ein Gesetz mit dem Titel *Plant Variety Protection and Farmers Rights Act*, 2001, das eine Klausel zu den Rechten der Landwirte enthält.

> Ein Landwirt gilt als berechtigt, seine landwirtschaftlichen Erzeugnisse einschließlich des Saatguts einer nach diesem Gesetz geschützten Sorte in der gleichen Weise aufzubewahren, zu verwenden, auszusäen, wieder auszusäen, zu tauschen, zu teilen oder zu verkaufen, wie er vor Inkrafttreten dieses Gesetzes berechtigt war.

Das Recht der Bauern auf Saatgut ist mit drei Funktionen verbunden: Erhaltung, Züchtung und Produktion. Die Konzerne definieren Saatgut als ihre Erfindung und ihr geistiges Eigentum, was die Bauern daran hindert, Saatgut zu erhalten und zu teilen. Für die Landwirte ist Saatgut ein Allgemeingut, das sie aufbewahren und frei innerhalb der Bauerngemeinschaften teilen können.

Die Agenda 21 und das Übereinkommen über die biologische Vielfalt erkennen auch die Notwendigkeit an, die Ex-situ-Erhaltung durch In-situ-Erhaltungsmaßnahmen zu ergänzen. Die In-situ-Erhaltung ist entscheidend mit der Stärkung der Rechte der Bauern verbunden.

Die Saatgutsouveränität der Bauern ist von zentraler Bedeutung für die Bewältigung ihrer Finanz- und Schuldenkrise. Durch den Einstieg von Konzernen in den Saatgutsektor ist Saatgut zu einer nicht erneuerbaren Ware geworden, für welche die Landwirte einen hohen Preis zahlen müssen. Da das Saatgut nicht für die lokalen Agrarökosysteme gezüchtet wird, ist der Anteil an Ernteausfällen sehr hoch.

Ein Beispiel dafür ist der Misserfolg der Bt-Baumwollhybride. Die Bt-Baumwolle muss bewässert werden, was im halbtrockenen Gebiet von Vidharba mit seinen häufigen Dürren zu häufigen Misserfolgen führte. Der Misserfolg von Hybridmais in Bihar ist ein weiteres Beispiel.

Saatgut ist nicht nur die Quelle des Lebens, sondern auch das erste Produktionsmittel der Bauern. Wenn die Saatgutvielfalt und -souveränität ausgehöhlt wird, werden sowohl die Lebensgrundlage als auch die Sicherheit der Bauern untergraben.

# TEIL 3
# Boden und Wasser

## Die Gesundheit des Bodens verstehen und aufrechterhalten

Die Gesunderhaltung des Bodens ist das Grundprinzip einer erfolgreichen nachhaltigen biologischen Landwirtschaft. Schlechte Böden führen zu ungesunden Pflanzen, Schädlingen, Krankheiten und geringen Erträgen. Der Schlüssel zu einem gesunden Boden liegt in der richtigen Bewirtschaftung der organischen Substanz. In diesem Teil wird gezeigt, wie man mit einem ganzheitlichen Ansatz der Bodenbewirtschaftung hohe Erträge erzielen kann, einschließlich einer Anleitung zur Bewertung des Mineralhaushalts des Bodens.

Der Boden sollte eine offene, mürbe Struktur haben, um sowohl die Drainage als auch das Wasserrückhaltevermögen zu fördern, wodurch der pH-Wert in Böden, die von Natur aus zu Säure oder Alkalität neigen, gepuffert wird. Große, komplexe organische Moleküle ermöglichen die Adsorption (Anhaftung) von Mineral-Ionen, die später von den Pflanzen genutzt werden können. Dies ist sehr wichtig in Gebieten, in denen es regelmäßig zu starken Regenfällen kommt, da organische Kohlenstoffmoleküle die Auswaschung von Mineral-Ionen verhindern, wodurch die Nährstoffe für die spätere Nutzung durch die Pflanzen im Boden verbleiben und die Eutrophierung von Wassereinzugsgebieten verhindert wird.

Die stabilen Formen organischer Materie wie Humus und Holzkohle dienen als Speicher und Puffer für diese Mineralien. Huminsäure,

Fulvosäure, Ulmsäure und andere organische Säuren aus dem Zerfall organischer Stoffe wie Kohlensäure und Essigsäure tragen dazu bei, dass Mineralien wie Stickstoff, Phosphor, Kalium und andere Spurenelemente für die Pflanzen bioverfügbar werden. Diese Moleküle bieten eine Lebensgrundlage für nützliche Pilze dar, wie *Trichoderma* und *Penicillium*, die zur Bekämpfung von Krankheitserregern wie *Rhizoctonia, Phytophthora, Amilleria, Pythium* und zu vielem anderen beitragen.

Es ist von entscheidender Bedeutung, dass der Boden genügend pflanzenverfügbare Nährstoffe im richtigen Verhältnis enthält, um sicherzustellen, dass die Pflanzen nicht unterversorgt sind und ihr maximales genetisches Potential ausschöpfen können. Das richtige Gleichgewicht der Mineralien ist für die Gesundheit der Bodenmikroorganismen wichtig, die als Teil des Nahrungsnetzes im Boden zur Erzeugung gesunder Pflanzen beitragen.

Dieses System und seine Varianten erwiesen sich in vielen Ländern als zuverlässiger Weg zu hohen Erträgen. Die Sicherstellung der Bodengesundheit ist eine der besten Möglichkeiten, um Pflanzen anzubauen, die widerstandsfähiger gegen Schädlinge und Krankheiten sind und auch unter ungünstigen Bedingungen wie Dürre oder Starkregen robust bleiben.

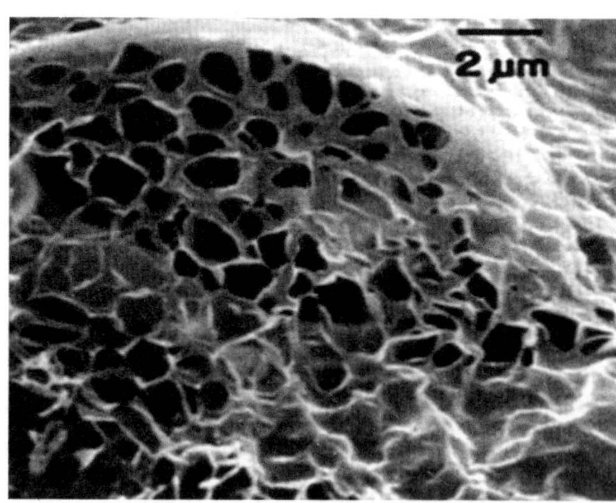


**Abbildung 1: Humus unter dem Elektronenmikroskop**
Quelle: Rodale Institute

## Organische Substanz im Boden: Der Schlüssel zu einer produktiven Landwirtschaft

Die organische Substanz im Boden ist einer der am meisten vernachlässigten, aber wichtigsten Faktoren für die Bodenfruchtbarkeit, die Krankheitsbekämpfung, die Wassereffizienz und die Produktivität der Landwirtschaft.

Die Kombination von gelösten Mineral-Ionen im Bodenwasser wird als Bodenlösung bezeichnet. Die Pflanzen nehmen diese gelösten Mineralien über ihre Wurzeln mit dem Wasser auf. Die Bedeutung des Bodens wird allerdings immer mehr aus den Augen verloren, weil die konventionelle Landwirtschaft hydroponische Modelle bevorzugt, also solche, bei denen die Pflanzen direkt mit Wasserlösungen versorgt werden. In vielen agrarwissenschaftlichen Texten werden hydroponische Methoden als das einzige Modell für die Nährstoffaufnahme der Pflanzen angesehen und die wesentliche Rolle der organischen Stoffe im Boden wird vollkommen übergangen.

Die Aufnahme der von den Pflanzen benötigten Mineralien geschieht zwar zum großen Teil über die Bodenlösung, aber das ist nicht der einzige Weg. Die Forschung zeigt, dass Pflanzen auch durch Ionenaustausch, die Aufnahme größerer organischer Moleküle wie Chelate und Aminosäuren sowie durch direkte Symbiose mit Mikroorganismen, Pflanzenwurzelenzyme und durch die Spaltöffnungen in ihren Blättern erhebliche Mengen an Nährstoffen erhalten. Mehrere dieser wesentlichen Bereiche der Pflanzenernährung sind mit den organischen Stoffkreisläufen in den Böden verbunden.

Die multifunktionalen Vorteile der organischen Substanz werden in diesem Abschnitt näher erläutert. Der erste Schritt besteht darin, zu verstehen, was organische Substanz und insbesondere die organische Bodensubstanz (Soil Organic Matter – SOM) ausmacht.

Denn die organische Substanz des Bodens (SOM) ist sehr komplex. Wissenschaftler und Forscher beginnen gerade erst, kleine Teile dieser Komplexität zu verstehen. SOM entsteht aus den Ausscheidungen und dem Zerfall von Pflanzen, Tieren, Insekten und Mikroorganismen, also allen biotischen Lebensformen. Die aktuelle Forschung zeigt, dass sie aus zwei Kreisläufen – labilen (flüchtigen) und nicht-labilen (stabilen) Anteilen – besteht, die kontinuierlich ineinander übergehen und sich austauschen.

**Labiler oder flüchtiger Anteil**

Die labile Fraktion besteht aus zerfallender organischer Substanz. Sie ist der wichtigste Teil im Kreislauf der organischen Stoffe im Boden. Hier zersetzen Mikroben Ernterückstände, Blätter, Zweige, Äste, Wurzelausscheidungen, tierischen Dünger und tierische Überreste und geben alle Mineralien, Zucker und andere Verbindungen in den Boden ab, um die Pflanzen und andere Mikroorganismen zu ernähren. Diesen komplexen Prozess kennt man als das Nahrungsnetz des Bodens.

Der Schlüssel zu diesem Kreislauf liegt darin, dass dieser kontinuierlich mit frischem organischem Material gespeist werden muss, damit er aktiv ist. In natürlichen Ökosystemen und bei guter Bewirtschaftung bilden einige Teile der verrottenden organischen Substanz stabile Anteile als Bodenkohlenstoff und organische Bodensubstanz.

**Nicht-labiler oder stabiler Anteil**

Die stabilsten organischen Stoffe sind Humus, Glomalin (aus Pilzen) und Holzkohle. Untersuchungen zeigen, dass Humus und Holzkohle Tausende von Jahren im Boden überdauern können. Andere Anteile sind weniger stabil (also labil) und können sich leicht als $CO_2$ verflüchtigen.

Biokohle (Holzkohle aus lebendigen Quellen) wird jetzt als stabile Form des Bodenkohlenstoffs wegen des Nutzens hochgeschätzt, den sie für den Boden und die Pflanzen hat. Sie weist durchaus eine Reihe von Vorteilen auf, aber der vielfältige Nutzen von Bodenhumus ist wesentlich größer, weshalb sich dieses Buch hauptsächlich auf Humus konzentriert.

## Das Nahrungsnetz des Bodens

In der chemischen Landwirtschaft wird der Boden als leerer Behälter beschrieben, doch der Boden ist ein reiches Ökosystem mit einer großen biologischen Vielfalt.

Der Boden ist ein lebendiges, dynamisches Ökosystem. In einem gesunden Boden wimmelt es von mikroskopisch kleinen und größeren Organismen, die viele lebenswichtige Funktionen erfüllen, darunter die Umwandlung von totem und verrottetem Material sowie von Mineralien in Pflanzennährstoffe. Verschiedene Bodenorganismen ernähren sich von unterschiedlichen organischen Substraten – ihre biologische Aktivität hängt vom Angebot an organischem Material ab.

Der Nährstoffaustausch zwischen organischer Substanz, Wasser und Boden ist für die Bodenfruchtbarkeit von entscheidender Bedeutung und muss für eine nachhaltige Produktion aufrechterhalten werden. Wird der Boden für die pflanzliche Erzeugung genutzt, ohne die organische Substanz und den Nährstoffgehalt wiederherzustellen oder eine gute Struktur zu erhalten, werden die Nährstoffkreisläufe unterbrochen, wodurch die Bodenfruchtbarkeit abnimmt und das Gleichgewicht im Agrarökosystem zerstört wird.

Die organische Substanz im Boden – das Produkt der biologischen Zersetzung vor Ort – beeinflusst die chemischen und physikalischen Eigenschaften des Bodens und seine allgemeine Gesundheit. Die Zusammensetzung der organischen Substanz und ihre Abbaugeschwindigkeit wirken sich auf die Bodenstruktur und Porosität, die Wasserinfiltrationsrate und die Feuchtigkeitsspeicherkapazität des Bodens ebenso aus, wie auf die Vielfalt und biologische Aktivität der Bodenorganismen und die Verfügbarkeit von Pflanzennährstoffen. Viele gängige landwirtschaftliche Praktiken, insbesondere Pflügen, die Bodenbearbeitung mit Scheibeneggen und das Abbrennen der Vegetation, beschleunigen die Zersetzung der organischen Bodensubstanz und machen den Boden anfällig für die Erosion durch Wind und Wasser. Es gibt jedoch alternative Bewirtschaftungsmethoden, die die Bodengesundheit verbessern und eine nachhaltige landwirtschaftliche Produktivität ermöglichen. Die bewahrende Landwirtschaft umfasst eine Reihe solcher bewährten Praktiken, indem sie eine pfluglose oder minimale Bodenbearbeitung mit einer schützenden Pflanzendecke und Fruchtfolgen kombiniert. Sie hält Oberflächenrückstände, Wurzeln und organische Substanz im Boden, hilft bei der Unkrautbekämpfung und verbessert die Bodenaggregation und schafft intakte große Poren, was wiederum die Wasserinfiltration ermöglicht und Abfluss sowie Erosion verringert. Die vielfältigen Bodenorganismen, die unter solchen Bedingungen gedeihen, stellen nicht nur Pflanzennährstoffe zur Verfügung, sondern tragen auch zur Schädlingsbekämpfung und zu anderen wichtigen ökologischen Prozessen bei. Durch die Kombination von Weide- und Futtermittelarten und Dung mit dem Anbau von Nahrungsmitteln und Fasern verbessern Mischkulturen zudem die organische Substanz des Bodens und die Bodengesundheit. In diesem Abschnitt wird die zentrale Rolle der organischen Substanz bei der Verbesserung der Bodenproduktivität hervorgehoben, und es werden vielversprechende Methoden zur Verbesserung des Managements der organischen Substanz für eine produktive und nachhaltige Pflanzenproduktion in den Tropen vorgestellt.

Der Gehalt an organischer Substanz im Boden ist also das Ergebnis des Eintrags organischer Substanz (Reste und Wurzeln) und der Zersetzung der Streu. Er hängt mit Feuchtigkeit, Temperatur und Belüftung, den physikalischen und chemischen Eigenschaften des Bodens sowie mit Bioturbation (Durchmischung durch die Bodenmakrofauna), Auswaschung durch Wasser und Humusstabilisierung (organisch-mineralische Komplexe und Aggregate) zusammen. Auch die Bodennutzung und die Bewirtschaftungspraktiken wirken sich auf die organische Substanz des Bodens aus.

Viele Anbaumethoden führen dazu, dass dem Boden durch mehrmaliges Ernten von Feldfrüchten und unzureichendes Auffüllen der Nährstoffe diese entzogen werden. So versäumt man, die Bodenqualität wiederherzustellen, und der Gehalt an organischer Substanz im

Boden nimmt ab. Dieser Rückgang hält so lange an, bis die Bewirtschaftungsmethoden verbessert werden oder bis eine Bracheperiode eine allmähliche Erholung durch natürliche ökologische Prozesse ermöglicht. Nur sorgfältig ausgewählte, diversifizierte Anbausysteme oder gut geführte Mischkulturen sind in der Lage, ein Gleichgewicht von Zufuhr und Entnahme von Nährstoffen und organischen Stoffen aufrechtzuerhalten.

Die biologische Vielfalt des Bodens spiegelt die Mischung der lebenden Organismen im Boden wider. Diese Organismen interagieren untereinander sowie mit Pflanzen und Kleintieren und bilden ein Netz biologischer Aktivitäten.

Der Boden ist bei weitem der biologisch vielfältigste Teil der Erde. Das Nahrungsnetz des Bodens umfasst Käfer, Springschwänze, Milben, Würmer, Spinnen, Ameisen, Nematoden, Pilze, Bakterien und andere Organismen. Diese Organismen verbessern den Wassereintritt und die Wasserspeicherung, den Widerstand gegen Erosion, die Pflanzenernährung und den Abbau organischer Stoffe. Eine große Vielfalt von Organismen sorgt für die Kontrolle und das Gleichgewicht des Nahrungsnetzes im Boden: durch Populationskontrolle, Mobilität und das Überleben durch die Jahreszeiten.

**Aufbau langlebiger organischer Bodensubstanz (SOM)**

Humus ist der langlebigste Bestandteil der organischen Bodensubstanz. Untersuchungen zeigten, dass er mehrere Tausend Jahre überdauern kann. Im Laufe der Zeit wird Biokohle in Humus, $CO_2$ oder beides umgewandelt, je nach Bodenbewirtschaftungssystem. Humus ist im allgemeinen sehr resistent gegen mikrobiellen Abbau. Eine Kombination aus synthetischen Stickstoffdüngern und Oxidation durch schlechte Bodenbearbeitung führt jedoch dazu, dass er schnell abnimmt. Da die obersten Bodenschichten in der Regel den höchsten Humusanteil aufweisen, ist die Bodenerosion eine weitere wichtige Ursache für den Humusverlust.

Humus entsteht aus einer komplexen Mischung von Stoffen aus den Liginen, Ölen und Wachsen der Pflanzen, im Gegensatz zu den anderen organischen Hauptbestandteilen Zellulose, Zucker oder Stärke. Die genaue Natur des Humus wird noch erforscht.

Unter dem Elektronenmikroskop sieht Humus wie ein Schwamm aus; er ist eine klebrige Substanz mit zahlreichen porösen Löchern. Deshalb kann er bis zum 30-fachen seines Eigengewichts an Wasser speichern, er hält Nährstoffe im Boden und verhindert, dass sie ausgelaugt werden.

Entscheidend für den Humusaufbau ist, dass die Bodendecker, Gründüngungspflanzen und Stoppeln so weit ausreifen, dass sie Lignine bilden. Die Strukturen der meisten Pflanzen setzen sich aus Zellulose und Lignin zusammen. Lignine sind wie starke Fasern, die die Pflanzenstrukturen zusammenkleben und ihnen Flexibilität und Stärke verleihen. Junge, frische Pflanzen haben in der Regel wenig Lignine, da sie hauptsächlich aus Zellulose, Zucker und Stärke bestehen. Die Mikroorganismen nehmen diese leicht als Nahrung auf und speisen damit den labilen Kreislauf des Nahrungsnetzes im Boden.

Zellulose braucht länger, um abgebaut zu werden. Sie wird in Pflanzen durch den Aufbau von Glukoseketten gebildet. Sie ist sehr stabil, nicht wasserlöslich und wird nicht abgebaut. Verschiedene Mikroorganismen, insbesondere Pilze, können sie verdauen. Sie verwenden Enzyme wie Cellulase, um es in Glukose und Wasser aufzuspalten. Wiederkäuer und Termiten haben symbiotische Mikroorganismen in ihrem Verdauungstrakt, die Zellulose abbauen. (Aus diesem Grund können Termiten in trockenen Gebieten leben; sie beziehen ihr Wasser und ihre Glukose aus der Spaltung der Zellulose in Holz oder Gräsern.) Der Boden sollte aus qualitativ hochwertigen Blättern bestehen, die in kleinere Blätter zerfallen, wenn man sie vorsichtig zwischen Daumen und Fingern zerdrückt. Organische Stoffe, Kalzium, Ton, Mikroorganismen, Luft, Feuchtigkeit und Pflanzenwurzeln sind für die Bildung des Bodengefüges notwendig. Sie sind miteinander verbunden, und es ist schwierig, einen guten Boden ohne sie aufzubauen.

Tone werden als Bindemittel benötigt. Fast alle Böden haben einen Tonanteil, auch die meisten sandigen. Die regelmäßige Zugabe kleiner Mengen von Ton verbessert sandige Böden. Ohne organische Stoffe können diese Tone jedoch im Porenvolumen des Sandes eingelagert werden, wodurch die Infiltration gestoppt und das Wasser fest gebunden wird. Im Vergleich zu Sanden haben Tone eine höhere Kapazität, Wasser zu binden, was den Zugang für Pflanzen erschwert.

Lignine sind in der Regel die letzten Pflanzenteile, die von Mikroorganismen verzehrt werden. Sie können in Humus und Huminsäuren umgewandelt werden, sofern die richtigen Arten von Mikroorganismen vorhanden sind und zerstörerische Anbaumethoden vermieden werden.

Der beste Weg, um sicherzustellen, dass die Pflanzen reich an Ligninen sind, besteht darin, sie reifen und grob und holzig werden zu lassen. Es sind die Lignine, die aus zarten Pflanzen zähe Pflanzen machen. Lassen Sie Gründünger nach Möglichkeit voll ausreifen, bevor Sie diesen in den Boden einbringen. Junge Gründünger sind gut geeignet, um die Bodenmikroorganismen mit Zucker und die Pflanzen mit Nährstoffen wie Stickstoff zu versorgen, aber sie produzieren nicht so viel Humus wie reifes verholztes organisches Material. Ohne regelmäßige Zufuhr von organischer Substanz kann der Gehalt an organischer Substanz im Boden mit der Zeit abnehmen, da die Zucker und Stärken als Nahrungsquellen für das Nahrungsnetz im Boden verbraucht werden.

In den meisten konventionellen Anbausystemen tendiert die organische Substanz im Boden dazu, sich in $CO_2$ zu verflüchtigen. Die richtigen, also gute biologische Bewirtschaftungsmethoden können jedoch sowohl die nicht labilen als auch die labilen Anteile kontinuierlich erhöhen.

## Humus und Bodennährstoffe: Ionenaustausch

Ionen sind geladene Atome oder Moleküle von Mineralien. Der Ionenaustausch ist ein wichtiger Prozess für die Ernährung von Pflanzen in biologischen Systemen mit hohem Humusanteil. Durch den Ionenaustausch können Pflanzen Wasser ($H_2O$) in die geladenen Ionen zerlegen, die sie benötigen: das positiv geladene Wasserstoff-Ion (H+) und das negativ geladene Hydroxid-Ion (OH-). Die Ladungen dieser Ionen verdrängen die an den Humus adsorbierten (anhaftenden) Ionen, so dass sie von den Pflanzenwurzeln aufgenommen werden können.

Humus kann wesentlich größere Mengen an Kationen (positiv geladene Ionen) und Anionen (negativ geladene Ionen) speichern als Ton, da er mehr Plätze für die Adsorption von Ionen bietet. Diese Plätze haben positiv und negativ geladene elektrostatische Stellen, die wie Magnete wirken und die Ionen anziehen.

Laut agronomischen Standardtexten werden die Ionen in der Bodenlösung gelöst, und wenn Pflanzen über ihre Wurzeln Wasser aufnehmen, absorbieren sie die gelösten Ionen als Nährstoffe. Viele dieser Ionen adsorbieren auch an den geladenen Stellen des Humus und werden nicht in der Bodenlösung gelöst. Dadurch wird verhindert, dass die Ionen ausgewaschen werden und Umweltprobleme verursachen, insbesondere in Flüssen und Meeren.

Mikroorganismen spielen für die Gesundheit des Bodens eine wichtige Rolle. Sie sind nicht nur entscheidend für den Pflanzenaufbau, sondern ihre Aktivität wirkt sich auch auf den Säuregehalt und die organische Substanz im Boden sowie auf die Nährstoffe und Mineralien aus.

Auch Kalzium hat eine wichtige Rolle inne. Es trägt dazu bei, dass die verschiedenen Bestandteile des Bodens krümelig werden. Im Laufe der Zeit fügen die Mikroorganismen die verschiedenen Bodenteilchen mit Hilfe von Humus und Kalzium zu Ballen zusammen. Dadurch erhält der Boden eine Kombination aus Festigkeit und Flexibilität. Bodenpilze halten ihn außerdem mit ihren Hyphen (Pilzfäden) und Sekreten wie Glomalin zusammen und verstärken ihn so.

Die Pflanzen sind der andere wichtige Faktor. Der von den Wurzeln abgegebene Kohlenstoff ernährt die Mikroorganismen, die den Großteil der organischen Substanz produzieren, die für den Humus und den Bodenaufbau verwendet wird. Die Wurzeln wirken auch als Verstärkung und vertiefen den Boden mit der Zeit. Daher erholt sich ein gesunder, lebendiger Boden von der Verdichtung durch die moderate Fahrzeugnutzung.

**VORTEILE VON HUMUS**

- Speichert 90–95 Prozent des Stickstoffs im Boden, 15–80 Prozent des Phosphors und 50–20 Prozent des Schwefels
- Verfügt über viele Bereiche, die Mineralien enthalten, was die Menge der pflanzenverfügbaren Nährstoffe, die der Boden speichern kann, drastisch erhöht (TEC)
- Speichert Kationen wie Kalzium, Magnesium, Kalium und alle Spurenelemente
- Speichert deutlich höhere Mengen an Anionen (Nitrate, Schwefel, Phosphor) als Tone
- Der Huminsäurekomplex (Huminsäure, Fulvosäure, Ulmsäure und andere) hilft, Mineralien verfügbar zu machen, indem er eingeschlossene Mineralien herauslöst
- Verhindert, dass Mineral-Ionen und Mineralien unzugänglich sind
- Verhindert das Auslaugen von Nährstoffen
- Hilft, den pH-Wert zu neutralisieren
- Puffert den Boden gegen drastische pH-Veränderungen
- Erhöht die Porosität durch Schaffung von Porenräumen für Luft und Wasser
- Unterstützt die Bodenbildung, wodurch der Boden gut entwässert wird
- Widersteht der Bodenerosion
- Fördert Makroorganismen (Regenwürmer, Käfer usw.), die die Porosität erhöhen
- Schafft Zwischenräume, die es Mikroorganismen ermöglichen, den Stickstoff aus der Luft in Nitrat und Ammoniak umzuwandeln

- Das in diesen Lufträumen enthaltene Kohlendioxid im Boden fördert das Pflanzenwachstum
- Fördert das Wachstum von Pflanzen und Mikroorganismen durch wachstumsstimulierende Verbindungen
- Unterstützt das Wurzelwachstum, indem die Durchwurzelung des Bodens erleichtert wird
- Erhöht die Regenabsorption durch eine offene Struktur
- Verringert den Wasserverlust durch Abfluss
- Kann bis zum 30-fachen des Eigengewichts der Moleküle an Wasser aufnehmen

## Bodenhorizonte (Schichten)

Böden bestehen im allgemeinen aus drei Schichten oder Horizonten. Diese werden als Oberboden (A), Unterboden (B) und Ausgangsmaterial (C) bezeichnet.

Der wichtigste Bereich ist der Oberboden, da dieser die fruchtbarste Zone ist. In diesem Bereich befinden sich die meisten Nährstoffe und die meisten Nährwurzeln der Pflanzen. Der Oberboden bildet sich aus dem Unterboden, indem die Wurzeln der Pflanzen und andere Pflanzenteile organische Substanz ablagern, die die Bodenbiologie nährt.

Der Unterboden oder B-Horizont ist in der Regel heller, da er nicht den gleichen Gehalt an organischem Kohlenstoff oder Fruchtbarkeit aufweist wie der Oberboden. Bei schlechter Bewirtschaftung gibt es entweder keinen Oberboden oder nur einen sehr geringen Unterschied zwischen diesen beiden Horizonten. Es handelt sich in der Regel um Böden mit sehr schlechter Struktur und Fruchtbarkeit, mit Ausnahme einiger Böden jüngeren vulkanischen und glazialen Ursprungs.

Das Ausgangsmaterial oder der C-Horizont besteht aus dem verwitternden und sich zersetzenden Gesteinsmaterial, das die Grund-

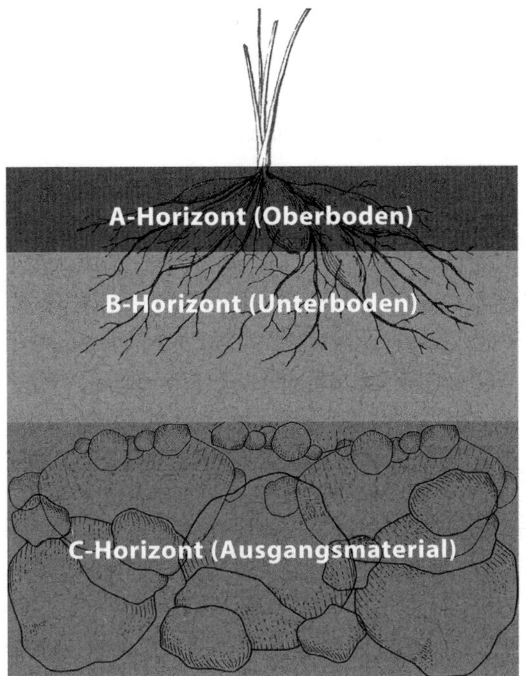


**Abbildung 2: Bodenschichten**

lage für die darüber liegenden Böden bildet. In einigen Fällen wurde dieses Ausgangsmaterial durch Vulkanausbrüche als Lava oder Asche, als gemahlenes Gestein und Gesteinsstaub von zurückweichenden Gletschern oder durch rezente Sedimentationsereignisse wie Überschwemmungen von Flüssen, Seen und Meeressanden abgelagert.

Andere Böden sind durch die Verwitterung härterer Gesteine magmatischen, metamorphen oder sedimentären Ursprungs über längere geologische Zeiträume entstanden. In den gängigen geologischen und bodenkundlichen Büchern heißt es, dass diese Gesteine durch normale physikalische Verwitterungsvorgänge wie extreme Hitze und Kälte, Wind und fließendes Wasser oder durch chemische Verwitterung, etwa durch schwache Säuren, verwittert wurden und so ihre jeweiligen Böden bilden. Die chemische Verwitterung kann bei Kalkstein und Dolomit vorkommen. Die meisten Säuren und Laugen haben jedoch nur geringe Auswirkungen auf die Silikate, aus denen die meisten Gesteine bestehen, insbesondere auf die sehr verdünnten organischen Säuren, die bei normalen Bodenprozessen gebildet werden.

Ebenso erreichen extreme Witterungseinflüsse wie scharfe Winde, sehr heiße oder eiskalte Temperaturen und schnell fließendes Wasser nur selten den C-Horizont des Bodens, ihre Wirkung reicht aber aus, um in dieser Tiefe eine starke Verwitterung zu verursachen.

## Formen der Verwitterung

Wissenschaftler fanden heraus, dass eine Vielzahl von Organismen und Pflanzenwurzeln im Boden nach bestimmten Mineralien suchen, was zu drei sehr wichtigen Prozessen führt.

### Verwaisung anderer Mineralien

Wenn die biologischen Einwirkungen das gewünschte Mineral extrahieren (zum Beispiel Kalium), setzen sie die anderen Mineralien frei, an die es gebunden war (zum Beispiel Kieselerde). Andere Organismen können diese »verwaisten« Mineralien aufnehmen oder mit anderen Mineralien kombinieren, um neue Verbindungen außerhalb des Muttergesteins zu bilden.

### Zersetzung von Gestein

Der allmähliche Verlust der Mineralien, die das Muttergestein zusammenhalten, führt dazu, dass es in kleinere Partikel zerfällt und der Prozess zur Bildung der physikalischen Grundlage des Bodentyps beginnt.

### Versorgung des Nahrungsnetzes im Boden

Die Mikroorganismen, die die Mineralien anfangs abbauen, sterben kontinuierlich ab und werden von anderen Organismen gefressen, die so im Nahrungsnetz des Bodens eine Nahrungskette bilden. Dies führt dazu, dass ein Teil der neu abgebauten Mineralien von den Pflanzenwurzeln aufgenommen wird.

## Andere Formen der biologischen Verwitterung

Biologische Aktivität ist der wichtigste Faktor bei der Zersetzung von bodenbildendem Gestein. Pflanzenwurzeln und Würmer sind wichtige Ursachen für biologische Verwitterung. Zahlreiche Studien zeigen, dass Pflanzenwurzeln in der Lage sind, erhebliche Mengen an Mineralien zu extrahieren und Gestein zu verwittern. Kürzlich legten Studien offen, dass tief verwurzelte Pflanzen Stickstoff und andere Nährstoffe aus dem Ausgangsgestein extrahieren können. Kleinere Gesteinspartikel verwittern, wenn sie durch die Verdauungswege von Würmern wandern, und diese Mineralien werden im obersten Boden, dem A-Horizont im Wurmkot biologisch angereichert.

Die Fähigkeit von Mikroben, erhebliche Mengen an Mineralien aus dem Muttergestein zu extrahieren, wurde bereits erfolgreich für den kommerziellen Bergbau genutzt, um Mineralien wie Kupfer und Gold zu gewinnen. Die Bergbauunternehmen isolierten spezielle Mikroben, mit denen sie das Gestein beimpfen können, um die benötigten Mineralien in wirtschaftlich vertretbaren Mengen zu gewinnen.

## Biologische Vielfalt des Bodens

Würmer werden zur Verbesserung der Bodenqualität eingesetzt. Die biologische Vielfalt des Bodens spiegelt die Vielfalt der lebenden Organismen wider, einschließlich einer Vielzahl von Organismen, die mit dem bloßen Auge nicht sichtbar sind, wie Mikroorganismen (etwa Bakterien, Pilze, Protozoen und Nematoden) und Meso-Fauna (etwa Acari und Springschwänze) sowie die bekanntere Makro-Fauna (etwa Regenwürmer und Termiten). Auch Pflanzenwurzeln können aufgrund ihrer symbiotischen Beziehungen und Interaktionen mit anderen Bodenbestandteilen als Bodenorganismen betrachtet werden.

Diese vielfältigen Organismen interagieren untereinander und mit verschiedenen Pflanzen und Tieren im Ökosystem und bilden ein komplexes Netz biologischer Aktivitäten. Die Bodenorganismen tragen mit einer breiten Palette an wesentlichen Leistungen zum nachhaltigen Funktionieren aller Ökosysteme bei. Sie sind die Hauptantriebskräfte des Nährstoffkreislaufs, regulieren die Dynamik der organischen Substanz im Boden, helfen bei der Bindung von Kohlenstoff im Boden, verändern die physikalische Struktur des Bodens, erhöhen die Wasserinfiltration und verbessern die Effizienz der Nährstoffaufnahme.

Diese Leistungen sind nicht nur für das Funktionieren natürlicher Ökosysteme unerlässlich, sondern stellen auch eine wichtige Ressource für die nachhaltige Bewirtschaftung landwirtschaftlicher Systeme dar.

## Zahlen zur biologischen Vielfalt des Bodens

Nirgendwo in der Natur sind die Arten so dicht gepackt wie in Bodengemeinschaften. Die biologische Vielfalt des Bodens sieht so aus:

- Auf einem einzigen Quadratmeter Waldboden können über 1.000 Arten von Wirbellosen vorkommen.
- Viele der terrestrischen Insektenarten der Welt leben zumindest für eine gewisse Zeit in einem bestimmten Stadium ihres Lebenszyklus im Boden.
- Ein einziges Gramm Boden kann Millionen von Individuen und mehrere Tausend Bakterienarten enthalten.
- Ein typischer gesunder Boden kann mehrere Arten von Wirbeltieren enthalten, mehrere Arten von Regenwürmern, 20–30 Milbenarten, 50–100 Insektenarten, Dutzende von Nematodenarten, Hunderte von Pilzarten und vielleicht Tausende von Bakterien- und Aktinomyzetenarten.

**Tabelle 1: Relative Anzahl von Mikro- und Makroorganismen in einer Handvoll Erde (100–200 Gramm)**

| | |
|---|---|
| Bakterien | 50 Milliarden |
| Actinobacteria | 2 Milliarden |
| Fungus | 100 Millionen |
| Protozoen | 50 Millionen |
| Nematoden | 10 Tausend |
| Gliederfüßer | 1 Tausend |
| Regenwürmer | 0–2 |

Boden besteht aus Luft (25 Prozent), Wasser (25 Prozent), Mineralien (45 Prozent) und organischem Material (5 Prozent), dessen Bestandteile miteinander interagieren, um die Pflanzen auf dem Planeten Erde zu erhalten. Möglich wird dies durch die Interaktion von Millionen von lebenden Makro- und Mikroorganismen (Mikroben, Pilze, Bakterien, Regenwürmer, Ameisen und so weiter). Diese Organismen interagieren miteinander, indem sie tote Materie zersetzen und komplexe nicht lebende mineralische Bestandteile des Bodens abbauen und so ein natürliches System bilden.

Die Böden auf der Navdanya-Farm weisen ein einzigartiges natürliches Gleichgewicht zwischen lebenden und nicht lebenden Einheiten auf. Die von verschiedenen Navdanya-Feldern entnommenen Bodenproben wiesen im Vergleich zu chemisch bewirtschafteten Betrieben eine höhere organische Substanz auf. Mikroben wie Bakterien und Pilze sind in den Böden der Navdanya-Farm stärker vertreten als in den chemisch bewirtschafteten Böden der benachbarten Farmen. Im Boden der Navdanya-Farm findet sich eine Fülle von Organismen.

Eine detaillierte Untersuchung der Böden einer Gruppe von Kulturen, die auf dem Biobetrieb Navdanya und den umliegenden Chemiebetrieben angebaut wurden, ergab, dass die Böden der Biobetriebe reichhaltiger an biologischen und physikalisch-chemischen

Stoffen waren als die bei chemieintensiven Betrieben. Der Kontrollstandort war unfruchtbares Land, auf dem keine Nutzpflanzen angebaut wurden. Der Prozess, bei dem die Bodenbiologie das Ausgangsmaterial für neue Mineralien abbaut, ist der Schlüssel zur Erhaltung eines fruchtbaren und produktiven Bodens. Dies kann erreicht werden, wenn die Bodenbiologie aktiv und gesund ist. Und noch einmal: Der Schlüssel zu einer gesunden Bodenbiologie liegt darin, sie mit organischem Material zu versorgen.

Das andere kritische Element ist das Vorhandensein von tiefwurzelnden Pflanzen. Das Anbausystem muss Pflanzenarten umfassen, deren Wurzeln bis zum C-Horizont hinunterreichen und dort die Mineralien abbauen. Diese Pflanzen haben auch die andere wichtige Aufgabe, den Untergrund zu erschließen, um das Eindringen von Luft und Wasser sowie die Ablagerung von organischem Kohlenstoff, der von den Wurzeln ausgeschieden wird, zu ermöglichen.

Im Idealfall sollte ein landwirtschaftliches System durch das Ernten der Feldfrüchte nicht mehr Nährstoffe aus dem Boden entneh-

**Tabelle 2: Pilzpopulation (KBE × $10^3$/Gramm) bei verschiedenen Kulturen und Anbaumethoden**

| Feldfrucht | Kontrolle* | Kein Input | Chemieintensive Landwirtschaft | Organischer Landbau |
|---|---|---|---|---|
| Weizen | 5,5 | 22,0 | 20,0 | 66,5 |
| Kartoffel | 3,5 | 7,0 | 6,0 | 120,0 |
| Knoblauch | 7,0 | 20,0 | 19,5 | 94,0 |
| Senf | 3,0 | 7,2 | 11,5 | 111,0 |
| Kichererbse | 6,5 | 18,7 | 8,0 | 180,0 |
| Chili | 8,5 | 20,0 | 14,0 | 160,0 |
| Kürbis | 7,0 | 14,1 | 12,0 | 52,0 |
| LSD (=0,5)** | 4,2 | 7,3 | 6,5 | 11,1 |

* Unbebautes Land, keine Ernten

** Der LSD-Test (Least Significant Difference, kleinster signifikanter Unterschied) ist ein Relevanztest aus der Statistik. Bei LSD (=0,5) sind alle Werte über 0,5 von Bedeutung.

men, als aus dem Muttergestein wieder zugeführt werden können. Es ist wichtig, zwei Schlüsselfaktoren zu berücksichtigen:

1. die Mineral- und Nährstoffe, die entnommen werden,
2. die Mineralien und Nährstoffe, die wieder aufgefüllt werden.

**Tabelle 3: Pilzpopulation (KBE × $10^5$/g) bei verschiedenen Kulturen und Anbaumethoden**

| Feldfrucht | Kontrolle* | Kein Input | Chemieintensive Landwirtschaft | Organischer Landbau |
|---|---|---|---|---|
| Weizen | 2,5 | 4,4 | 4,0 | 15,0 |
| Kartoffel | 3,0 | 8,4 | 8,0 | 12,0 |
| Knoblauch | 4,5 | 10,4 | 7,0 | 26,0 |
| Senf | 3,5 | 6,0 | 4,0 | 10,0 |
| Kichererbse | 5,0 | 9,3 | 7,0 | 14,0 |
| Chili | 2,0 | 5,8 | 5,5 | 12,5 |
| Kürbis | 4,0 | 8,8 | 8,0 | 29,0 |
| LSD (=0,5) | 1,7 | 1,9 | 1,8 | 3,5 |

* Unbebautes Land, keine Ernten

**Tabelle 4: Gehalt an organischer Substanz (Prozent) bei verschiedenen Kulturen und Anbaumethoden**

| Feldfrucht | Kontrolle* | Kein Input | Chemieintensive Landwirtschaft | Organischer Landbau |
|---|---|---|---|---|
| Weizen | 0,8 | 1,2 | 1,14 | 1,64 |
| Kartoffel | 0,8 | 0,86 | 0,74 | 1,27 |
| Knoblauch | 0,85 | 1,19 | 1,17 | 2,21 |
| Senf | 1,12 | 1,35 | 1,34 | 2,68 |
| Kichererbse | 0,9 | 1,17 | 1,12 | 1,47 |
| Chili | 0,92 | 0,97 | 0,95 | 1,62 |
| Kürbis | 0,85 | 0,93 | 0,85 | 1,29 |
| LSD (=0,5) | 0,11 | 0,18 | 0,15 | 0,21 |

* Unbebautes Land, keine Ernten

Die Verbesserung des Bodens kann im gleichen Rhythmus oder durch Auffüllung nach der Ernte erfolgen. Wenn nichts von beidem geschieht, dann verschlechtert das Landbewirtschaftungssystem den Boden.

**Tabelle 5: Gesamtstickstoff (N) (Prozent) bei verschiedenen Kulturen und Anbaumethoden**

| Feldfrucht | Kontrolle* | Kein Input | Chemieintensive Landwirtschaft | Organischer Landbau |
|---|---|---|---|---|
| Weizen | 0,08 | 0,11 | 0,11 | 0,16 |
| Kartoffel | 0,08 | 0,09 | 0,07 | 0,13 |
| Knoblauch | 0,09 | 0,11 | 0,11 | 0,22 |
| Senf | 0,11 | 0,14 | 0,13 | 0,26 |
| Kichererbse | 0,09 | 0,11 | 0,11 | 0,14 |
| Chili | 0,09 | 0,1 | 0,1 | 0,16 |
| Kürbis | 0,09 | 0,09 | 0,09 | 0,13 |
| LSD (=0,5) | 0,03 | 0,02 | 0,04 | 0,05 |

* Unbebautes Land, keine Ernten

**Tabelle 6: Verfügbares Kalium (K) (mg/kg) bei verschiedenen Kulturen und Anbaumethoden**

| Feldfrucht | Kontrolle* | Kein Input | Chemieintensive Landwirtschaft | Organischer Landbau |
|---|---|---|---|---|
| Weizen | 124,3 | 115,6 | 106,6 | 137,3 |
| Kartoffel | 110,9 | 120,3 | 141,7 | 141,4 |
| Knoblauch | 108,8 | 95,0 | 73,9 | 175,2 |
| Senf | 112,0 | 118,7 | 117,7 | 135,5 |
| Kichererbse | 110,0 | 115,0 | 114,0 | 132,2 |
| Chili | 108,0 | 102,6 | 100,5 | 123,6 |
| Kürbis | 105,0 | 102,8 | 142,3 | 140,5 |

* Unbebautes Land, keine Ernten

Die herrschende Agrarwissenschaft hat die Rolle der organischen Substanz bei der Pflanzenernährung heruntergespielt und folglich ihre entscheidende und multifunktionale Rolle bei der Versorgung von Pflanzen mit ausreichenden Mineralien, der Reduzierung von Schädlingen und der Schaffung von Resistenzen gegen Krankheiten ignoriert.

Der Begriff und das Konzept der Rhizosphäre* wurden bereits im Jahr 1904 von dem deutschen Forscher Lorenz Hiltner vorgeschlagen. Hiltner beobachtete, dass die größte Konzentration von Bodenmikroorganismen in einem engen Bereich um die Wurzeln von Pflanzen herum zu finden war. Des weiteren beobachtete er, dass sie sich von den Hüllen ernährten, die die Wurzeln während ihres Wachstums absondern, sowie von einer Reihe anderer Ausscheidungen wie Zucker und Aminosäuren.

Er war der Ansicht, dass die allgemeine Gesundheit der Pflanzen von der Gesundheit dieser vielfältigen Mikrobenkolonien abhängt, da sie dazu beitragen, Krankheiten vorzubeugen und die Aufnahme von Mineralien zu fördern. Auf der Grundlage seiner Beobachtungen stellte er die Hypothese auf, dass »die Widerstandsfähigkeit der Pflanzen gegenüber Krankheitserregern von der Zusammensetzung der Mikroflora der Rhizosphäre abhängt«. Er behauptete, dass die Qualität der angebauten Pflanzen von der Zusammensetzung der Wurzelmikroflora abhänge. Zahlreiche Studien zeigen, dass diese Mikroben eine Reihe von Bestandteilen produzieren, die Pflanzen für ihre Ernährung nutzen. Am bekanntesten sind die Rhizobium-Bakterien, die in den Wurzeln von Leguminosen leben. Diese Organismen wandeln Stickstoff in Stoffe um, die Pflanzen aufnehmen können.

Andere Beispiele für Gruppen von nützlichen Mikroorganismen sind die vesikulär-arbuskuläre Mykorrhiza (VAM) und verwandte Pilze. Diese Pilze leben in den Wurzeln von Pflanzen und dehnen ihre Myzelfäden in den Boden aus, um Mineralien abzubauen. Diese Mineralien tauschen sie gegen Glukose ein. Sie sind bei vielen Pflanzenarten

* Rhizosphäre bezeichnet den unmittelbar durch eine lebende Wurzel beeinflussten Raum im Boden.

besonders für die Aufnahme von Phosphor wichtig, da sie über Enzyme verfügen, die den Phosphor von den Steinen abspalten können und so zu eingeschlossenen Molekülen wie Eisenphosphiden und Trikalziumphosphaten gelangen, die sie den Pflanzenwurzeln zuführen.

Viele dieser Pilze schützen ihre Wirte auch vor Krankheiten und unterstützen sie bei der Nahrungsaufnahme. Die Wissenschaft über die Rhizosphäre hat sich inzwischen erheblich weiterentwickelt. Die Komplexität der Wechselwirkungen von der enormen Artenvielfalt in den Böden rund um die Wurzeln bedeutet jedoch, dass sie immer noch nicht gut verstanden ist und daher in den meisten landwirtschaftlichen Betrieben nicht ausreichend einbezogen wird.

Eine der wichtigsten Erkenntnisse ist, dass eine hohe Artenvielfalt von Bodenmikroben unerlässlich ist, damit diese Mikroorganismen in Symbiose arbeiten können, um Krankheitserreger zu bekämpfen. Die jüngste Studie über krankheitsunterdrückende Böden ergab, dass mehr als 33.000 Arten zusammenarbeiten, um Krankheiten zu verhindern. Auch die Zahl und die Arten der freilebenden Mikroorganismen, die Stickstoff binden, nehmen weiter zu, da die Forscher immer mehr finden.

In den meisten Texten werden nur die Rhizobium-Bakterien erwähnt, die in den Knöllchen der Leguminosen in Symbiose leben, obwohl es auch freilebende stickstofffixierende Organismen wie *Azotobacter*, Cyanobakterien, *Nitrosomas* und *Nitrobacter* gibt. Noch mehr leben in der Rhizosphäre und helfen den Pflanzen bei der Aufnahme von Stickstoff aus dem Boden. Die Forschung beginnt gerade erst, sie zu entdecken.

## Chemische und synthetische Düngemittel

Chemisch-synthetische Düngemittel sind in der konventionellen Landwirtschaft die wichtigste Methode zur Nährstoffversorgung. In vielen Fällen sind sie der einzige Nährstoffeintrag in das landwirtschaftliche System. Anfangs wurden mit ihnen erhebliche Ertragssteigerungen erzielt; dieser Vorteil schwindet jedoch im Laufe der Zeit, und die Erträge beginnen zu sinken.

## Wie Mikroorganismen den Pflanzen helfen

Die organische Substanz im Boden ist der Schlüssel zu einer gesunden Bodenbiologie. Die biologische Aktivität in einem Boden steht in direktem Zusammenhang mit dem Gehalt an organischer Substanz in diesem.

**Die Mikroorganismen machen Nährstoffe verfügbar**

- Zersetzen organisches Material und setzen Nährstoffe frei
- Lösen Mineralien aus Gestein
- Produzieren chelatbildende und komplexbildende Nährstoffe
- Verbessern die Bodenstruktur
- Bilden Polster, indem sie Ton und andere Partikel zu offenen, zufälligen Formen aufrühren und mit Humus, organischen Polymeren und Pilzhyphen zusammenkleben
- Bewegen die Bodenteilchen und erhöhen die Porosität

**Die Mikroorganismen interagieren mit Pflanzen**

- Fressen Pathogene (zum Beispiel Schädlinge und Krankheitserreger)
- Protozoen, die Bakterien fressen, verkümmern
- Pilze fressen Nematoden
- Bilden Antibiotika, die Krankheitserreger abtöten
- Unterdrücken Krankheitserreger durch ihre Überzahl
- Machen synthetische Chemikalien und Gifte unschädlich
- Fixieren Nährstoffe wie Stickstoff aus der Bodenluft in pflanzenverfügbare Formen (zum Beispiel Azobakterien und Cyanobakterien)
- Bilden Enzyme, Vitamine und Aminosäuren
- Fixieren Bodenstickstoff in pflanzenverwertbare Formen (Rhizobien)
- Führen den Pflanzen direkt Nährstoffe zu (VAM)

Der MA-Bericht (*Milllenium Assessement Report*) der Vereinten Nationen und andere Umweltstudien ergaben, dass der Verlust von Bodenfruchtbarkeit weltweit zu einem Rückgang der Erträge führt. Die Landwirte müssen die Menge an synthetischen Düngemitteln und Pestiziden drastisch erhöhen, um die Erträge zu halten, und das verursacht große Umweltprobleme.

> Seit 1960 haben sich die Ströme von reaktivem Stickstoff in terrestrischen Ökosystemen verdoppelt und die Phosphorströme verdreifacht. Mehr als die Hälfte des gesamten synthetischen Stickstoffdüngers, der jemals auf der Erde verwendet wurde, wurde seit 1985 eingesetzt (UN 2005).

Lösliche Düngemittel aus der konventionellen Landwirtschaft führen zur Eutrophierung von Süßwasser- und küstennahen Meeresökosystemen und zur Versauerung von Süßwasser- und Landökosystemen. Dies führt regelmäßig zu schädlichen Algenblüten und zur Bildung von sauerstoffarmen Zonen, die das Leben von Tieren und Pflanzen abtöten. Die toten Zonen im Golf von Mexiko und in Teilen des Mittelmeers sind auf diese Weise entstanden. Die zunehmende Häufigkeit giftiger Blaualgenblüten in Flüssen und Flussmündungen wird auf den erhöhten Stickstoff- und Phosphorabfluss durch die derzeitigen Landbewirtschaftungspraktiken zurückgeführt. Wissenschaftler zeigten, dass die tropischen und subtropischen Ozeane besonders anfällig für Stickstoffverschmutzung sind. Sie erklärten: »Unsere Ergebnisse verdeutlichen die gegenwärtige und künftige Anfälligkeit dieser Ökosysteme für landwirtschaftliche Abwässer.«

In Australien ist dies im Great Barrier Reef, dem größten und artenreichsten tropischen Riffsystem der Welt, bereits der Fall, da der Abfluss von Nährstoffen aus landwirtschaftlichen Betrieben Schäden verursacht. Dieser Anstieg von Stickstoff und Phosphor führt zu Algenwachstum, das die Korallen zudeckt und ihnen den Zugang zu Nährstoffen und Sonnenlicht für die Photosynthese verwehrt, was zum Absterben und zum Rückgang ihrer Populationen führt. Dies gilt insbesondere für die Saumriffe an der Küste. Nahezu alle Korallensaumriffe, die an landwirtschaftlich genutzte Gebiete in Queensland angrenzen, starben im 20. Jahrhundert. Die Landwirtschaft in Europa führte zu einer erheblichen Stickstoffverschmutzung in den Wassereinzugsgebieten. Das berichten die Forscher:

> Die Stickstoffverschmutzung des Grund- und Oberflächenwassers in den Wassereinzugsgebieten von Seine, Somme und Schelde sowie in den aufnehmenden Meeresgebieten führt zu schweren ökologischen Problemen.

Die Forscher untersuchten eine Reihe von Strategien zur Verringerung des Stickstoffabflusses in Einzugsgebieten der südlichen Nordseebucht auf der Grundlage verschiedener Szenarien zur Verbesserung der guten landwirtschaftlichen Praxis (GAP).

> Frühere Ergebnisse zeigten, dass die Umsetzung klassischer Bewirtschaftungsmaßnahmen, wie die Verbesserung der Abwasserreinigung und der »guten landwirtschaftlichen Praxis«, nicht ausreicht, um diese Probleme zu beseitigen.

Die GAP-Systeme stammen ursprünglich aus Europa und sollen sicherstellen, dass die konventionelle Landwirtschaft weder die Umwelt schädigt noch Gesundheitsprobleme bei den Menschen verursacht, die die Lebensmittel verbrauchen. Sie werden als Beispiele für die besten Praktiken angeführt, auch wenn sie als »gute« Praxis bezeichnet werden. Forscher in Europa fanden heraus, dass trotz der Anwendung besserer Praktiken als der im Rahmen der GAP-Systeme vorgeschriebenen, der Rückgang der Verschmutzung zu gering war, um die durch Stickstoffdünger verursachten Schäden nennenswert zu verringern. Die Anreicherung des Bodens mit organischen Stoffen ist die wirksamste Methode zur Verbesserung der Bodenqualität. Dies kann auf verschiedene Weise geschehen, etwa durch den Einsatz von lebenden und toten Mulchen und Gründüngungspflanzen.

> Durch die Kombination von verbesserter Abwasserbehandlung und Landnutzung mit Bewirtschaftungsmaßnahmen zur Regulierung der landwirtschaftlichen Praktiken konnte jedoch eine Reduzierung des Stickstoffs am Ausgang der drei Einzugsgebiete nur um insgesamt 14–23 Prozent erreicht werden. Trotz dieser Bemühungen wird der Stickstoffaustrag im Vergleich zu dem durch das Redfield-Verhältnis definierten Gleichgewicht immer noch stark zunehmen, selbst bei der optimistischsten Hypothese, die die langfristige Reaktion der Nitratkonzentrationen im Grundwasser beschreibt (Thieu et al. 2009).

In einer Folgestudie fanden die Forscher heraus, dass die Einführung biologischer Bewirtschaftungssysteme die Probleme der Eutrophierung von Gewässern deutlich verringern würde.

> Sie führt zu einer erheblichen Verringerung der landwirtschaftlichen Produktion, die die drei Einzugsgebiete schließlich dem Gleichgewicht zwischen Autotrophie und Heterotrophie näherbringt. Die Nitratkonzentrationen im größten Teil des Entwässerungsnetzes würden bei der optimistischsten Hypothese unter den Schwellenwert von 2,25 mg N/l fallen. Der Überschuss an Stickstoff gegenüber Kieselsäure (im Hinblick auf den Bedarf der marinen Kieselalgen), der in die Küstengebiete gelangt, würde um einen Faktor von 2 bis 5 verringert, wodurch das Potential für die Eutrophierung der Meere zwar stark reduziert, aber nicht vollständig beseitigt würde (Thieu et al. 2010).

Diese Studien bestätigen die Ergebnisse früherer Forschungsstudien aus Nordamerika und Europa, die zeigen, dass ökologische Systeme Stickstoff effizienter nutzen als konventionelle Anbausysteme. Bezeichnenderweise verlässt aufgrund dieser Effizienz nur sehr wenig Stickstoff die Betriebe in Form von Treibhausgasen oder Nitrat, das die Gewässer verschmutzt.

Die Regierungen Deutschlands und Frankreichs förderten die Umstellung auf den biologischen Landbau, um die Wasserqualität zu verbessern, insbesondere in Bezug auf den Stickstoff- und Pestizidgehalt.

Chemisch-synthetische Düngemittel tragen erheblich zu den Klimaveränderungen bei, da für ihre Herstellung Energie verbraucht wird und sie zur Entstehung von Lachgas ($N_2O$) und Methan ($NH_4$) beitragen.

Eines der wichtigsten Treibhausgase, die von der Landwirtschaft emittiert werden, ist Distickstoffoxid ($N_2O$). Ein $N_2O$-Molekül entspricht in seiner Treibhauswirkung in der Atmosphäre 310 $CO_2$-Molekülen. Es hat eine mittlere Verweildauer in der Atmosphäre von 120–150 Jahren und trägt zudem zum Abbau der Ozonschicht in dieser bei.

Der größte Beitrag zur vom Menschen verursachten (anthropogenen) $N_2O$-Verschmutzung ist der Einsatz synthetischer Stickstoffdünger wie Harnstoff und Ammoniumnitrat in der konventionellen Landwirtschaft. Er ist sogar noch höher, wenn man alle $CO_2$- und $N_2O$-Emissionen, die bei der Herstellung dieser energieintensiven Düngemittel entstehen, in die Gesamtrechnung einbezieht.

Die meisten Regierungen beziehen die $CO_2$-Emissionen, die bei der Herstellung dieser synthetischen Düngemittel entstehen, nicht in die von der Landwirtschaft verursachten Treibhausgaswerte ein. Diese Emissionen werden in der Regel den Emissionen des verarbeitenden Sektors zugerechnet, obwohl der Hauptgrund für ihre Herstellung die Landwirtschaft ist. Es wird erwartet, dass $N_2O$ zu einem noch größeren Problem wird, da die zunehmenden Mengen dieses Gases die Ozonschicht stärker schädigen als die bekannteren Fluorchlorkohlenwasserstoffe (FCKW). Die Forschungen belegten, dass Distickstoffoxid der wichtigste ozonabbauende Stoff ist (Ravishankara 2009).

## Bodenmanagement

Es sei daran erinnert: Der wichtigste Punkt bei der Entwicklung von Düngesystemen im biologischen Landbau ist ein Anbausystem, das dem Boden kontinuierlich organische Stoffe zuführt. Dies kann durch zahlreiche Methoden erreicht werden, etwa durch die Verwendung von Gründüngungspflanzen, die Einarbeitung von Ernterückständen und die Zugabe von Kompost. Es ist wichtig, dass diese Systeme die beiden Zyklen der organischen Substanz aktiv anregen: den labilen und den nicht-labilen. Der labile Kreislauf ist entscheidend für die frische Freisetzung von Nährstoffen an die Pflanzen; der nicht-labile Kreislauf ist entscheidend für den Aufbau der stabilen organischen Bodensubstanz, die den meisten Stickstoff und andere von den Pflanzen benötigte Nährstoffe enthält.

### Einsatz von Mikroorganismen zur Umwandlung von organischen Stoffen in stabile Formen

Die stabilen Formen der organischen Bodensubstanz wie Humus und Glomalin werden von Mikroorganismen hergestellt. Sie wandeln die zu $CO_2$ oxidierten Kohlenstoffverbindungen leicht in stabile Polymere um, die im Boden Tausende von Jahren überdauern können.

Einige der derzeitigen konventionellen Anbaumethoden, wie die Zugabe von synthetischem Stickstoffdünger und falsche Bodenbearbeitung, führen dazu, dass der von den Pflanzenwurzeln abgelagerte Kohlenstoff im Boden oxidiert und wieder in Kohlendioxid umgewandelt wird. Dies ist der Grund, warum der Gehalt an organischer Substanz (Kohlenstoff) im Boden in diesen Anbausystemen weiter abnimmt.

Ein weiterer wichtiger Kohlenstoffspeicher sind die Bodenorganismen. Forschungen zeigen, dass sie einen beträchtlichen Anteil des Bodenkohlenstoffs ausmachen. Es ist wichtig, den Boden so zu bewirtschaften, dass ein hohes Maß an Bodenorganismen erhalten bleibt.

Es ist wichtig, dass die Anbautechniken die Arten von Bodenmikroorganismen stimulieren, die stabilen Kohlenstoff erzeugen, und nicht nur die Arten, die Kohlenstoff verbrauchen und in $CO_2$ umwandeln.

**Schaffung einer stabilen organischen Bodensubstanz (SOM)**
Bei der Herstellung von Kompost werden Mikroben eingesetzt, um Humus und andere stabile Kohlenstoffe aufzubauen. Die Mikroorganismen, die Kompost erzeugen, arbeiten auch nach der Kompostausbringung im Boden weiter und wandeln den von den Pflanzenwurzeln abgegebenen Kohlenstoff in stabile Formen um. Durch die regelmäßige Anwendung von Kompost oder Komposttees wird der Boden mit nützlichen Organismen beimpft, die Humus und andere langlebige Kohlenstoffpolymere aufbauen. Im Laufe der Zeit werden diese Arten die Oberhand gewinnen über die Arten, die den Kohlenstoff in $CO_2$ umwandeln. Die regelmäßige Anwendung von Kompost oder Komposttee erhöht auch die Anzahl und Vielfalt der in der Bodenbiomasse lebenden Arten. Dadurch wird sichergestellt, dass ein erheblicher Teil des Bodenkohlenstoffs in lebenden Arten gespeichert wird, die Mineralien zur Verfügung stellen und die Gesundheit der Pflanzen schützen.

## Kompost und Komposttees

Untersuchungen zeigen, dass hochwertiger Kompost eine der wichtigsten Möglichkeiten zur Verbesserung des Bodens ist. Es ist sehr wichtig zu verstehen, dass Kompost viel mehr ist als nur ein Dünger. Kompost enthält Humus, Huminsäuren und vor allem eine große Anzahl nützlicher Mikroorganismen, die eine wichtige Rolle beim Aufbau gesunder Böden, insbesondere von Humus, spielen.

Kompost ist das ideale Mittel, um die Bodenqualität zu verbessern, den Gehalt an organischen Stoffen im Boden zu erhöhen und ein Ungleichgewicht an Mineralien auszugleichen. Der beste Weg zum Ausgleich der Mineralien im Boden ist es, die benötigten Mengen durch einen Bodentest zu ermitteln und die fehlenden Bodenmineralien, wie zum Beispiel Rohphosphat, gemahlener Basalt, Kaliumsulfat, Gips und dergleichen, beim Anlegen eines Komposthaufens dem Kompostmaterial beizumischen. Die biologischen Prozesse, die den Kompost bilden, machen diese Mineralien sowohl in schnell als auch in langsam freisetzender Form für die Pflanzen leicht verfügbar. Der resultierende mineralstoffreiche Kompost sollte um die Pflanzen herum verteilt werden, und in regelmäßigen Abständen können Spurenelemente ausgebracht werden. Die Spurenelemente können mit Melasse, Komposttee oder beidem gemischt und mehrere Tage lang gejaucht werden, um sie bioverfügbar zu machen. Komposttees werden erfolgreich zur Beimpfung von Böden mit nützlichen Mikroorganismen eingesetzt, die den Kohlenstoffgehalt des Bodens erhöhen, die Bodenqualität verbessern und in vielen Fällen Boden- und Pflanzenkrankheiten unterdrücken. Zur Herstellung von Komposttees werden kleine Mengen Kompost in Wasser gegeben und eine Zeit lang ziehen gelassen, um sicherzustellen, dass die Mikroorganismen aktiv sind. Diese können dann gleichmäßig über das Feld verteilt werden. Durch dieses Vorgehen wird sichergestellt, dass die biologische Aktivität des Bodens einen stetigen Strom aller Nährstoffe freisetzt, die die Pflanzen für einen guten Ertrag benötigen. Die Vollständigkeit des Nährstoffprogramms stellt sicher, dass keine Mangelerscheinungen auftreten. Es ist am besten, die Tees am späten Nachmittag auszuspritzen, damit die Mikroorganismen nicht durch ultraviolettes Licht abgetötet werden.

## Kompostierungsmethoden

Es gibt viele Methoden, um Kompost zu bereiten. Die folgenden Anleitungen geben einen Überblick.

### Blattkompostierung

Frischer Dung wird über eine Deckfrucht oder Ernterückstände ausgebracht, und der Kompostierungsprozess findet im Boden statt. Voraussetzung für dieses System ist in der Regel, dass anschließend eine Gründüngungskultur angebaut wird, die entweder gemäht oder in den Boden untergepflügt wird. Ein Vorteil ist, dass nur wenige Nährstoffe durch Auswaschung oder Verflüchtigung verlorengehen.

Ein Risiko besteht darin, dass chemische Rückstände in der Gülle wie Pestizide, Atrazin oder Antibiotika den mikrobiellen Abbau der organischen Rohsubstanz verhindern und dass Unkrautsamen keimen können.

### Aerobe Kompostierung

Der Vorteil dieser Methode ist, dass sie am schnellsten zu verwertbarem Kompost führt. Die Nachteile sind die zusätzliche Arbeit für das regelmäßige Wenden, wobei jedes Wenden zum Verlust von flüchtigem Stickstoff und anderen Verbindungen führt.

- Ideales Kohlenstoff-Stickstoff-Verhältnis (C:N) von 25–35:1
- Feuchtigkeit 60 Prozent zum Zeitpunkt der Herstellung (bei starkem Zusammendrücken erscheint Feuchtigkeit an der Außenseite des Haufens)
- Temperaturen, die bis zu 70 Grad Celsius erreichen
- Ständige Sauerstoffzufuhr durch mindestens wöchentliches Wenden
- Gut durchmischt
- Haufen von bis zu 2 Metern Höhe mit einem Neigungswinkel von 45–60 Grad
- Einarbeitung von Gesteinsstäuben mit hohem pH-Wert wie Kalk und Dolomit zum Ausgleich der Stickstoffverluste

### Anaerober Kompost

- Wie oben für aeroben Kompost
- Weniger Sauerstoff bedeutet, dass es mehr als doppelt so lange dauert, bis er gebrauchsfertig ist
- Weniger Stickstoffverlust
- Anaerobe Bakterien erzeugen eine Reihe von organischen Säuren und Enzymen mit niedrigem pH-Wert, die für die Bioverfügbarkeit von mineralischen Gesteinsstäuben (Kalk, Rohphosphat, Basaltschotter, Dolomit, Gips und so weiter) nützlich sind
- Günstiger in der Bereitung, da weniger Aufwand für die Sauerstoffzufuhr

## Der permanente Komposthaufen

Eine der einfachsten Möglichkeiten, Kompost herzustellen, ist ein permanenter Komposthaufen, der kontinuierlich mit allen Arten von organischem Material gefüttert wird. Der Haufen wird mit einer Kombination aus frischem und getrocknetem organischem Material unter Zugabe von lokalen Würmern angelegt. Alle organischen Stoffe aus dem Betrieb und aus der Umgebung werden dem Haufen regelmäßig zugeführt, so dass er mindestens jede Woche gefüttert wird. Zu den Quellen können alte Zweige, Blätter, Essensreste, Unkraut, Tierkadaver, Dung und jede andere Form von organischem Material gehören.

Im Laufe der Zeit werden sich auf diesem Haufen mehrere Arten von Würmern, Pilzen, Bakterien und anderen nützlichen Mikroorganismen ansiedeln, die das organische Material zu einem humusreichen Kompost abbauen.

Der Haufen wird in regelmäßigen Abständen geöffnet, und der humusreiche Kompost kann zur Verwendung auf den Feldern entnommen werden. Die halb verrotteten und nicht verrotteten organischen Stoffe werden vom Kompost getrennt und auf demselben Gelände belassen, um sicherzustellen, dass der Haufen immer noch kontinuierlich Kompost produziert. Da dieser Haufen stetig gefüttert wird, wenden viele Menschen diese Methode an und haben Komposthaufen, die über 20 Jahre alt sind und kontinuierlich Kompost von guter Qualität hervorbringen.

## Vermi-Kompost (Regenwurmkompost)

Kompost kann aus allen organischen Stoffen hergestellt werden. Dazu gehören Dung, Gras, Zweige, Äste, Blätter, einige Unkräuter und wuchernde Pflanzen.

Die meisten Bauern sammeln ihr organisches Material aus verschiedenen Quellen. Indem man die Vegetation rund um den Hof an Hängen, Schluchten, Bächen und entlang der Feldränder wachsen lässt, stellt man am besten eine konstante Versorgung mit organi-

**Die Vorteile von Kompost**

- Führt dem Boden Humus und organische Stoffe zu
- Beimpft den Boden mit humusbildenden Mikroorganismen
- Verbessert die Bodenstruktur und ermöglicht eine bessere Infiltration von Luft und Wasser
- Humus speichert das 20- bis 30-fache seines Gewichts an Wasser und erhöht die Fähigkeit des Bodens, Wasser zu speichern, erheblich
- Humus speichert Stickstoff und andere Nährstoffe zur späteren Nutzung durch die Pflanzen
- Bietet eine Vielzahl von sofort und langsam freisetzenden Nährstoffen
- Liefert eine große Anzahl nützlicher Pilze, Bakterien und anderer nützlicher Arten
- Unterdrückt Krankheitserreger im Boden
- Bindet Stickstoff
- Erhöht den Kohlenstoffgehalt im Boden
- Setzt eingeschlossene Bodenmineralien frei
- Neutralisiert Gifte
- Ernährt Pflanzen und das Bodenleben
- Baut die Bodenstruktur auf

schem Material für die Kompostherstellung sicher. Diese kann regelmäßig gepflegt werden, damit sie nicht außer Kontrolle gerät, und das geerntete Schnittgut kann für die Kompostherstellung verwendet werden.

### Braune und grüne Quellen

In vielen Kompostbüchern ist davon die Rede, dass die Materialien in einem idealen Kohlenstoff-Stickstoff-Verhältnis vorliegen müssen.

Sie enthalten auch n mit diesen Verhältnissen bei vielen Zutaten und Beispiele für die Berechnung der Prozentsätze, die erforderlich sind, um das ideale Verhältnis zu erreichen, wenn man mehrere Quellen nutzt.

Die meisten Bauern halten dies für zu kompliziert. Ein praktischerer Weg ist die Verwendung einer Mischung aus braunen und grünen organischen Stoffen. Braune oder getrocknete organische Stoffe enthalten in der Regel viel Kohlenstoff und wenig Stickstoff. Grüne oder frische organische Stoffe, etwa frisch geschnittene Gräser, weisen in der Regel einen hohen Stickstoffgehalt im Verhältnis zum Kohlenstoff auf.

Das Mischen von Braun und Grün ergibt ein gutes Verhältnis von Kohlenstoff zu Stickstoff. Erfahrung ist der beste Ratgeber für ein gutes Ergebnis.

Zeit ist der wichtigste Faktor. Geringere Stickstoffgehalte bedeuten, dass es länger dauert, bis sich der Kompost in einen humusreichen Kompost verwandelt. Das bedeutet, dass die Bauern und Gärtner mit der Kompostherstellung mindestens sechs Monate bis ein Jahr vor der Verwendung beginnen sollten.

**Fallstudie**

In Tigray wurden durch die Zugabe von Kompost die Erträge mehr als verdoppelt, die Widerstandsfähigkeit gegen Krankheiten verbessert und die Wassernutzung effizienter. Während eines Ausbruchs von Streifenrost wurde der kompostierte Weizen nicht von der Krankheit befallen und lieferte einen Ertrag von 6,5 Tonnen pro Hektar, während die nicht kompostierten Felder mit Fungiziden besprüht werden mussten und trotzdem nur 1,6 Tonnen pro Hektar lieferten. Außerdem verbrauchten die kompostierten Felder 30 Prozent weniger Wasser und waren trockenheitsresistenter.

**Verringerung der Treibhausgase mit Kompost**

In einigen Teilen Europas und Nordamerikas werden bis zu 10 Prozent Ton dem Unterboden beigemischt, um die Textur zu verbessern. Ein saurer Ton verhindert die Verflüchtigung von Stickstoff in Form von Ammoniak. Die Ammonium-Ionen bleiben an der Tonerde haften. Dadurch wird die Menge an stickstoffhaltigen Treibhausgasen, die aus dem Kompost entweichen, verringert.

Ebenso hat sich gezeigt, dass Kalium dazu neigt, aus Komposthaufen auszuwaschen. Tonplättchen ziehen Kalium-Ionen stark an und verhindern so die Auslaugung.

Anaerobe Komposte können ein Kohlenstoff-Stickstoff-Verhältnis von mehr als 30:1 aufweisen, da die längere Zeit eher Pilze als Bakterien begünstigt. Pilze brauchen weniger Stickstoff, um die Rohstoffe abzubauen. Ein höheres Kohlenstoffverhältnis bedeutet, dass die Mikroorganismen länger brauchen, um die organischen Stoffe abzubauen und in Humus umzuwandeln; es verringert jedoch den Stickstoffverlust und führt zu einem Kompost mit mehr nutzbarem Stickstoff für die Pflanzen. Dadurch wird auch die Menge an stickstoffhaltigen Treibhausgasen, die aus dem Haufen entweichen, verringert.

Das Abdecken des Komposthaufens mit schwarzem Plastik oder frischem Lehm hilft, den Feuchtigkeitsgehalt stabil zu halten. Die schwarze Folie solarisiert die Unkrautsamen an der Oberfläche des Haufens, während die Hitze des Komposts die meisten Unkrautsamen im Inneren zerstört. Bitte beachten Sie, dass einige Samen, insbesondere solche mit harter Hülle, überleben und später keimen können.

Jüngste Untersuchungen aus den USA ergaben, dass die Abdeckung von Kompost mit einer dicken Schicht von Holzspänen alle Emissionen flüchtiger organischer Verbindungen, einschließlich Treibhausgasen, verhindert.

Würmer können dem Kompost zugesetzt werden, wenn der Komposthaufen abzukühlen beginnt. Sie sind besonders vorteilhaft für anaerobe Komposte, da sie mit der Zeit den gesamten Haufen umwälzen und belüften. Bei landwirtschaftlichen Komposthaufen spart dies stundenlange Arbeit und viele Liter Diesel.

Jedes Mal, wenn ein Komposthaufen manuell gewendet wird, setzt er eine Reihe von Treibhausgasen frei. Wenn man ihn mit Kunststoff, Ton oder Holzspänen abdeckt und die Würmer den Haufen langsam durchlüften lässt, sinkt die Menge an Treibhausgasen wie $CO_2$, Methan, Ammonium und Lachgas ($N_2O$) erheblich. Diese werden von den Mikroorganismen wieder aufgenommen und biologisch abgebaut, so dass sie in stabilere organische Kohlenstoff- und Stickstoffformen wie Humus und Aminosäuren umgewandelt werden.

**Biodynamische Präparate**

Biodynamische Präparate wie Hornmist (auch »500« genannt) können ähnlich wie Komposttees wirken und haben sich beim Aufbau von organischer Substanz im Boden, insbesondere von Humus, bewährt.

**Gründüngung: Deckpflanzen**

Gründüngungen sind Pflanzen, die nur angebaut werden, um die Bodengesundheit und -fruchtbarkeit zu verbessern, indem sie dem Boden frische organische Substanz und Nährstoffe wie Stickstoff zuführen, wenn sie in den Boden eingearbeitet werden.

Gründüngungen sind in der Regel Teil einer Fruchtfolge, die dazu dient, den Unkraut- und Krankheitszyklus zu unterbrechen. Diese multifunktionalen Vorteile werden in »Abschnitt 5: Biodiversität zur Schädlingsbekämpfung: Schädlingsbekämpfung ohne Pestizide« näher erläutert. Der andere Hauptgrund für den Einsatz von Gründüngung ist der Anbau und die anschließende Einarbeitung in den Boden kurz vor dem Anbau der Nutzpflanzen, damit den Nutzpflanzen mehr Nährstoffe zur Verfügung stehen.

Praktisch alle Pflanzen können als Gründüngung verwendet werden; Leguminosen sind jedoch die bevorzugten Pflanzen, da sie erhebliche Mengen an organischer Substanz und Stickstoff liefern können. Der Einsatz von Gründüngung ist eine der ältesten und bewährtesten Methoden zur Verbesserung des Stickstoffgehalts und der organischen Substanz im Boden.

## Traditionelle Methoden der Kompostierung

Bei landwirtschaftlichen Tätigkeiten fällt viel nasse und trockene Biomasse an. Diese Biomasse wird oft wahllos verbrannt, und die Energie und Nährstoffe gehen dann in der Atmosphäre verloren, und die Luft wird verschmutzt. Die Energie und die Nährstoffe in der Biomasse können jedoch nachhaltig genutzt und dem Boden, der die eigentliche Quelle ist, wieder zugeführt werden. Dann kann wie beschrieben Biomasse in Kompost umgewandelt werden, der vom Boden leicht aufgenommen und von den darin lebenden Systemen genutzt werden kann.

### Hofdünger

Kuh- oder Tiermist kann als Hofdünger verwendet werden. Der Dung muss drei Monate lang im Schatten gelagert werden, damit die Feuchtigkeit erhalten bleibt. Hofdünger liefert Nährstoffe im richtigen Verhältnis.

#### GRUBENMETHODE

Die im Betrieb vorhandenen Ernterückstände und Biomasse können mit dieser Methode kompostiert werden.

**Zutaten:**

| | |
|---|---|
| Trockene Zweige | Boden |
| Kuhmist | Grüne Biomasse |
| Kuhurin | Trockene Biomasse |

**Verfahren:** Graben Sie eine Grube von drei Metern Länge, einem Meter Breite und einem Meter Tiefe, vorzugsweise in der Nähe des Feldes. Legen Sie die trockenen Zweige so auf den Boden der Grube, dass sie Raum für die Belüftung bieten. Anschließend verteilen Sie den Kuhmist darauf; er sollte ein Viertel der Höhe einnehmen. Darüber geben Sie grüne Biomasse, gefolgt von getrockneter Biomasse. Der Haufen sollte einen halben Meter über dem Boden reichen.

Nach Abschluss dieses Prozesses sollte die Grube abgedichtet werden und zwar mit einer Mischung aus Kuhurin, Erde und Kuhdung. Das Verhältnis von Kuhmist, grüner Biomasse und getrockneten Blättern beträgt etwa 25:25:50.

Nach einer Woche zieht sich der Biomassehaufen aufgrund der Zersetzung organischer Stoffe durch die mikrobielle Aktivität zusammen. Fügen Sie weitere Biomasse hinzu und versiegeln Sie den Haufen mit Kuhmist, Kuhurin und Erde.

**Endprodukt:** Der Kompost ist nach etwa drei Monaten gebrauchsfertig. Der Kompost hat eine braune Farbe und einen angenehmen Geruch.

## GHANAMRUTH

Bei dieser Methode wird Kuhmist in Kompost umgewandelt. Der Grundgedanke dahinter ist, die Zahl der Mikroorganismen zu vervielfachen, um den Zersetzungsprozess zu beschleunigen.

**Zutaten** für einen Hektar:
200 Kilogramm Kuhmist
2 Kilogramm Linsenmehl
2 Kilogramm unraffinierter Zucker
1/2 Kilogramm fruchtbare Erde
10 Liter Kuhurin

**Verfahren:** Den Kuhmist auf dem Boden verteilen und das Linsenmehl darauf verstreuen. Geben Sie den Zucker zu der Mischung. Nun gießen Sie den Kuhurin darüber und geben Erde zu dieser Mischung. Mischen Sie alles gründlich, indem Sie darauf herumstapfen. Wenn alles gut vermischt ist, verstreichen Sie die Mischung weiter. Die Dicke des Kuchens muss 2–3 Zentimeter betragen.

**Endprodukt:** Der Kuchen muss 20–25 Tage lang trocknen und sollte bei hohen Temperaturen mit Stoffsäcken abgedeckt werden. Nach sieben Tagen sind auf dem Kuhdungkuchen Hohlräume zu sehen, was ein Indikator für die mikrobielle Aktivität in der Mischung ist. Sobald der Kuchen vollständig getrocknet ist, kann er in kleine Stücke geschnitten und in Müllsäcken sechs Monate lang gelagert werden.

Es muss darauf geachtet werden, dass die Kuchen regelmäßig mit Wasser angefeuchtet werden.

**Anwendung:** Zum Zeitpunkt der Bewässerung des Feldes muss der Sack mit den Kuchen an der Quelle der Bewässerung platziert werden. Dadurch wird die Ausbringung des Komposts auf dem gesamten Feld erleichtert. Er kann auch zum Zeitpunkt der Aussaat oder des Jätens ausgebracht werden.

## Flüssige Nährstoffe durch Fermentation

### JEEVAMRIT

**Zutaten** für einen Hektar:
200 Liter Wasser
10 Kilogramm Kuhmist
10 Liter Kuhurin
2 Kilogramm Hülsenfruchtmehl
2 Kilogramm unraffinierten Rohzucker oder Melasse
1 Handvoll fruchtbare Erde (als Impfung)

**Methode der Zubereitung:** Verwenden Sie ein 250-Liter-Plastikfass mit einem Hahn und einem Deckel. Geben Sie die Zutaten in der oben genannten Reihenfolge hinein. Verschließen Sie das Fass mit einem Tuch und setzen Sie den Deckel fest auf. Rühren Sie den Inhalt des Fasses dreimal täglich im und gegen den Uhrzeigersinn um, damit Sauerstoff für die mikrobielle Aktivität in die Mischung gelangen kann. Dadurch wird eine schnelle Vermehrung der Mikroben gefördert. Am Ende des dritten Tages (unter heißen und feuchten Bedingungen) ist die Flüssigkeit für den Einsatz im Feld bereit.

**Hintergrund:** Diese Mischung trägt dazu bei, den Reichtum und die Vielfalt der Mikroorganismen im Boden zu erhöhen. Die Mikroben erhalten ihre Nährstoffe aus der bereitgestellten Mischung. Es handelt sich nicht um ein Pilzpräparat für Düngemittel. Die Mischung ist am dritten Tag am wirksamsten, da danach die Mikrobenpopulation abnimmt, da sie sterben und degenerieren. Sie kann im Sommer und/oder unter feuchten Bedingungen nicht länger als vier Tage gelagert werden. Wenn die Mikroben absterben, wirken sie als Dünger und liefern Kohlenstoff, Kali und Schwefel.

**Anwendung:** Die Flüssigkeit muss am dritten Tag nach ihrer Herstellung ausgebracht werden. Das Feld sollte ausreichend feucht sein. Bei der Bewässerung des Feldes den Hahn des Fasses öffnen und die Jeevamrit-Mischung mit dem Wasser fließen lassen, was eine gleichmäßige Verteilung auf dem gesamten Feld gewährleistet. Sobald das Wasser den Boden erreicht, vermehren sich die Mikroorganismen und verwerten den verfügbaren Kohlenstoff.

**Zeiten für die Anwendung:**

1. Zum Zeitpunkt des Pflügens, um den Boden mürbe zu machen
2. Zum Zeitpunkt der Bestockung (25–30 Tage nach der Keimung)
3. Vor der Blüte, der Aussaat und der Fruchtbildung

**Einschränkung:** Bei Stickstoffmangel in der Kultur wird *Jeevamrit* nicht wirken. Es ist in einem Feld wirksam, wo organische Substanz reichlich vorhanden ist.

## ABFALLENZYM (NÄHRSTOFF)

**Zutaten für 10 Liter Zubereitung**

3 Kilogramm Küchen- und Obstabfälle

1 Kilogramm Melasse oder Rohzucker (bei Verwendung von Trauben 2 Kilogramm)

10 Liter Wasser

Die Mischung sollte zu gleichen Teilen aus verrottetem Obst und Gemüse bestehen. Vermeiden Sie Kartoffeln und stärkehaltige Lebensmittel, da sie einen üblen Geruch verströmen. Reife Papaya und saure Früchte wie Orange, Zitrone und Tomate sind eine gute Kombination. Schneiden Sie diese in kleine Stücke. Rosenblüten können hinzugefügt werden, um den üblen Geruch zu beseitigen.

**Art der Zubereitung:** Geben Sie die Zutaten in ein Plastikfass (bevorzugt). Verschließen Sie das Fass mit einem Deckel und schreiben Sie das Datum der Zubereitung darauf. Alle 15 Tage den Deckel öffnen und die Mischung umrühren. Nach drei Monaten ist die Mischung gebrauchsfertig. Vermerken Sie das Datum, an dem sie gebrauchsfertig war.

**Begründung:** Es handelt sich um einen Gärungsprozess, bei dem die Mikroben zerstört werden. Die Lösung nimmt einen pH-Wert von 4 an. Sie ist reich an Essigsäure. Das Abfallenzym kann drei Jahre lang aufbewahrt werden.

**Anwendung:** Abfallenzym sollte in einem Verhältnis von 1 Milliliter auf 1 Liter Wasser verwendet werden. Sprühen Sie in den Morgen- und Abendstunden.

**Andere Verwendungen:** Toilettenreiniger, Fliegenschutzmittel und Zusatz zu Tierfutter

## PANCHAGAVYA

**Zutaten für 10 Liter Zubereitung**

2,5 Kilogramm Kuhmist
250 Gramm reines Kuhghee
1 Liter Milch
1 Liter Quark
1 Liter Honig
1/2 Kilogramm Rohzucker
2 Liter Kuhurin
6 Bananen

*Panchagavya wird* seit alter Zeit in traditionellen indischen Ritualen sowie als Düngemittel und Pestizid verwendet. Es ist eine Mischung aus fünf Produkten der Kuh. Die Behandlung wird in der ayurvedischen Medizin eingesetzt und hat für Hindus eine religiöse Bedeutung.

**Art der Zubereitung:** Den Kuhmist mit Ghee mischen und drei Tage lang gären lassen. Anschließend werden die anderen Zutaten hinzugefügt und gründlich vermischt. Die gesamte Mischung wird in einem irdenen Topf aufbewahrt. Rühren Sie die Mischung zweimal am Tag um und bewahren Sie sie an einem kühlen Ort auf. Verschließen Sie die Öffnung des Topfes mit einem Tuch. Am 19. Tag ist die Zubereitung gebrauchsfertig. Panchagavya kann drei Monate lang aufbewahrt werden. Wenn es sich verfestigt hat, verdünnen Sie es durch Zugabe von Wasser.

**Anwendung:** Die Mischung kann durch Verdünnen von 3 Liter *Panchagavya* in 100 Liter Wasser verwendet werden. *Panchagavya* reinigt Pflanzen; es kann als Wachstumsförderer und Biopestizid verwendet werden.

## VERMIWASH (REGENWURMFLÜSSIGKEIT)

Vermiwash kann entweder in Fässern, Eimern oder kleinen Tontöpfen angesetzt werden. Das hier beschriebene Verfahren bezieht sich auf ein 250-Liter-Fass. Nehmen Sie ein leeres Fass, dessen Oberseite offen ist. An der Unterseite wird ein Loch gebohrt, in das der vertikale Schenkel eines T-förmigen Rohrs passt. Ungefähr 1 bis 2,5 Zentimeter des Rohres sollten in das Fass hineinragen. An einem Ende des horizontalen Schenkels wird ein Hahn angebracht, während das andere Ende geschlossen bleibt. Dies dient als Notöffnung, um das T-förmige Rohr zu reinigen, falls es verstopft ist. Die gesamte Anlage wird auf einen niedrigen Sockel aus wenigen Ziegelsteinen gestellt, um das Aufnehmen des Vermiwash zu erleichtern. Um den Abfluss offenzuhalten, wird eine 25 cm dicke Schicht aus zerbrochenen Ziegeln oder Kieselsteinen eingefüllt. Auf die Schicht aus Ziegeln folgt eine 25 cm dicke Schicht aus grobem Sand. Durch diese Schichten fließt das Wasser, das hier gefiltert wird. Auf diese Schicht wird eine 30–45 Zentimeter dicke Schicht aus angefeuchteter Lehmerde aufgebracht. Etwa 50 oberirdische (epigeische) und 50 unterirdische (anekische) Regenwürmer werden eingesetzt. Rindermist und Heu werden auf die Bodenschicht aufgebracht und leicht angefeuchtet.

Der Hahn wird für die nächsten 15 Tage offengehalten. Jeden Tag wird oben mit Wasser gegossen, um alles feucht zu halten. Am 16. Tag wird der Wasserhahn geschlossen und oben auf das Gerät ein Metallbehälter oder ein perforierter Tontopf als Sprinkler gestellt. Gießen Sie 5 Liter Wasser (die entnommene Wassermenge entspricht 1/15 der Größe des Hauptbehälters) in diesen Behälter und lassen Sie es über Nacht nach und nach auf das Fass tropfen. Dieses Wasser sickert durch den Kompost und die Röhren der Regenwürmer, wo es sich am Boden sammelt. Öffnen Sie am nächsten Morgen den Hahn und fangen Sie das Vermiwash auf. Schließen Sie den Hahn und füllen Sie den durchlässigen Topf am Abend mit 5 Litern Wasser auf, um am nächsten Morgen erneut etwas abzuzapfen. Dung und Heu können je nach Bedarf regelmäßig ergänzt werden.

**Anwendung:** Die gesamte Anlage kann nach 10 bis 12 Monaten geleert und erneuert werden. Vermiwash wird vor dem Versprühen mit Wasser verdünnt (10 Prozent). Dies hat sich bei vielen Pflanzen als sehr wirksam erwiesen. Falls erforderlich, kann Vermiwash mit Kuhurin gemischt und verdünnt werden (1 Liter Vermiwash, 1 Liter Kuhurin und 8 Liter Wasser) und auf die Pflanzen gesprüht werden, und so als Blattdünger und Pestizid wirken.

## Fallstudie: Die Auswirkungen von biologischer und chemischer Landwirtschaft auf die Populationen von Makro- und Mikroorganismen im Boden

*Zusammenfassung*: Um zu verstehen, wie es bei kontinuierlichem Anbau mit Einsatz von organischen beziehungsweise chemischen Mitteln um die Bodengesundheit steht, wurde eine Umfrage auf Navdanya-Farmen durchgeführt, auf denen die Landwirte mindestens fünf Jahre lang sowohl chemische als auch organische Mittel für verschiedene Kulturen einsetzten. Dabei wurden die Auswirkungen auf die wichtigsten in Uttarakhand angebauten Kulturen (Weizen, Kartoffeln, Knoblauch, Senf, Kichererbsen, Chili und Kürbis) berücksichtigt. Die

Ergebnisse zeigen im chemischen Landbau im Vergleich zum biologischen Landbau eindeutig einen signifikanten Rückgang der wichtigsten Bodenenzymaktivitäten wie Dehydrogenase, Esterase, saure und alkalische Phosphatase.

**Tabelle 7: Liste der im Boden der Navdanya-Farm gefundenen Mikro- und Makroorganismen**

| Name | Art des Organismus |
|---|---|
| ***Vaskuläre arbuskuläre Mykorrhizen (VAM)*** | |
| Glomus constrictum | Pilz |
| Glomus indica | Pilz |
| Gigaspora nigra | Pilz |
| Aculospora | Pilz |
| Sclerocystis rubiformis | Pilz |
| ***Phosphatase und Phytase produzierende Mikroorganismen*** | |
| Aspergillus flavus | Pilz |
| Chitomium globosum | Pilz |
| Curvularia lunata | Pilz |
| Paecilomyces variotii | Pilz |
| **Stickstoff-Fixierer** | |
| Rhizobium | Bakterien |
| Azatobactor | Bakterien |
| ***Bodeningenieure*** | |
| Regenwürmer | Annelida |
| Termiten | Arthropoden |
| Mistkäfer | Arthropoden |
| ***Räuber*** | |
| Ameisen | Arthropoden |
| Tigerkäfer | Arthropoden |
| Spinnen | Arthropoden |
| Tausendfüßler | Arthropoden |
| ***Zerkleinerer*** | |
| Tausendfüßler | Arthropoden |

Die mikrobielle Population – insbesondere Pilze, Bakterien, Actinomyceten, Azotobacter und Nitrosomonas – war unter organischen Bedingungen deutlich höher als im chemischen Anbau. Der Gehalt an organischer Substanz im Boden war bei allen Kulturen, die im chemischen Landbau angebaut wurden, rückläufig, während der Gehalt an organischer Substanz im biologischen Landbau zwischen 26 und 99 Prozent anstieg. Obwohl bei den verschiedenen Anbaumethoden keine signifikanten Veränderungen des pH- und EC-Werts im Boden festgestellt wurden, wurde im biologischen Landbau ein signifikant höherer Gesamtstickstoff- und K-Gehalt beobachtet. Im allgemeinen war der Zink-, Kupfer- und Eisengehalt im biologischen Landbau bei allen untersuchten Kulturen signifikant höher. Die Ergebnisse zeigen deutlich, dass der biologische Landbau eine große Rolle bei der Erhaltung einer ausgezeichneten Bodengesundheit und des Nährstoffgehalts im Boden spielt.

***Hintergrund:*** In Uttarakhand (in der Umgebung der Navdanya-Farm) wurde eine Erhebung durchgeführt, um die biologische Bodengesundheit in Anbauflächen mit organischem und chemischem Input zu untersuchen. Im allgemeinen wurden für die Probenahme 8–20 Jahre kontinuierliche Praxis berücksichtigt. Die Bodenproben wurden von den Feldern mit sieben verschiedenen Kulturen entnommen, die unter biologischen, chemischen und nicht-chemischen Bedingungen angebaut wurden. Die Bodenproben, die von Böschungen (unfruchtbaren Böden) entnommen wurden, galten als Kontrolle, und für jede Anbauform und jede Kultur wurden mindestens vier Felder des Landwirts ausgewählt. Im allgemeinen wurden die Parameter Dehydrogenase, Esterase, saure Phosphatase, alkalische Phosphatase, Pilz- und Bakterienpopulationen, Actinomycetes, Nitrosomonas, Azotobacter, pH, EC, organischer Kohlenstoff, Stickstoff, Phosphor, Kalium, Zink, Eisen, Kupfer und Mangan berücksichtigt.

## Ergebnisse

### Nützliche Enzyme

**Dehydrogenase:** Die Dehydrogenaseaktivität zeigt die Aktivität von Bakterien und Actinomyceten in den Böden unter verschiedenen Anbaubedingungen an. Die Dehydrogenaseaktivität unter biologischen und chemischen Bedingungen sowie unter solchen ohne Input von sieben verschiedenen untersuchten Kulturen ist in der folgenden dargestellt.

**Tabelle 8: Dehydrogenase-Aktivität (pkat/g) bei verschiedenen Kulturen und Anbaumethoden**

| Feldfrucht | Kontrolle* | Kein Input | Chemieintensive Landwirtschaft | Organischer Landbau |
|---|---|---|---|---|
| Weizen | 0,79 | 1,55 | 1,52 | 2,35 |
| Kartoffel | 0,80 | 1,48 | 1,43 | 1,79 |
| Knoblauch | 0,80 | 1,16 | 1,05 | 1,49 |
| Senf | 0,79 | 1,39 | 1,13 | 3,16 |
| Kichererbse | 0,79 | 1,00 | 0,80 | 1,45 |
| Chili | 0,80 | 1,47 | 1,31 | 2,34 |
| Kürbis | 0,78 | 0,92 | 0,71 | 1,28 |
| LSD (p= 0,05) | 0,15 | 0,23 | 0,31 | 0,38 |

* Unbebautes Land, keine Ernten

Die Ergebnisse veranschaulichen deutlich, dass es keinen signifikanten Unterschied in der Dehydrogenaseaktivität im absoluten Kontrollboden gab, in dem keine Pflanzen angebaut wurden. Die Dehydrogenaseaktivität variiert je nach Anbaupraxis und angebauten Pflanzen. Die Verbesserung der Dehydrogenaseaktivität war, unabhängig von den angebauten Pflanzen, im biologischen Landbau viel höher als im chemischen Landbau. Eine wesentlich höhere Dehydrogenaseaktivität (300 Prozent) wurde bei Senf beobachtet, die geringste Verbesserung wurde bei Kürbis (64,1 Prozent) festgestellt.

Im allgemeinen zeigen die Ergebnisse des biologischen Landbaus eine Verbesserung der Dehydrogenaseaktivität im Vergleich zu Böden aus chemischem Landbau unter denselben Anbaupflanzen und ähnlichen Bodenbedingungen um 39–127 Prozent.

Eine Abnahme der Dehydrogenaseaktivität (2–23 Prozent) wurde im Vergleich zu naturbelassenen Böden ohne Input beobachtet, was eindeutig auf die negativen Auswirkungen des chemischen Anbaus bei verschiedenen Kulturen hinweist. Bei der Untersuchung des pflanzlichen Beitrags und des Bodenbeitrags zur Dehydrogenaseaktivität wurde festgestellt, dass es große Unterschiede zwischen den einzelnen Kulturen gibt. Der Beitrag des Bodens war im allgemeinen viel höher als der Beitrag der Pflanzen ( Tabelle 8). Die Gesamtergebnisse zeigten, dass 64,2 Prozent der Dehydrogenaseaktivitäten vom Boden und 35,8 Prozent von den Pflanzen beigetragen wurden. Generell wurde ein Rückgang der Dehydrogenaseaktivität um 18 Prozent beobachtet, wenn chemische Landwirtschaft betrieben wurde, im Vergleich zu keinem Input, was ebenfalls eindeutig darauf hinweist, dass chemische Landwirtschaft eine negative Auswirkung auf die Dehydrogenaseaktivität im Boden hat.

Die Ergebnisse demonstrieren auch, dass der biologische Landbau die Dehydrogenaseaktivität um 43 Prozent im Vergleich zu den Kulturen, die ohne Input angebaut werden, fördert. Die negativsten Auswirkungen auf die Dehydrogenaseaktivität im chemischen Anbau wurden bei Kürbissen festgestellt, gefolgt von Kichererbsen und Senf.

**Esterase**: Die Esteraseaktivität zeigt die Aktivität von Pilzen, Bakterien und Actinomyceten im untersuchten Boden. Im allgemeinen wurde eine 2–8,7-fache Verbesserung der Esteraseaktivität in der Rhizosphäre der verschiedenen Kulturen aufgrund der biologischen Anbaupraxis nachgewiesen, die bei Weizen am höchsten war, gefolgt von Senf.

**Tabelle 9: Esterase-Aktivität (EU x $10^{-3}$) bei verschiedenen Kulturen und Anbaumethoden**

| Feldfrucht | Kontrolle* | Kein Input | Chemieintensive Landwirtschaft | Organischer Landbau |
|---|---|---|---|---|
| Weizen | 2,4 | 6,7 | 6,4 | 23,3 |
| Kartoffel | 2,6 | 7,3 | 7,2 | 17,9 |
| Knoblauch | 2,8 | 9,7 | 9,4 | 22,6 |
| Senf | 4,1 | 12,8 | 12,4 | 36,9 |
| Kichererbse | 3,8 | 10,3 | 9,4 | 14,1 |
| Chili | 4,2 | 7,8 | 6,9 | 20,7 |
| Kürbis | 3,2 | 5,9 | 5,8 | 12,7 |
| LSD (p= 0,05) | 0,9 | 1,3 | 1,9 | 2,1 |

* Unbebautes Land, keine Ernten

Obwohl sich die Esteraseaktivität in den Kontrollböden der verschiedenen Kulturen nur geringfügig unterschied, ging aus den Ergebnissen eindeutig hervor, dass die Esteraseaktivität in den Böden des biologischen Landbaus durchweg höher (28–56 Prozent) als im chemischen Landbau war. Der chemische Anbau führte zu einem Rückgang der Aktivität um bis zu 12 Prozent im Vergleich zu Böden ohne Input.

Im allgemeinen wurde ein Rückgang der Esterase-Aktivität um 8,4 Prozent festgestellt, unabhängig von der Kulturart, und zwar im chemischen Landbau im Vergleich zur Landwirtschaft ohne Input. Der Aktivitätsrückgang war bei Kichererbsen deutlich höher, gefolgt von Chili und Weizen.

Ein Vergleich des Beitrags der Pflanzen und des Bodens zur Esteraseaktivität ergab, dass 60,4 Prozent der Esteraseaktivitäten von Pflanzen ausgehen, während der Beitrag des Bodens nur 39,6 Prozent betrug. Generell gilt, dass der Beitrag der Pflanzen bei Knoblauch am höchsten war und bei Kürbis geringer, während bei Chilipflanzen ein höherer Beitrag des Bodens festgestellt wurde.

**Saure Phosphatase**: Saure Phosphatase wird hauptsächlich von den Pflanzen und Mikroorganismen im Boden gebildet. Phosphatase-Enzyme helfen bei der Hydrolyse der Kohlenstoff-Sauerstoff-Phosphor-Esterbindung von organischem Phosphor in pflanzenverfügbarem anorganischem Phosphor in Phosphatform. Die Aktivität der sauren Phosphatase bei verschiedenen Inputs sowie in sieben Kulturen.

**Tabelle 9A: Saure Phosphatase (EU x $10^{-3}$) bei verschiedenen Kulturen und Anbaumethoden**

| Feldfrucht | Kontrolle* | Kein Input | Chemieintensive Landwirtschaft | Organischer Landbau |
|---|---|---|---|---|
| Weizen | 0,6 | 1,8 | 4,0 | 4,2 |
| Kartoffel | 0,8 | 2,8 | 3,2 | 3,9 |
| Knoblauch | 0,9 | 3,4 | 3,4 | 4,0 |
| Senf | 0,8 | 2,6 | 2,5 | 4,3 |
| Kichererbse | 0,7 | 2,5 | 3,2 | 4,3 |
| Chilii | 0,8 | 2,9 | 2,8 | 4,4 |
| Kürbis | 0,8 | 2,7 | 3,3 | 4,2 |
| LSD (p= 0,05) | 0,3 | 0,7 | 0,9 | 0,8 |

* Unbebautes Land, keine Ernten

Es gab keine Unterschiede in der sauren Phosphataseaktivität unter der Bedingung, dass auf den verschiedenen Anbauflächen keine Pflanzen angebaut wurden. Die Ergebnisse zeigten jedoch einen größeren Einfluss der sauren Phosphatase im biologischen Landbau, wo eine 3–6-fache Verbesserung der Aktivität im Vergleich zur absoluten Kontrolle festgestellt wurde. Die größte Verbesserung wurde bei Weizen erzielt, gefolgt von der Kichererbse. Im allgemeinen wurde im biologischen Landbau eine um 38,7 Prozent höhere Aktivität der sauren Phosphatase festgestellt als im chemischen Landbau, wobei zumindest bei zwei verschiedenen Kulturen (Senf und Chili) die

Aktivitäten geringer als auf Flächen ohne Input waren. Außer bei Senf, Knoblauch und Chili war die Aktivität der sauren Phosphatase bei allen anderen Kulturen im chemischen Landbau höher als bei Kulturen ohne Input.

**Alkalische Phosphatase**: Alkalische Phosphatase wird nur von im Boden vorhandenen Mikroorganismen gebildet. Sie sind ebenso wirksam bei der Aufspaltung der Kohlenstoff-Sauerstoff-Phosphor-Esterbindung, um Phosphor in die für Pflanzen verfügbare Phosphatform zu bringen. Im allgemeinen führt der biologische Landbau zu einer Verbesserung von 25–100 Prozent der alkalischen Phosphataseaktivität im Vergleich zum Boden der Kontrollfläche. Auf den Kartoffelanbauflächen wurde die stärkste Verbesserung der alkalischen Phosphataseaktivität festgestellt, gefolgt von Knoblauch.

**Tabelle 9B: Alkalische Phosphatase (EU x $10^{-3}$) bei verschiedenen Kulturen und Anbaumethoden**

| Feldfrucht | Kontrolle* | Kein Input | Chemieintensive Landwirtschaft | Organischer Landbau |
|---|---|---|---|---|
| Weizen | 0,6 | 1,0 | 0,9 | 1,1 |
| Kartoffel | 0,7 | 1,1 | 0,9 | 1,4 |
| Knoblauch | 0,8 | 1,2 | 1,0 | 1,5 |
| Senf | 1,0 | 1,0 | 1,0 | 1,4 |
| Kichererbse | 0,9 | 0,9 | 0,8 | 1,2 |
| Chili | 0,8 | 1,0 | 0,9 | 1,4 |
| Kürbis | 0,9 | 1,3 | 1,1 | 1,5 |
| LSD (p= 0,05) | 0,3 | 0,4 | 0,4 | 0,7 |

* Unbebautes Land, keine Ernten

Die Ergebnisse zeigen deutlich, dass es kaum einen Unterschied in der Aktivität der alkalischen Phosphatase auf Flächen ohne Anbau (Kontrollflächen) gab, aber ein Rückgang der Aktivität der alkalischen Phosphatase um bis zu 18 Prozent auf Flächen ohne Input bei chemischem Anbau beobachtet wurde, während eine Verbesserung der Aktivität um 10–40 Prozent festgestellt wurde, wenn die Landwirte biologischen Anbau betreiben. Das Ergebnis zeigt, dass der biologische Landbau einen enormen Beitrag zur Aktivität der alkalischen Phosphatase leistet. Im allgemeinen war die Aktivität der alkalischen Phosphatase im chemischen Landbau um 73,4 Prozent geringer als im biologischen, und zwar unabhängig von den angebauten Kulturpflanzen.

Mit Ausnahme von Senf wiesen alle anderen Kulturen negative Auswirkungen auf die Aktivität der alkalischen Phosphatase im chemischen Anbau auf. Der Rückgang der alkalischen Phosphataseaktivität war bei Kartoffeln am stärksten (18,2 Prozent), gefolgt von Knoblauch (16,7 Prozent) und Kürbis (15,4 Prozent), was auf eine negative Auswirkung der chemischen Anbaumethode auf die Bodengesundheit hinweist.

### Biologische Parameter

**Pilzpopulation**: Die Pilzpopulation auf den verschiedenen Kulturen war im Vergleich zum Kontrollboden um das 6- bis 36-fache erhöht, wenn biologischer Landbau praktiziert wurde, während er im chemischen Anbau deutlich geringer ausfiel. Mit Ausnahme von Senf war die Pilzpopulation in allen anderen Kulturen im chemischen Anbau geringer als im Anbau ohne Input. Das Senffeld zeigte demgegenüber eine Verbesserung der Population um 59,7 Prozent im chemischen Anbau, die im biologischen Anbau um weitere 14–47 Prozent gesteigert werden konnte.

Die stärkste Zunahme der Pilzpopulation wurde beim Senfanbau im biologischen Landbau beobachtet, gefolgt von der Kartoffel. Ganz allgemein war im chemischen Anbau die Pilzpopulation im Vergleich zu den Pflanzen im biologischen um 90 Prozent geringer, wenn auch bei den Kontrollböden kaum ein Unterschied in der Population festgestellt wurde. Die am stärksten durch den chemischen Anbau beeinträchtigten Kulturen scheinen Kartoffeln und Kichererbsen zu sein. Es wurde erfasst, dass der Anteil der Pflanzen an der Entwicklung der Pilzpopulation viel höher war als der Anteil des Bodens. Die

**Tabelle 10: Pilzpopulation (KBE** x 103/g) bei verschiedenen Kulturen und Anbaumethoden**

| Feldfrucht | Kontrolle* | Kein Input | Chemieintensive Landwirtschaft | Organischer Landbau |
|---|---|---|---|---|
| Weizen | 5,5 | 22 | 20,0 | 66,5 |
| Kartoffel | 3,5 | 7 | 6,0 | 120,0 |
| Knoblauch | 7,0 | 20 | 19,5 | 94,0 |
| Senf | 3,0 | 7,2 | 11,5 | 111,0 |
| Kichererbse | 6,5 | 18,7 | 8,0 | 180,0 |
| Chili | 8,5 | 20 | 14,0 | 160,0 |
| Kürbis | 7,0 | 14,1 | 12,0 | 52,0 |
| LSD (p=0,05) | 4,2 | 7,3 | 6,5 | 11,1 |

* Unbebautes Land, keine Ernten

** ***Kolonienbildende Einheit***, eine Methode zur Quantifizierung lebender Mikroorganismen

Verringerung der Population durch den chemischen Anbau schwankt bei den verschiedenen Kulturen zwischen 2,5 und 49,7 Prozent im Vergleich zur Landwirtschaft ohne Pflanzenschutzmittel. Allerdings wurde eine bis zu 16-fache Verbesserung der Pilzpopulation durch den biologischen Landbau im Vergleich zu Kulturen ohne Input festgestellt.

**Bakterienpopulation**: Der biologische Landbau erhöht die Bakterienpopulation in den verschiedenen Kulturen um das 1,8- bis 6,2-fache, das sind 78 Prozent mehr als im chemischen Landbau. Die höchste Vermehrung wurde bei Kürbis beobachtet, gefolgt von Chili und Weizen. Der Beitrag der Pflanzen zur Bakterienpopulation beträgt zwischen 42 und 66 Prozent. Die Verringerung durch den chemischen Anbau gegenüber dem Anbau ohne Input lag zwischen 5 und 33 Prozent, wobei der Rückgang bei Senf, gefolgt von Knoblauch, am größten war. Generell wurde im biologischen Landbau ein Anstieg der Bakterienpopulation um 50–241 Prozent gegenüber dem Anbau ohne Input verzeichnet.

**Tabelle 11: Bakterienpopulation (KBE x $10^5$/g) bei verschiedenen Kulturen und Anbaumethoden**

| Feldfrucht | Kontrolle* | Kein Input | Chemieintensive Landwirtschaft | Organischer Landbau |
|---|---|---|---|---|
| Weizen | 2,5 | 4,4 | 4,0 | 15,0 |
| Kartoffel | 3,0 | 8,4 | 8,0 | 12,0 |
| Knoblauch | 4,5 | 10,4 | 7,0 | 26,0 |
| Senf | 3,5 | 6,0 | 4,0 | 10,0 |
| Kichererbse | 5,0 | 9,3 | 7,0 | 14,0 |
| Chili | 2,0 | 5,8 | 5,5 | 12,5 |
| Kürbis | 4,0 | 8,8 | 8,0 | 29,0 |
| LSD (p= 0,05) | 1,7 | 1,9 | 1,8 | 3,5 |

* Unbebautes Land, keine Ernten

Die negative Auswirkung des chemischen Anbaus auf die Bakterienpopulation war offensichtlich und besonders bei Senf, Kichererbse und Knoblauch alarmierend. Der Aufbau der Population im biologischen Landbau erwies sich bei Weizen als sehr effektiv, gefolgt von Kürbis unter den sieben verglichenen Kulturen.

**Actinomycetenpopulation**: Der biologische Landbau baut in den sieben untersuchten Kulturen 47–483 Prozent mehr Aktinomyzetenpopulationen auf. Die Ergebnisse zeigten, dass Senf (52,9 Prozent) mehr zum Aufbau von Aktinomyzetenpopulationen beiträgt.

Allerdings zeigte Knoblauch (9,1 Prozent) den geringsten Beitrag der Pflanze zur Ansammlung der Organismen. Die Verringerung der Aktivität durch den chemischen Anbau lag zwischen 0–13 Prozent, wobei sie bei Knoblauch höher und bei Chili am geringsten war. Die Ergebnisse belegen, dass die Actinomycetenpopulation im biologischen Landbau um 93 Prozent höher war als im chemischen Landbau. Die höchste Reaktion auf den biologischen Landbau wurde bei Kichererbse (356,5 Prozent) beobachtet, gefolgt von Senf (226,9 Prozent). Die geringste Auswirkung des biologischen Landbaus wurde bei Weizen beobachtet (16,3 Prozent). Aus den Ergebnissen geht eindeutig

**Tabelle 12: Actinomycetenpopulation (KBE x 104/g) unter verschiedenen Kulturen und Anbaumethoden**

| Feldfrucht | Kontrolle* | Kein Input | Chemieintensive Landwirtschaft | Organischer Landbau |
|---|---|---|---|---|
| Weizen | 34 | 43 | 39 | 50 |
| Kartoffel | 39 | 45 | 40 | 67 |
| Knoblauch | 22 | 24 | 21 | 56 |
| Senf | 17 | 26 | 24 | 85 |
| Kichererbse | 18 | 23 | 22 | 105 |
| Chili | 20 | 24 | 24 | 45 |
| Kürbis | 25 | 30 | 28 | 70 |
| LSD (p= 0,05) | 7,1 | 11,2 | 8,7 | 13,5 |

* Unbebautes Land, keine Ernten

hervor, dass der biologische Landbau gegenüber dem chemischen Landbau und den Flächen ohne Bodeninput einen deutlichen Vorteil beim Aufbau der Populationen verschiedener Organismen in der Rhizosphäre der verschiedenen Kulturpflanzen aufweist, die in dieser Region angebaut werden.

**Azotobacterpopulation**: *Azotobacter* ist ein freilebender Stickstofffixierer, der Stickstoff aus der Atmosphäre ohne fremde Hilfe fixieren kann. In unserer Studie wurde ihre Population durch den biologischen Landbau in verschiedenen Kulturen enorm erhöht (bis zum 10-fachen). Am stärksten war sie bei Senf, gefolgt von Kartoffel und Kürbis, obwohl es keinen signifikanten Unterschied zu den Böden des unbebauten Landes gab, die für den Anbau der sieben getesteten Kulturen verwendet wurden.

In den meisten Kulturen zeigte sich eine negative Auswirkung auf die Azotobacter-Population, wenn chemischer Anbau praktiziert wurde, im Vergleich zum Anbau ohne Input.

Die Ergebnisse deuten darauf hin, dass der biologische Landbau die Population der Stickstofffixierer im Boden erhöhen kann, wobei

**Tabelle 13: Azotobacterpopulation (KBE x $10^2$/g) bei verschiedenen Kulturen und Anbaumethoden**

| Feldfrucht | Kontrolle* | Kein Input | Chemieintensive Landwirtschaft | Organischer Landbau |
|---|---|---|---|---|
| Weizen | 0,5 | 1,4 | 1,5 | 3,0 |
| Kartoffel | 0,4 | 1,0 | 1,0 | 4,0 |
| Knoblauch | 0,5 | 0,9 | 0,6 | 1,0 |
| Senf | 0,5 | 0,5 | 0,1 | 5,5 |
| Kichererbse | 0,3 | 0,4 | 0,1 | 2,0 |
| Chili | 0,4 | 0,6 | 0,5 | 3,0 |
| Kürbis | 0,5 | 0,8 | 0,7 | 5,0 |
| LSD (p= 0,05) | 0,3 | 0,4 | 0,5 | 0,8 |

* Unbebautes Land, keine Ernten

fast alle Kulturen eine 1–10-fache Zunahme der Population an den Tag legten, mit Ausnahme von Knoblauch, bei dem der biologische Landbau nur zu einer Verbesserung der Azotobacter-Population um 11,1 Prozent führte. Außer bei Senf wiesen alle anderen Kulturen einen signifikanten Beitrag (25–64,3 Prozent) zum Aufbau der Azotobacter-Population im Boden auf. Der höchste Beitrag wurde bei Weizen festgestellt, gefolgt von Kartoffeln.

**Nitrosomonaspopulation**: Nitrosomonas hilft bei der Umwandlung von Stickstoff in pflanzenverfügbarer Form, die im biologischen Landbau viel höher war als im chemischen (75–354 Prozent). Der biologische Anbau von Kartoffeln führte zur stärksten Vermehrung der Population, gefolgt von Weizen und Kürbis. Die Ergebnisse zeigten einen Einfluss von bis zu 54 Prozent auf den Aufbau der Nitrosomonas-Population unter Kartoffeln, gefolgt von Knoblauch (33 Prozent), während Weizen den geringsten Einfluss auf den Aufbau der Nitrosomonas-Population aufwies. Bei Weizen wurde eine Reduzierung der Nitrosomonas-Population um 36 Prozent festgestellt, wenn chemischer Anbau praktiziert wurde. Die geringste Reduktion

**Tabelle 14: Nitrosomonaspopulation (KBE $g^{-1}$) bei verschiedenen Kulturen und Anbaumethoden**

| Feldfrucht | Kontrolle* | Kein Input | Chemieintensive Landwirtschaft | Organischer Landbau |
|---|---|---|---|---|
| Weizen | 29 | 30 | 22 | 78 |
| Kartoffel | 31 | 67 | 66 | 141 |
| Knoblauch | 28 | 42 | 35 | 60 |
| Senf | 29 | 39 | 35 | 57 |
| Kichererbse | 30 | 39 | 33 | 53 |
| Chili | 28 | 35 | 24 | 49 |
| Kürbis | 30 | 35 | 32 | 75 |
| LSD (p= 0,05) | 5,1 | 7,3 | 6,9 | 13,0 |

* Unbebautes Land, keine Ernten

(-1,5 Prozent) wurde bei Kartoffeln beobachtet, gefolgt von Kürbis (-9,4 Prozent). Biologischer Landbau erhöhte die Nitrosomonas-Population zwischen 36 und 160 Prozent im Vergleich zu den Flächen ohne Input, wobei der Anteil bei Weizen am höchsten und bei Kichererbse am geringsten war.

Die Ergebnisse deuten darauf hin, dass der biologische Landbau eine große Rolle bei der Verbesserung der nitrifizierenden Bakterienpopulation spielt.

## Physikalisch-chemische Parameter

**Organische Substanz**: Der Aufbau organischer Substanz war bei kontinuierlicher biologischer Bewirtschaftung bei verschiedenen Kulturen wesentlich höher. Der stärkste Aufbau wurde bei Senf und Knoblauch beobachtet. Weizen (33,3 Prozent), Knoblauch (28,6 Prozent) und Kichererbsen (23,1 Prozent) trugen stärker zum Aufbau organischer Substanz bei, während Chili (5,2 Prozent) und Kartoffeln (7,2 Prozent) den geringsten Beitrag leisteten. Generell führte der chemische Anbau bei verschiedenen Kulturen zu einer Verringerung

**Tabelle 15: Gehalt an organischer Substanz (Prozent) bei verschiedenen Kulturen und Anbaumethoden**

| Feldfrucht | Kontrolle* | Kein Input | Chemieintensive Landwirtschaft | Organischer Landbau |
|---|---|---|---|---|
| Weizen | 0,80 | 1,20 | 1,14 | 1,67 |
| Kartoffel | 0,80 | 0,86 | 0,74 | 1,27 |
| Knoblauch | 0,85 | 1,19 | 1,17 | 2,21 |
| Senf | 1,12 | 1,35 | 1,34 | 2,68 |
| Kichererbse | 0,90 | 1,17 | 1,12 | 1,47 |
| Chili | 0,92 | 0,97 | 0,95 | 1,62 |
| Kürbis | 0,85 | 0,93 | 0,85 | 1,29 |
| LSD (p= 0,05) | 0,11 | 0,18 | 0,15 | 0,21 |

* Unbebautes Land, keine Ernten

des Aufbaus organischer Substanz um 14 Prozent im Vergleich zu den Flächen ohne Input. Die Ergebnisse belegten, dass die organische Substanz bei den verschiedenen Kulturen aufgrund des seit langem praktizierten biologischen Landbaus um 29–99 Prozent höher ist als bei den Flächen ohne Input.

**pH-Wert**: Der pH-Wert des Bodens sank durch den biologischen Landbau leicht (1–5 Prozent) im Vergleich zu unfruchtbarem Land bei verschiedenen Kulturen. Die stärkste Verringerung wurde bei Kartoffeln und Knoblauch beobachtet, wo eine Verringerung des pH-Wertes um 0,4 Einheiten festgestellt wurde. Die Verringerung des pH-Wertes durch den Anbau von Pflanzen (ohne Input) lag zwischen 2–4,4 Prozent.

Generell wurden in der chemischen Landwirtschaft pH-Veränderungen von -1,4 bis 4,1 festgestellt, während in der biologischen Landwirtschaft eine leichte Verbesserung des pH-Wertes (bis zu 0,3 Einheiten) zu verzeichnen war. Die Ergebnisse deuten darauf hin, dass sich der pH-Wert sowohl im chemischen als auch im biologischen Landbau nicht wesentlich verändert.

**Tabelle 16: pH-Wert der verschiedenen Kulturen und Anbaumethoden**

| Feldfrucht | Kontrolle* | Kein Input | Chemieintensive Landwirtschaft | Organischer Landbau |
|---|---|---|---|---|
| Weizen | 7,1 | 7 | 7,3 | 7,0 |
| Kartoffel | 7,2 | 6,9 | 7,2 | 6,8 |
| Knoblauch | 7,3 | 7 | 7,6 | 6,9 |
| Senf | 7,1 | 6,9 | 7,2 | 6,8 |
| Kichererbse | 6,9 | 6,8 | 6,8 | 6,7 |
| Chili | 7,2 | 7,1 | 7,3 | 7,0 |
| Kürbis | 7,0 | 6,9 | 7,1 | 6,9 |
| LSD (p= 0,05) | 0,1 | 0,1 | 0,1 | 0,1 |

* Unbebautes Land, keine Ernten

**EC** (Elektrische Leitfähigkeit): Es ließen sich kaum größere Veränderungen der elektrischen Leitfähigkeit des Bodens aufgrund von chemischem oder biologischem Anbau bei den verschiedenen gete-

**Tabelle 17: Elektrische Leitfähigkeit (EC) (dS/m)****
**bei verschiedenen Kulturen und Anbaumethoden**

| Feldfrucht | Kontrolle* | Kein Input | Chemieintensive Landwirtschaft | Organischer Landbau |
|---|---|---|---|---|
| Weizen | 0,20 | 0,17 | 0,16 | 0,11 |
| Kartoffel | 0,18 | 0,17 | 0,15 | 0,27 |
| Knoblauch | 0,21 | 0,21 | 0,10 | 0,22 |
| Senf | 0,13 | 0,11 | 0,08 | 0,07 |
| Kichererbse | 0,12 | 0,11 | 0,08 | 0,09 |
| Chili | 0,18 | 0,17 | 0,17 | 0,16 |
| Kürbis | 0,19 | 0,17 | 0,13 | 0,11 |
| LSD (p= 0,05) | 0,3 | 0,2 | 0,4 | 0,4 |

* Unbebautes Land, keine Ernten

** Dezisiems pro Meter

steten Kulturen beobachten. Bei allen Kulturen, die chemisch angebaut wurden, sank der EC-Wert zwischen 5 und 52 Prozent, wobei er bei Knoblauch und Senf am stärksten abnahm. Eine Verringerung des EC-Wertes um bis zu 15 Prozent wurde auch festgestellt, wenn die Pflanzen ohne Düngemittel angebaut wurden, wobei die Verringerung bei Weizen und Senf stärker war. Generell war ein leichter Anstieg des EC-Wertes bei Kartoffeln und Knoblauch zu verzeichnen, wenn biologischer Landbau praktiziert wurde.

**Gesamt-Stickstoff**: Der Gesamtstickstoffgehalt im Boden schwankte im biologischen Landbau bei sieben verschiedenen getesteten Kulturen zwischen 44 und 147 Prozent, wobei er bei Knoblauch höher war, gefolgt von Senf. Außer bei Kartoffeln und Kürbis gab es keine Veränderung des Gesamtstickstoffs im chemischen Anbau im Vergleich zu Böden ohne Input. Bei Senf und Kartoffeln, die mit chemischen Mitteln angebaut wurden, sank der Gesamtstickstoffgehalt um 7–22 Prozent.

Die vorliegenden Ergebnisse deuten darauf hin, dass der biologische Landbau für den Aufbau von Stickstoff im Boden eine wichtigere

**Tabelle 18: Prozentualer Gesamtstickstoff (N) bei verschiedenen Kulturen und Anbaumethoden**

| Feldfrucht | Kontrolle* | Kein Input | Chemieintensive Landwirtschaft | Organischer Landbau |
|---|---|---|---|---|
| Weizen | 0,08 | 0,11 | 0,11 | 0,16 |
| Kartoffel | 0,08 | 0,09 | 0,07 | 0,13 |
| Knoblauch | 0,09 | 0,11 | 0,11 | 0,22 |
| Senf | 0,11 | 0,14 | 0,13 | 0,26 |
| Kichererbse | 0,09 | 0,11 | 0,11 | 0,14 |
| Chili | 0,09 | 0,10 | 0,10 | 0,16 |
| Kürbis | 0,09 | 0,09 | 0,09 | 0,13 |
| LSD (p= 0,05) | 0,03 | 0,02 | 0,04 | 0,05 |

* Unbebautes Land, keine Ernten

Rolle spielt als der chemische Landbau oder die Böden ohne Input. Ganz allgemein wurde bei verschiedenen Kulturen, die regelmäßig biologisch bewirtschaftet wurden, ein Anstieg des Stickstoffgehalts von 21–100 Prozent festgestellt. Die höchste Anreicherung (100 Prozent) im Vergleich zu Böden ohne Input wurde bei Knoblauch verzeichnet, gefolgt von Senf (85,7 Prozent) und Chili (60 Prozent).

**Verfügbarer Phosphor**: Mit Ausnahme von zwei Kulturen (Senf und Kichererbse) erhöht der biologische Landbau den verfügbaren Phosphorgehalt um bis zu 63 Prozent gegenüber Böden ohne Input. Generell wurde ein sehr geringer Beitrag der Pflanzen (5–17 Prozent) zum Aufbau des verfügbaren Phosphors in den verschiedenen Kulturen festgestellt. Ein unregelmäßiges Ergebnis wurde beim verfügbaren Phosphor im chemischen Anbau beobachtet, was auf die ungleichmäßige Anwendung unter den Feldbedingungen der verschiedenen Bauern zurückzuführen ist, aber ein höherer Aufbau von verfügbarem Phosphor im chemischen Anbau wurde bei Kartoffeln festgestellt, gefolgt von Chili, während Kichererbsen keine Veränderung des verfügbaren Phosphors sowohl im chemischen als auch im biologischen Anbau zeigten.

**Tabelle 19: Verfügbarer Phosphor (P) (mg/kg) bei verschiedenen Kulturen und Anbaumethoden**

| Feldfrucht | Kontrolle* | Kein Input | Chemieintensive Landwirtschaft | Organischer Landbau |
|---|---|---|---|---|
| Weizen | 21,1 | 24,3 | 28,2 | 33,6 |
| Kartoffel | 25,5 | 30 | 71,8 | 43,7 |
| Knoblauch | 29,2 | 35,1 | 43,9 | 44,2 |
| Senf | 28,7 | 34,6 | 46,1 | 30,0 |
| Kichererbse | 24,0 | 25,4 | 25,3 | 24,9 |
| Chili | 26,0 | 28,7 | 64,3 | 46,9 |
| Kürbis | 27,2 | 31,3 | 35,0 | 38,7 |
| LSD (p= 0,05) | 1,7 | 2,1 | 3,5 | 3,2 |

* Unbebautes Land, keine Ernten

Generell wurde sowohl im chemischen als auch im biologischen Landbau eine deutliche Verbesserung des verfügbaren Phosphors im Vergleich zu Kulturen ohne Input beobachtet. Der Effekt war bei Kartoffeln und Chili stärker.

**Verfügbares Kalium:** Obwohl generell ein negativer Einfluss auf das verfügbare Kalium aufgrund des chemischen Anbaus festgestellt wurde, verbessert der biologische Anbau das verfügbare Kalium bei allen getesteten Kulturen zwischen 14–84 Prozent. Die positivste Auswirkung des biologischen Landbaus im Vergleich zu Böden ohne Input wurde bei Knoblauch (84,4 Prozent) beobachtet, gefolgt von Chili (20,5 Prozent). Mit Ausnahme von Kartoffeln und Kürbis zeigten alle anderen Kulturen, die im chemischen Anbau angebaut wurden, eine Abnahme von verfügbarem Kalium, die bei Knoblauch am größten war (-22,2 Prozent). Die Ergebnisse zeigen auch den geringsten Beitrag der Pflanzen zum Aufbau des verfügbaren Kaliums im Boden sowie, dass Knoblauch wiederum im biologischen Landbau mehr verfügbares Kalium im Boden aufbaut.

**Tabelle 20: Verfügbares Kalium (K) (mg/kg) bei verschiedenen Kulturen und Anbaumethoden**

| Feldfrucht | Kontrolle* | Kein Input | Chemieintensive Landwirtschaft | Organischer Landbau |
|---|---|---|---|---|
| Weizen | 124,3 | 115,6 | 106,6 | 137,3 |
| Kartoffel | 110,9 | 120,3 | 141,7 | 141,4 |
| Knoblauch | 108,8 | 95 | 73,9 | 175,2 |
| Senf | 112,0 | 118,7 | 117,7 | 135,5 |
| Kichererbse | 110,0 | 115 | 114,0 | 132,2 |
| Chili | 108,0 | 102,6 | 100,5 | 123,6 |
| Kürbis | 105,0 | 120,8 | 142,3 | 140,5 |
| LSD (p= 0,05) | | | | |

* Unbebautes Land, keine Ernten

**Zinkgehalt**: Zink spielt eine wichtige Rolle bei verschiedenen pflanzlichen Stoffwechselprozessen wie der Entwicklung der Zellwand, der Atmung, der Photosynthese, der Enzymaktivität und anderen biochemischen Funktionen. Der verfügbare Zinkgehalt in verschiedenen Kulturen, die in unterschiedlichen Anbausystemen angebaut werden, ist in der folgenden 21 dargestellt. Die Ergebnisse zeigten deutlich, dass das verfügbare Zink bei den verschiedenen Kulturen variierte, wobei er bei Kürbis höher und bei Chili niedriger war. Im Vergleich zu Böden ohne Pflanzenanbau sank der Zinkgehalt zwischen 2,9 und 6,5 Prozent. Dies war bei Kartoffeln am höchsten und bei Kichererbsen am niedrigsten. Die chemische Landwirtschaft beeinflusste den Zinkmangel bei verschiedenen Kulturen, indem sie das verfügbare Zink um zwischen 15,9 und 37,8 Prozent verringerte, während der biologische Landbau dazu beiträgt, die Zinkverfügbarkeit im Boden wieder herzustellen. Die Zunahme der Verfügbarkeit variiert zwischen 1,3–14,3 Prozent bei verschiedenen Kulturen, bei denen mindestens fünf Jahre lang biologischer Landbau praktiziert wurde. Bei Senf und Kürbis war der Anstieg stärker, bei Weizen und Kartoffeln geringer.

**Tabelle 21: Gehalt an verfügbarem Zink (Zn) (mg $kg^{-1}$) bei verschiedenen Kulturen und Anbaumethoden**

| Feldfrucht | Kontrolle* | Kein Input | Chemieintensive Landwirtschaft | Organischer Landbau |
|---|---|---|---|---|
| Weizen | 0,76 | 0,73 | 0,61 | 0,77 |
| Kartoffel | 0,77 | 0,72 | 0,53 | 0,78 |
| Knoblauch | 0,66 | 0,64 | 0,41 | 0,73 |
| Senf | 0,84 | 0,80 | 0,66 | 0,96 |
| Kichererbse | 1,03 | 1,00 | 0,85 | 1,06 |
| Chili | 0,69 | 0,66 | 0,58 | 0,75 |
| Kürbis | 1,29 | 1,21 | 0,96 | 1,41 |
| LSD (p= 0,05) | 0,18 | 0,26 | 0,19 | 0,25 |

* Unbebautes Land, keine Ernten

**Kupfergehalt**: Kupfer spielt eine Rolle bei der Bekämpfung von Pflanzenkrankheitserregern, die den Ertrag von Kulturpflanzen erheblich beeinflussen. Im allgemeinen schwankt der Kupfergehalt zwischen 0,32–0,85 mg/kg$^{-1}$ auf den verschiedenen Böden der Navdanya-Anbauflächen. Bei Böden, in die keine Nährstoffe eingebracht wurden, sank die Konzentration zwischen 1,4 und 13,2 Prozent, wobei sie bei Senf am stärksten und bei Kürbis am geringsten war. Der chemische Anbau reduzierte die Kupferkonzentration weiter zwischen 4,2–21,3 Prozent, das konnte jedoch durch die letzten fünf Jahre kontinuierlichen biologischen Landbaus wiederhergestellt werden, wo eine Verbesserung der Kupferkonzentration um bis zu 9,4 Prozent festgestellt wurde.

**Tabelle 22: Verfügbares Kupfer (Cu) (mg kg$^{-1}$) bei verschiedenen Kulturen und Anbaumethoden**

| Feldfrucht | Kontrolle* | Kein Input | Chemieintensive Landwirtschaft | Organischer Landbau |
|---|---|---|---|---|
| Weizen | 0,37 | 0,36 | 0,35 | 0,37 |
| Kartoffel | 0,32 | 0,29 | 0,28 | 0,35 |
| Knoblauch | 0,59 | 0,57 | 0,55 | 0,60 |
| Senf | 0,38 | 0,33 | 0,32 | 0,38 |
| Kichererbse | 0,61 | 0,58 | 0,48 | 0,62 |
| Chili | 0,85 | 0,81 | 0,71 | 0,86 |
| Kürbis | 0,71 | 0,70 | 0,68 | 0,73 |
| LSD (p= 0,05) | 0,19 | 0,17 | 0,15 | 0,21 |

* Unbebautes Land, keine Ernten

Im Vergleich zu Böden, in die keine Nährstoffe eingebracht wurden, ergab sich einerseits durch den biologischen Landbau eine Verbesserung der Verfügbarkeit von Kupfer zwischen 3 und 21 Prozent bei verschiedenen Kulturen. Andererseits verringert der chemische Anbau die Verfügbarkeit von Kupfer im Boden um 3–12 Prozent. Die

Ergebnisse zeigen deutlich, dass die negativen Auswirkungen der chemischen Landwirtschaft durch den biologischen Landbau aufgehoben werden können.

**Mangangehalt**: Mangan spielt eine wichtige Rolle in der Physiologie der Pflanzen. Es unterstützt die Bewegung von Eisen in der Pflanze und hilft bei der Bildung von Chlorophyll. Mangan beeinflusst den Auxinspiegel in Pflanzen, und hohe Mangankonzentrationen begünstigen den Abbau von Indolessigsäure (IAA). Der verfügbare Mangangehalt auf den Brachflächen der Anbauflächen schwankte zwischen 2,16–4,66 mg $kg^{-1}$.

Infolge der Aufnahme durch die verschiedenen Pflanzen ohne Input ging der Mangangehalt zwischen 1,3 und 9,7 Prozent zurück, wobei das Maximum unter Kichererbsen und das Minimum bei Chili zu verzeichnen war. Der chemische Anbau führte zu einem weiteren Rückgang der Mangankonzentration von 4,2 Prozent bis 17,6 Prozent gegenüber der Kontrolle. Die verfügbare Mangankonzentration verbesserte sich durch den biologischen Landbau bei den verschiedenen Kulturen um 1–14,5 Prozent, am stärksten bei Kartoffeln.

**Tabelle 23: Gehalt an verfügbarem Mangan (Mn) (mg $kg^{-1}$) bei verschiedenen Kulturen und Anbaumethoden**

| Feldfrucht | Kontrolle* | Kein Input | Chemieintensive Landwirtschaft | Organischer Landbau |
|---|---|---|---|---|
| Weizen | 2,16 | 2,01 | 1,78 | 2,26 |
| Kartoffel | 4,07 | 3,98 | 3,48 | 4,66 |
| Knoblauch | 4,57 | 4,50 | 4,38 | 4,76 |
| Senf | 2,26 | 2,11 | 2,02 | 2,32 |
| Gramm | 4,66 | 4,21 | 4,05 | 4,76 |
| Chili | 3,81 | 3,76 | 3,65 | 3,85 |
| Kürbis | 2,39 | 2,30 | 2,11 | 2,42 |
| LSD (p= 0,05) | 0,83 | 0,72 | 0,98 | 0,77 |

* Unbebautes Land, keine Ernten

**Eisengehalt**: Eisen dient sowohl als Strukturbestandteil als auch als Co-Faktor für enzymatische Reaktionen. Der verfügbare Eisengehalt auf Ödland in den Navdanya-Anbaugebieten betrug 4,21–8,94 mg/ $kg^{-1}$.

Der verfügbare Eisengehalt verringerte sich zwischen 0,6 und 9,4 Prozent, wenn die Kulturen ohne jeglichen Einsatz von Pflanzenschutzmitteln angebaut wurden, aber die Konzentration verringerte sich zwischen 4,3 und 12,0 Prozent, wenn über einen längeren Zeitraum chemischer Anbau betrieben wurde. Der kontinuierliche biologische Landbau kann jedoch die verfügbare Eisenkonzentration in den Böden unter verschiedenen Kulturen aufrechterhalten. Ganz allgemein zeigen die Ergebnisse deutlich, dass der biologische Landbau eine große Rolle bei der Aufrechterhaltung der Mikronährstoffkonzentration im Boden spielt.

**Tabelle 24: Gehalt an verfügbarem Eisen (Fe) (mg $kg^{-1}$) bei verschiedenen Kulturen und Anbaumethoden**

| Feldfrucht | Kontrolle* | Kein Input | Chemieintensive Landwirtschaft | Organischer Landbau |
|---|---|---|---|---|
| Weizen | 8,94 | 8,10 | 7,87 | 8,95 |
| Kartoffel | 7,98 | 7,77 | 7,20 | 8,00 |
| Knoblauch | 7,85 | 7,80 | 7,33 | 7,90 |
| Senf | 4,21 | 4,00 | 3,91 | 4,20 |
| Kichererbse | 6,85 | 6,69 | 6,55 | 6,91 |
| Chili | 7,99 | 7,82 | 7,49 | 8,01 |
| Kürbis | 5,73 | 5,66 | 5,12 | 5,80 |
| LSD (p= 0,05) | 1,01 | 1,23 | 0,98 | 1,19 |

* Unbebautes Land, keine Ernten

## Wiederherstellung der Bodengesundheit

Mit der zunehmenden Sorge um eine nachhaltige Entwicklung konzentrierte sich die Forschung auf eine die Natur erhaltende Landwirtschaft, einschließlich der Verwendung von Biodüngern, des biologischen Landbaus und kombinierter Schutz- und Produktionssysteme. Die chemisch betriebenen Landwirtschaftssysteme sind aus energetischer Sicht äußerst ineffizient, da fünf bis zehn Einheiten Energieeinsatz erforderlich sind, um eine einzige Einheit Nahrungsenergie als Output zu erzeugen (Steinhart und Steinhart 1974).

Der Einsatz von Düngemitteln, insbesondere in niederschlagsarmen Regionen, setzt die Ernte einem hohen Risiko aus. Angesichts der gestiegenen Kosten für erdöl- und naphthagebundene externe Betriebsmittel wie Stickstoffdünger sind die Konzepte der biologischen und nachhaltigen Landwirtschaft gefragt. Ein nachhaltiger Ansatz zielt darauf ab, die Erosionsanfälligkeit der Böden zu verringern und den Energieeinsatz zu reduzieren (Bethlenfalvay und Linderman 1992; Peoples und Craswell 1992). Außerdem sollen geeignete Technologien entwickelt werden, um die gleichzeitige Produktion von Nutzpflanzen und Holz auf ein und demselben Stück Land auf nachhaltige Weise zu integrieren.

Die Bewirtschaftung der Böden in solchen Systemen ist ein überaus wichtiges Thema. Auf der Grundlage wissenschaftlicher Erkenntnisse sind die positiven Aspekte von Biodüngern in Agrarökosystemen im Hinblick auf Bodenfruchtbarkeit, Nährstoffkreislauf, Bodenerhaltung und physikalische Eigenschaften des Bodens anerkannt, um ein gesundes Pflanzen-Boden-System zu gewährleisten. Dieses Konzept der Aufrechterhaltung der Produktivität hängt von der Einheit und gegenseitigen Abhängigkeit eines gesunden Pflanzen-Boden-Systems angesichts natürlicher und kulturbedingter Belastungen ab, die von der Unversehrtheit der Schnittstelle zwischen Pflanze und Boden abhängen: der Rhizosphäre.

In dieser Ära der Gier und der Einführung nicht nachhaltiger chemischer Anbausysteme hat Navdanyas agrarökologischer Betrieb das Prinzip der Nachhaltigkeit befolgt, indem er sich um das Wasser, den Boden und die pflanzlichen Bestandteile des Ökosystems kümmert. Diese Praxis führte dazu, dass sich ein lebloses Bodensystem unter einer ehemaligen Eukalyptusplantage in einen lebendigen und blühenden Boden verwandelt hat, in dem es von Leben nur so wimmelt. Die quantitativen Verbesserungen bei den Bodenparametern durch die Umstellung auf den biologischen Landbau wurden in dieser Studie auf dem Biohof von Navdanya beobachtet und analysiert.

Das Ergebnis der Studie zeigt also, dass die Anwendung traditioneller Praktiken die Fruchtbarkeit des Bodens verbessern kann. Dies wird zu einer Steigerung der landwirtschaftlichen Produktion beitragen und zu einer nachhaltigen Verfügbarkeit natürlicher Ressourcen führen. Dies wird nicht nur den biotischen Druck auf die Agrarökosysteme minimieren, sondern auch die langfristige Entwicklung der lokalen Wirtschaft sicherstellen.

Navdanya hat außerdem eine Studie über die Veränderungen des prozentualen Anteils der organischen Substanz im Boden über einen bestimmten Zeitraum durchgeführt. Die Bodenproben wurden von der Navdanya-Biofarm, einer chemischen Farm und unfruchtbarem Boden entnommen. Die Ergebnisse besagen, dass im Vergleich zu den chemischen Betrieben der Gehalt an organischer Substanz im Boden in biologischen Anbausystemen zunahm.

## Indikatoren für die Bodengesundheit und das Verhältnis von pilzlicher zu bakterieller Biomasse

Untersucht man die Struktur des Nahrungsnetzes im Boden in einer Reihe von Böden, so zeigt sich, dass das Verhältnis zwischen der gesamten Pilz- und der gesamten Bakterienbiomasse in allen Grünland- und den meisten landwirtschaftlich genutzten Böden kleiner als eins ist (F/B<1). Das bedeutet, dass die bakterielle Biomasse größer als die Pilzbiomasse ist. In den produktivsten landwirtschaftlichen Systemen ist das Verhältnis der gesamten Pilz- zur gesamten

Bakterienbiomasse jedoch gleich eins (F/B=1), die Biomasse von Pilzen und Bakterien ist gleich groß. Wenn landwirtschaftliche Böden von Pilzen dominiert werden, sinkt die Produktivität. In den meisten Fällen ist eine Kalkung und Durchmischung des Bodens (Pflügen) erforderlich, um das System wieder zu einem bakteriendominierten Boden zu machen.

Alle Nadelwaldböden sind pilzdominiert, und das Verhältnis liegt in allen Waldböden, in denen Keimlinge aufwachsen, über zehn. Im allgemeinen haben produktive Waldböden ein Verhältnis von über 100. Das bedeutet, dass die Pilzbiomasse die bakterielle Biomasse in Waldböden stark überwiegt. Wenn die Waldböden diese Pilzdominanz verlieren, können Sämlinge nicht keimen. Wenn der Waldboden von Bakterien dominiert wird, können sich keine Nadelbaumsetzlinge mehr ansiedeln.

Das Verhältnis zwischen der gesamten Pilz- und der gesamten Bakterienbiomasse wurde mit der Produktivität des Ökosystems in Verbindung gebracht, sie ist ein Indikator für die Gesundheit des Bodens. Für verschiedene Böden, Vegetationen und Klimazonen ist die Dichte von Bakterien oder Pilzen ein Indikator für die vorangehende Verschlechterung des Bodens. Für die produktivsten Böden sollte die Bakteriendichte für alle landwirtschaftlichen Böden bei über einer Million liegen, vorzugsweise bei 100 Millionen.

## Biomasse der Gesamtpilze

Pilzbiomasse ist in allen Böden äußerst wichtig, um Nährstoffe, die Pflanzen benötigen, in den oberen Bodenschichten (also in der Wurzelzone) zu halten. Ohne diese Organismen, die Nährstoffe aufnehmen und entweder in ihrer Biomasse speichern oder in der organischen Bodenmatrix binden, würden die Nährstoffe durch den Boden in das Grund- oder Oberflächenwasser gespült. Die Pflanzen leiden, wenn die Nährstoffe nicht in Formen umgewandelt werden, die von den Wurzeln aufgenommen werden können, oder durch die Arbeit von Pilzen oder Bakterien erst gar nicht im Boden festgehalten werden.

Wenn nur Pilze vorhanden sind, wird der Boden durch die von den Pilzen produzierten sekundären Stoffwechselprodukte saurer. Die Aggregate sind in pilzdominierten Böden größer als in bakteriendominierten Böden, und die Hauptform von Stickstoff ist Ammonium, da Pilze Stickstoff nicht nitrifizieren. Die Gesamtpilzbiomasse schwankt je nach Bodentyp, Vegetation, Gehalt an organischer Substanz, Pestizideinsatz in der jüngeren Vergangenheit, Bodenstörung und einer Vielzahl anderer Faktoren, von denen viele noch nicht vollständig erforscht sind. Bei normalen Grünlandböden liegt der Gesamtgehalt an Pilzbiomasse jedoch in der Regel bei 50–500 Metern pro Gramm Boden. Bei landwirtschaftlich genutzten Böden liegt die Pilzbiomasse bei etwa 1–50 Metern pro Gramm Boden, während die Pilzbiomasse bei Waldböden zwischen 1.000 Metern und 60 Kilometern pro Gramm Boden liegt. Es sind weitere Arbeiten erforderlich, um zu ermitteln, wie hoch der optimale Wert für die Pilzbiomasse je nach Kulturart, Boden, organischer Substanz, Klima und so weiter sein sollte. Für tropische Systeme liegen nur sehr wenige Informationen vor, aber diese wenigen Daten deuten darauf hin, dass sich gemäßigte Systeme ganz anders verhalten als tropische Böden.

Der durchschnittliche Durchmesser der Hyphen in den meisten Böden liegt bei etwa 2,5 Mikrometern, was auf typische Mischungen von Zygomyceten-, Ascomyceten- und Basidiomycetenarten hinweist. Gelegentlich kann der durchschnittliche Durchmesser mehr als 2,5 Mikrometer betragen, was auf einen überdurchschnittlich hohen Anteil an Basidiomyceten-Hyphen hinweist, während in anderen Fällen der durchschnittliche Durchmesser der Hyphen weniger als 2,5 Mikrometer betragen kann, was auf eine Veränderung der Artenzusammensetzung hin zu einem größeren Anteil an niederen Pilzen hinweist. Actinomyceten werden in der Regel nicht von Pilzen unterschieden, da Actinomyceten eine hyphale Morphologie aufweisen und selten eine nennenswerte Biomasse besitzen. In einigen landwirtschaftlich genutzten Böden sind diese »Hyphen« mit geringem Durchmesser von erheblicher Bedeutung, wie Dr. A. Van Bruggan nachgewiesen hat.

## Anzahl der Gesamtbakterien

So wie Pilze die wichtigsten Akteure bei der Speicherung von Nährstoffen in Waldböden sind, sind Bakterien die wichtigsten Akteure in Acker- und Grünlandböden. Bakterien binden Nährstoffe zunächst in ihrer Biomasse und dann in ihren Stoffwechselprodukten. In Böden, die nur mit Bakterien beimpft werden, wird der Boden alkalischer, weist kleine Aggregate auf und hat generell Nitrat/Nitrit als vorherrschende Form von Stickstoff.

Die Gesamtzahl der Bakterien bleibt meist unabhängig von der Bodenart oder der Vegetation gleich. Die Gesamtkeimzahl liegt zwischen 1 Million und 100 Millionen pro Gramm Boden in landwirtschaftlichen Böden und zwischen 10 Millionen und 1.000 Millionen in Waldböden. In zersetzenden Baumstämmen, in anaeroben Böden, in mit Klärschlamm angereicherten Böden oder in Böden mit einem hohen Anteil an kompostiertem Material können die Bakterienzahlen bei über 100 Millionen liegen. In einigen Fällen kann die Bakterienzahl nach einer Pestizidbehandlung auf unter 1 Million fallen, was mit Anzeichen von schwerem Stickstoffmangel bei Pflanzen in Verbindung gebracht wurde. In degradierten Böden, in denen die Nährstoffbindung ein Problem darstellt, kann die Bakterienzahl auf extrem niedrige Werte von unter 100.000 pro Gramm Boden sinken.

## Anzahl der Nematoden und Struktur der Gemeinschaft

Es gibt vier Haupttypen von Nematoden, darunter bakterienfressende, pilzfressende, wurzelfressende und räuberische Nematoden. Alle Nematoden sind Räuber und spiegeln bis zu einem gewissen Grad die Verfügbarkeit ihrer Beutegruppen wider. Allerdings werden diese Nematoden ihrerseits von anderen Organismen gefressen, und die Anzahl der Nematoden kann auch das Gleichgewicht zwischen der Verfügbarkeit von Beute für die Nematoden und der Verfolgung durch Nematodenräuber widerspiegeln.

Sowohl bakterien- als auch pilzfressende Nematoden mineralisieren Stickstoff aus ihren Beutegruppen. Bakterienfressende Nematoden sind in bakteriendominierten Böden (Landwirtschaft und Grünland) wichtiger, während pilzfressende Nematoden in von Pilzen dominierten Böden (Nadelbaum- und die meisten Laubwälder) von größerer Bedeutung sind. 70–80 Prozent des Stickstoffs in schnell wachsenden Bäumen stammt nachweislich aus den Wechselwirkungen zwischen Nematodenräubern und ihrer Beute. Zwischen 30 und 50 Prozent des Stickstoffs in Kulturpflanzen scheinen auf die Wechselwirkungen zwischen bakterienfressenden Nematoden und Bakterien zurückzuführen zu sein. Daher ist das Vorhandensein und die Anzahl von bakterien- und pilzfressenden Nematoden für produktive Böden äußerst wichtig.

## Besiedlung mit vesikulär-arbuskulären Mykorrhizapilzen (VAM)

Vesikulär-arbuskuläre Mykorrhizapilze (VAM) sind für alle Kulturpflanzen von entscheidender Bedeutung, mit Ausnahme von Arten der Brassicafamilie (zum Beispiel Senf, Grünkohl). Eine Reihe von Forschungen legte nahe, dass das Fehlen von VAM-Inokulum oder das Fehlen eines geeigneten Inokulums zu schlechtem Pflanzenwachstum, schwacher Behauptung gegenüber anderen Pflanzen oder der Unfähigkeit zur Fortpflanzung oder zum Überleben unter bestimmten extremen Bedingungen führen kann. Auf den meisten Feldern sind jedoch ausreichend VAM-Sporen vorhanden, insbesondere wenn Ernterückstände wieder auf das Feld gebracht werden. Nur in einigen wenigen Situationen, in denen der Boden stark geschädigt wurde, wie etwa bei intensivem Pestizideinsatz, Begasung oder intensiver Düngung, wird das VAM-Inokulum so gering, dass das Pflanzenwachstum gefährdet ist.

Bei Sanierungsstudien ist das Fehlen eines geeigneten Inokulums wahrscheinlich eher ein Problem als in anderen Situationen, in denen geeignete VAM-Sporen in der Nähe vorhanden sind. Daher ist die Anwesenheit von mindestens ein bis fünf Sporen pro Gramm Boden für die meisten Anbauflächen ausreichend. Wenn die Sporenzahl unter eins pro Gramm fällt, führt die Zugabe von Kompost, der eine hohe Anzahl von VAM-Sporen enthält (zum Beispiel von einem Alfalfa-Feld oder einer anderen Leguminose), oder die Beimpfung mit VAM-Sporen aus einer kommerziellen Quelle meist zu positiven Ergebnissen.

Mindestens 12 Prozent des Wurzelsystems von Gräsern (also der meisten Kulturpflanzen) sollten von VAM besiedelt sein, damit sie den erforderlichen Mindestnutzen aus dieser symbiotischen Beziehung ziehen. In gesunden Böden ist normalerweise eine Besiedlung von über 40 Prozent zu beobachten. Die VAM-Besiedlung kann den Befall der Wurzelsysteme durch wurzelfressende Nematoden beschränken, wenn die Nematodenbelastung nicht zu hoch ist. Um das optimale Verhältnis zwischen Kulturpflanze, VAM-Spezies und Bodenart, einschließlich der Fruchtbarkeit, vollständig vorhersagen zu können, sind umfangreiche Kenntnisse über die Beziehung zwischen Pflanzenart, VAM-Spezies und Boden erforderlich.

## Störung der Bodenfruchtbarkeit

Die Wechselwirkungen zwischen den Bodenorganismen bilden ein Netz des Lebens, genau wie das Netz, das Biologen über der Erde untersuchen. Die Bodenbiologie ist im Vergleich zu oberirdischen Lebensräumen wenig erforscht, aber sie ist wichtig für die Gesundheit von Gärten, Weiden, Rasenflächen, Buschland und Wäldern. Wenn der Gartenboden gesund ist, gibt es eine große Anzahl von Bakterien und bakterienfressenden Organismen. Wurde der Boden stark mit Pestiziden, chemischen Düngemitteln, Bodenfungiziden oder Begasungsmitteln behandelt, sterben die kleinen Organismen ab, oder das Gleichgewicht zwischen Krankheitserregern und nützlichen Organismen wird gestört, so dass krankmachende Organismen zum Problem werden.

Zwei Maßzahlen für Ökosystemprozesse sind das Verhältnis von Pilz- zu Bakterienbiomasse (Ingham und Horton, 1987) und der Reifegradindex für Nematoden. Beide scheinen nützliche Anzeiger für die Gesundheit von Ökosystemen zu sein, obwohl sie angesichts des untersuchten Sukzessionsstadiums richtig interpretiert werden müssen. So weisen beispielsweise kürzlich gestörte Systeme Nematodengemeinschaftsstrukturen auf, die auf angepasste Arten und Gattungen ausgerichtet sind, während die weniger angepassten, mehr kaliumselektierten Nematodenarten mit zunehmender Zeit seit der Störung zurückkehren. Daher weisen gesündere Böden tendenziell reifere Nematodengemeinschaftsstrukturen auf. Mit zunehmender Reife der Systeme werden die Nährstoffe jedoch tendenziell stärker in der Bodenbiomasse und der organischen Substanz gebunden, so dass der Reifegradindex eine optimale, dazwischen liegende Störungsperiode widerspiegelt, in der die größte Produktivität des Ökosystems zu erwarten ist.

Auf der Ebene der Bakterien- und Pilzarten sind noch viele Untersuchungen erforderlich. Zwar wurden die Protozoen- und Nematodenarten in den Böden hier in Westindien erforscht, aber viele dieser Informationen müssen erst noch veröffentlicht werden. Sobald diese Studien verfügbar sind, werden Aktualisierungen erforderlich sein.

Der übermäßige Einsatz von chemischen Düngemitteln und Pestiziden hat ähnliche Auswirkungen auf die Bodenorganismen wie der übermäßige Einsatz von Antibiotika beim Menschen. Wenn wir den Einsatz von Antibiotika betrachten, so schienen diese Chemikalien zunächst ein Allheilmittel zu sein, da sie Krankheiten bekämpfen konnten. Doch mit fortgesetztem Einsatz entwickelten sich resistente Organismen, und andere Organismen, die mit den krankheitsverursachenden Organismen konkurrieren, gingen verloren. Wir stellten fest, dass Antibiotika nicht beliebig eingesetzt werden können und sie nur dann verwendet werden dürfen, wenn es notwendig ist, und dass in der Folge einiges unternommen werden muss, um die normalen Bakterien des menschlichen Verdauungssystems zurückzubekommen, die durch die Antibiotika abgetötet werden.

## Biodiverse ökologische Landwirtschaft zur Erhaltung und Regeneration von Wasser

Der größte Teil der Wasserverschmutzung ist auf chemische Verunreinigungen aus der industriellen Landwirtschaft und der Viehzucht zurückzuführen.

In einem UN-Bericht über den Zustand des Wassers in der Welt heißt es: »In den letzten Jahrzehnten hat sich die Wasserkrise auf globaler Ebene verschärft. 75 Prozent des Wasserverbrauchs entfallen heute auf die chemie- und wasserintensive Landwirtschaft, die das Wasser zudem mit Nitraten und Pestiziden belastet. Mehr als fünf Milliarden Menschen könnten bis 2050 aufgrund der Klimaveränderungen, der steigenden Nachfrage und der verschmutzten Wasservorräte unter Wassermangel leiden.«

Der Bericht sagt voraus, dass bis zum Jahr 2050 zwischen 4,8 und 5,7 Milliarden Menschen in Gebieten leben werden, in denen mindestens einen Monat im Jahr Wasserknappheit herrscht. Heute sind es 3,6 Milliarden, und die Zahl der von Überschwemmungen bedrohten Menschen wird von 1,2 Milliarden auf 1,6 Milliarden steigen.

Die FAO hat festgestellt, dass die nicht nachhaltige industrielle Landwirtschaft den größten Anteil an der Wasserkrise hat.

> **SDG-Zielvorgabe 6.3**: »Bis 2030 die Wasserqualität verbessern, indem wir die Verschmutzung reduzieren, die Verklappung unterbinden und die Freisetzung gefährlicher Chemikalien und Materialien minimieren, den Anteil unbehandelter Abwässer halbieren und Recycling und sichere Wiederverwendung weltweit erheblich steigern.« (Vereinte Nationen, 2016. SGD: Sustainable Development Goals)

Mit der Ausbreitung der industriellen Landwirtschaft breitet sich auch die intensive Bewässerung aus. In den letzten Jahrzehnten hat sich die bewässerte Fläche von 139 Millionen Hektar im Jahr 1961 auf 320 Millionen Hektar im Jahr 2012 mehr als verdoppelt (FAO 2014).

Der Einsatz von chemischen Pestiziden und Düngemitteln verschlechtert die Wasserqualität weiter, wodurch sauberes Trinkwasser knapper wird. Die chemische Verschmutzung erhöht die Kosten für die Gesellschaft und ist eine externe Auswirkung, die in der Kalkulation der industriellen Landwirtschaft nicht berücksichtigt wird.

Nitrat aus der Landwirtschaft ist der am häufigsten vorkommende chemische Schadstoff in den Grundwasserleitern der Welt (WWAP 2013). Eine landesweite Studie in den Vereinigten Staaten schätzt, dass die Stickstoffverschmutzung durch die Landwirtschaft die Amerikaner jährlich zwischen 59 und 340 Milliarden Dollar kostet (Sobota et al., 2015). Die geschätzten jährlichen Kosten der Verschmutzung durch landwirtschaftlichen Stickstoff belaufen sich auf 35 bis 230 Milliarden Dollar pro Jahr (Grinsven et al., 2013). Viele dieser Kosten sind mit Schäden an aquatischen Ökosystemen, einer Verschlechterung der Wasserqualität und Auswirkungen auf die menschliche Gesundheit verbunden.

Intensiver Ackerbau, Viehzucht und Aquakultur sind die wichtigsten landwirtschaftlichen Verschmutzungsquellen.

Mit der Trennung von Pflanzen- und Tierproduktion und der Industrialisierung wird die Zerstörung von Wasser zu einer unsichtbaren Externalität. Und die Höhe der Umweltexternalitäten der industriellen Landwirtschaft übersteigen inzwischen die Höhe der von der Agrarwirtschaft erzeugten Güter.

Die Gesamtzahl der Nutztiere hat sich von 7,3 Milliarden Stück im Jahr 1970 auf 24,2 Milliarden Stück im Jahr 2011 mehr als verdreifacht (FAO 2016a). Die Aquakultur hat sich seit den 1980er-Jahren mehr als verzwanzigfacht, insbesondere die Aquakultur im Binnenland und vor allem in Asien (FAO 2016b). In der Intensivtierhaltung und Aquakultur werden Antibiotika, Wachstumshormone und Impfstoffe eingesetzt, die von den landwirtschaftlichen Betrieben in die Ökosysteme gelangen, die uns mit Trinkwasser versorgen, was in den letzten 20 Jahren zu einer neuen Klasse von landwirtschaftlichen Schadstoffen in unserer Wasserversorgung geführt hat (Boxall 2012).

Mit dem stets wiederholten Argument, die Welternährung sicherzustellen, wird die wasserzerstörende Intensivlandwirtschaft begründet. Doch der ausschließliche Blick auf monokulturelle, eindimensionale »Erträge« ignoriert den Beitrag biodiverser Systeme zur Regeneration und nachhaltigen Nutzung von Wasser.

Der Navdanya-Bericht »Chemeenkettu« dokumentiert, dass die traditionelle Garnelen- und Reisproduktion mehr Nahrungsmittel und höhere Nettoeinkommen für die Bauern erbringt als die industrielle Aquakultur. Rechnet man die Kosten der Wasserverschmutzung und der Zerstörung des Ökosystems durch die industrielle Garnelenzucht entlang der indischen Küste hinzu, sind die Kosten weit höher als der Nutzen.

In einer biologischen Landwirtschaft sind Pflanzen und Tiere integriert und fördern sich gegenseitig. Integrierte, agrarökologische Systeme recyceln Nährstoffe und Wasser und sind Null-Abfall-Systeme. Aus ökologischer Sicht ist die Kuh für die indische Zivilisation von zentraler Bedeutung. Die Integration von Nutztieren in die Landwirtschaft ist das Geheimnis von Indiens jahrhundertealten nachhaltigen Landwirtschaftssystemen. Nutztiere erhalten unsere Böden, indem sie für Bodenfruchtbarkeit sorgen. Sie versorgen die Agrarwirtschaft mit erneuerbarer Energie. Wie K. M. Munshi, Indiens erster Landwirtschaftsminister nach der Unabhängigkeit und ein guter Freund meiner verstorbenen Eltern, schrieb: »Die Mutterkuh und Nandi werden nicht umsonst verehrt. Sie sind die Hauptakteure, die den Boden bereichern – die großen Landumwandler der Natur – und organische Stoffe liefern, die nach der Verdauung zu Nährstoffen von größter Bedeutung werden. In Indien haben Tradition, religiöses Empfinden und wirtschaftliche Erfordernisse dafür gesorgt, einen Viehbestand aufrechtzuerhalten, der groß genug ist, um wiederum den Kreislauf aufrechtzuerhalten, aber nur, wenn wir um ihn wissen.«

Wie unser Saatgut wurden auch die indischen Tierrassen auf Vielfalt gezüchtet – Vielfalt der Rassen und Funktionen. Die besten Rinderrassen der Welt wurden in Indien gezüchtet: Sahiwal, Red Sindhi, Rathi, Tharparkar, Hariana, Ongole, Kankrej und Gir. Indische Rassen sind Multitalente. Sowohl die weiblichen als auch die männlichen Tiere haben einen Wert. Die Kuh lieferte Nahrung in Form von Milch, und die Ochsen lieferten Energie für den Transport und die landwirtschaftlichen Arbeiten, und diese ausgeklügelte Zucht wurde von einheimischen Experten ausgeführt.

So wie die bäuerliche Züchtung von Saatgut und die Vielfalt der Nutzpflanzen von der industriellen Pflanzenzüchtung ignoriert wurde, so wurde auch die genetische Vielfalt der Nutztiere mit ihren vielfältigen Verwendungsmöglichkeiten von den industriellen »Tierzucht-Fabriken« ignoriert, die Kühe und ihre Nachkommen auf Milch- und Fleischmaschinen reduzierten.

Das industrielle Modell züchtet Uniformität und Eindimensionalität; es züchtet Standardisierung. Einheimische Rassen in Indien nutzen 29 Prozent der ihnen zur Verfügung gestellten organischen Substanz, während es in den US-amerikanischen Industriebetrieben nur 9 Prozent sind. Indische Rinder verbrauchen 22 Prozent der Energie, während es in den USA nur 7 Prozent sind.

Traditionell haben Kühe und Nutztiere organisches Material (wie Stroh) gefressen, während das Getreide für den menschlichen Verzehr bestimmt war. Durch die Sorten der Grünen Revolution wurde den Tieren ihre Nahrung entzogen. Das meiste Getreide aus der industriellen Pflanzenproduktion wird nun als Tierfutter verwendet, wodurch den Menschen die Nahrung entzogen wird. Es ist ein neuer Wettbewerb zwischen Nahrung für Tiere und Nahrung für Menschen entstanden: 75 Prozent des in Indien angebauten Mais wird als Tierfutter verwendet. Darüber hinaus haben wir 2016 500.000 Tonnen Mais importiert.

Doch das hocheffiziente, nachhaltige einheimische Ernährungssystem, das auf der Mehrfachnutzung von Ackerbau und Viehzucht beruht, wurde im Namen von »Effizienz« und »Produktivität« demontiert. Integration wurde durch Fragmentierung und Trennung ersetzt. Ein erzwungener einseitiger Wettbewerb ist an die Stelle dynamischer Komplementarität getreten. Zyklische und kreisförmige Prozesse, die auf Gegenseitigkeit und dem Gesetz der Rückführung beruhen, sind durch Linearität, Gewalt und Ausbeutung ersetzt worden. Die mehrdimensionalen, multifunktionalen Systeme Indiens wurden durch einfache Warenproduktionssysteme mit hohem Input ersetzt. Die heilige Kuh ist somit zu einer Milchmaschine reduziert worden. Wie Shanti George feststellt: »Das Problem ist, dass die Planer der Milchwirtschaft beim Anblick der Kuh nur ihre Euter sehen, obwohl sie viel mehr ist. Sie setzen Rinder nur mit Milch gleich und berücksichtigen nicht die anderen tierischen Produkte – Zugkraft, Dung als Dünger und Brennstoff, Häute, Felle, Horn und Hufe.«

Im industriell-ausbeuterischen Paradigma der Kuh als Milchmaschine werden unsere super effizienten und widerstandsfähigen indischen Rassen (quantitativ) für ineffizient erklärt, ohne dass eine qualitative Bewertung erfolgt. Die reinen einheimischen Rassen werden durch homogenisierte Hybride der Zebu-Kuh mit ausländischen Markenrassen wie Jersey, Holstein, Friesen, Red Dane und Brown Swiss ersetzt, angeblich um die Milch-«Produktivität« der Zebu zu verbessern.

Andere Beiträge von Nutztieren werden im mechanistischen-reduktionistischen Paradigma vergessen. Gerade jetzt, wo wir unsere Nutztiere brauchen, damit sie eine wichtige Rolle bei der Erreichung der UN-Ziele für nachhaltige Entwicklung einnehmen, zu denen sich Indien verpflichtet hat, zerstören wir unseren tierischen Reichtum und damit auch den ökologischen und wirtschaftlichen Beitrag, den die Tiere leisten. Zum ersten Mal in der Geschichte der indischen Landwirtschaft wurden die männlichen Kälber für nutzlos erklärt, was zu einer Explosion der Schlachthöfe und der Fleisch- und Rindfleischexporte geführt hat. In der Viehzuchtpolitik, die im Rahmen der von der Weltbank betriebenen Strukturanpassungspolitik zur Förderung der Fleischindustrie entwickelt wurde, heißt es: »Religiöse Gefühle gegen das Schlachten von Rindern scheinen auch auf Ochsen überzugreifen und verhindern die Verwertung einer großen Zahl überschüssiger männlicher Kälber.«

Tiere auf einem Bauernhof erhalten den Boden und das Leben sowie den Lebensunterhalt von Kleinbauern. Was die Bodenfruchtbarkeit betrifft, so hätten die geschlachteten Nutztiere eine Fülle von

Stickstoff, Phosphor und Kalium (NPK) geliefert, für die wir die »Düngemittel«-Industrie bezahlen. Wir exportieren nicht nur unseren tierischen Reichtum. Wir exportieren auch unseren Boden und unser Wasser. Wir verkaufen unsere Zukunft.

Wir müssen nicht gewaltsam den letzten Tropfen Milch aus der Kuh und das letzte Kilogramm eines Rohstoffs aus den Bauernhöfen und Kulturen herausholen.

Wir müssen uns von der Gewalt in der Landwirtschaft befreien, die zum Verschwinden der biologischen Vielfalt führt, Mangel schafft und Pflanzen und Tieren, einschließlich Menschen, schadet. Wir müssen Sorgfalt und Mitgefühl in unsere Lebensmittel- und Landwirtschaftssysteme zurückbringen.

Eine Landwirtschaft, die auf Mitgefühl und dem Gesetz der Rückführung beruht, bietet genug für alle Lebewesen und mehr und bessere Lebensmittel und Nahrung ebenfalls für die Menschen. Die Zukunft der Landwirtschaft liegt in der Erhaltung der biologischen Vielfalt und der Kultivierung des Mitgefühls. Die nicht nachhaltige industrielle Landwirtschaft ist der größte Verursacher des Wassermangels in Indien (Vandana Shiva, *Water wars* und *Violence of the Green Revolution*).

Das NITI Aayog veröffentlichte am 17. Juni 2018 die Ergebnisse einer Studie, die davor warnt, dass Indien mit der »schlimmsten« Wasserkrise seiner Geschichte konfrontiert ist und dass die Nachfrage nach Trinkwasser das Angebot bis 2030 übersteigen wird, wenn keine Maßnahmen ergriffen werden. Fast 600 Millionen Inder stehen unter hohem bis extremem Wasserstress, und etwa 200.000 Menschen sterben jedes Jahr aufgrund des unzureichenden Zugangs zu sauberem Wasser. In 21 Städten, darunter Delhi, Bengaluru, Chennai und Hyderabad, wird es bis 2020 kein Grundwasser mehr geben, wovon 100 Millionen Menschen betroffen sein werden, so die Studie. Wenn das so weitergeht, wird das Bruttoinlandsprodukt (BIP) des Landes bis 2050 um 6 Prozent sinken, heißt es in dem Bericht.

Die industrielle Landwirtschaft verschmutzt das Wasser und zerstört das Wasserhaltevermögen des Bodens. Folglich sind mehr externe Bewässerungsmaßnahmen erforderlich. Sie trägt nicht nur zu den Klimaveränderungen bei, sondern macht die Landwirtschaft auch vom Wasser abhängiger.

Die wasserverschwenderische chemische Landwirtschaft hat nicht nur das Grundwasser ausgebeutet, sondern auch die Bodenfruchtbarkeit und damit zu einem großen Teil zu den Klimaveränderungen beigetragen. Chemische Düngemittel zerstören die lebendigen Prozesse des Bodens und machen die Böden für Trockenheit anfälliger. Chemische Düngemittel erzeugen außerdem Stickoxide, ein Treibhausgas, das 300-mal stärker wirkt als Kohlendioxid.

Die Lösung für die Klima-, Lebensmittel- und Wasserkrise ist dieselbe: biodiversitätsbasierte biologische Anbaumethoden. Biologisch vielfältige biologische Landwirtschaftsbetriebe tragen zur Bewältigung der Klimakrise bei, indem sie den Ausstoß von Treibhausgasen wie Stickoxiden verringern und Kohlendioxid in Pflanzen und Böden binden. Biologische Vielfalt und Böden sind die effektivsten Kohlenstoffsenken.

Biodiverse biologische Betriebe erhöhen die Ernährungssicherheit, indem sie die Widerstandsfähigkeit und die Klimaresistenz der landwirtschaftlichen Systeme erhöhen. Sie verbessern zudem die Ernährungssicherheit, weil sie eine höhere Produktion von Lebensmitteln und Nährstoffen pro Hektar aufweisen als die Monokulturen der Grünen Revolution, bei denen der Ertrag einer Ware und nicht die gesamte Lebensmittelproduktion oder die Nährstoffqualität der Lebensmittel gemessen wird. Biodiverse ökologische Systeme tragen zur Bewältigung der Wasserkrise bei, weil eine Produktion auf der Grundlage von Pflanzen wie Hirse den Wasserbedarf reduziert und biologische Methoden zehnmal weniger Wasser verbrauchen als chemische.

Halten wir fest: Während die industrielle Landwirtschaft durch die Unterbrechung des Wasserkreislaufs erheblich zur Wasserkrise beigetragen hat, gehen Biodiversität und biologischer Landbau die Wasserkrise auf drei Ebenen an, indem sie den Wasserkreislauf reparieren und die Wassersysteme regenerieren:

1. Die biologische Vielfalt wassersparender Kulturen verringert den Wasserbedarf und damit die Entnahme von Wasser und den Abbau von Oberflächen- und Grundwasser.
2. Die biologische Vielfalt von Bäumen, Stauden und Bodendeckern in landwirtschaftlichen Betrieben verringert den Abfluss und erhöht die Infiltration, wodurch Oberflächen- und Grundwasser regeneriert und erneuert werden.
3. Die Artenvielfalt und der biologische Landbau erhöhen die Wasserspeicherkapazität des Bodens, wodurch der Boden zu einem Wasserspeicher wird, der Bedarf an externen Bewässerungsmitteln sinkt und die Widerstandsfähigkeit gegenüber Dürren steigt.

Welche Pflanzen wir anbauen und wie wir sie anbauen, entscheidet darüber, ob unser Lebensmittelsystem zur Wasserkrise beiträgt oder die Wassersysteme regeneriert.

Die Anbaumuster und die wasserverbrauchenden Pflanzen und Sorten sind die Hauptfaktoren, die zu der Wasserkrise beitragen, mit der Gemeinden in der ganzen Welt konfrontiert sind. Die Sorten der Grünen Revolution, die für Chemikalien gezüchtet wurden, benötigen ebenfalls mehr Wasser. Reissorten der Grünen Revolution verbrauchen zwischen 3.000 und 3.500 Liter für die Produktion von einem Kilogramm Getreide. Dies ist der Grund dafür, dass der Grundwasserspiegel im Punjab rapide gesunken ist.

Die Nachfrage nach Wasser, die über die nachhaltigen Grenzen der Erneuerbarkeit für die Monokulturen der Grünen Revolution (Reis und Weizen) hinausgeht, führte dazu, dass Punjab zwischen August 2002 und Oktober 2008 109 Kubikkilometer Wasser aus seinem Grundwasserleiter in der Ebene des Indus verlor und der Grundwasserspiegel in den indischen Bundesstaaten Rajasthan, Punjab und Haryana im Durchschnitt um einen Fuß pro Jahr sank.

Nahrung und Wasser sind die Grundbedürfnisse einer jeden Gesellschaft. Ein Lebensmittelsystem, das die Produktion einiger weniger Güter steigert, indem es die Wasserressourcen zerstört, ohne die eine Nahrungsmittelproduktion nicht möglich ist, ist von Grund auf unhaltbar.

Im Nordwesten Indiens verursachte die übermäßige Abhängigkeit vom Grundwasser über die nachhaltige Nutzung hinaus einen erheblichen Rückgang des Grundwasserspiegels, was dazu führte, dass 16,2 Prozent der insgesamt 6607 Grundwasserblöcke von der Zentralen Wasserbehörde als »übermäßig genutzt« eingestuft wurden. Weitere 14 Prozent wurden entweder als »kritisch« oder »halbkritisch« eingestuft.

In den 1980er-Jahren wurde ich von N. D. Jayal, dem Berater der damaligen Planungskommission, gebeten zu untersuchen, warum Maharashtra immer mehr Haushaltsmittel für die Trinkwasserversorgung beantragte und die Wasserkrise dennoch nie gelöst wurde. Meine Nachforschungen ergaben, dass die Weltbank die Dürre von 1972 nutzte, um den Zuckerrohranbau zu fördern, der eine intensive Bewässerung erforderte, so wie die Dürre von 1965–66 in Indien genutzt wurde, um die Grüne Revolution voranzutreiben, die die Anfälligkeit für Dürren erhöht hat. Die Dürren von 2009 und 2015 sowie die Klimakrise werden in ähnlicher Weise genutzt, um die zweite Grüne Revolution mit GVO-Saatgut und Patenten auf Saatgut voranzutreiben. Dies wird die Anfälligkeit der indischen Landwirtschaft für Dürren noch weiter verstärken.

Marathwada liegt im Regenschatten der Westghats und erhält durchschnittlich 600–700 mm Niederschlag. Aufgrund des harten Gesteinsbodens des Dekkan-Trapp gelangen nur 10 Prozent dieses Wassers in den Boden, um die Brunnen aufzufüllen. Für den Zuckerrohranbau werden 1.200 mm Wasser benötigt, das ist 20-mal mehr als die jährliche Anreicherung. Wenn dem Boden 20-mal mehr Wasser entnommen wird, als zur Verfügung steht, ist Wasserknappheit vorprogrammiert, selbst wenn die Niederschläge normal sind.

Zuckerrohr und Bt-Baumwolle haben Kulturpflanzen wie *Jowar* (Hirse) verdrängt. Einheimische Pflanzen wie *Jowar* verbrauchen nicht nur weniger Wasser, sondern erhöhen auch die Wasserspeicherkapazität des Bodens, indem sie große Mengen organischer Stoffe produzieren, die, wenn sie dem Boden wieder zugeführt werden, die Fruchtbarkeit und die Wasserspeicherkapazität des Bodens erhöhen.

Es kann nicht oft genug wiederholt werden: Die biologische Vielfalt einheimischen Saatguts und der biologische Landbau sind die Antwort auf die Wasserkrise, die Dürre und die Klimaveränderungen, auf die Selbstmorde der Bauern und das Elend in der Landwirtschaft. Sie sind auch die Antwort auf Hunger und Unterernährung. Alles ist miteinander verbunden. Die übermäßige Entnahme von Grundwasser für die industrielle Landwirtschaft übersteigt die Kapazität der Erde, ihre Wasserressourcen wieder aufzufüllen, um mindestens 160 Milliarden Kubikmeter pro Jahr. In einigen Regionen entfallen bis zu 80 Prozent der Wasserentnahmen auf die industrielle Landwirtschaft.

Nach Angaben von PeopleandPlanet.net werden mehr als zwei Drittel des Süßwassers, das die Menschen jährlich weltweit verbrauchen, für die Bewässerung von Pflanzen verwendet. In Afrika zum Beispiel verliert der Nil 90 Prozent seines Wassers für Bewässerungszwecke, bevor er das Mittelmeer erreicht. In Asien, wo zwei Drittel der weltweiten Bewässerungsflächen liegen, werden 85 Prozent des verfügbaren Wassers für die Bewässerung verwendet. Und in Kalifornien werden 80 Prozent des Wassers, das für staatliche Wasserprojekte entnommen wird, für die Landwirtschaft verwendet. Einem Bericht der Umweltforschungs- und Interessenvertretungsgruppe Pacific Institute zufolge werden die verbleibenden 20 Prozent für private, gewerbliche, institutionelle und industrielle Zwecke eingesetzt.

Aber Kulturpflanzen und Landwirtschaft müssen nicht wasserintensiv sein. 70 Prozent der traditionellen Reissorten, die wir bei Navdanya erhalten haben, benötigen keine intensive Bewässerung. Kulturen wie Hirse brauchen nur 250 Millimeter Wasser, obwohl sie viel mehr Nährstoffe liefern. Hybride benötigen mehr Wasser als einheimische Sorten.

## Wasserbedarf der verschiedenen Kulturpflanzen

Die Wassermenge, die eine Pflanze während ihrer gesamten Produktionszeit benötigt, wird als Wasserbedarf bezeichnet. Der Wasserbedarf von Kulturpflanzen ist sehr unterschiedlich.

Reis, Weizen und Zuckerrohr machen etwa 90 Prozent der indischen Feldfruchtproduktion aus; es sind die Pflanzen mit dem höchsten Wasserverbrauch. Die Kulturen der Grünen Revolution verbrauchen bis zu 3.500 Liter Wasser für ein Kilogramm produziertes Getreide.

**Tabelle 25: Wasserbedarf verschiedener Kulturpflanzen**

| Feldfrucht | Wasserbedarf (mm) | Feldfrucht | Wasserbedarf (mm) |
|---|---|---|---|
| Reis | 900–2,500 | Chili | 500 |
| Weizen | 450–650 | Sonnenblume | 350–500 |
| Hirse | 450–650 | Rizinus | 500 |
| Mais | 500–800 | Bohne | 300–500 |
| Zuckerrohr | 1,500–2,500 | Kraut | 380–500 |
| Erdnuss | 500–700 | Erbsen | 350–500 |
| Baumwolle | 700–1,300 | Banane | 1,200–2,200 |
| Sojabohnen | 450–700 | Zitrusfrüchte | 900–1,200 |
| Tabak | 400–600 | Ananas | 700–1,000 |
| Tomate | 600–800 | Sesam | 350–400 |
| Kartoffel | 500–700 | Fingerhirse | 400–450 |
| Zwiebel | 350–550 | Weintrauben | 500–1,200 |

## Bäume, Stauden und Bodendecker reduzieren den Abfluss, erhöhen die Infiltration und regenerieren das Oberflächen- und Grundwasser

Die industrielle Landwirtschaft hat den Wasserkreislauf in jeder Phase gestört. Treibhausgase aus der industriellen Landwirtschaft haben das Klimasystem gestört und sich auf die Niederschläge ausgewirkt, was zu Klimaextremen wie übermäßigen Regenfällen und Überschwemmungen oder ausgedehnten Dürreperioden geführt hat.

Wasser, das auf der Erde verdunstet, kehrt als Niederschlag zurück. Wenn Wasserdampf kondensiert, fällt er auf die Erdoberfläche. Der meiste Niederschlag fällt als Regen auf die Erdoberfläche.

Wenn landwirtschaftliche Betriebe und Agrarökosysteme mit einem grünen Blätterdach aus Bäumen und Bodenpflanzen bedeckt sind, trägt das Blätterdach dazu bei, dass der Regen abgefangen und die Verdunstung erhöht wird, wodurch die Feuchtigkeit in die Atmosphäre zurückgeführt wird. Außerdem bremsen sie die Geschwindigkeit des Regens und fördern so die Infiltration in den Boden.

Wenn es keine Bodenbedeckung gibt, gehen bis zu 40 Prozent der Niederschläge als Abfluss verloren. Die industrielle Landwirtschaft beruht auf Monokulturen von einjährigen Pflanzen. Sie entfernt Hecken, Feldgehölze, Feldraine und die Vielfalt der Kulturen aus den Agrarökosystemen. Sie erhöht daher den Abfluss.

Wenn der Regen auf der Bodenoberfläche auftrifft, sickert ein Teil davon in den Boden und füllt das Bodenwasser wieder auf. Wenn der Boden organische Stoffe enthält, fließt weniger Wasser ab und mehr Wasser versickert, was zur Grundwasserneubildung beiträgt.

Wenn der Boden die Niederschläge auffängt, verhindert er Erosion und trägt zugleich zum Schutz vor Dürre bei.

Organische Stoffe und eine biodiverse, intensive biologische Landwirtschaft tragen zur Regeneration der Wassersysteme bei, indem sie die Fähigkeit des Bodens, Wasser zu speichern und abzugeben, erhöhen. Organisches Material erhöht die Infiltration, steuert die Bodenverdunstung und erhöht die Speicherkapazität des Bodens für Feuchtigkeit.

Ohne die schützende Grünabdeckung trifft das Niederschlagswasser direkt auf den Boden, läuft ab und reißt den Boden mit sich. Ein höherer Abfluss führt zu einer geringeren Infiltration. Wenn zu einer höheren Wasserentnahme eine geringere Anreicherung hinzukommt, haben wir das Rezept für den Wassernotstand, dem wir uns nun gegenübersehen.

Der FAO zufolge »führt die Erhaltung der Brachvegetation als Abdeckung der Bodenoberfläche und die damit verbundene Verringerung der Verdunstung zu 4 Prozent mehr Wasser im Boden. Das entspricht etwa 8 Millimeter zusätzlichem Niederschlag. Diese zusätzliche Wassermenge kann den Unterschied zwischen dem Verwelken und dem Überleben einer Kultur in vorübergehenden Trockenperioden ausmachen.«

Die organische Substanz verbessert das Wasserhaltevermögen des Bodens, indem sie seine physikalischen Bedingungen auf verschiedene Weise beeinflusst. Die Oberflächeninfiltration hängt von einer Reihe von Faktoren ab, darunter Aggregation und Stabilität, Porenkontinuität und Stabilität, das Vorhandensein von Rissen und der Zustand der Bodenoberfläche. Mehr organische Substanz trägt indirekt zur Bodenporosität bei (über eine erhöhte Aktivität des Bodenlebens). Frische organische Substanz regt die Aktivität von der Makrofauna wie Regenwürmern an, die mit dem leimartigen Sekret ihres Körpers ausgekleidete Höhlen anlegen, die mit der Zeit mit Wurmkot angefüllt sind.

Ein erhöhter Gehalt an organischer Substanz und das damit verbundene Bodenleben führen zu einem größeren Porenraum mit der unmittelbaren Folge, dass das Wasser leichter infiltriert und im Boden gehalten werden kann (Roth 1985). Der verbesserte Porenraum ist eine Folge der den Boden durchmischenden Aktivitäten von Regenwürmern und anderen Makroorganismen sowie von Kanälen, die von verrotteten Pflanzenwurzeln im Boden hinterlassen werden.

Die Rückführung organischer Stoffe in den Boden verwandelt diesen in einen Lebensraum mit einer großen Artenvielfalt an Bodenorganismen. Organismen wie Regenwürmer schaffen Wasserkanäle, die die Wasserspeicherkapazität des Bodens erhöhen und den Boden in einen Stauraum verwandeln.

So heißt es in einem Bericht des USDA [US-Landwirtschaftsministerium]:

> Von Bodenorganismen gebildete Kanäle und Aggregate verbessern den Eintritt und die Speicherung von Wasser. Die Organismen vermischen das poröse und lockere organische Material mit mineralischen Stoffen, während sie sich durch den Boden bewegen. Durch diese Vermischung wird organisches Material für die oberirdische Fauna bereitgestellt, und es entstehen Taschen und Poren für das Fließen und die Speicherung von Wasser. Pilzhyphen verbinden Bodenpartikel miteinander, und der Schleim von Bakterien hilft, Tonpartikel zusammenzuhalten. Die durch diese Prozesse gebildeten wasserstabilen Aggregate sind widerstandsfähiger gegen Erosion als einzelne Bodenpartikel. Die Aggregate erweitern den großen Porenraum, wodurch sich die Wasserinfiltrationsrate erhöht. Dadurch werden *Abfluss* und Wassererosion verringert und die Bodenfeuchtigkeit für das Pflanzenwachstum erhöht.

Sobald das Wasser infiltriert ist, wird es zu Bodenfeuchtigkeit oder Grundwasser und regeneriert so das Wasser im Boden, im tieferen Erdreich und in Oberflächengewässern wie Teichen, Seen, Quellen und Bächen.

Die Grundsätze der Agrarökologie fördern Praktiken, die das Wasser regenerieren und erneuern, anstatt es zu verbrauchen und zu verschmutzen. Der Anbau von Mischkulturen und Deckfrüchten, die Integration von mehrjährigen Pflanzen und Bäumen in die Pflanzenproduktion sowie der Aufbau organischer Bodensubstanz helfen dem Ökosystem, Wasser zu absorbieren, den Wasserabfluss zu verringern und die Grundwasserleiter wieder aufzufüllen.

Das Rodale Institute berichtet, dass Bio-Felder in Dürreperioden mehr Wasser speichern und dass auf biologischen Feldern 15–20 Prozent mehr Wasser in den Grundwasserleiter versickert als auf konventionellen Feldern.

Organische Böden nutzen das Wasser aufgrund einer besseren Bodenstruktur und eines höheren Gehalts an Humus und anderen organischen Stoffen effizienter. D. W. Lotter und Kollegen sammelten über zehn Jahre hinweg Daten im Rahmen des Rodale Farm Systems Trial. Ihre Untersuchungen zeigten, dass Behandlungen mit organischem Dünger und Leguminosen (LEG) die Wasserspeicherkapazität der Böden, die Infiltrationsrate und die Wasseraufnahmeeffizienz verbessern.

Wissenschaftliche Langzeitversuche des Forschungsinstituts für biologischen Landbau in der Schweiz, in denen biologische, biodynamische und konventionelle Anbausysteme verglichen wurden, kamen zu ähnlichen Ergebnissen, die belegen, dass biologische Systeme erosionsresistenter sind und das Wasser besser auffangen können.

Als wir 1994 mit der Navdanya-Farm begannen, waren Überschwemmungen und Bodenerosion ein großes Problem. Wir haben Bäume und Gräser gepflanzt und die Felder neu abgegrenzt, um Abfluss und Erosion zu verringern. Biodiversität und biologischer Landbau haben den Bewässerungsbedarf um 75 Prozent gesenkt und den Grundwasserspiegel um zwei Meter erhöht. Mit anderen Worten: Wir geben der Erde mehr Wasser zurück, als wir ihr entnehmen, und wir bauen mehr Nahrungsmittel an.

Biologische Vielfalt und biologische Landwirtschaft bieten Lösungen für viele der negativen Auswirkungen der industriellen Landwirtschaft auf die Wassersysteme.

Wenn wir heute an Wasserreservoire denken, denken wir an große Betondämme. Der größte »Damm« ist jedoch der Boden gefüllt mit organischen Stoffen. Wenn wir dem Boden organische Stoffe zurückgeben, erhöhen wir die Fähigkeit des Bodens, Feuchtigkeit zu speichern. Bodenfeuchtigkeit ist die zuverlässigste Versicherung gegen Dürre und Klimaschäden. Forschungen auf der ganzen Welt zeigen, dass biologische Anbaumethoden die Bodenstruktur verbessern, indem sie mehr organische Substanz zuführen. Je mehr organische Substanz, desto höher ist die Wasserspeicherkapazität des Bodens.

## Wasserwirtschaft

Eine übereinstimmende Erkenntnis aus vielen Studien besagt, dass die biologische Landwirtschaft bei ungünstigen Witterungsbedingungen wie Dürren und starken Regenfällen besser abschneidet als die konventionelle.

Humus ist einer der wichtigsten Bestandteile der organischen Substanz. Er speichert bis zum 30-fachen seines Gewichts an Wasser, so dass Regen- und Bewässerungswasser nicht durch Auswaschung oder Verdunstung verlorengeht. Es wird im Boden gespeichert und kann später von den Pflanzen genutzt werden.

Zudem besteht ein großer Unterschied in der Regenmenge, die aufgefangen und gespeichert werden kann, zwischen dem derzeitigen SOM-Niveau (Anteil an organischen Stoffen) in den meisten konventionellen Betrieben und einem guten biologischen Betrieb mit einem angemessenen SOM-Niveau. Dies ist einer der Gründe, warum Biobetriebe in Zeiten geringer Niederschläge und von Dürre besser abschneiden.

Die organische Substanz im Boden erhöht die Wasserrückhaltung auf verschiedene Weise. Wie bereits erwähnt, speichert Humus, einer der wichtigsten Bestandteile der organischen Substanz, bis zum 30-fachen seines Eigengewichts an Wasser. Die andere wichtige Rolle ist der Aufbau eines Bodens mit einer offenen, schwammartigen Struktur, die das Wasser effizient aufnimmt und in ihren zahlreichen Poren speichert.

Ein guter Boden muss in der Lage sein, viel Wasser, Luft und Nährstoffe aufzunehmen. Luft ist wichtig, damit die Wurzeln atmen können. Pflanzen brauchen, wie Tiere, Sauerstoff. In den meisten Fällen müssen die Wurzeln den Sauerstoff direkt durch den Kontakt mit der Luft aufnehmen. Einige Feuchtgebietspflanzen wie Seerosen, Schilf und Mangroven haben spezielle Röhren, die das Oberflächenwasser zu den Wurzeln leiten können.

Die meisten Pflanzen brauchen jedoch einen direkten Kontakt ihrer Wurzeln mit der Luft. Wird die Luft durch zu viel Wasser verdrängt, ersticken die Wurzeln, und die Pflanze stirbt. Luft ist für die mikrobielle Aktivität im Boden unerlässlich. Zu viel Wasser führt zu anaeroben (luftlosen) Bedingungen, die die nützlichen Mikroorganismen abtöten und krankheitsverursachende Mikroorganismen begünstigen.

Der Boden sollte wie ein Schwamm mit vielen Zwischenräumen (Poren) sein, die sowohl Wasser als auch Luft aufnehmen können. Organische Stoffe sind der Schlüssel dazu.

Dadurch erhält der Boden zahlreiche Poren unterschiedlicher Größe. Einige Größen sind besser für die Luft, andere besser für die Wasseraufnahme geeignet. Sehr wichtig ist, dass die offene Struktur des Bodens ein gutes Auffangen von Regen- und Bewässerungswasser gewährleistet.

Verdichtete Böden und Böden mit Krusten auf der Oberfläche bieten nur sehr wenig Raum für die Infiltration von Wasser, so dass ein Großteil des Regen- oder Bewässerungswassers entweder von der Oberfläche abläuft oder verdunstet.

Organische Stoffe tragen zur Bildung von Bodenaggregaten, Poren und Höhlen durch die Bodenfauna bei, was die Porosität des Bodens und damit die Wasseraufnahme erhöht. Organische Stoffe sind Nahrung für Regenwürmer, die den Boden mit ihrem Kot und den klebrigen Absonderungen ihrer Körper düngen. Regenwürmer sind nicht nur das Gegenstück zu großen Düngemittelfabriken, sie sind auch eine Alternative zu Staudämmen. Böden, die reich an organischen Stoffen sind, sind reich an vielfältigen Funktionen und Leistungen, welche die biologische Vielfalt des Bodens erbringt.

Darüber hinaus spielen die Hyphen von Aktinomyceten und Pilzen eine wichtige Rolle bei der Verbindung von Bodenpartikeln, auch wenn sie nicht lange leben und jährlich durch neue ersetzt werden.

Die Folge einer erhöhten Wasserinfiltration in Verbindung mit einem höheren Gehalt an organischer Substanz ist die verstärkte Wasserspeicherung im Boden. Es zeigte sich, dass Rückstände des geernteten Weizens zu einer verstärkten Speicherung von Niederschlägen führten, was in der Folge höhere Hirseerträge mit sich brachte. Ein hoher Rückstandsgehalt von 8–12 Tonnen je Hektar führte zu 80–90

Millimeter mehr gespeichertem Bodenwasser bei der Aussaat und zu einem um zwei Tonnen je Hektar höheren Hirseertrag als ohne Rückstandsmanagement. Die Zugabe von organischer Substanz zum Boden erhöht in der Regel die Wasserspeicherkapazität des Bodens. Dies liegt daran, dass die Zugabe von organischen Stoffen die Anzahl der Mikro- und Makroporen im Boden erhöht, indem sie entweder die Bodenpartikel »zusammenkleben« oder günstige Lebensbedingungen für Bodenorganismen schaffen. Untersuchungen zeigten, dass sich die Wasseraufnahmekapazität des Bodens um 3,7 Prozent erhöht, wenn die organische Substanz im Boden um 1 Prozent zunimmt. Adhäsive und kohäsive Kräfte halten das Bodenwasser im Boden, und eine Zunahme von Porenraum führt zu einer Erhöhung der Wasserspeicherkapazität des Bodens.

Wasser ist ein Grundbedürfnis für die Gesundheit von Mensch und Ökosystem und notwendig für die langfristige ökologische und sozioökonomische Widerstandsfähigkeit unserer Lebensmittel- und Landwirtschaftssysteme. Da der Agrar- und Ernährungssektor einen großen Teil der Verantwortung für Wasserverbrauch und -verschmutzung trägt, muss er eine Führungsrolle bei der Erhaltung und dem Schutz der Wasserressourcen übernehmen.

Die derzeitigen Trends in der Landwirtschaft stellen jedoch eine erhebliche Belastung für die Wasserressourcen dar. Auch wenn einige Fortschritte erzielt wurden, haben schlechte Bewirtschaftungspraktiken weiterhin negative Auswirkungen auf die Wasserqualität in Europa.

Eine Studie von Professor David Pimentel von der Cornell University aus dem Jahr 2005 besagt, dass der biologische Landbau die gleichen Mais- und Sojabohnenerträge liefert wie der konventionelle Landbau und dabei 30 Prozent weniger Energie und Wasser verbraucht.

Da im biologischen Landbau keine Pestizide eingesetzt werden, sind die Erzeugnisse zudem gesünder und tragen nicht zur Verschmutzung des Grundwassers bei. Neben dem sparsamen Umgang mit Wasser wird der biologische Landbau auch für die wirtschaftlichen Möglichkeiten gelobt, die er den Bauern in Entwicklungsländern bietet. Diese Bauern haben nicht nur einen internationalen Markt für ihre Bioprodukte gefunden, sondern im dürregeplagten Indien stellten Bioreisbauern fest, dass der sparsame Umgang mit Wasser nicht nur eine Notwendigkeit ist, sondern sich auch finanziell rechnet. Indische Reisbauern, die in einer Studie des World Wildlife Fund aus dem Jahr 2007 zitiert wurden, gaben an, dass das System der Reisintensivierung (System of Rice Intensification) ihnen half, mit weniger Wasser mehr zu ernten. Biologische Anbaumethoden bringen Bauern und Verbrauchern positive Ergebnisse: Ein weiterer Punkt, an den Sie denken sollten, wenn Sie Ihr Erntedankfestmahl vorbereiten.

## Biologische Böden: Ein Wasserreservoir

Die folgende zeigt das enorme Potential organischer Stoffe nicht nur bei der Rückhaltung von Regenwasser, sondern auch bei der Verringerung der Bodenerosion, die durch den extensiven Einsatz von Chemikalien in der Landwirtschaft weltweit verursacht wird.

Diese ist als Faustformel zu verstehen. Die genaue Menge des gespeicherten Wassers hängt von der Bodenart, der spezifischen Bodendichte und einer Reihe anderer Variablen ab, so dass die Menge höher oder niedriger ausfallen kann. Diese Informationen sollten jedoch ausreichen, um das Konzept zu verstehen.

**Tabelle 26: Volumen des zurückgehaltenen Wassers je Hektar (bis 30 cm Tiefe) im Verhältnis zur organischen Substanz im Boden (SOM)**

| | |
|---|---|
| 0,5 Prozent SOM | 80.000 Liter (Niveau in Afrika und Asien) |
| 1 Prozent SOM | 160.000 Liter (Niveau in Afrika, Asien) |
| 2 Prozent SOM | 320.000 Liter |
| 3 Prozent SOM | 480.000 Liter |
| 4 Prozent SOM | 640.000 Liter (Stand vor der Bewirtschaftung) |
| 5 Prozent SOM | 800.000 Liter (Stand vor der Bewirtschaftung) |
| 6 Prozent SOM | 960.000 Liter (Stand vor der Bewirtschaftung) |

(Übernommen von Morris, 2004)

## Verbesserte Effizienz der Wassernutzung

Die Forschung zeigt auf, dass biologische Methoden aufgrund der besseren Bodenstruktur und eines höheren Humusanteils und anderer organischer Stoffe Wasser effizienter nutzen (Lotter et al., 2003; Pimentel, 2005). Lotter und Kollegen sammelten über zehn Jahre hinweg Daten im Rahmen des Rodale Farm Systems Trial (FST). Ihre Untersuchungen beobachteten, dass die Behandlungen mit organischem Dünger und Leguminosen (LEG) die Wasserspeicherkapazität, die Infiltrationsrate und die Wasseraufnahmefähigkeit der Böden verbessern. Der durchschnittliche Wassergehalt der LEG-Maisböden war im gleichen Anbaustadium 13 Prozent höher als der der Böden des konventionellen Systems (CNV) und 7 Prozent höher als der der CNV-Böden in den Sojaparzellen (Lotter et al., 2003). Die porösere Struktur der organisch behandelten Böden ermöglicht ein schnelles Eindringen des Regenwassers in den Boden, was zu einem geringeren Wasserverlust durch Abfluss und einer höheren Wasseraufnahme führt. Besonders deutlich wurde dies während der beiden Tage mit sintflutartigen Regenfällen aufgrund des Hurrikans Floyd im September 1999, bei denen die ökologischen Systeme etwa doppelt so viel Wasser aufnahmen wie die konventionellen (Lotter et al., 2003).

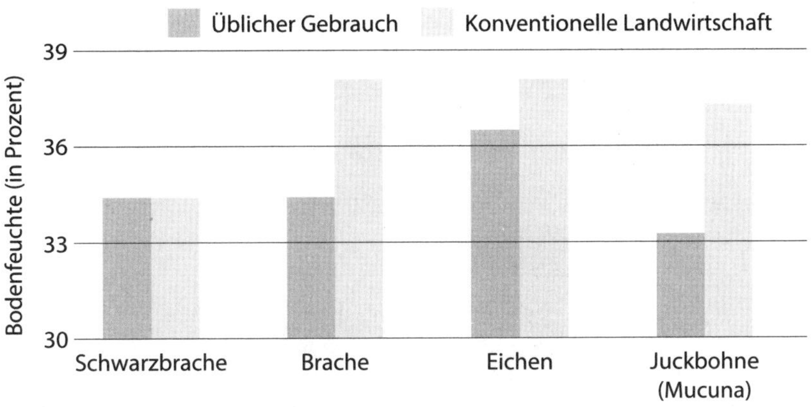


**Abbildung 3: Bodenfeuchte**

Wissenschaftliche Langzeitversuche des Forschungsinstituts für biologischen Landbau (FiBL) in der Schweiz, bei denen biologische, biodynamische und konventionelle Systeme verglichen wurden (DOK-Versuche), kamen zu ähnlichen Ergebnissen, die besagen, dass biologische Systeme widerstandsfähiger gegen Erosion und besser im Wasserrückhalt sind.

Dies steht im Einklang mit vielen anderen Vergleichsstudien, die zeigen, dass biologische Systeme aufgrund der besseren Bodenstruktur und des höheren Gehalts an organischer Substanz weniger Bodenverluste aufweisen (Reganold et al., 1987, Reganold et al., 2001, Pimentel 2005).

»Wir vergleichen (seit 1948) die langfristigen Auswirkungen von biologischem und konventionellem Anbau auf ausgewählte Eigenschaften desselben Bodens. Der biologisch bewirtschaftete Boden wies einen signifikant höheren Gehalt an organischer Substanz, eine dickere Oberbodenschicht, einen höheren Polysaccharidgehalt, ein niedrigeres Bruchmodul und weniger Bodenerosion auf als der konventionell bewirtschaftete Boden. Diese Studie deutet darauf hin, dass der biologische Landbau langfristig wirksamer als der konventionelle Landbau zur Verringerung der Bodenerosion und damit zur Erhaltung der Bodenproduktivität beiträgt.« (Reganold et al., 1987)

**Abbildung 4: Derselbe Boden mit unterschiedlichem Gehalt an organischer Substanz.** Quelle: Rodale-Institut

## Die Bedeutung von organischer Materie für die Wasserrückhaltung

Es besteht ein enger Zusammenhang zwischen dem Gehalt an organischer Substanz im Boden und der in der Wurzelzone des Bodens gespeicherten Wassermenge. Unterschiedliche Bodentypen speichern bei gleichem Gehalt an organischer Substanz aufgrund der Porenräume, der spezifischen Bodendichte und einer Reihe anderer Faktoren unterschiedliche Mengen an Wasser. Sandige Böden speichern in der Regel weniger Wasser als Tonböden. Abbildung 4 veranschaulicht beispielsweise, dass die höheren Werte auf der linken Seite den Boden widerstandsfähiger gegen Erosion machen und eine höhere Wasserhaltekapazität aufweisen. Der Boden auf der rechten Seite mit niedrigem Gehalt an organischer Substanz hält weniger Wasser zurück und ist anfälliger für Erosion und ihre Ausbreitung.

Die Bodendegradation und die Wasserkrise gefährden die Zukunft der Menschheit, und eine nicht nachhaltige industrielle Landwirtschaft ist die Hauptursache für beides. Die regenerative organische Landwirtschaft erneuert sowohl den Boden als auch das Wasser, die die Grundlage des Lebens und der Wirtschaft sind.

## Wasser bewahren und erneuern

Die Zerstörung der Wasserressourcen durch Wasserverschwendung ist eine der höchsten Umweltkosten der industriellen Landwirtschaft und der Grünen Revolution. Eine intensive Bewässerung in großem Maßstab hat nichts mit guter Landwirtschaft oder einer größeren Verfügbarkeit von Nahrungsmitteln zu tun. Biologische Anbaumethoden schützen das Agrarökosystem vor Wasserabfluss, Verdunstung und Bodenerosion.

Die konventionelle Landwirtschaft beeinträchtigt die Umwelt in vielerlei Hinsicht. Sie verbraucht riesige Mengen an Wasser, Energie und Chemikalien, oft ohne Rücksicht auf langfristige negative Auswirkungen. Bewässerungssysteme pumpen Wasser schneller aus den Grundwasserspeichern, als diese wieder aufgefüllt werden. Herbizide und Insektizide reichern sich im Grund- und Oberflächenwasser an. Chemische Düngemittel fließen von den Feldern in die Wassersysteme, wo sie eine schädliche Blüte von Mikroorganismen fördern. Die übermäßige oder missbräuchliche Verwendung von Wasser hat nicht nur den Grundwasserspiegel, sondern auch die Qualität des Bodens beeinträchtigt. Nach Schätzungen des Ministeriums für Wasserressourcen waren in den Jahren 1990–1991 etwa 2,46 Millionen Hektar bewässerter Flächen von Staunässe und etwa 3,30 Millionen Hektar von Versalzung/Alkalinität betroffen (Terra Green 2004).

Es wird oft vergessen, dass 75 Prozent der Landwirtschaft dort betrieben wird, wo es genügend regnet, und nur etwa 25 Prozent bewässert werden. Selbst wenn alle verfügbaren Wasserressourcen für die Bewässerung erschlossen würden, würden schätzungsweise 55 Prozent der Anbauflächen nach wie vor mit Regenwasser bewirtschaftet. Die Grüne Revolution basiert auf intensiver Bewässerung und nicht nachhaltiger Wassernutzung, da die Hochertragssorten viel mehr Wasser verbrauchen als die einheimischen Sorten.

Die Erhaltung des verfügbaren Bodenwassers ist in der Landwirtschaft von wesentlicher Bedeutung, da es das Pflanzenwachstum fördert. Mit einfachen Techniken lässt sich der Wasserverbrauch reduzieren, etwa durch eine effizientere Wassernutzung und die Verringerung von Verdunstungsverlusten.

Der biologische Landbau umfasst viele Praktiken, die das Agrarökosystem vor Nährstoffauswaschung, Wasserabfluss und Bodenerosion schützen. Einige von ihnen sind im Folgenden aufgeführt.

## Wassermanagementtechniken zur Verringerung des Wasserverbrauchs

Mulchen – das oberflächliche Ausbringen von organischem oder anorganischem Material wie Pflanzenresten, Kompost und so weiter – auf landwirtschaftlichen Flächen verlangsamt den Oberflächenabfluss, erhält die Bodenfeuchtigkeit, verringert Verdunstungsverluste und verbessert die Bodenfruchtbarkeit. Ernterückstände sind für den

Schutz von Boden und Wasser von entscheidender Bedeutung. Die einfachste und sicherste Methode, die Bodenfeuchtigkeit zu erhalten, ist eine vorbeugende Abdeckung der Bodenoberfläche mit Pflanzenrückständen. Pflanzliche Rückstände auf der Bodenoberfläche erleichtern das Eindringen von Wasser in den Boden, verringern die Verdunstung und tragen zur Erhaltung der organischen Substanz bei. Natürlicher Mulch besteht aus abgestorbenen Blättern, Zweigen, abgefallenen Ästen und anderen Pflanzenresten, die sich auf der Erdoberfläche angesammelt haben. Organischer Mulch bewahrt die Feuchtigkeit und ernährt Pflanzen, Regenwürmer, Mikroben und andere nützliche Bodenlebewesen. Unter ihnen leben mehr Arten und Mengen von Lebewesen als oberhalb der Bodenoberfläche. Alle Bodenlebewesen brauchen Energie. Sie können nicht wie Grünpflanzen direkt Energie aufnehmen, doch sie ernähren sich von der Energie, die von verrottendem Mulch freigesetzt wird, der ihre bevorzugte Nahrungsquelle ist.

Der auf der Navdanya Farm durchgeführte Versuch zeigte, dass der Feuchtigkeitsgehalt des Bodens auf den mit Reisstroh gemulchten Feldern am höchsten war (16 Prozent) im Vergleich zu den nicht gemulchten Feldern (9,5 Prozent).

Mulch isoliert und schützt den Boden vor dem Austrocknen und Verkrusten, was durch die rasche Verdunstung von Wasser aus dem der heißen Sonne und dem Wind ausgesetzten Boden verursacht wird. Gemulchte Böden sind kühler als nicht gemulchte Böden und weisen geringere Schwankungen der Bodentemperatur auf. Optimale Bodentemperaturen und eine geringere Verdunstung der Feuchtigkeit von der Bodenoberfläche ermöglichen den Pflanzen ein gleichmäßiges Wachstum. Die Pflanzenwurzeln finden in der Nähe der Bodenoberfläche eine günstigere Umgebung vor, in der Luftgehalt und Nährstoffgehalt ein gutes Pflanzenwachstum begünstigen.

Mulche absorbieren auch die Auswirkungen von Regen- und Gießwasser und beugen so Erosion, Bodenverdichtung und Verkrustung vor. Gemulchte Böden nehmen Wasser schneller auf. Mulch verhindert, dass bei Regen oder beim Begießen Schlamm und Krankheitserreger auf die Pflanzen und Blüten spritzen, und unterstützt die Erhaltung des Bodens. Mulch trägt auch zur Erhaltung der Feuchtigkeit bei, da er den Verlust an Bodenfeuchtigkeit durch Verdunstung um 10 bis 25 Prozent verringert. Mulch hilft dabei, den Boden gut zu belüften, indem er die Bodenverdichtung beim Auftreffen von Regentropfen auf den Boden verringert. Außerdem reduziert Mulche den Wasserabfluss und die Bodenerosion. Studien zeigten, dass Mulch auch die Wühltätigkeit einiger Regenwurmarten fördert, zum Beispiel *Hyperiodrillus* spp. und *Eudrilus* spp. (Lal 1976), was die Wasserübertragung durch das Bodenprofil verbessert (Aina 1984), die Oberflächenverkrustung und den Abfluss verringert und die Speicherung der Bodenfeuchtigkeit in der Wurzelzone verbessert. Lal (1976) berichtet von einer jährlichen Einsparung von 3 Prozent der Niederschlagsmenge in Hinblick auf den Wasserabfluss durch Mulchen im feuchten westlichen Nigeria. Roose, 1988, berichtet von einer drastischen Verringerung des Abflusses und der Erosion eines gemulchten Ananasfeldes.

Verbesserungen der Bodenbedingungen und des Bodenwasserregimes zur Optimierung von Abflussmanagementtechniken können die Pflanzenproduktion fördern. Es gibt drei Hauptkomponenten, um die Länge der Vegetationsperiode zu sichern und den Wasserbedarf der Pflanzen zu decken:

1. Erhaltung des Wassers im Bodenprofil durch ausreichende Zeit für die Versickerung des Regenwassers in den Boden, dies wird auch als Einsparung von Wasser *in situ* (am Ort) bezeichnet
2. Gestaltung der Bodenoberfläche und Planierung so, dass überschüssiges Wasser, das bei starken Regenfällen anfällt, sicher in Wasserspeicher (oder Tanks) innerhalb der hydrologischen Einheit oder des Wassereinzugsgebiets geleitet wird
3. Erhöhung der Grundwasseranreicherung zur Gewährleistung einer nachhaltigen Verfügbarkeit von Wasserressourcen. Die folgenden Bewässerungsmethoden können den Wasserbedarf der Pflanzen im Boden verringern.

**Furchenbewässerung**

Bei den Furchen handelt es sich um kleine Kanäle, die das Wasser zwischen den Anbaureihen den Hang hinunterführen, so dass das Wasser auf seinem Weg entlang des Hangs in den Boden einsickern kann. Die Pflanzen werden in der Regel auf den Hügeln zwischen den Furchen angebaut. Die Furchenbewässerung eignet sich für eine Vielzahl von Bodentypen, Kulturpflanzen und Hanglagen.

Die folgenden Kulturen können durch Furchenbewässerung bewässert werden:

- Reihenkulturen wie Mais, Sonnenblumen, Zuckerrohr, Sojabohnen
- Kulturen, die durch Überschwemmungen geschädigt würden, wie Tomaten, Gemüse, Kartoffeln, Bohnen
- Obstbäume, Zwischenfrüchte (wie etwa Weizen).

***Paired Row Technik* (Paarige Reihen)**

Die Paired-Row-Technik ist eine Methode, bei der eine Pflanze auf beiden Seiten der Furche wächst, indem der Abstand zwischen den Rillen vergrößert wird; dabei bewässert eine gemeinsame Furche zwei Reihen. Die von der Landwirtschaftsuniversität von Tamil Nadu durchgeführten Versuche mit Mungbohne, Urdbohne, Erdnüssen und Sonnenblumen zeigten, dass etwa 20 Prozent weniger Wasser für die Bewässerung benötigt wird und die Ernteerträge um 15 Prozent steigen. Im Distrikt Coimbatore haben die Bauern diese Methode für den Anbau von Baumwolle übernommen und 29 Prozent des Bewässerungswassers eingespart, bei fast dem gleichen Ertrag wie bei einem herkömmlichen Furchensystem.

**Alternatives Furchensystem**

In Gebieten mit Wasserknappheit kann die Bewässerung durch abwechselnde Furchenbewässerung erfolgen. Dabei wird nicht jede Furche, sondern abwechselnd bewässert. Kleine Mengen, die auf diese Weise häufig ausgebracht werden, sind in der Regel besser für die Kulturpflanzen als große Mengen, die in größeren Zeitabständen ausgebracht werden.

| Land | Standort | Ertrag (Kg/Ha) | Ertrag (Prozent) | Wassersparen Ming |
|---|---|---|---|---|
| Bangladesch | Dinajpur | 4.710 | 3.890 | 25 |
| Indien | Punjab | 4.530 | 4.220 | 24 |
| | Haryana | 5.290 | 5.010 | 46 |
| | UP | 4.750 | 4.550 | 30 |
| Kasachastan | Almaty | 5.080 | 4.900 | 29 |

Quelle: fao.org

Eine an der Universität Coimbatore durchgeführte Studie zeigte, dass die alternierende Reihenbewässerung im Vergleich zur Vollreihenbewässerung Wasser spart. Die Daten sind in der folgenden aufgeführt.

## Beetsystem (erhöht oder flach)

Das Beetsystem hängt von der Intensität der Regenfälle und der Art des Bodens ab. Beetanlagen bringen höhere Erträge von 54–80 Prozent. Die Wassereinsparungen durch den Einsatz von Hochbeetverfahren sind in der folgenden dargestellt:

| Methode | Weizenproduktivität je Acre | Bodenfeuchtigkeit (Prozent) |
|---|---|---|
| Ridge-Methode (gepaarte Reihe) | 11,54 | 12,0 |
| Methode des Sprossenbetts | 10,25 | 11,5 |
| Flachbettverfahren (konventionell) | 7,15 | 8,5 |

Auf dem Versuchsfeld von Navdanya wurde ein Versuch zur Weizenproduktivität (Menge pro Hektar) unter Verwendung verschiedener Aussaatmethoden durchgeführt. Die Daten zeigten die höchste Weizenproduktivität bei der Ridge-Methode (gepaarte Reihe). Auch die maximale Bodenfeuchte wurde bei der Ridge-Methode festgestellt.

Das Abflussmanagement und die Erhaltung des Bodenwassers durch biologische Anbaumethoden beruhen auf den Grundsätzen der Minimierung der Abflussmengenkonzentration und der Verlang-

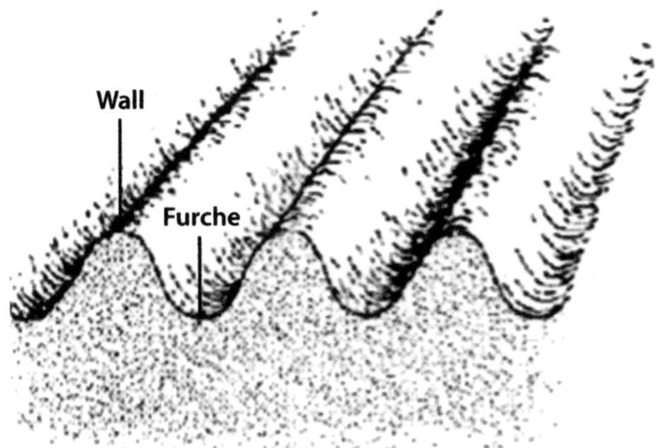


**Abbildung 5** Quelle: FAO, Ausbildungshandbuch Nr. 5

samung der Abflussgeschwindigkeit, wodurch die Erosionsgefahr verringert wird. Sie zielen darauf ab, den Rückhalt an der Oberfläche zu verbessern, so dass das Wasser mehr Zeit hat, im Boden zu versikkern. Mulchen scheint die wirksamste Konservierungsmaßnahme im biologischen Landbau zu sein.

**Fallstudie:**
**Wassereffizienter Zuckerrohranbau in Südindien**

Suresh Desai, ein Zuckerrohrbauer im Distrikt Belgaum im südindischen Bundesstaat Karnataka, hat eine Reihe von Änderungen an den konventionellen Verfahren des Zuckerrohranbaus entwickelt. Desai zufolge beeinträchtigte die herkömmliche Praxis der Überflutung des Wurzelbereichs der Pflanze die Belüftung des Bodens, da sie die Bodenfruchtbarkeit verringere und die Pflanzen folglich anfällig für Krankheiten mache. Er gestaltete die Bewässerungskanäle neu und begann damit, ihre Anzahl um die Hälfte zu reduzieren. Dies tat er, indem er jeden zweiten Kanal eliminierte. Für jeden Kanal, den er beibehielt, wurde also einer entfernt. Die wegfallenden Kanäle wurden aufgefüllt und in ein Mulchbett verwandelt, um die Feuchtigkeit im Boden zu halten. Er stellte fest, dass das Zuckerrohrfeld insgesamt nun eine größere Menge an Feuchtigkeit speichern konnte. Durch diese Methode wurde die Bewässerung des Feldes um 50 Prozent reduziert. Auch die Anzahl der erforderlichen Wassergaben nahm ab.

Nach drei Monaten wurde die Anzahl der Kanäle noch einmal reduziert. Mit dieser Methode war er in der Lage, vier Pflanzenreihen mit nur einer Wasserrinne zu versorgen. Bei der herkömmlichen Methode halten andere Landwirte vier Wasserkanäle für vier Reihen Zuckerrohr vor. Durch diese Änderungen wird der Wasserbedarf in Zuckerrohrplantagen um etwa 75 Prozent gesenkt.

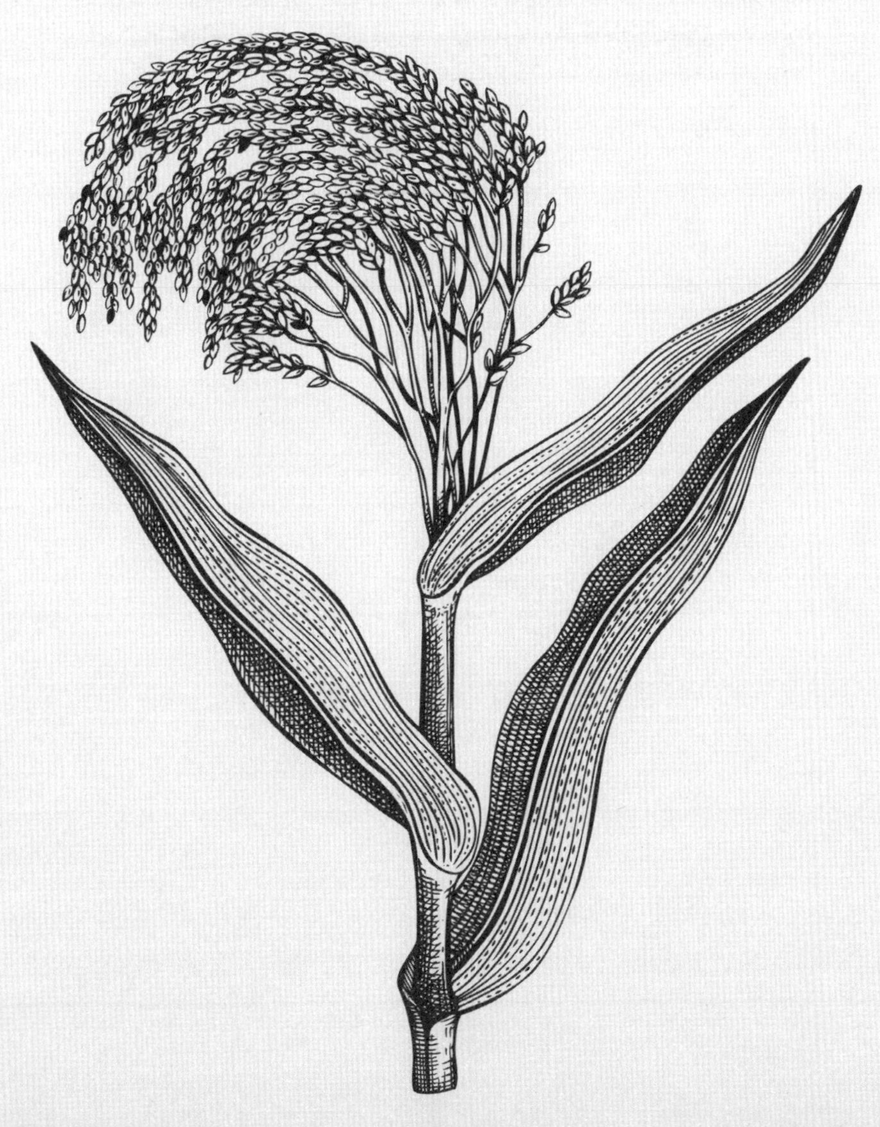

# TEIL 4
# Lösungen für die Klimaveränderungen

Die atmosphärischen $CO_2$ Werte sind um über 2 Teile pro Million (ppm) pro Jahr gestiegen. Trotz aller Verpflichtungen, die die Länder im Dezember 2015 in Paris eingegangen sind, sind die $CO_2$-Werte im Jahr 2016 auf ein Rekordniveau gestiegen: 3,3 ppm $CO_2$ gelangten in die Atmosphäre. Im Jahr 2022 hat der mittlere $CO^2$-Gehalt einen neuen Rekordwert von 415 ppm erreicht, den höchsten seit 800.000 Jahren.

1 ppm = 7,76 Gigatonnen $CO_2$

(Eine Gigatonne = eine Milliarde Tonnen)

2 ppm = 15,52 Gigatonnen $CO_2$ (pro Jahr)

Daten der Weltorganisation für Meteorologie:

> Geologische Aufzeichnungen veranschaulichen, dass die derzeitigen $CO_2$ Werte einem »Gleichgewichtsklima« entsprechen, das zuletzt im mittleren Pliozän (vor 3 bis 5 Millionen Jahren) beobachtet wurde, einem Klima, das 2 bis 3 °C wärmer war, in dem die Eisschilde Grönlands und der Westantarktis schmolzen und sogar ein Teil des ostantarktischen Eises verlorenging, was zu einem Meeresspiegel führte, der 10 bis 20 Meter höher lag als heute.

Selbst wenn die Welt morgen zu 100 Prozent auf erneuerbare Energien umstiege, wird dies den Anstieg der Temperaturen und des Meeresspiegels nicht aufhalten, weil es mehr als 100 Jahre dauern wird, bis die $CO_2$ Werte sinken. Infolge von Naturkatastrophen und weiteren Risiken werden Millionen von Menschen vertrieben werden und den Planeten ins Chaos stürzen. Wir sollten nicht nur den Übergang zu erneuerbaren Energien beschleunigen und die Kohlenstoffemissionen reduzieren, sondern auch Maßnahmen ergreifen, um das $CO_2$ in der Atmosphäre abzubauen.

Die Nutzung regenerativer Methoden wie der pflanzlichen Photosynthese und der Biodiversität wird die Menschheit in die Lage versetzen, überschüssiges Kohlendioxid aus der Atmosphäre zu entfernen und in den Boden zurückzuführen, wo es zur Nahrungs-, Wasser- und Klimasicherheit beitragen kann.

In den Ozeanen gibt es bereits einen Überschuss an Kohlenstoff, der viele Probleme für die Ökosysteme und das Meeresleben verursacht. Die Böden sind die logischste Kohlenstoffsenke: Schätzungen zufolge speichern sie über 2.700 Gigatonnen $CO_2$. Das ist mehr als die Atmosphäre (848 Gt) und die Biomasse (575 Gt) zusammen (Lal 2008).

Die Landwirtschaft kann eine wichtige Rolle spielen, weil Düngemittel, Herstellungsverfahren, der Transport von Chemikalien und landwirtschaftliche Betriebsmittel Einfluss darauf haben, ob sie ein Problem oder eine Lösung darstellt. Je nach externen Effekten machen die Treibhausgasemissionen im Agrarsektor zwischen 30 und 50 Prozent aus, aber es besteht die Möglichkeit, sie erheblich zu reduzieren. Die Verschlechterung der Böden und die Wüstenbildung haben den Abbau des Bodenkohlenstoffs verstärkt. Schätzungen zufolge haben die landwirtschaftlichen Böden 50–70 Prozent ihres organischen Kohlenstoffs (SOC) verloren.

Die Wiederherstellung des organischen Kohlenstoffpools kann durch lange Fruchtfolgen, Zwischenkulturen, Deckfrüchte, Gründüngung, Leguminosen, organischen Ackerbau, Kompost, organische Mulche, Biokohle, mehrjährige Pflanzen, Agroforstwirtschaft, agrarökologische Vielfalt und Viehhaltung auf Weiden mit nachhaltigen

Weidesystemen erreicht werden. Nachfolgend sind Beispiele für biologische Anbausysteme aufgeführt, die mehr $CO_2$ binden, als sie ausstoßen, sowie ihr Potential für die weltweite Kohlenstoffbindung, wenn sie global auf alle landwirtschaftlichen Flächen angewendet würden.

- Biologisch gedüngte Parzellen auf Versuchsanlagen des Rodale-Instituts banden 3.596,6 kg $CO_2$ pro Hektar und Jahr. Bei einer Extrapolation auf die gesamte landwirtschaftliche Nutzfläche könnten so 17,5 Gigatonnen $CO_2$ jährlich gebunden werden.
- Eine Meta-Analyse von 24 Vergleichsversuchen zwischen ökologischen und nicht-biologischen Methoden im mediterranen Klima ergab, dass die biologischen Systeme 3.559,9 Kilogramm $CO_2$ pro Hektar und Jahr binden. Werden die Daten auf landwirtschaftliche Flächen weltweit extrapoliert, würden diese Systeme 17,4 Gigatonnen $CO_2$ pro Jahr binden (Aguilera et al., 2013).
- Das Louis Bolk Institute führte eine Studie zur Bewertung der Kohlenstoffbindung im Boden von Sekem durch, dem ältesten Bio-Bauernhof Ägyptens. In den letzten 30 Jahren konnten mit den Bewirtschaftungsmethoden von Sekem durchschnittlich 3.303 Kilogramm $CO_2$ pro Hektar und Jahr gebunden werden. Ausgehend von diesen Zahlen, könnte die weltweite Anwendung dieser Praktiken jedes Jahr 16 Gigatonnen $CO_2$ im Boden binden.
- Nachweislich wurden im Rahmen des Rodale Kompostversuchs 8.220,8 Kilogramm $CO_2$ pro Hektar und Jahr im Boden gebunden. Bei einer Extrapolation auf die Welt würden so 40 Gigatonnen $CO_2$ pro Jahr gebunden.

Nach Angaben der Ernährungs- und Landwirtschaftsorganisation der Vereinten Nationen (FAO, 2010) machen Weiden den größten Teil der weltweiten landwirtschaftlichen Nutzfläche aus (4.883.697.000 Hektar oder 68,7 Prozent). Eine wachsende Zahl von veröffentlichten Studien deuten darauf hin, dass Weiden den organischen Kohlenstoff im Boden schneller aufbauen als viele andere Agrarkulturen und ihn bei guter Bewirtschaftung tiefer im Erdreich speichern können:

> In einer Region mit extensiver Bodendegradation im Südosten der Vereinigten Staaten haben wir die Kohlenstoffanreicherung im Boden über einen Zeitraum von drei Jahren in einer siebenjährigen Chronosequenz von drei Betrieben untersucht, die auf eine intensive Beweidung umgestellt wurden. Wir zeigen, dass diese Betriebe 8,0 Mg $ha^{-1}yr^{-1}$ Kohlenstoff akkumulierten und den Kationenaustausch und die Wasserhaltekapazität um 95 Prozent bzw. 34 Prozent erhöhten (Machmuller *et al.*, 2015).

Um diese Zahlen ins rechte Licht zu rücken, sollte man bedenken, dass 8,0 Mg $ha^{-1}yr^{-1}$ bedeutet, dass pro Hektar und Jahr 8.000 Kilogramm Kohlenstoff im Boden gespeichert werden. Multipliziert mit 3,67 ergibt sich, dass diese Weidesysteme 29.360 Kilogramm $CO_2$ pro Hektar und Jahr gebunden haben. Würden diese regenerativen Weidepraktiken auf den weltweiten Weideflächen (3.356.940.000 Hektar) angewandt, würden sie 98,5 Gigatonnen $CO_2$ im Jahr binden.

Wie in den vorangegangenen Beispielen gezeigt wurde, könnten landwirtschaftliche Systeme genügend $CO_2$ speichern, um bei unseren Bemühungen, den Klimaveränderungen entgegenzuwirken, einen erheblichen Beitrag zu leisten. Es ist von entscheidender Bedeutung, dass weitere Studien durchgeführt werden, um herauszufinden, wie und warum diese Systeme beträchtliche Mengen an $CO_2$ speichern und wie diese Erkenntnisse auf globaler Ebene genutzt werden können, um eine sinnvolle Reduzierung der Treibhausgase zu erreichen. Die Geschwindigkeit, mit der die Sequestrierung (Einlagerung) erfolgt, kann durch weitere Forschung sicherlich noch verbessert werden.

Das unmittelbare Ziel muss darin bestehen, den $CO_2$-Gehalt in der Atmosphäre zu stabilisieren, um eine künftige Zunahme von klimabedingten Extremereignissen zu verhindern. Dies sollte idealerweise durch eine Kombination aus Emissionsbegrenzungen und der Einführung von Maßnahmen für erneuerbare Energien und Energieeffizienz erreicht werden. Das Pariser Abkommen sieht jedoch vor, dass dies frühestens im Jahr 2030 der Fall sein wird, was darauf hindeutet, dass der weit verbreitete Einsatz regenerativer landwirtschaftlicher Praktiken einen wesentlichen Beitrag zur $CO_2$ Stabilisierung und Reduzierung schon vor 2030 leisten kann. Regierungen, internationale Organisationen, die Industrie und Klimaschutzorganisationen sollten der breiten Einführung dieser Systeme höchste Priorität einräumen.

## Die Klimakrise: Die Überschreitung planetarischer Grenzen und die Unterbrechung ökologischer Kreisläufe

Die Klimakrise ist der dramatischste Ausdruck des menschlichen Einflusses auf den Planeten Erde. Während das Klima der Erde im Laufe der Geschichte mehrere Phasen der Erwärmung und Abkühlung durchlaufen hat, sind der aktuelle Trend zur Erwärmung und die damit verbundenen Störungen des Klimasystems und der Wettermuster vom Menschen verursacht. Traurigerweise tragen diejenigen, die am wenigsten zu den Emissionen beigetragen haben, die Hauptlast der Auswirkungen – Dörfer im indischen Himalaya, die ihre Wasserquellen durch die Gletscherschmelze und das Verschwinden der Gletscher verloren haben, Bewohner im indischen Ganges-Becken, deren Ernten durch die Dürre ausgefallen sind, und Gegenden an der Küste, die durch den Anstieg des Meeresspiegels und stärkere Wirbelstürme bedroht sind.

Extraktive Agrartechniken, die auf fossile Brennstoffe angewiesen sind, führen zum Zusammenbruch ökologischer Prozesse und planetarischer Grenzen. Die industrielle chemische Landwirtschaft basiert auf externen Einträgen von Stickstoff, Phosphor und Kalium; industrielle Monokulturen basieren auf global gehandelten Rohstoffen.

Verschärft durch eine Kombination von Faktoren wie Lebensraumzerstörung und Umweltverschmutzung nimmt die Artenvielfalt weltweit rapide ab. Die industrielle Landwirtschaft, die sich auf fossile Brennstoffe und chemieintensive Monokulturen stützt, nutzt

75 Prozent der Fläche, produziert aber nur 30 Prozent unserer Nahrungsmittel, während kleine, biodiverse Betriebe, die 25 Prozent der Fläche nutzen, 70 Prozent produzieren. Monokulturen, insbesondere industrielle, tragen wesentlich zum Verlust und zur Erosion der biologischen Vielfalt bei. Im Amazonas und in den indonesischen Regenwäldern wird Land für Roundup Ready-Soja und Palmöl-Monokulturen gerodet.

Früher standen 10.000 Pflanzenarten auf unserem Speiseplan. Heute werden nur noch 12 weltweit gehandelte Rohstoffe angebaut. Mehr noch, nur 10 Prozent der Mais- und Sojapflanzen werden als Nahrungsmittel verwendet, der Rest wird zu Biokraftstoffen und Tierfutter verarbeitet. Wenn der Anteil der industriellen Landwirtschaft und der industriellen Nahrungsmittel an unserer Ernährung auf 45 Prozent ansteigt, wird der Planet ohne Leben sein. Die Regeneration der Umwelt durch ökologische Prozesse ist für die Menschheit und alle anderen Spezies zu einem überlebenswichtigen Gebot geworden. Der Wechsel von fossilen Brennstoffen zu lebendigen Prozessen, die auf der Entwicklung und dem Recycling von lebendigem Kohlenstoff beruhen, ist für diesen Übergang entscheidend.

## Regenerierung des lebendigen Kohlenstoffkreislaufs

Das Leben auf der Erde hängt vom Boden, dem Sonnenlicht und den Samen ab. Innerhalb dieser lebendigen Wirtschaft werden alle Bedürfnisse der Menschen und anderer Tiere auf nachhaltige Weise befriedigt. Wie Sir Albert Howard in seinem landwirtschaftlichen Testament der Landwirtschaft schreibt:

> Die Energie für die Wachstumsmaschinerie kommt von der Sonne, das Chlorophyll im grünen Blatt ist der Mechanismus, mit dem diese Energie aufgefangen wird; die Pflanze ist dadurch in der Lage, Nahrung herzustellen – Kohlenhydrate und Proteine aus

> dem Wasser und anderen Substanzen, die von den Wurzeln aufgenommen werden, und dem Kohlendioxid der Atmosphäre. Die Effizienz des grünen Blattes ist daher von größter Bedeutung: Von ihr hängt die Nahrungsmittelversorgung des Planeten, unser Wohlergehen und unser Dasein ab. Es gibt keine alternative Nahrungsquelle. Ohne das Sonnenlicht und das grüne Blatt wären unsere Industrien, unser Handel, unsere Besitztümer bald nutzlos (Howard 1940).

Mit Hilfe der Sonne keimen die Samen und entwickeln sich zu Pflanzen, die die grüne Hülle der Erde bilden, dem Boden organische Stoffe zurückgeben und Menschen und Tiere mit jedweder Nahrung, Kleidung und Unterkunft versorgen.

Der primäre Eintrag von Kohlenstoff in die Biosphäre erfolgt über die pflanzliche Photosynthese oder die Bruttoprimärproduktivität, also über die Aufnahme von Kohlenstoff aus der Atmosphäre durch Pflanzen. Kohlenstoff kann durch die Pflanzenatmung (autotrophe Atmung), durch den Abbau von Streu und organischer Bodensubstanz (heterotrophe Atmung) und durch zusätzliche Verluste durch Brände, Trockenheit und menschliche Aktivitäten verlorengehen.

Die Fähigkeit, Kohlenstoff zu speichern, kann infolge der Klimaveränderungen, die zu einer Verschlechterung der Ökosysteme führen, eingeschränkt sein. Eine Erwärmung des Planeten kann die heterotrophe Atmung und die Zersetzung der organischen Substanz im Boden verstärken. Daher kann die Kohlenstoffeinlagerung ein nützliches Instrument sein, bis eine ökologisch akzeptablere Alternative die Abhängigkeit von fossilen Brennstoffen ersetzt.

## Navdanya-Studie zur Anpassung an die Klimaveränderungen

Navdanya führte eine Studie in vier verschiedenen ökologischen Regionen Indiens durch, um die Auswirkungen des biologischen

Landbaus auf die Anpassung an die Klimaveränderungen zu bewerten und zahlreiche Merkmale zu messen, darunter das Wasserrückhaltevermögen, die Kohlenstoffanreicherung und -bindung im Boden, mikrobielle Biomasse, biologische Aktivität, Enzymaktivitäten, Auswirkungen auf Kulturpflanzen und Anbausysteme, physikalische Bodeneigenschaften sowie Stabilisierung und Verlust von organischem Kohlenstoff im Boden. In Uttarakhand wurden Fallstudien gesammelt, in denen der biologische mit dem konventionellen Anbau von Reis und Zuckerrohr verglichen wurde.

Die organische Substanz im Boden besteht aus pflanzlichen und tierischen Rückständen sowie anderen organischen Verbindungen, die von Bodenmikroorganismen bei der Zersetzung produziert werden. Diese werden von den Bodenmikroben kontinuierlich abgebaut und neu synthetisiert. Folglich ist organische Substanz (Bodenkohlenstoff) ein vorübergehender Bodenbestandteil, der mehrere Stunden bis Hunderte von Jahren erhalten bleibt. Die Erhaltung des Bodenkohlenstoffs ist für die Abschwächung der Auswirkungen der Klimaveränderungen von entscheidender Bedeutung, und der biologische Landbau ist eine wichtige Möglichkeit, dies zu erreichen.

Ein stärkerer Anstieg des Gesamtkohlenstoffs durch den biologischen Landbau im Vergleich zum chemischen Landbau wurde in verschiedenen Agrarökosystemen untersucht. Die Ergebnisse zeigten einen zusätzlichen Anstieg des Bodenkohlenstoffs im biologischen Landbau, unabhängig vom Pflanzenwachstum. Im allgemeinen kam

**Tabelle 1: Zunahme des Kohlenstoffgehalts durch ökologischen Landbau***

| | Zusätzliche Erhöhung ($\mu/g^{-1}$) | |
|---|---|---|
| | Bereich von...bis | Durchschnitt |
| Arid | 49–83 | 62,5 |
| Semi-arid | 57–98 | 71,9 |
| Sub-humid | 61–101 | 75,5 |
| Humid | 68–102 | 83,0 |

* Durchschnitt von 10 Betrieben in jedem Agrarökosystem

es in feuchten Agrarökosystemen zu einer größeren Kohlenstoffanreicherung. Die zusätzliche Kohlenstoffanreicherung war im biologischen Landbau ausgeprägter, was das Wachstum der Bodenmikroben, die Wiederverwertung von Nährstoffen und die Feuchtigkeitsspeicherung im Boden fördert. Er trägt außerdem dazu bei, Bodenerosion zu verhindern, insbesondere in ariden und semiariden Regionen.

Lebendiger Kohlenstoff ist der Kreislauf des Lebens, der lebendiges Saatgut, lebendigen Boden und die lebensspendende Sonne umfasst. Lebendiger Kohlenstoff ist nicht mit fossilem Kohlenstoff vergleichbar. Die Unterbrechung des Kohlenstoffkreislaufs und die Destabilisierung des Klimasystems ist die Folge der Entnahme fossiler Brennstoffe (toter Kohlenstoff) aus der Erde, ihrer Verbrennung und der Freisetzung unkontrollierbarer Emissionen in die Atmosphäre.

Die gesamte Kohle, das Erdöl und das Erdgas, die wir fördern, sind im Laufe von 600 Millionen Jahren entstanden. Die Abhängigkeit von fossilem Kohlenstoff führt zu einer Verknappung des lebenden Kohlenstoffs, der die Nahrungsgrundlage für Menschen und Bodenorganismen zum Versiegen bringt. Die Ernährungssicherheit ist eine große Herausforderung, insbesondere in Gebieten mit Konflikten und Naturkatastrophen. Mangel führt zu Unterernährung und Hunger sowie zur Verschlechterung der Böden. Die chemische Landwirtschaft erhöht den Kapitaleinsatz und verringert gleichzeitig die Artenvielfalt, die Biomasse und die Nährstoffe, die aus dem Saatgut, dem Boden und dem Sonnenlicht gewonnen werden können. Wir müssen unsere landwirtschaftlichen Betriebe und Wälder in Hinblick auf Artenvielfalt und Biomasse biologisch intensivieren, um das Problem der Kohlenstoffemissionen in der Atmosphäre zu lösen.

Je mehr Artenvielfalt und Biomasse wir heranziehen, desto mehr Kohlenstoff und Stickstoff binden die Pflanzen und verringern damit sowohl die Emissionen als auch die Schadstoffbelastung der Luft. Der Kohlenstoff wird durch die Pflanzen in den Boden zurückgeführt. Deshalb besteht ein enger Zusammenhang zwischen biologischer

Vielfalt und Klimawandel. Je größer die biologische Vielfalt und die Intensivierung der Biomasse in Wäldern und landwirtschaftlichen Betrieben, desto mehr organische Substanz steht zur Rückführung in den Boden zur Verfügung. Dies kehrt den Trend zur Wüstenbildung um, die der Hauptgrund für die Vertreibung und Entwurzelung von Menschen ist, die so zu Klimaflüchtlingen werden.

Der biologische Landbau, der im Einklang mit der Natur arbeitet, entzieht der Atmosphäre überschüssiges Kohlendioxid und führt es durch Photosynthese dem Boden wieder zu. Der biologische Landbau hat das Potential, 10 Gigatonnen Kohlendioxid zu binden, was der Menge entspricht, die aus der Atmosphäre entfernt werden müsste, um den atmosphärischen Kohlenstoffgehalt unter 350 ppm und den durchschnittlichen Temperaturanstieg unter zwei Grad Celsius zu halten. Wir können die Emissionslücke schließen, indem wir die Techniken des biologischen Landbaus jetzt nutzen.

Um den unterbrochenen Kohlenstoffkreislauf zu reparieren, ist es unerlässlich, mehr lebenden Kohlenstoff in Pflanzen und Böden zu bringen. Die Arbeit mit lebendem Kohlenstoff spendet Leben; die Verwendung von fossilem Kohlenstoff stört die lebendigen Prozesse. Toter Kohlenstoff muss unter der Erde bleiben, das ist eine ethische Verpflichtung und ein ökologisches Gebot.

Deshalb ist der Begriff »Dekarbonisierung« ohne Qualifizierung und Unterscheidung zwischen lebendem und totem Kohlenstoff wissenschaftlich und ökologisch unangebracht. Wenn wir die Wirtschaft dekarbonisieren würden, hätten wir keine Pflanzen, die lebender Kohlenstoff sind. Es gäbe kein Leben auf der Erde, das durch lebendigen Kohlenstoff entsteht und aufrechterhalten wird. Ein dekarbonisierter Planet wäre ein toter Planet. Vielmehr muss es einen Ansatz geben, die Welt mit lebendem Kohlenstoff zu rekarbonisieren und sie von totem Kohlenstoff zu befreien.

## Das Kohlenstoffrad

Die Photosynthese speichert Kohlenstoff im Boden. Das Ziel der Photosynthese ist es, den Kohlenstoffspeicher in der Lithosphäre zu vergrößern. Diese Anhäufung von »Kohlenstoffreichtum« bleibt nicht ungenutzt. Er bildet die Grundlage für das irdische Leben, sowohl unter als auch über der Erdoberfläche. Mit anderen Worten: Das Kohlenstoffrad ist eine dynamische Version unseres lithosphärischen Kohlenstoffpools.

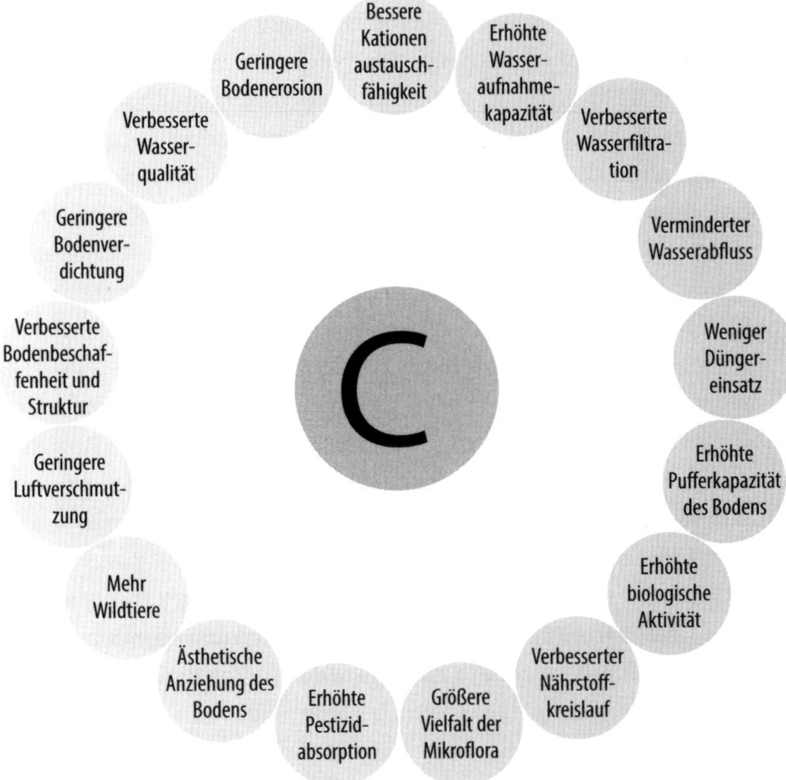


**Abbildung 1: Das Kohlenstoffrad**

Das Rad ist ein positives Zeichen für Fortschritt, Hoffnung und Glück. Diese Attribute stellen die »Speichen« des Kohlenstoffrads dar. Die Photosynthese baut das Kohlenstoffrad auf, wenn sich der Kohlenstoff aus seinem atmosphärischen Pool dynamisch durch die grüne Vegetation in alle Arten von Leben bewegt und es schließlich in der Lithosphäre abgelagert wird. Genährt durch die Photosynthese wird sich unsere Umwelt weiter stabilisieren, die Biosphäre wird gesund bleiben und unsere Zukunft wird sich im Sinne der Nachhaltigkeit entwickeln (Reicosky 2007).

Je mehr atmosphärischer Kohlenstoff durch die Photosynthese in die Lebenswelt gelangt, desto konstruktiver wird das Kohlenstoffrad. Wenn die Photosynthese zu einem gewissen Grad behindert wird, brechen die »Speichen« des Kohlenstoffrads, und es wird wieder mehr Kohlenstoff in die Atmosphäre emittiert, wo er die Klimaveränderungen verursacht. Genau dies geschieht in unserer heutigen Zeit. Wenn die »Speichen« des Kohlenstoffrads intakt und in der Lithosphäre gebunden sind, wird das Rad stärker und bewegt sich im Gleichgewicht weiter, und der Kohlenstoff fördert das Wachstum.

*Das Kohlenstoffrad der Lithosphäre übt seinen konstruktiven Einfluss auf die gesamte Biosphäre aus und webt überall Leben hinein. Es bewegt sich in der Lithosphäre und baut die Wege für den materiellen und kulturellen Fortschritt der Menschheit. Es hält den lebendigen Planeten im Gleichgewicht und in der Nachhaltigkeit. Das Kohlenstoffrad der Lithosphäre dreht sich, und der Kosmos schreibt seine geheimnisvolle Evolutionsgeschichte weiter.*

*Auf der Erde blüht die kosmische Evolution gemeinsam mit der Photosynthese. Alle bestehenden und sich ständig weiterentwickelnden Arten und die gesamte Menschheit sind die schönen Blüten dieser Evolution. Alles, was wir sehen, riechen, hören, berühren und fühlen, ist das Ergebnis der Photosynthese. Alles, was wir erdenken und innerlich kultivieren, verdanken wir der Photosynthese. Die unzähligen Farben der Natur, alle Arten von Leben, alle atemberaubenden Ekstasen und die unendliche Schönheit, die wir erleben, sind die lebendigen Gaben der Photosynthese.*

*Wir, die Menschen, haben uns zu Verwaltern der Biosphäre entwickelt, die ein unbeugsamer Wille der Photosynthese war. Die gesamte Evolution auf der Erde ist ein Geschenk der Photosynthese, die auf uns herablächelt, denn wir sind die wunderbarsten Wesen der Photosynthese. So wunderbar, dass die Photosynthese in uns ein einzigartiges Bewusstsein erzeugt hat und wir uns zu Hütern der Photosynthese selbst entwickelt haben.*

*Unsere Hände können nicht grausam sein, wir können nicht das Phänomen versklaven, welches unser Schicksal beherrscht. Lasst uns das Bewusstsein des Wohlwollens erwecken, das die Photosynthese tief in uns verankert hat. Befreien wir die Photosynthese, geben wir ihr ihre volle Freiheit zurück und helfen wir ihr, sich mit all ihren Kräften durchzusetzen. Dann werden wir auch in einem Klima auferstehen, das uns mit seinem Wohlwollen überschüttet, um uns zu helfen, in Herrlichkeit und Glück zu bestehen.*

## Synthetische Düngemittel auf Basis fossiler Brennstoffe

Im letzten Jahrhundert hat sich eine auf fossilen Brennstoffen beruhende, chemieintensive industrielle Landwirtschaft entwickelt. Alle Pestizide, die von Unternehmen wie Monsanto und Syngenta vermarktet werden, beruhen auf fossilen Brennstoffen.

Stickstoffdünger erzeugen neben Kohlenstoff auch Stickstoffoxid-Emissionen, ein Treibhausgas, das in der Atmosphäre 300-mal stärker auf die Erwärmung wirkt als Kohlendioxid. Stickstoffdünger destabilisieren nicht nur die Umwelt, sondern schaffen auch tote Zonen in den Ozeanen und veröden die Böden. Im planetarischen Kontext sind die Erosion der biologischen Vielfalt und die Überschreitung der Stickstoffgrenze ernste Krisen. Diese Aspekte der ökologischen Katastrophe werden oft übersehen.

Das Verfahren zur Herstellung von synthetischem Stickstoffdünger beruht auf fossilen Brennstoffen und wurde im Zweiten Weltkrieg zur

Herstellung von Sprengstoff und Munition verwendet. Nach dem Zweiten Weltkrieg, als riesige Lagerbestände unbenutzter Ammoniumnitratmunition liegenblieben, wurde die Verwendung von synthetischem Stickstoffdünger in der Landwirtschaft gefördert. Das Haber-Bosch-Verfahren, bei dem unter Verwendung von Erdgas bei hohen Temperaturen künstlich Stickstoff aus der Atmosphäre gebunden und Ammoniak hergestellt wird, ist äußerst energieintensiv. Die für die Herstellung von einem Kilogramm Stickstoffdünger benötigte Energie entspricht zwei Litern Diesel. Im Jahr 2000 entsprach der Energieaufwand für die Düngemittelherstellung 191 Milliarden Liter Diesel, und bis 2030 wird ein Anstieg auf 277 Milliarden Liter erwartet. Dies hat erhebliche Auswirkungen auf die Klimaveränderungen, wird aber weitgehend vernachlässigt. Für Phosphatdünger wird ein halber Liter Diesel pro Kilogramm verbraucht (Shiva 2008).

Synthetische Düngemittel schädigen, wie andere fossile Brennstoffe, den Kohlenstoffkreislauf. Sie stören auch den Stickstoffkreislauf und den Wasserkreislauf, da die chemische Landwirtschaft zehnmal so viel Wasser benötigt wie der biologische Landbau, um die gleiche Menge an Lebensmitteln zu erzeugen. Außerdem verschmutzen sie Flüsse und Meere.

Da Expertenwissen über Krieg kein Wissen über die Funktionsweise von Pflanzen, Böden und ökologischen Prozessen vermittelt, ignorierte das militarisierte industrielle Landwirtschaftsmodell das Potential der biologischen Vielfalt und des biologischen Landbaus.

Aber die Verfahren der Agrarökologie können Lösungen bieten. Durch die Rückführung organischer Stoffe in den Boden wird der Stickstoffgehalt des Bodens erhöht. Eine aktuelle Navdanya-Studie zeigt, dass der biologische Landbau den Stickstoffgehalt des Bodens je nach Kultur zwischen 44 und 144 Prozent erhöhte. Hülsenfrüchte fixieren Stickstoff gewaltfrei im Boden, anstatt die Abhängigkeit von synthetischen Düngemitteln zu fördern, die durch den Einsatz fossiler Brennstoffe bei 550 Grad Celsius erzeugt werden. Kichererbsen können bis zu 140 Kilogramm Stickstoff pro Hektar binden, während Taubenerbsen bis zu 200 Kilogramm Stickstoff pro Hektar binden können. Die Integration von Hülsenfrüchten in den biologischen Landbau ist der einzige nachhaltige Weg zur Lebensmittel- und Ernährungssicherheit. Es geht um den Aufbau des Lebens und die Intensivierung biologischer Prozesse, nicht um den Aufbau von Macht und die Intensivierung von Chemikalien, Kapital und Kontrolle. Auf solche Weise haben alte Kulturen ihre Böden angereichert.

Das in Hülsenfrüchten enthaltene pflanzliche Eiweiß ist auch für den Menschen ein wesentlicher Bestandteil einer gesunden und ausgewogenen Ernährung. Die »gute Bohne« ist ein wesentlicher Bestandteil der Mittelmeerernährung. Die kulinarische Kultur Indiens beruht auf *dal roti* und *dal chawal*. *Urad, moong, masoor, chana, rajma, tur, lobia* und *gahat* sind unsere wichtigsten Grundnahrungsmittel. Indien war früher der weltweit größte Produzent von Hülsenfrüchten – unsere Produkte sind nährstoffreich und schmackhaft. Die Monokulturen der Grünen Revolution verdrängten die Hülsenfrüchte, und nun drohen Bt-Baumwolle und Soja dasselbe zu tun. Im Jahr 2014 wurden 11,6 Millionen Hektar mit Bt-Saatgut bepflanzt. Wären auf der Hälfte dieser Fläche Hülsenfrüchte angebaut worden, hätten wir zusätzlich 4 Millionen Tonnen Leguminosen zur Verfügung gehabt. Auf diese Weise gehen uns fast 10 Millionen Tonnen Hülsenfrüchte verloren.

Die Ergebnisse einer Studie auf der Navdanya-Farm veranschaulichen, dass die organische Substanz um bis zu 99 Prozent, Zink um 14 Prozent und Magnesium um 14 Prozent zugenommen hat, ohne dass externe Inputs hinzugefügt wurden. Sie wurden von Milliarden von Bodenmikroben hervorgebracht, die in gesunden Böden vorhanden sind. Gesunde Böden bringen gesunde Pflanzen hervor, die dann von den Menschen verzehrt werden können. Die chemische Landwirtschaft hingegen hat zu einer Verarmung der Nährstoffe im Boden geführt, was eine Verringerung des Nährwerts unserer Mahlzeiten zur Folge hat.

Hülsenfrüchte sind wahrhaftig der Puls des Lebens für den Boden, für die Menschen und für den Planeten. In unseren landwirtschaftlichen Betrieben geben sie dem Boden Leben, indem sie Stickstoff liefern. Auf diese Weise reicherten alte Kulturen ihre Böden an. Der Ackerbau begann nicht mit der Grünen Revolution und den synthetischen Stickstoffdüngern.

Ob Navdanya, Baranaja oder die »drei Schwestern«, die von den ersten Nationen Nordamerikas angepflanzt wurden, oder das alte Milpa-System Mexikos: Bohnen und andere Hülsenfrüchte sind für die einheimische Landwirtschaft lebenswichtig. Sir Albert Howard, der als Vater der modernen Landwirtschaft bekannt ist, vergleicht in *Mein landwirtschaftliches Testament* die Landwirtschaft im Westen mit der in Indien und schreibt:

> Mischkulturen sind die Regel. In dieser Hinsicht haben die Bauern des Orients die Methode der Natur übernommen, wie sie im Urwald zu sehen ist. Der Mischanbau ist vielleicht am universellsten, wenn das Getreide der Hauptbestandteil ist. Kulturen wie Hirse, Weizen, Gerste und Mais werden mit einer geeigneten Hülsenfrucht gemischt, manchmal mit einer Art, die viel später reift als das Getreide. Die Straucherbse (*Cajanus indicus*), die vielleicht wichtigste Hülsenfrucht des Ganges-Schwemmlandes, wird entweder mit Hirse oder Mais zusammen angebaut... Hülsenfrüchte sind weit verbreitet. Obwohl die westliche Wissenschaft die wichtige Rolle der Hülsenfrüchte für die Anreicherung des Bodens erst 1888, nach einer 30 Jahre dauernden Kontroverse, als erwiesen anerkannte, hatten die Bauern des Ostens aus jahrhundertelanger Erfahrung dieselbe Lehre gezogen (Howard 1940).

Seit den 1990er-Jahren wird in politischen, akademischen und zivilgesellschaftlichen Kreisen über die negativen Auswirkungen von chemischen Düngemitteln auf die Bodengesundheit und die Ernährungssicherheit diskutiert. Die indische Regierung erkannte das Problem erst 2009 an, als der damalige Finanzminister Pranab Mukherji in seiner Haushaltsrede vor dem Parlament erklärte:

Im Zusammenhang mit der Ernährungssicherheit des Landes ist die abnehmende Reaktion der landwirtschaftlichen Produktivität auf den erhöhten Einsatz von Düngemitteln im Land ein Grund zur Sorge. Um einen ausgewogenen Einsatz von Düngemitteln zu gewährleisten, beabsichtigt die Regierung, anstelle der derzeitigen Preisgestaltung für Produkte eine nährstoffbasierte Subventionsregelung einzuführen.

Gesunde Böden sind die Grundlage für Lebensmittel, Brennstoffe, Fasern und sogar Medizin. Chemische Düngemittel zerstören das Nahrungsnetz im Boden und die lebenden Organismen, die die Bodenfruchtbarkeit und die Bodenaggregate schaffen und dazu beitragen, das Wasser im Boden zu erhalten. Die industrielle Landwirtschaft ist daher anfälliger für die Klimaveränderungen, da sie zur Wüstenbildung und Dürre beiträgt, was wiederum die Ernährungssicherheit und die Sicherung des Lebensunterhalts beeinträchtigt.

**Tabelle 2: Auswirkungen der kontinuierlichen Bewirtschaftung auf den Boden bei ökologischer und chemischer Bewirtschaftung**

| Nährstoffe | Veränderung Chemische Landwirtschaft | Veränderung Ökologischer Landbau |
|---|---|---|
| Organische Materie | -14 Prozent | +29–99 Prozent |
| Gesamtstickstoff (N2) | -7–22 Prozent | +21–100 Prozent |
| Verfügbarer Phosphor (P) | 0 Prozent | + 63 Prozent |
| Verfügbares Kalium (K) | -22 Prozent | +14–84 Prozent |
| Zink (Z) | -15,9–37.8 Prozent | +1,3–14,3 Prozent |
| Kupfer (Cu) | -4.2–21,3 Prozent | +9,4 Prozent |
| Mangan (Mn) | -4,2–17,6 Prozent | +14,5 Prozent |
| Eisen (Fe) | -4,3–12 Prozent | 1 Prozent |

## Biodiversitätsbasierte ökologische Landwirtschaft zur Abschwächung der Klimaveränderungen und Anpassung an diese

Nach Angaben der Klimarahmenkonvention der Vereinten Nationen über Klimaänderungen (UNFCCC 2011) nimmt die Häufigkeit extremer Wetterereignisse wie Dürren und Starkregenfälle weltweit zu. Selbst wenn die Treibhausgase sofort aus der Atmosphäre entfernt würden, würde es viele Jahrzehnte dauern, bis sich die Klimaveränderungen umkehren ließen. Dies bedeutet, dass die Bauern lernen müssen, mit immer schwereren und häufigeren Widrigkeiten wie Dürren und schweren, zerstörerischen Regenfällen umzugehen.

Wie bereits dargelegt, zeigen Studien, dass biologische Anbausysteme widerstandsfähiger gegenüber den zu erwartenden Wetterbedingungen sind und unter solchen Umständen höhere Erträge als konventionelle Anbausysteme erzielen können (Drinkwater, Wagoner und Sattantonio 1998; Welsh, 1999; Pimentel, 2005). Bei Versuchen mit integrierten Anbausystemen in Wisconsin wurde festgestellt, dass die biologische Produktion in Dürrejahren höher und in Nicht-Dürrejahren mit der konventionellen Produktion vergleichbar war (Posner et al., 2008).

Es besteht ein großer Unterschied in der Regenmenge, die aufgefangen und gespeichert werden kann, zwischen dem derzeitigen SOM-Niveau in den meisten konventionellen Betrieben in Asien und Afrika und einem guten biologischen Betrieb mit einem angemessenen SOM-Niveau. Dies ist einer der Gründe, warum Biobetriebe in trockenen regenarmen Zeiten besser abschneiden. In Dürrejahren zeigten die Rodale Farming Systems Trials (FST), dass biologische Anbaumethoden mehr Mais produzierten als die konventionelle Landwirtschaft. Die Maiserträge betrugen in den beiden biologischen Betrieben in Trockenjahren 6.938 und 7.235 Kilogramm pro Hektar, verglichen mit 5.333 Kilogramm pro Hektar bei der konventionellen Methode (Pimentel, 2005). Die höheren Erträge in den Trockenjahren wurden auf die bessere Fähigkeit der Biobetriebe zurückgeführt, Niederschläge zu absorbieren. Dies ist auf den höheren Anteil an organischem Kohlenstoff in diesen Böden zurückzuführen, der sie krümeliger macht und ihnen erlaubt, Regenwasser aufzufangen, so dass es für die Landwirtschaft genutzt werden kann (Rodale 2011).

Wenn der Boden gesättigt ist, wird es schwierig, Hanf biologisch anzubauen. Wenn die mechanische Unkrautbekämpfung in nassen Jahren aufgeschoben wird, sind die biologischen Erträge um 10 Prozent niedriger (Posner et al., 2008). Der Einsatz von Dampf oder Essig zur Unkrautbekämpfung anstelle der Bodenbearbeitung könnte hier Abhilfe schaffen. Die Studie der Cornell University im Rahmen der Rodale-Feldstudie ergab, dass konventionelle Kulturen in Dürrejahren verdorrten, während biologische Kulturen aufgrund der verbesserten Wasserrückhaltefähigkeit des Bodens nur geringe Einbußen hinnehmen mussten (Pimentel et al., 2005). Wurden diese Ertragsschwankungen gemittelt, so lagen die Erträge des biologischen Anbaus gleichauf mit denen der konventionellen Kultur oder übertrafen diese sogar.

In Dürrejahren produzierten die biologischen Betriebe mehr Mais als die konventionellen. In fünf Dürrejahren waren die durchschnittlichen Maiserträge in den beiden biologischen Betrieben höher (28 Prozent bis 34 Prozent): 6.938 beziehungsweise 7.235 Kilogramm pro Hektar bei der biologischen Dung- und Leguminosenbewirtschaftung, das ist mehr als beim Standardsystem (5.333 Kilogramm pro Hektar) (Pimentel 2005). Auch diesen Autoren zufolge ist der Ertragsvorteil in Dürrejahren darauf zurückzuführen, dass kohlenstoffreichere Böden mehr Wasser binden können und es für die Pflanzen verfügbar halten (La Salle und Hepperly, 2008).

Dies ist äußerst wertvolles Wissen, denn die meisten landwirtschaftlichen Produktionssysteme der Welt hängen vom Niederschlag ab. Die Welt hat nicht genug Wasser, um alle landwirtschaftlichen Flächen zu bewässern. Man sollte auch gar nicht daran denken, denn das Aufstauen von Flüssen, die Entnahme von Trinkwasser aus all den unterirdischen Grundwasservorkommen und der Bau von Hunderttausende Kilometer langen Kanälen wäre eine noch nie dagewesene Umweltkatastrophe. Biologische Anbaumethoden sind die effizienteste, kostengünstigste, ökologisch nachhaltigste und praktischste Lösung, um in einem sich verändernden Klima eine verlässliche Nahrungsmittelproduktion zu gewährleisten.

Die Bewegung für biologische Lebensmittel und Landwirtschaft gewinnt trotz des massiven Widerstands der agrochemischen Industrie, deren wirtschaftliche Existenz von synthetischen Düngemitteln und Pestiziden abhängt, immer mehr an Stärke. Die Bewegung bekommt immer mehr Schwung, weil sich die Bauern zunehmend bewusstwerden, dass die industriell betriebene chemische Landwirtschaft immer höhere Produktionskosten und einen rapiden Rückgang der Bodenfruchtbarkeit und der Ernteerträge mit sich bringt und die Existenzsicherung gefährdet.

Eine nachhaltige Lebensmittelproduktion muss auf der Wiederherstellung der biologischen Vielfalt, des Bodens und des Wassers in einem lokal begrenzten Umfeld beruhen. So werden auch Naturkapital wie Biodiversität, Boden und Wasser bewahrt und gleichzeitig die Wirtschaft der Natur angekurbelt, der Lebensunterhalt der Bauern verbessert, die Sicherheit der Arbeitsplätze in der Landwirtschaft erhöht und die Qualität und der Nährwert unserer Lebensmittel verbessert (Shiva, 2008).

Wir halten fest: Die chemische Landwirtschaft benötigt zehn Kalorien an Energie, um eine Kalorie an Lebensmitteln zu erzeugen, im biologischen Landbau ist es umgekehrt. Darüber hinaus stieg die Pilzpopulation auf verschiedenen Pflanzen im biologischen Landbau um das 6- bis 36-fache im Vergleich zu Kontrollböden (2,5–49,7 Prozent). Der biologische Landbau erhöht die Bakterienpopulationen auf verschiedenen Pflanzen um das 1,8- bis 6,2-fache und damit um 78 Prozent im Vergleich zur chemischen Landwirtschaft (2,5–49,7 Prozent).

## Agrobiodiversität, Klimaresilienz und Nachhaltigkeit

Kürzlich untersuchte Navdanya die Auswirkungen der Kulturpflanzenvielfalt auf die Ernährungssicherheit und die wirtschaftliche Nachhaltigkeit in fünf Regionen von Uttarakhand, zwei Regionen in Bundelkhand und je einer Region in Maharashtra und Rajasthan. In der Studie wurden Ernteverluste aufgrund von verfrühten Regenfällen sowohl während der Reife- als auch der Erntezeit beobachtet. Die Ergebnisse belegten eine Korrelation zwischen abnehmender Agrodiversität und einer Zunahme der Ernteverluste. Eine zunehmende Artenvielfalt in Verbindung mit der Verwendung traditioneller freiabblühender Arten zeigt eine erhöhte Nahrungsmittel- und wirtschaftliche Sicherheit gegen durch Klimaveränderungen bedingte Ernteschäden.

Nach Angaben der Regierung gingen aufgrund der veränderten Witterungsbedingungen während der Rabi-Saison* über zwei Millionen Tonnen Hülsenfrüchte verloren. In Rajasthan, Maharashtra, Uttar Pradesh, Dehradun und Chakrata in Uttarakhand nahm die Weizenproduktion um 30–70 Prozent ab. Bei den Hülsenfrüchten konnte nur die traditionelle Linsensorte *Teen Fool Wali Masoor* überleben, während alle anderen Linsensorten den veränderten Wetterbedingungen nicht standhalten konnten. In Rajasthan und Lalitpur, wo es ein breiteres Spektrum an Kulturpflanzen gab, fielen die Ernteausfälle geringer aus. Die Bauern in den Regionen Banda und Chakrata in Maharashtra, wo die Vielfalt geringer war, mussten erhebliche Ernteverluste hinnehmen.

Wird biologischer Dünger verwendet, verbessert er die Bodenfruchtbarkeit und hat weniger negative Auswirkungen auf die Umwelt, ohne

* Unter dem Begriff Rabi oder Rabi-Feldfrüchte werden auf dem Indischen Subkontinent Ackerbauprodukte zusammengefasst, die im Herbst und Winter ausgesät und im Frühjahr geerntet werden.

die Produktivität der Pflanzen zu beeinträchtigen. Biologische Düngemittel zersetzen sich langsam und setzen die Nährstoffe nach und nach frei. Diese langsame Nährstofffreisetzung trägt dazu bei, dass sich Kohlenstoff und Stickstoff im Boden anreichern, was die Auswaschungsverluste verringert (Jenkinson et al., 1994). Die Produktivität in Biobetrieben ist konstant, da der Nährstoffkreislauf im Agrarökosystem aufgrund des organischen Inputs enger ist. Dies ist bei chemisch-synthetischen Inputs nicht der Fall – eine Lektion, die die Landwirtschaft wieder lernen muss.

Es hat sich erwiesen, dass die organische Substanz und der Gesamtstickstoffgehalt des Bodens durch den Einsatz von Dung um 120 Prozent höher sind als bei herkömmlicher Düngung auf Ackerland (Jenkinson et al., 1994; Powlson, 1994). Der Farming Systems Trial (FST) des Rodale-Instituts ist der am längsten laufende Vergleich zwischen biologischer und chemischer Landwirtschaft in Amerika. Im Jahr 1981 überraschte der FST die Lebensmittelwelt, die sich immer noch über biologische Verfahren lustiggemacht hatte, als man begann zu untersuchen, was beim Übergang von der chemischen zur biologischen Landwirtschaft passiert. Nach einem anfänglichen Rückgang in den ersten Jahren der Umstellung stiegen die Erträge biologischer Betriebe an und erreichten bald wieder die Werte konventioneller Betriebe oder übertrafen sie sogar. Mit der Zeit wurde die FST zu einem Mittel, um die langfristigen Auswirkungen der beiden Betriebsarten zu vergleichen.

Mais und Sojabohnen machten über 49 Prozent der gesamten Anbaufläche in den Vereinigten Staaten aus. Auf andere Getreidesorten entfielen 21 Prozent, auf Futtermittel 22 Prozent und auf Gemüse nur 1,5 Prozent der Gesamtanbaufläche. Die FST hat im Laufe ihrer langen Geschichte drei grundlegende Anbauweisen mit jeweils eigenen Bewirtschaftungstechniken herauskristallisiert:

- ein biologisches System auf der Basis von Dung,
- ein biologisches System auf der Basis von Leguminosen,
- ein synthetisches, auf Input basierendes konventionelles System.

Um die heutige Landwirtschaft in Amerika besser abzubilden, wurde die Studie um gentechnisch veränderte Nutzpflanzen und Direktsaat erweitert. Die Ergebnisse und Vergleiche sind entsprechend gekennzeichnet, um diese Änderung einzubeziehen.

Navdanya fördert und erforscht seit drei Jahrzehnten eine Landwirtschaft, die die biologische Vielfalt erhält, die Saatgutsouveränität und Ernährungssouveränität der Bauern verbessert, den Nährwert pro Hektar erhöht und gleichzeitig das Einkommen der Kleinbauern steigert und damit sowohl Armut, Unterernährung und Hunger als auch die Klimaveränderungen bekämpft.

Laut einer von Navdanya in vier Distrikten Westbengalens durchgeführten Studie (Deb 2004) sind Mehrfachkulturen unter gleichen Boden- und Klimabedingungen ökologisch vorteilhafter als die derzeitigen intensiven chemischen Anbaumethoden in Monokulturen. Der Studie zufolge steigt die Produktivität, wenn Pflanzen mit Tieren zusammenwirken, und der relative Wert der landwirtschaftlichen Erzeugnisse nimmt mit einer größeren Vielfalt an Pflanzen deutlich zu.

Auf biologischer Vielfalt basierende traditionelle Anbausysteme sind das Ergebnis langjähriger Selektion in Übereinstimmung mit den agrohydrologischen Gegebenheiten, schwieriger Ressourcengewinnung und ökologischer Fragilität. Diese Umstände kulminierten in der Entwicklung von Subsistenz-Produktionsmethoden, die durch die organischen Stoffe und Nährstoffe aus den Wäldern aufrechterhalten wurden. In einer Studie über die *Rabi-* und *Kharif*-Saison 2014–15 stellte Navdanya fest, dass die biologische Landwirtschaft der chemischen Landwirtschaft in neun verschiedenen Regionen in fünf indischen Bundesstaaten, darunter Maharashtra, Odisha, UP, Uttarakhand und Rajasthan, deutlich überlegen ist. Alle neun Gebiete unterscheiden sich voneinander. Innerhalb von Uttarakhand ist Rajasthan ein Trockengebiet, während Bundelkhand und Maharashtra zu den dürreanfälligen Regionen gehören, während Odisha ein überschwemmungsgefährdetes Gebiet ist.

Dehradun ist ein Tal in etwa 500 Meter Höhe über dem Meeresspiegel, und das Purola-Tal liegt auf einer Höhe von 1.500 Metern über dem Meeresspiegel. Rudraprayag und Tehri gehören zu den Bergdistrikten des Bundesstaates.

Die nachstehende fasst die Ergebnisse zusammen, die aufzeigen, dass die in biologischen Betrieben erzeugten Pflanzen besser abschneiden als die in chemischen Betrieben angebauten. Diese Untersuchung wurde mit 1.074 Bauern aus fünf indischen Bundesstaaten durchgeführt, die 2013 mit Hilfe von Navdanya auf bio umgestellt haben. *Dehradun* Basmati-Reis, roter Reis, Weizen, Mais, Senf, *Tur, Urad, Moong, Jeera* und Linsen gehören zu den untersuchten Kulturen.

**Tabelle 3: Vergleichende Produktivitätsanalyse zwischen chemischen und ökologischen Betrieben in der Rabi-Saison 2014/15 und der Kharif*-Saison 2015**

| Bereich | Kulturpflanze | Produktion von chemischen Betrieben (QTL pro Acre) | Produktion von Biobetrieben (QTL pro Acre) | Durchschnittliche Zunahme (Prozent) der ökologischen Betriebe |
|---|---|---|---|---|
| Amravati, Maharashtra | Baumwolle | 11,0 | 13,0 | 18,18 |
| | Tur | 3,8 | 5,3 | 39,47 |
| | Weizen | 11,7 | 11,8 | 0,85 |
| Tonk, Rajasthan | Senf | 5,3 | 5,43 | 2,45 |
| | Weizen | 10,3 | 11,2 | 8,74 |
| | Mungbohne | 4,8 | 5,3 | 10,42 |
| | Urd | 3,8 | 4,1 | 7,89 |
| | Jeera | 1,23 | 2,1 | 70,73 |
| Lalitpur, Uttar Pradesh | Weizen | 8,2 | 8,3 | 1,22 |
| | Linsen | 2,2 | 2,67 | 21,36 |
| | Urd | 1,12 | 2,31 | 106,25 |
| | Mungbohne | 1,43 | 2,11 | 47,55 |
| Banda, Uttar Pradesh | Tur | 1,45 | 1,55 | 6,90 |

* Kharif-Feldfrüchte sind solche, die in der feucht-heißen Monsunperiode heranreifen.

** Die Anzahl von Quantitative Trait Loci (QTL, Regionen eines quantitativen Merkmals) informiert über die genetische Vielfalt innerhalb einer Art bzw. Population.

Der durchschnittliche prozentuale Anstieg lag bei 26,3 Prozent, mit einer Spanne von 0,85 Prozent bis 106,25 Prozent. Biobetriebe schnitten in jedem Test besser als chemische Betriebe ab, auch bei starkem Klimastress. Dies zeigt, dass der biologische Landbau unter allen Umständen überlegen ist, unabhängig von Standort und Kultur.

## Biologische Vielfalt: Eine Lösung für das Klima

Die biologische Vielfalt ist unsere wichtigste Verteidigungslinie gegen die Klimaveränderungen. Die Vielfalt schützt uns sowohl vor klimatischen Extremen als auch vor Unwägbarkeiten. Die biologische Vielfalt erhöht die Widerstandsfähigkeit einer Region gegenüber den Klimaveränderungen, indem sie die Fähigkeit des Bodens verbessert, Trockenheit, Überschwemmungen und Erosion zu widerstehen.

Die Fähigkeit lebender Systeme, sich anzupassen und weiterzuentwickeln, beruht auf ihrer Vielfalt. Aus diesem Grund richten Forscher ihre Aufmerksamkeit auf die Erhaltung der Agrobiodiversität und die evolutionäre Züchtung. Natürliche Umgebungen konnten sich dank der agrarkulturellen Biodiversität in natürlichen Ökosystemen auf natürliche oder autonome Weise an veränderte Umstände anpassen. Mit der zunehmenden Schwere der Klimaveränderungen wird die Notwendigkeit der Ko-Evolution zur Anpassung immer dringlicher.

Traditionell haben Dörfer, die auf den Reichtum der biologischen Vielfalt angewiesen sind, informelle Systeme und Gewohnheiten, um zu verhindern, dass äußere Veränderungen das natürliche Maß an Belastbarkeit überschreiten. Das *Van Panchayat** ist ein solches Beispiel; es existiert heute noch in weiten Teilen Indiens. Dem UNEP (Umweltprogramm der Vereinten Nationen) zufolge ist die Einbe-

* *Van Panchayat* (etwa: dörflicher Waldrat) ist eine autonome lokale Institution für die Wälder eines Dorfes. Sie wurden zur nachhaltigen Bewirtschaftung und zum Schutz der Wälder und ihrer natürlichen Ressourcen gegründet.

ziehung sozialer und ökologischer Faktoren in die Pläne zur Anpassung an die Klimaveränderungen entscheidend. Die bewährten, jahrhundertealten Lösungen müssen möglicherweise durch zeitgemäße formale Anpassungen ergänzt werden, um den neuen Bedrohungen für die biologische Vielfalt zu begegnen, wobei die raschen Veränderungen im demografischen, wirtschaftlichen und soziokulturellen Umfeld zu berücksichtigen sind.

Die In-situ- und Ex-situ-Erhaltung von pflanzen- und tiergenetischen Ressourcen ist wichtig, um Optionen für den künftigen Bedarf der Landwirtschaft zu erhalten. Die In-situ-Erhaltung der landwirtschaftlichen Artenvielfalt ist definiert als die Bewirtschaftung einer Vielzahl von Kulturpflanzenpopulationen durch die Bauern in dem Ökosystem, in dem die Kulturpflanze entstanden ist. Sie erhält die Prozesse der Evolution und der Anpassung der Kulturpflanzen an ihre Umwelt aufrecht. Die Ex-situ-Erhaltung umfasst die Erhaltung von Arten außerhalb ihres natürlichen Lebensraums, etwa in Saatgutbanken und Gewächshäusern. Die Erhaltung der Komponenten landwirtschaftlicher Ökosysteme, die Güter und Dienstleistungen wie natürliche Schädlingsbekämpfung, Bestäubung und Saatgutausbreitung erbringen, sollte ebenfalls gefördert werden. In der Tat sind 35 Prozent der weltweiten Pflanzenproduktion auf Bestäuber wie Bienen, Vögel und Fledermäuse angewiesen.

Die biologische Vielfalt erhöht die genetische Vielfalt, die für die Bewältigung von Umweltbelastungen unverzichtbar ist und den Grundstein für die Lebensstrategien der Kleinbauern bildet. Sie ist auch die Grundlage für die Ernährungssicherheit, da sie für kleine und biologische Betriebe Alternativen zu fossilen Brennstoffen und chemischen Mitteln bietet. Die biologische Vielfalt ist angesichts extremer Wettermuster die einzige ökologische Versicherung für die künftige Anpassung und Evolution der Gesellschaft. Die Erhöhung der genetischen und kulturellen Vielfalt in den Lebensmittelsystemen und die Erhaltung dieser biologischen Vielfalt in der Allmende sind wichtige Anpassungsstrategien, um auf die Herausforderungen der Klimaveränderungen zu reagieren. Monokulturen, Zentralisierung und technische Lösungen stellen eine kurzsichtige Obsession dar, die der Vielfalt und Dezentralisierung weichen muss. Biologische Vielfalt und kleinbäuerliche Betriebe gehen Hand in Hand, doch die von Unternehmen betriebene Globalisierungspolitik, die Monokulturen fördert, verdrängt die Bauern von ihrem Land; ein Vorgehen, das die biologische Vielfalt schützt und vergrößert, muss gefördert werden, um die Auswirkungen der Klimaveränderungen abzumildern.

Die Widerstandsfähigkeit von Ökosystemen kann erhöht und das Risiko von Schäden kann durch Anpassungs- und Abschwächungsstrategien auf der Grundlage der biologischen Vielfalt verringert werden. Abschwächung wäre der menschliche Eingriff zur Verringerung von Treibhausgasen oder zur Verbesserung der Kohlenstoffbindung, während Anpassung an die Klimaveränderungen sich auf die Angleichung natürlicher oder menschlicher Systeme durch klimatische Stimuli oder deren Auswirkungen bezieht, wodurch Schäden verringert oder Chancen genutzt werden.

Die Abschwächung der Klimaveränderungen und die Anpassung an sie kann beispielsweise gefördert werden durch

- Erhaltung und Wiederherstellung einheimischer Ökosysteme
- Schutz und Verbesserung von Ökosystemleistungen
- Einrichtung von Lebensräumen für gefährdete Arten
- Schaffung von Pufferzonen
- Erhaltung der lokalen Flora und Fauna (einschließlich landwirtschaftlicher Kulturpflanzen und ihrer Landsorten)
- Förderung einer auf biologischer Vielfalt beruhenden biologischen Landwirtschaft
- Bewahrung von indigenem Wissen.

Durch ihre reiche biologische Vielfalt bezogen menschliche Gesellschaften auf der ganzen Welt viele wichtige Güter und Dienstleistungen aus natürlichen Ökosystemen, zum Beispiel Lebensmittel, Süßwasser, Holz, Brennholz, Fasern, genetisches Material und vieles mehr. Die Menschen aßen das Getreide, und das Langstroh wurde an das Vieh verfüttert, das den Boden mit seinen Exkrementen anreicherte, die wiederum Nahrung für die Mikroorganismen lieferten, die wiederum das Getreide ernährten, und dieser Kreislauf war bis vor kurzem ungebrochen. Die menschliche Wirtschaft hängt zweifellos von den Leistungen der Ökosysteme ab, die sie »umsonst« erbringen. Natürliche Ökosysteme erbringen auch grundlegende lebenserhaltende Leistungen, ohne welche die menschlichen Zivilisationen nicht mehr gedeihen würden. Seit den Anfängen des Lebens auf der Erde haben die Menschen Wissen entwickelt und Wege gefunden, um von der Vielfalt der Natur zu leben, sowohl in wilder als auch in domestizierter Form. Es ist offensichtlich, dass ein gewisses Maß an biologischer Vielfalt notwendig ist, um die materielle Grundlage für das menschliche Leben zu schaffen: zum einen, um die Biosphäre als funktionierendes System zu erhalten, und zum anderen, um die Grundstoffe für die Landwirtschaft und andere nützliche Bedürfnisse bereitzustellen.

In den Anfängen der Zivilisation nutzten Jäger und Sammler Tausende von Pflanzen und Tieren als ihre Nahrung, Medizin, Unterkunft und Kleidung. Diese Zahl geht mit der sogenannten »Entwicklung« zurück. Die Menschen sind heute auf sehr wenige Pflanzen angewiesen, um ihren Lebensunterhalt zu bestreiten, was zu einem Ungleichgewicht in der Natur führt, da Monokulturen und die Ausbeutung bestimmter Ressourcen gefördert werden und indirekt Druck auf die Erde ausgeübt wird, um die Gier der Menschen zu befriedigen. Vielfalt ist ein Merkmal der Natur und die Grundlage für ökologische Stabilität. Sie ist auch ein Begriff, der sich auf die Variationsbreite oder die Unterschiede zwischen einer Reihe von Einheiten bezieht. Biodiversität bedeutet einfach biologische Vielfalt, welche sich auf die Vielfalt innerhalb der lebenden Welt bezieht. Der Begriff wird meist verwendet, um die Anzahl, Vielfalt oder Variabilität der lebenden Organismen zu beschreiben. Einfach gesagt: Die gesamte Vielfalt der Pflanzen, Tiere und aller anderen lebenden Organismen auf der Erde macht die biologische Vielfalt unseres Planeten aus.

Die biologische Vielfalt besteht nicht nur aus den genetischen Bestandteilen verschiedener Arten, sondern auch aus den Wechselbeziehungen zwischen Flora und Fauna, Mikroorganismen, Boden,

Wasser, Ökosystemen, der Umwelt und dem Kosmos als Ganzem. Die unterschiedlichen klimatischen und ökologischen Zonen unseres Landes bieten ein günstiges Umfeld für die Entwicklung eines breiten Spektrums von Ökosystemen. Von den tropischen Westghats bis zum gemäßigten Himalaya und von den fruchtbaren Küstenregionen bis zu den kalten Wüsten von Ladakh beherbergt Indien eine auffallend reiche Artenvielfalt.

Viele der menschlichen Aktivitäten, die natürliche Ökosysteme verändern oder zerstören, können zu einer Verschlechterung der ökologischen Leistungen führen, deren Wert auf lange Sicht den kurzfristigen wirtschaftlichen Nutzen, den die Gesellschaft aus diesen Aktivitäten zieht, in den Schatten stellt. Glücklicherweise könnte die Funktion vieler Ökosysteme wiederhergestellt werden, wenn rechtzeitig geeignete Maßnahmen ergriffen würden. Die Klimaveränderungen, einschließlich der Variabilität und der Extreme, wirkt sich weiter auf die Ökosysteme aus, manchmal zum Vorteil, häufig aber auch zum Nachteil ihrer Struktur und Funktionen.

## Erosion der Agrobiodiversität

Die landwirtschaftlichen Verfahren der Grünen Revolution, die eine Homogenisierung der genetischen Basis der Nutzpflanzen mit sich bringen, haben die biologische Vielfalt in den Agrarökosystemen, einschließlich der pflanzengenetischen Ressourcen, des Viehbestands, der Nutzinsekten und der Bodenorganismen, untergraben. Darüber hinaus wurden durch die Ersetzung einheimischer Sorten mit viel Biomasse – und damit viel organischer Substanz und einem größeren Beitrag zum lebenden Kohlenstoffkreislauf – durch Zwergsorten, die an chemische Düngemittel angepasst sind, sowohl der Kohlenstoff- als auch der Stickstoffkreislauf unterbrochen.

Die einheimischen Pflanzensorten waren am besten geeignet, ökologische Funktionen und Dienstleistungen zu erbringen und die Bedürfnisse von Mensch und Tier zu erfüllen. Getreide wurde von den Menschen gegessen, Langstroh wurde an das Vieh verfüttert, das wiederum den Boden mit seinem Dung anreicherte. Dieser Dung war Nahrung für Mikroorganismen, die ihrerseits Nahrung für die Pflanzen lieferten. Dieser Kreislauf wurde in den letzten 60 Jahren durch die Grüne Revolution, die auf chemischen Monokulturen von Zwergsorten basiert, vollständig unterbrochen, wodurch die Nahrung für die Tiere und Böden reduziert wurde.

Synthetische Pestizide sind für den Rückgang der Artenvielfalt und des Artenreichtums von Spinnen, Bienen, Wespen, Käfern, Grillen, Libellen, Trauermücken und Regenwürmern sowie für die Pestizidresistenz von Pflanzenschädlingen und Krankheitserregern von Nichtzielarten verantwortlich. Rachel Carsons 1961 erschienener Klassiker *Der stumme Frühling* über die Auswirkungen von DDT auf die Ausdünnung der Eierschalen von Vögeln löste eine Welle von Forschungsarbeiten aus, die die Rolle von Pestiziden bei der Erosion der biologischen Vielfalt dokumentieren.

Einheimische Pflanzensorten können ein breites Spektrum an Klima- und Bodenbedingungen tolerieren, während moderne Pflanzensorten bei geringfügigen Umweltveränderungen wie zu frühem oder zu spätem Regen eher zugrunde gehen. Die von den traditionellen Bauern angebauten Nutzpflanzen entwickeln sich als Reaktion auf die menschliche Bewirtschaftung und Umweltveränderungen genetisch weiter. Eine große Anzahl von Genen, die für die Resistenz gegen verschiedene Schädlinge, Krankheitserreger und Umweltbedingungen verantwortlich sind, findet sich in den Kulturpflanzen der Bauern und ihren wilden Verwandten. Der Verlust traditioneller Sorten bedroht die genetische Grundlage für die Züchtung und Verbesserung von Kulturpflanzen. Aus Angst vor dem unwiederbringlichen Verschwinden wertvoller Gene haben Wissenschaftler Anstrengungen unternommen, Saatgutproben von Landsorten zu sammeln und für die künftige Verwendung in Ex-situ-Genbanken zu sichern (Jackson 1995).

Die Grüne Revolution führte dazu, dass die traditionelle, auf Selbstversorgung ausgerichtete Landwirtschaft durch eine intensive Landwirtschaft mit hohem externem Input ersetzt wurde. Etwa 7.000

Pflanzenarten wurden zur Ernährung angebaut, seit Landwirtschaft vom Menschen praktiziert wird. Heute liefern jedoch nur etwa 15 Pflanzen- und acht Tierarten 90 Prozent unserer Nahrung. Viele Eigenschaften, die in moderne Pflanzensorten eingearbeitet wurden, stammen von wilden Verwandten, die deren Produktivität und Toleranz gegenüber Schädlingen, Krankheiten und schwierigen Anbaubedingungen verbessern. Wilde Verwandte von Nahrungspflanzen gelten als Versicherungspolice für die Zukunft, da sie zur Züchtung neuer Sorten eingesetzt werden können, die veränderten Bedingungen standhalten.

Die Modernisierung der Landwirtschaft hat die genetische Basis der meisten Kulturpflanzen – Reis, Weizen, Soja und Kartoffeln – zerstört, indem sie durch einige wenige moderne Sorten ersetzt wurden (Fujisaka 1999). Viele Wildformen wichtiger Nahrungspflanzen sind vom Aussterben bedroht. So wird beispielsweise erwartet, dass ein Viertel aller wilden Kartoffelarten in den nächsten 50 Jahren aussterben wird, was künftige Pflanzenzüchter behindert, die dafür sorgen wollen, dass kommerzielle Kultursorten sich dem ändernden Klima anpassen.

## Die Klimaveränderungen: Eine anthropogene Bedrohung für die biologische Vielfalt

Die biologische Vielfalt nimmt aufgrund der Klimaveränderungen rapide ab, aber ein angemessenes Management der biologischen Vielfalt kann dazu beitragen, die Auswirkungen der globalen Erwärmung abzumildern. Mehrere wissenschaftliche Studien zeigen, wie sich die Klimaveränderungen bereits auf die biologische Vielfalt auswirken und weiter auswirken werden. Das *Millennium Ecosystem Assessment* stuft die Klimaveränderungen als einen der wichtigsten unmittelbaren Einflussfaktoren auf die Ökosysteme ein. Zu den wichtigsten Folgen der Klimaveränderungen für die Artenvielfalt gehören:

- Veränderungen im Verbreitungsmuster der Art
- Erhöhte Anfälligkeit und Aussterberaten
- Änderungen der Reproduktionszeitpunkte
- Änderungen der Wachstumsperioden für Pflanzen.

Viele bereits gefährdete Arten sind besonders anfällig für die Auswirkungen der Klimaveränderungen (WWF-Onlinebericht). Die vom Aussterben bedrohte Goldkröte und der Monteverde-Harlekinfrosch wurden als die ersten Opfer der Klimaveränderungen identifiziert (Pounds, Fogden und Campbell 1999). Jede Verringerung oder Veränderung der Niederschlagsmenge wirkt sich auf die Entwicklung der Frösche aus, da sie für ihre Fortpflanzung Wasser benötigen. Außerdem stehen hohe Temperaturen in engem Zusammenhang mit der Ausbreitung einer Pilzkrankheit, die zum Rückgang der Amphibienpopulationen beiträgt. Der Lebensraum des Tigers in den Mangrovenwäldern Asiens könnte durch den prognostizierten Anstieg des Meeresspiegels zerstört werden.

Die Pflanzenvielfalt ist ein wichtiger Schutz gegen die Klimaveränderungen in jedem einzelnen Betrieb. Wir haben dieses bewährte Know-how in die Biodiversitätsfarm von Navdanya eingebracht, die auf biologischer Vielfalt und naturnaher Landwirtschaft beruht. Traditionell haben die Bauern die Widerstandsfähigkeit der Bestände erhöht, indem sie mehr als eine Pflanze anbauten. Auf der Navdanya-Biodiversitätsfarm haben wir auf diesem alten Wissen aufgebaut und Landwirtschaft nach den Prinzipien der Natur betrieben. Bei unseren Experimenten mit Mischkulturen in verschiedenen Kombinationen von sieben, neun und zwölf Pflanzen (*Baranaja*) haben wir festgestellt, dass biodiverse Mischkulturen immer zwei- bis dreimal besser abschneiden als Monokulturen. Sie können auch Frost, Trockenheit, frühe, späte oder sogar sehr geringe Niederschläge tolerieren (Shiva, 2008).

Multifunktionale, biodiverse Anbausysteme und lokale, vielfältige Nahrungsmittelsysteme sind für die Ernährungssicherheit in einem sich verändernden Klima notwendig. Es ist sowohl für die Abschwächung der Klimaveränderungen als auch für die Aufrechterhaltung der Ernährungssicherheit von entscheidender Bedeutung, dass der Übergang zu solchen Systemen weltweit und sehr schnell erfolgt. Diese Studie ist ein Beleg für unsere feste Überzeugung, dass wir das Klimachaos nur dann überleben werden, wenn die biologische Vielfalt und die sie nährenden Bedingungen wieder hergestellt werden und die Methoden der Klimaresistenz und -anpassung in die Hände der Allgemeinheit gelangen und nicht bei den Konzernen bleiben. Die Evolution der Natur und die bäuerliche Züchtung haben die genetische Vielfalt erhalten, und die bäuerliche Züchtung hat es der Landwirtschaft ermöglicht, sich in den letzten 10.000 Jahren anzupassen, und sie wird in den kommenden Jahrzehnten eine wichtige Rolle bei der Anpassung der Landwirtschaft an die Klimaveränderungen spielen.

Industrielle mechanistische und reduktionistische Lösungen verdrängen durch unausgegorene Technologien das tiefgehende Verständnis von Biodiversität und Ökosystemen. Agrarchemikalien und Gentechnik zerstören und schädigen genau die Artenvielfalt, den Boden, die Luft und das Wasser, die die Landwirtschaft benötigt, und verschärfen gleichzeitig die Klimaveränderungen. Die genetische Vielfalt der Pflanzen sowie das reiche Wissen und die Methoden der bäuerlichen Gemeinschaften sind die beiden wichtigsten Ressourcen für die Anpassung der Landwirtschaft an die sich verändernden klimatischen Bedingungen.

Die genetische Vielfalt von Nutzpflanzen ist wichtig für die Bewältigung von Umweltbelastungen, und sowohl traditionelle als auch indigene Wissenssysteme umfassen die Schlüsselprinzipien der Anpassung, Vielfalt und Pluralität. Politische Maßnahmen und Investitionen sind erforderlich, um die genetische Vielfalt von Nutzpflanzen anzuerkennen und zu fördern, damit sich die Gesellschaften an die Klimaveränderungen anpassen können.

Die von Konzernen geführte Kampagne für »klimaresistente« Gene, die für patentiertes Saatgut wirbt, das die Kleinbauern davon abhält, sich an die Klimaveränderungen anzupassen, ist irreführend und eine trügerische PR-Maßnahme der Saatgutunternehmen, die versuchen, sich als Klimaretter darzustellen, während sie die eigentlichen Ursachen der Klimaveränderungen verschweigen und echte Lösungen torpedieren.

Patentiertes »techno-fix«-Saatgut wird nicht die Anpassung ermöglichen, die Kleinbauern, insbesondere die am meisten gefährdeten armen Bauern, benötigen, um mit den Klimaveränderungen fertigzuwerden. Diese urheberrechtlich geschützten Technologien werden letztlich die Macht der Konzerne stärken, die Kosten in die Höhe treiben, die unabhängige Forschung behindern und das Recht der Bauern, Saatgut zu erhalten und auszutauschen, weiter untergraben. Diese patentierten Lösungen verletzen das Wissen der Bauern, ein Gemeingut, das allen zugänglich ist, und das Recht der Menschen, Strategien zur Anpassung an die Klimaveränderungen zu entwickeln.

### Die Klimaveränderungen erfordern Züchtung und lokale Anpassungsstrategien der Bauern

Die Pflanzenzüchtung spielt eine wesentliche Rolle bei der Anpassung der Landwirtschaft an die sich rasch verändernden klimatischen Bedingungen. Selbst wenn Wissenschaftler des offiziellen Sektors die ausgefeiltesten Klimamodelle und die fortschrittlichsten Technologien einsetzen, sind sie in Wirklichkeit nicht sehr gut darin, vorherzusagen, was auf lokaler Ebene und in der Realität vor Ort geschieht. Während die kommerzielle Pflanzenzüchtung durch genetische Einheitlichkeit gekennzeichnet ist, schaffen und erhalten Bauern und Züchter, die in den lokalen Gegebenheiten verwurzelt sind, bewusst heterogenere Sorten, um unterschiedlichen und auch ungünstigen agrarökologischen Bedingungen standhalten zu können. Die von den Bauerngemeinschaften entwickelte und erhaltene Pflanzenvielfalt spielt bereits eine Rolle bei der Anpassung der Agrarkultur an die Klimaveränderungen und Klimaschwankungen. Darüber hinaus passen sich die Bauern schnell an das sich verändernde Klima an, indem sie unter anderem die Aussaattermine verschieben, Sorten mit unterschiedlicher Wachstumsdauer wählen, die Fruchtfolge ändern, den Anbau diversifizieren und neue Bewässerungssysteme nutzen. Die Strategien der Landwirte zum Überleben und zur Anpassung an die Klimaveränderungen müssen anerkannt, gestärkt und geschützt werden. Die landwirtschaftlichen Gemeinschaften müssen direkt in die Festlegung der Prioritäten und Anpassungsstrategien einbezogen werden.

Das Wissen und die Technologie der Bauern waren noch nie festgelegt oder statisch. Sie haben stets geschickt auf sich verändernde Umstände reagiert und ihr System in einem dynamischen Zustand gehalten, indem sie einen höheren Grad an Komplexität, Widerstandsfähigkeit, Nachhaltigkeit und Sicherheit anstrebten. Bei der Verwirklichung dieser Ziele haben die Bauern ihren Lebensunterhalt stets auf die natürliche biologische Vielfalt aufgebaut. Sie haben das Keimplasma, welches das lebendige Zeugnis ihrer Innovationen ist, unablässig untersucht, ausgewählt, angebaut, gezüchtet, bewahrt, geschützt, konserviert, damit experimentiert, es verwaltet, genutzt, bereichert, geteilt, verteilt und verbreitet. Und nicht nur das, sie haben dieses Keimplasma auch pflichtbewusst an die nächsten Generationen weitergegeben.

Systematische moderne landwirtschaftliche Experimente gibt es erst seit etwa einem halben Jahrhundert, während die Erfahrungen der Bauern Jahrtausende alt sind. Sie können nicht ignoriert oder als bloße Überbleibsel der Vergangenheit abgetan werden. Das Wissen und die Werkzeuge der Bauern sind zukunftsweisend und innovativ und folgen den ökologischen Gesetzen. Sie müssen einen zentralen Platz in unseren modernen landwirtschaftlichen Strategien einnehmen. Jüngste technologische Fortschritte werden begrüßt, sofern sie mit den von den Landwirten entwickelten und in den lokalen Gegebenheiten verwurzelten Technologien vereinbar sind (Singh et al., 2013).

Hochpreisiges Hochertragssaatgut, Hybridsaatgut und gentechnisch veränderte Organismen versagen bislang. Einheimische, offen abblühende, klimaresistente Sorten erweisen sich als wichtige Option für die Anpassung an die Klimaveränderungen. Die Erfahrungen auf den Feldern der Bauern zeigen, dass indigene Pflanzensorten einem breiten Spektrum von Klima- und Bodenbedingungen entsprechen, während »moderne« Pflanzensorten dazu neigen, bei kleinen Umweltveränderungen wie zu früh oder zu spät eintreffendem Regen einzugehen. Die von traditionellen Bauern angebauten Sorten entwickeln sich weiter, um sich an die veränderten Umweltbedingungen anzupassen. Mit dem Verschwinden der biologischen Vielfalt durch industrielle Monokulturen geht die genetische Grundlage für die Züchtung klimaresistenter Nutzpflanzen unwiederbringlich verloren.

Die Erfahrung von Navdanya aus der Zusammenarbeit mit Bauern im ganzen Land zeigt, dass klimaresistentes Saatgut im biologischen Landbau besser ist als »Hochertragssorten« im chemischen Landbau. Eine von Navdanya in Odisha, Bundelkhand, Uttarakhand und Maharashtra durchgeführte Studie bestätigt, dass offen abblühendes, einheimisches Saatgut die bessere Alternative zu Hybrid-, Hochertragsoder gentechnisch verändertem Saatgut ist. Hunderte von Landwirten in Odisha erhielten von Navdanya nach dem Superwirbelsturm Phailin einheimisches Saatgut und erzielten sehr gute Erträge.

Als Versicherung gegen diese Anfälligkeit hat Navdanya in Indien Pionierarbeit bei der Erhaltung der biologischen Vielfalt geleistet und eine Bewegung zum Schutz von Kleinbauern durch die Förderung des biologischen Landbaus und des fairen Handels aufgebaut, um gesunde, vielfältige und sichere Lebensmittel zu gewährleisten. Das Programm von Navdanya zur Förderung der biologischen Landwirtschaft für die Wirtschafts- und Ernährungssicherheit basiert auf der biologischen Vielfalt. Als Ergebnis der Pionierarbeit von Navdanya sind heute viele kleine Gruppen und Unternehmer in den Bereich der Erhaltung der biologischen Vielfalt, des biologischen Landbaus und der Vermarktung von biologischen Lebensmitteln eingestiegen.

Die Erfahrung von Navdanya bei der Zusammenarbeit mit Bauern im ganzen Land und in Bhutan hat gezeigt, dass die Bauern durch die Anwendung der Grundsätze der Agrarökologie und des auf der biologischen Vielfalt beruhenden biologischen Landbaus nicht nur ihre Erträge um das Zwei- bis Dreifache steigern, *sondern auch* ihre Inputkosten senken können. Einheimische, offen bestäubte Sorten bringen nicht nur mehr Ertrag, sondern sind auch klimaresistenter. Vergleichende Studien über 22 Reisanbaubetriebe legen nahe, dass indigene Systeme in Bezug auf Erträge, Arbeitseinsatz und Energieverbrauch effizienter sind (Shiva & Pandey, 2004).

Forscher haben bereits bewiesen, wie wichtig einheimische Kulturen und biologische Anbaumethoden für die Bewältigung der sich ändernden klimatischen Bedingungen sind. Die Ergebnisse unserer Studien in der Vergangenheit in verschiedenen agroklimatischen Situationen belegen, dass der biologische Landbau mit seiner größeren Kulturpflanzenvielfalt selbst unter ungünstigen klimatischen Bedingungen besser in der Lage ist, Ernteverluste zu minimieren, als der industrielle Anbau in Monokulturen.

Klimaresistente Eigenschaften werden in Zeiten instabiler Klimabedingungen zunehmend an Bedeutung gewinnen. In den Küstengebieten haben die Landwirte hochwassertolerante und salztolerante Reissorten wie *Bhundi, Kalamban, Lunabakada, Sankarchin, Nalidhulia, Ravana, Seulapuni* und *Dhosarakhuda* gezüchtet.

Kulturpflanzen wie Hirse wurden so entwickelt, dass sie trockenheitsresistent sind und die Ernährungssicherheit in wasserarmen Regionen und Jahren mit Wasserknappheit gewährleisten. Konzerne wie Monsanto haben 1.500 Patente auf klimaresistente Pflanzen angemeldet. Navdanya, die Forschungsstiftung für Wissenschaft, Technologie und Ökologie, veröffentlichte die Liste in ihrem Bericht *Biopiraterie bei klimaresistenten Pflanzen: Gen-Giganten stehlen Landwirten die Innovation.*

Navdanya entschied sich dafür, die aussterbenden Reissorten in Odisha zu schützen, indem es ihre genetische Vielfalt sowohl mit In-situ- als auch mit Ex-situ-Methoden vorbereitete und ihre Nachhaltigkeit unter verschiedenen ökologischen Bedingungen prüfte, einschließlich der raschen Klimaveränderungen und des Ertragspotentials unter verschiedenen Bodenbedingungen. Dies war nützlich bei der Auswahl des Saatguts bestimmter Reissorten, um die lokalen Gemeinschaften bei der Wiederherstellung der Landwirtschaft in Katastrophengebieten wie Erasama in Odisha nach dem Superzyklon in Orissa, Nagapattinam in Tamil Nadu nach dem Tsunami am zweiten Weihnachtstag 2004 und Nandigram in Bengalen nach dem Erdbeben am zweiten Weihnachtstag zu unterstützen.

Navdanya hat auch den Opfern des Tsunamis Hoffnung gegeben. Die Tsunami-Wellen beeinträchtigten die landwirtschaftlichen Flächen der Bauern durch das Eindringen von Meerwasser und die Ablagerung von Meeresboden. Mehr als 5.203 Hektar landwirtschaftliche Nutzfläche in Nagapattinam wurden durch den Tsunami zerstört. Das Navdanya-Team führte in den betroffenen Dörfern eine Studie durch, um bei der Wiederherstellung der Landwirtschaft zu helfen. Das Team verteilte drei salzresistente Sorten von Reis – darunter *Bhundi, Kalambank* und *Lunabakada* – an die Bauern in den am stärksten betroffenen Gebieten.

Navdanya Odisha unterhält derzeit vier Saatgutbanken, drei auf Dorfebene und eine auf zentraler Ebene, in denen Saatgut verschiedener Reissorten aufbewahrt und jedes Jahr erneuert wird. In den Saatgutbanken auf Dorfebene wird Wert auf Klimaresilienz gelegt, während in der zentralen Saatgutbank alle verfügbaren Reissorten aufbewahrt werden. Navdanya ermutigt auch die einzelnen Bauern, aufzubewahren, zu tauschen und die Sortenvielfalt auf ihren eigenen Feldern zu erhöhen. Die Saatgutbanken auf Dorfebene befinden sich in unterschiedlichen und vielfältigen ökoklimatischen Zonen, etwa salzhaltigen, überschwemmungsgefährdeten und dürregefährdeten Gebieten. Die zentrale Saatgutbank hat 810 Reissorten in ihrem Bestand, von denen 119 klimaresistent sind. 33 davon sind salz- und überflutungstolerant, darunter eine aromatische Sorte, 47 sind überflutungstolerant und 39 sind trockentolerant, darunter drei aromatische und zwei therapeutische Reissorten. Die übrigen 581 Sorten gehören zur allgemeinen Kategorie. Es gibt 56 aromatische Reissorten, von denen zwei ein einzigartiges und reichfältiges Aroma haben, wobei eine Sorte wie gebratene grüne Kichererbsen und die andere wie Kreuzkümmel riecht und nur dort erhältlich ist. Die therapeutischen Reissorten werden für die Verjüngung des Gewebes im Alter verwendet.

Der Austausch von Saatgut war bis zur Grünen Revolution das Rückgrat des Reisanbaus. Einheimische Reispflanzen haben verschiedene Farben der Basalscheide, mit etwa neun Schattierungen von fünf Farben, die von grün, gelb, lila, violett bis schwarz reichen. Das Wiederauftauchen von Wildsorten ist ein inhärentes Merkmal des Reisanbaus. Die Bauern ersetzen daher in der nächsten Saison die Sorte mit einer anderen Farbe der Basalscheide, um sie von dem Unkraut unterscheiden zu können, das dann manuell entfernt wird. Alle Sorten der Grünen Revolution haben die gleiche Farbe der Grundscheide, so dass es schwierig ist, sie von wildem Gras zu unterscheiden. Eine bestimmte Sorte, die auf einem bestimmten Feld mehr als drei Jahre lang angebaut wird, verliert an Ertrag und wird daher ersetzt. Dieser Ersatz wurde früher durch Saatguttausch beschafft, der Teil des Tauschsystems war, das bis vor einigen Jahrzehnten existierte. Auf diese Weise gewannen die Bauern doppelt: eine neue Sorte und einen höheren Ertrag, da die neue Sorte immer mehr einbrachte. Die Befürworter der Grünen Revolution haben von dieser Binsenwahrheit keine Ahnung. Es stellte sich außerdem heraus, dass Saatgut, das über große Entfernungen ausgetauscht wurde, um im gleichen Mikroklima zu wachsen, nicht nur viel mehr Ertrag brachte, sondern oft sogar sein Potential veränderte. Zwei Beispiele genügen, um alle Zweifel auszuräumen:

- *Udasiali*, eine einheimische, lichtempfindliche *Kharif*-Reissorte, die im Rahmen der landwirtschaftlichen Rehabilitation nach der Superzyklon-Katastrophe von 1999 über 500 Kilometer von Balasore nach Erasama in Jagatsingpur transportiert wurde, erbrachte einen Ertrag, der dem von *Rabi* entspricht.
- Drei ausgewählte salztolerante Reissorten aus Odisha, die nach dem Tsunami von 2004 im Rahmen des »Seeds of Hope«-Programms über eine Entfernung von mehr als 1.500 Kilometern von Balasore nach Nagapattinam in Tamil Nadu transportiert wurden, brachten dreimal mehr und weitaus bessere Erträge als alle bekannten Hochertragssorten. Dieselben Sorten schnitten sogar noch besser ab, als sie 2006 von Professor Friedhelm Goltenboth von der Universität Hohenheim, Deutschland, in Indonesien angebaut wurden, das weitere 1.000 oder mehr Kilometer entfernt liegt.

### Klimaresistentes Saatgut zur Bewältigung der Klimaveränderungen

Angesichts der zunehmenden Katastrophen haben wir begonnen, klimaresistentes Saatgut zu bewahren. Außerdem ermutigten wir die Bauern, einheimische klimaresistente Sorten anzubauen und zu vermehren, und riefen »Seeds of Hope« ins Leben, um katastrophengeschädigte Bauern mit klimaresistentem Saatgut zu versorgen.

Es wird vorhergesagt, dass ein Temperaturanstieg von 4 Grad Celsius aufgrund der Klimaveränderungen die Reiserträge um 10 Prozent verringern wird. Reis hat sich als recht klimaresilient erwiesen. Ursprünglich gedieh die Reispflanze im trockenen Klima Zentralasiens und breitete sich später im feuchten tropischen Asien aus, so dass sich die ertragreicheren Tieflandreissorten entwickelten.

Odisha ist sehr bekannt für seine Reisvielfalt; daher wurde Odisha ausgewählt, um klimaresistentes Reis- und Gemüsesaatgut zu erhalten und zu vermehren. Die von Navdanya in Odisha bewahrten klimaresilienten Sorten sind nachstehend aufgeführt.

### Salz-, überflutungs- und trockentolerante Sorten

Navdanya hat 33 salztolerante Sorten erhalten. Salztolerante Reissorten aus Odisha bewirkten sowohl in Nagapattinam als auch in Indonesien (nach dem Tsunami) Wunder, und einige von ihnen, wie *Lunabakada, Kalambank, Bhundi* und *Dhala sola*, brachten nach der SRI-Methode (System of Rice Intensification) meist 35–54 Triebe hervor.

In den letzten 20 Jahren hat Navdanya 54 überflutungstolerante Sorten in Odisha erhalten. Davon sind acht Sorten extrem überflutungstolerant. Diese Sorten werden in der Navdanya-Farm zur Erhaltung der biologischen Vielfalt und in der Saatgutbank in Chandipur und Balasore sowie von den Navdanya-Mitgliedsbauern in Odisha erhalten und vermehrt.

Eines der größten weltweiten Probleme für die Landwirtschaft ist der geringe Niederschlag. Etwa 40 Prozent der weltweiten landwirtschaftlichen Nutzfläche liegt in ariden und semiariden Regionen, in denen weniger wasserbedürftige Pflanzen wie Hirse, Hülsenfrüchte und Ölsaaten angebaut werden. Diese klimaresilienten einheimischen Sorten haben lange vertikale Wurzeln und keine seitlichen, und die Blätter rollen sich am wenigsten ein (Trockenstress). Die Pflanzen der Kurzzeitsorten sind in der Regel bis zu einem gewissen Grad dürretolerant. Navdanya bewahrt in Odisha 39 dürretolerante Reissorten.

**Dürreresistente aromatische und therapeutische Reissorten**

Es gibt zwei weitere einzigartige Reisarten, nämlich aromatische Reissorten (viele) und therapeutische (medizinische) Reissorten (wenige). Aromatische Reissorten können im Gegensatz zu anderen Reissorten bei Wassermangel (Halbdürre) überleben. Auch therapeutische Reissorten überstehen Trockenheit in beträchtlichem Umfang. Navdanya hat 55 aromatische und zwei therapeutische Reissorten in Odisha erhalten. Diese Sorten sind durch Auslese entstanden, sowohl durch natürliche Selektion als auch durch künstliche Selektion mit Mutationen über Jahrhunderte.

Die klimaresilienten Reissorten aus Odisha schnitten bei ihrer Einführung in Katastrophengebieten wie Ersama in Odisha, Nagapattinam in Tamil Nadu und in Indonesien außerordentlich gut ab, vor allem was ihr Bestockungsverhalten betrifft: 10 in Balasore, 14 in Ersama, 35 in Nagapattinam und 54 in Indonesien (die letzten beiden nach der SRI-Anbaumethode, System of Rice Intensification).

In Odisha erhalten wir derzeit 804 einheimische Reissorten, von denen 184 Sorten klimaresistent sind. Hunderte von Doppelzentnern Saatgut verschiedener überschwemmungs- und salztoleranter Reissorten aus der Navdanya-Saatgutbank in Odisha und von Saatgutvermehrern wurden nach dem Orissa-Superzyklon in Ersama und Astarang in Odisha, nach dem Tsunami in Nagapattinam in Tamil Nadu und Nandigram in Westbengalen den von der Katastrophe betroffenen und indonesischen Bauern zur Verfügung gestellt. Im Jahr 2013 verteilte Navdanya nach der massiven Zerstörung der stehenden Reispflanzen in der Küstenregion von Odisha durch den Zyklon Phailin außerdem 20 überschwemmungs- und salztolerante indigene Reissamen an Bauern in den Bezirken Balasore und Mayurbhanj.

Navdanya konnte im ganzen Land klimaresiliente Saatgutsorten retten. In den letzten zwei Jahrzehnten unserer Erfahrung in der Zusammenarbeit mit Bauern in verschiedenen Ökosystemen konnten die Bauern einheimisches Saatgut verwenden, das viel weniger Wasser benötigt, widerstandsfähig gegenüber verschiedenen Umwelteinflüssen ist und unterschiedlichen klimatischen Belastungen standhalten kann.

Navdanya richtete im August 2006 Saatgutbanken in Jaisalmer (dürreresistente Pflanzen) und Orissa (salz-, dürre- und flutresistenter Reis) ein, um besser auf extreme Klimaveränderungen, wie die Überschwemmungen in Barmer (Rajasthan), vorbereitet zu sein. Im Jahr 2007 richtete Navdanya eine Saatgutbank im Dorf Bajkul im katastrophengeschädigten Nandigram-Block im Distrikt Midinapur in Westbengalen ein. In diesen gemeinschaftlichen Saatgutbanken bewahrt und vermehrt Navdanya einheimische klimaresistente Sorten verschiedener Kulturpflanzen. Derzeit vermehren wir Saatgut von Getreide, Hirse, Pseudogetreide, Hülsenfrüchten, Ölsaaten, Obst und Gemüse.

In Odisha sind die Jahreszeiten unberechenbar geworden; die Häufigkeit von Regenfällen, Dürren und Meerwasserüberschwemmungen hat erheblich zugenommen. Davon ist auch der Reisanbau betroffen, vor allem aber die sogenannten Hybriden und Hochertragssorten. Die an das Klima angepassten Reissorten haben sich jedoch so entwickelt, dass sie den Auswirkungen der Klimaveränderungen auf natürliche Weise standhalten und ihre Erträge gleichbleiben. Die derzeit in Indien und im Ausland durchgeführte Forschung zur Entwicklung klimatoleranter Reissorten ist unnötig. Vielmehr sind die Erhaltung und Vermehrung der an das Klima angepassten Sorten notwendig.

Einige Sorten sind besser in der Lage, einer tagelangen vollständigen Überflutung standzuhalten. In diesen Reissorten wurde ein Gen namens »sub IA« identifiziert. Dieses Gen hat sich auf natürliche Weise in diesen Reissorten entwickelt, die in den küstennahen Überschwemmungsgebieten von Orissa angebaut werden, wo die Pflanzen tagelang vollständig unter Wasser stehen und dennoch überleben und einen guten Ertrag liefern.

Orissa verfügt über einige trockentolerante Reissorten, von denen einige von großer therapeutischer Bedeutung sind. Bei Pflanzen, die unter Trockenheit leiden, wird – als adaptive Reaktion auf den Stress – die Entwicklung von Seitenwurzeln gehemmt. Die Reaktion auf Trockenheit wird durch ein Gen vermittelt, das das Phytohormon Abscisinsäure produziert, das die Entwicklung von Seitenwurzeln verhindert. Trockentolerante Reissorten weisen eine geringere Bestockung auf und haben eine kürzere Wachstumsdauer.

Der Reis als Kulturpflanze wurde vor Jahrhunderten aus den trokkenen Gebieten in die Küstenebenen gebracht. Die so entstandenen hohen Indica-Reissorten haben die Fähigkeit, Überschwemmungen zu überstehen.

### Saat der Hoffnung bei Naturkatastrophen

Das Programm *Saatgut der Hoffnung* (*Asha Ke Bija*) von Navdanya zielt darauf ab, eine Notversorgung mit Saatgut einheimischer Sorten für diejenigen bereitzustellen, die diese benötigen und ihre lokalen Sorten aufgrund von Naturkatastrophen oder der Politik der Grünen Revolution der Regierung verloren haben.

#### SUPERWIRBELSTURM IN ORISSA, 1999

Während des Super-Zyklons in Odisha im Jahr 1999 versorgte Navdanya die Opfer mit insgesamt 100 Doppelzentnern Reissaatgut von 14 einheimischen und nativisierten Reissorten für drei verwüstete Dörfer, nämlich Talang, Dharijan und Junagari im Gadabishnupur GP im Ersama-Block des Jagatsingpur-Distrikts. Am 27. Mai 2000 leistete Navdanya über die Chachakhai Yubak Sangh zusätzliche Unterstützung, und am 28. Mai 2000 wurde ein solches Dorf, Manduki im Astranga-Block des Bezirks Puri, unterstützt. Neben Reis wurde ebenfalls einheimisches Gemüsesaatgut an die Bauern und die Distriktverwaltung zur kostenlosen Verteilung bereitgestellt.

## TSUNAMI, 2004

Während des Tsunami 2004 schenkte Navdanya Odisha dem Joint Director of Agricuture, Nagapattinam, Tamilnadu, am 9. Juli 2005 in Nagapattinam 100 Doppelzentner salzresistenten einheimischen Reis von drei Sorten zur kostenlosen Verteilung.

## SARTHA, 2007

Im Jahr 2007 verteilten wir 10 Doppelzentner von acht salzresistenten Reissorten an 80 überschwemmte Familien des Sartha Panchayat im Sadar Balasore Block im Mangrove Field Office, Sartha.

## PHAILIN, 2013

Nach der massiven Zerstörung der Reisernte in der Küstenregion von Odisha durch den Zyklon Phailin im Jahr 2013 verteilte Navdanya 100 Doppelzentner von 20 überflutungs- und salztolerantem einheimischem Reissaatgut an 400 Bauern in den Distrikten Balasore und Mayurbhanj.

## NANDIGRAM, 2007

Im Jahr 2007 richtete Navdanya im Dorf Bajkul im katastrophalen Nandigram-Block im Distrikt Midinapur in Westbengalen eine Saatgutbank mit 10 Doppelzentnern von fünf salzresistenten einheimischen Reissorten ein, durch Taj-Gruppe von Freiwilligen unter der Leitung von Sk. Ahmmad Uddin.

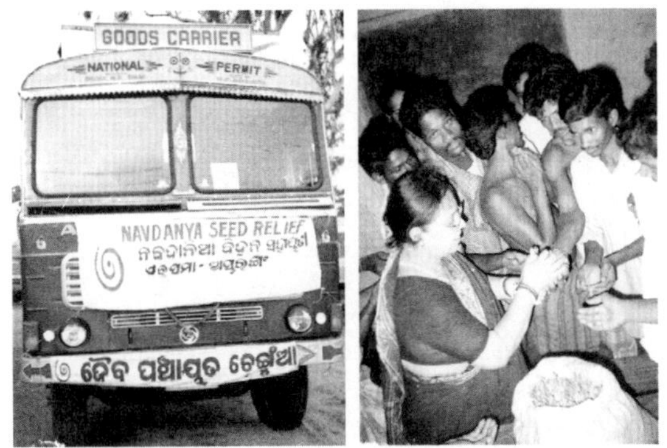


## ERDBEBEN IN NEPAL, 2015

Am 25. April 2015 erschütterte ein Erdbeben der Stärke 7,6 Nepal. Es folgten Nachbeben, und am 12. Mai ereignete sich ein zweites Beben der Stärke 7,3, bei dem über 9.000 Menschen ums Leben kamen. Navdanya versorgte etwa 2.000 Bauern mit Saatgut für Reis, Mais, Hirse und Gemüse.

Die Resilienz gegenüber Klimaveränderungen hängt davon ab, dass wir die Saat der Hoffnung, die Saat der Freiheit und die Saat der Widerstandsfähigkeit retten und verbreiten.

# TEIL 5
# Biodiversität zur Schädlingskontrolle: Schädlingsbehandlung ohne Pestizide

Einem UN-Bericht zufolge sterben jedes Jahr 200.000 Menschen an akuten Pestizidvergiftungen, wobei 99 Prozent der Fälle in Entwicklungsländern auftreten, »in denen die Gesundheits-, Sicherheits- und Umweltvorschriften schwächer ausgearbeitet sind und weniger streng angewendet werden«.

Die UN-Sonderberichterstatterin Hilal Elver stellte in einem kürzlich erschienenen Bericht über das Recht auf Nahrung fest, dass die »Abhängigkeit von gefährlichen Pestiziden eine kurzfristige Lösung ist, die das Recht auf angemessene Nahrung und Gesundheit für heutige und zukünftige Generationen untergräbt«. Pestizide werden mit vielen gesundheitlichen Problemen in Verbindung gebracht, etwa Parkinson, Alzheimer, Krebs, Hormonstörungen, Fruchtbarkeitsstörungen, Atemwegserkrankungen und mehr.

Die Agrarwirtschaft, zum Beispiel im Punjab und in Kerala, leidet unter dem wahllosen Einsatz dieser synthetischen Chemikalien. Glyphosat und Endosulphan sind häufig verwendete synthetische Chemikalien, die den Bauern als »Arzneien« verkauft werden.

Die Folgen davon sind in den Regionen Indiens, in denen sie wahllos eingesetzt wurden, noch immer sichtbar. Endosulphan wurde ab

Mitte der 1970er-Jahre 20 Jahre lang in den Cashew-Plantagen von Kerala im Bezirk Kasargod eingesetzt. Die Folgen wurden bei den Dorfbewohnern und der Tierwelt in der Umgebung beobachtet. Endosulphan beeinträchtigt das endokrine und das genetische System von Menschen und Tieren. Es kann auch Auswirkungen auf die Reproduktionsentwicklung haben und zu sensorischen Verlusten, Neurotoxizität, endokrinen Störungen, langfristiger Kontamination, Bioakkumulation und Autismus führen.

Punjab, die erste Region, in der die Grüne Revolution in Indien eingeführt wurde, bekam die Folgen des wahllosen Einsatzes von Chemikalien wie synthetischen Pestiziden, Fungiziden und Düngemitteln zu spüren. Die Häufigkeit von Krebserkrankungen nahm zu, was mit dem zunehmenden Einsatz von Chemikalien zusammenhing. Es gibt einen täglichen Personenzug, der von Bhatinda im Punjab nach Bikaner in Rajasthan fährt und als »Krebszug« bezeichnet wird. Er befördert die Krebspatienten, die Opfer des wahllosen Einsatzes von Chemikalien sind, zur Behandlung zu einem karitativen Krankenhaus.

Die Metapher für den Einsatz von Pestiziden in der Landwirtschaft ist Krieg.

**Vandana Shivas lebenslange Reise zur biologischen Vielfalt**

Meine Reise zur biologischen Vielfalt in der Landwirtschaft begann mit dem Massensterben von Bhopal im Jahr 1984, als in der Nacht zum 2. Dezember Tausende getötet wurden. Tausende von Kindern werden auch heute noch verstümmelt geboren.

An diesem Tag begann ich zu untersuchen, woher die Pestizide kamen, und erkannte, dass es sich um Kriegschemikalien handelte. Bhopal ist auch der Grund, warum ich die Neem-Kampagne ins Leben rief, um gewaltfreie Methoden der Schädlingsbekämpfung zu fördern.

Das Neem-Patent (0436257 B1) wurde dem Landwirtschaftsministerium der Vereinigten Staaten und dem multinationalen Unternehmen W. R. Grace zur Bekämpfung von Pilzen auf Pflanzen mit Hilfe eines Extrakts aus den Samen des Neem-Baums erteilt.

Die Patentierung der fungiziden Eigenschaften von Neem war ein eklatantes Beispiel für Biopiraterie an indigenem Wissen. Ich verbündete mich mit Magda Alvoet, Mitglied der Fraktion der Grünen im Europäischen Parlament, und Linda Bullard, der Präsidentin des Internationalen Verbands für biologischen Landbau. Ich focht das Patent mit der Begründung an, dass es an Neuheit und erfinderischer Leistung fehle. Wir verlangten die Annullierung des Patents, unter anderem mit der Begründung, dass die fungiziden Eigenschaften von Neem in Indien seit über 2000 Jahren bekannt sind und es in Insektenschutzmitteln, Seifen, Kosmetika und Empfängnisverhütungsmitteln verwendet wird.

So hat das Europäische Patentamt (EPA) das Neem-Patent am 10. Mai 2005 widerrufen, elf Jahre nach unserem Einspruch gegen die Biopiraterie. Der Punjab hat sich durch ein halbes Jahrhundert chemieintensiver Grüner Revolution zur größten Giftküche Indiens entwickelt. Die Monokulturen von Reis und Weizen sind ein perfekter Nährboden für Schädlinge. Und der Einsatz von giftigen Pestiziden hat in Punjab immer weiter zugenommen. Während Schädlinge in einer ökologisch ausgewogenen Landwirtschaft kein Problem sind, stellen sie in einem instabilen Agrarsystem eine ganze Reihe von Bedrohungen für die Landwirtschaft dar.

Es gibt zwei Gründe, warum es falsch ist, alle Insekten als »Feinde« zu betrachten, die mit tödlichen chemischen Waffen vernichtet werden müssen. Erstens gelingt es nicht, Schädlinge wirklich zu kontrollieren. Zweitens schaden die Gifte den Menschen. Pestizide haben bei der Schädlingsbekämpfung versagt und zum Auftreten neuer Schädlinge und zur Resistenzbildung bei etablierten Schädlingen geführt, was einen verstärkten Einsatz von Pestiziden erfordert. Pestizide führen zu Schädlingen, indem sie das Gleichgewicht mit ihren natürlichen Feinden zerstören.

Nachdem die Wirkweisen der Natur zur Schädlingskontrolle durch die Zerstörung der Vielfalt untergraben wurden, war das »Wundersaatgut« für das Heranziehen wiederum neuer Schädlinge und die Entstehung neuer Krankheiten verantwortlich. Das Hamsterrad der Züchtung neuer Sorten läuft unaufhörlich, weil ökologisch anfällige Sorten neue Schädlinge hervorbringen, die wiederum die Züchtung noch neuerer Sorten erforderlich machen. Das einzige Wunder, das die Grüne Revolution bewirkt zu haben scheint, ist die Schaffung neuer Schädlinge und Krankheiten und einen ständig steigenden Bedarf an Pestiziden. Die Kosten für neue Schädlinge und giftige Pestizide wurden jedoch nie als Teil des »Wunders« des neuen Saatguts betrachtet, das uns die modernen Pflanzenzüchter im Namen der »Ernährungssicherheit« geschenkt haben.

Nachdem es der Pestizidindustrie mit der Grünen Revolution nicht gelungen ist, Schädlinge zu bekämpfen, hat sie nun die zweite Grüne Revolution eingeleitet, die auf gentechnisch verändertem Saatgut basiert, unter anderem in Punjab, wo Bt-Baumwolle eingeführt wurde. Bt-Pflanzen tragen ein Gen für die Produktion eines Giftstoffs in sich. Die Pflanze selbst wird zu einem Pestizid, das in jeder Zelle ständig Toxine produziert. Auch als Technologie zur Schädlingsbekämpfung hat die Gentechnik versagt. Der Baumwollkapselwurm, den sie eigentlich bekämpfen sollte, entwickelte eine Resistenz, und jetzt tauchen jedes Jahr neue Schädlinge auf. Die Folge ist ein 13-facher Anstieg des Pestizideinsatzes. Teures Saatgut und Chemikalien treiben die Landwirte in die Schuldenfalle, und die Schulden führten dazu, dass in Indien über 300.000 Landwirte Selbstmord begangen haben.

Der Einsatz synthetischer Gifte (Pestizide, Fungizide, Herbizide und Düngemittel) hat seit Rachel Carsons Buch *Der stumme Frühling* (1962) exponentiell zugenommen. Es ist wissenschaftlich erwiesen, dass giftige Agrarchemikalien für den Rückgang der Artenvielfalt und andere Umwelt- und Gesundheitsprobleme verantwortlich sind.

Diese giftigen Chemikalien durchdringen inzwischen den gesamten Planeten und verschmutzen unser Wasser, den Boden, die Luft und vor allem das Gewebe der meisten lebenden Organismen (Aldridge 2003; Buznikov 2001; Cabello 2001; Colborn 1996; Hayes 2002 & 2003; Qiao 2001; Short 1994; Storrs 2004; Tilman et al., 2001). Es gibt drei Gründe, warum wir diese Gifte nicht verwenden sollten:

- Sie zerstören die Grundlage für unsere Ernährungssicherheit. Pestizide töten Bestäuber wie Bienen, die nach Angaben der UNO fast 600 Milliarden Dollar zur Nahrungsmittelwirtschaft beitragen. Wie eine aktuelle deutsche Studie zeigt, sind 75 Prozent der Insekten verschwunden. In einer anderen Studie aus Frankreich wurde das Verschwinden von Vogelarten festgestellt. Dies ist die wirkliche Bedrohung, der wir ausgesetzt sind, und nicht der unwissenschaftliche »Krieg gegen die Insekten«, in dem fälschlicherweise behauptet wird, wir seien vom Aussterben bedroht, weil die Insekten all unsere Nahrung wegfressen.
- Es gibt die unwissenschaftliche Behauptung, dass die als Pestizide verwendeten Gifte »sicher« seien. Wie Will Allen berichtet, werden unabhängige Wissenschaftler angegriffen, wenn sie Schäden feststellen, wie im Fall von Dr. Seralini aus Frankreich. Wenn die Weltgesundheitsorganisation Glyphosat (Roundup) als krebserregend einstuft, wird die WHO angegriffen. Dies ist ein Angriff auf die Umwelt und die öffentliche Gesundheit, auf die Wissenschaft und auf die Demokratie. Die Behauptung von Sicherheit durch Angriffe auf wissenschaftliche Erkenntnisse und Regulierungsinstitutionen ist keine Wissenschaft. Wir haben dies auf dem Monsanto-Tribunal, das wir im Oktober 2016 in Den Haag organisiert haben, als Verbrechen gegen die Natur und die Menschheit bezeichnet.
- Gifte in der Landwirtschaft sind unwissenschaftlich, weil sie als Schädlingsbekämpfungstechnologie versagen. Es fehlt das Verständnis für die Ökologie von Schädlingen und Pestiziden. Sie reduziert die Schädlingsbekämpfung auf den gewaltsamen Einsatz von Chemikalien.

Nach de Bachs Ansicht:

> Die Philosophie der chemischen Schädlingsbekämpfung besteht darin, die größtmögliche Abtötung zu erreichen. Ein solches Ziel, die größtmögliche Abtötung, kombiniert mit der Unkenntnis oder Missachtung von Nicht-Zielinsekten und Milben, ist garantiert der schnellste Weg, um den Bewohnern zu schaden, und zur Entwicklung von Resistenzen.

Im Jahr 2016 wurden 60 Prozent der Bt-Baumwollernte in Punjab durch eine Epidemie der Weißen Fliege vernichtet, und die Landwirte mussten 10–12 Spritzungen vornehmen, die jeweils 3.200 Rupien kosteten. Hinzu kamen die hohen Kosten für das von Monsanto Mahyco verkaufte Bt-Saatgut. In Maharashtra, Haryana und Punjab waren die Landwirte, die Nicht-Bt-Desi-Baumwolle anbauten, von den gleichen Schädlingen betroffen wie die Bt-Baumwollfelder, aber die Biobauern in Punjab hatten keinen Befall von Weißen Fliegen. Eine wissenschaftliche Betrachtung der Vorgänge in Punjab kann nur zu dem Schluss kommen, dass Pestizide und Bt Schädlinge hervorrufen, während Nicht-Bt-Saatgut und biologische Praktiken sie in Schach halten.

Der zweite Schritt bestünde darin, die ökologischen Prozesse zu ermitteln, in Bt-Kulturen und in Feldern, in denen hohe Dosen von Pestiziden eingesetzt werden, die zu Schädlingen führen. Der dritte wissenschaftlich begründete Schritt wäre die Förderung wirksamer und nachhaltiger Schädlingsbekämpfungstechnologien wie die biologische Landwirtschaft auf der Grundlage der biologischen Vielfalt und der Verzicht auf die Förderung gescheiterter und kostspieliger Technologien wie Bt und Pestizide. Die ökologische Wissenschaft lehrt uns, dass Schädlinge von der industriellen Landwirtschaft durch die folgenden Prozesse erst verursacht werden:

- die Förderung von Monokulturen
- die chemische Düngung von Nutzpflanzen, die die Pflanzen anfälliger für Schädlinge macht

- das Entstehen von Resistenzen bei Schädlingen durch das Versprühen von Pestiziden
- die Tötung nützlicher Arten, die Schädlinge bekämpfen, wodurch das Gleichgewicht zwischen Schädlingen und ihren Feinden gestört wird
- gentechnisch veränderte Bt-Baumwolle, die so manipuliert wurde, dass sie in jeder Zelle der Pflanze ein Bt-Toxin produziert, was die Pflanze für den Befall durch Nicht-Zielinsekten anfällig macht und zur Entstehung von Resistenzen beim Baumwollkapselwurm beiträgt.

Insekten sind die dominierende Lebensform auf der Erde. Auf einem einzigen Hektar Land können Millionen von ihnen leben. Es wurden etwa eine Million Arten beschrieben, und es gibt möglicherweise zehnmal so viele, die noch nicht identifiziert wurden. Von allen Lebewesen auf der Erde sind die Insekten die Hauptnutzer von Pflanzen. Sie spielen auch eine wichtige Rolle bei der Zersetzung von pflanzlichem und tierischem Material und sind eine wichtige Nahrungsquelle für viele andere Tiere.

Insekten sind außerordentlich anpassungsfähige Lebewesen, die sich so entwickelt haben, dass sie in den meisten Umgebungen der Erde, selbst in Wüsten und in der Antarktis, leben können. Der einzige Ort, an dem Insekten nicht häufig anzutreffen sind, sind die Ozeane. Wenn sie physisch nicht für ein Leben in einer stressigen Umgebung gerüstet sind, entwickelten Insekten Verhaltensweisen, um solchen Belastungen zu entgehen. Insekten weisen eine erstaunliche Vielfalt an Größe, Form und Verhalten auf.

Es wird angenommen, dass Insekten so erfolgreich sind, weil sie ein Exoskelett als schützende Hülle besitzen, klein sind und fliegen können. Ihre geringe Größe und ihre Flugfähigkeit ermöglichen die Flucht vor Feinden und die Ausbreitung in neue Umgebungen. Da sie klein sind, benötigen sie nur geringe Mengen an Nahrung und können in sehr kleinen Nischen oder Räumen leben. Darüber hinaus können Insekten relativ schnell eine große Anzahl von Nachkommen hervorbringen. Insektenpopulationen verfügen zudem über eine beträchtliche genetische Vielfalt und ein großes Potential zur Anpassung an unterschiedliche oder sich verändernde Umgebungen. Dies macht sie zu einem besonders gefährlichen Schädling für Nutzpflanzen, da sie sich an neu entwickelte Pflanzensorten anpassen können oder schnell resistent gegen Insektizide werden.

Insekten sind für den Menschen unmittelbar von Nutzen, da sie Honig, Seide, Wachs und andere Produkte erzeugen. Indirekt sind sie wichtig als Bestäuber von Nutzpflanzen, natürliche Feinde von Schädlingen, Aasfresser und Nahrung für andere Lebewesen. Gleichzeitig können manche Insekten für Menschen und Nutztiere schädlich sein, da sie Ernten zerstören und Krankheiten übertragen. In Wirklichkeit sind weniger als ein Prozent der Insektenarten Schädlinge, und nur einige Hundert von ihnen stellen ein ständiges Problem dar. Im Zusammenhang mit der Landwirtschaft ist ein Insekt ein Schädling, wenn es wirtschaftlich bedeutende Verluste verursacht.

## Fortpflanzung, Metamorphose und Ökologie von Insekten

Bei den meisten Insektenarten gibt es Männchen und Weibchen, die sich paaren und geschlechtlich fortpflanzen. In einigen Fällen sind die Männchen selten oder nur zu bestimmten Zeiten des Jahres vorhanden. Wenn es keine Männchen gibt, können sich die Weibchen einiger Arten trotzdem fortpflanzen. Dies ist vor allem bei Blattläusen üblich. Bei vielen Wespenarten werden aus unbefruchteten Eiern Männchen, während aus befruchteten Eiern Weibchen entstehen. Bei einigen wenigen Arten bringen die Weibchen nur Weibchen hervor.

In der Regel entwickelt sich in jedem Ei ein einziger Embryo, außer im Falle der Polyembryonie, bei der sich Hunderte von Embryonen pro Ei entwickeln können. Insekten können sich durch das Legen von Eiern fortpflanzen, oder bei einigen Arten können die Eier im Weibchen schlüpfen, das bald darauf die Jungen ablegt. Bei einer anderen Strategie, die bei Blattläusen üblich ist, schlüpfen die Jungen im Weibchen, und die Jungtiere verbleiben einige Zeit bis zur Geburt im Weibchen.

**Wachstum und Entwicklung (Metamorphose)**

Insekten durchlaufen in der Regel vier verschiedene Lebensstadien: Ei, Larve oder Nymphe, Puppe und Ausgewachsenes. Die Eier werden einzeln oder in Massen in oder auf Pflanzengewebe oder ein anderes Insekt gelegt. Der Embryo im Ei entwickelt sich, und schließlich schlüpft eine Larve oder Nymphe aus dem Ei. In der Regel gibt es mehrere Larven- oder Nymphenstadien, die nach und nach größer werden und zwischen den einzelnen Stadien eine Häutung oder ein Abstreifen der äußeren Haut erfordern. Die meiste Gewichtszunahme (manchmal mehr als 90 Prozent) erfolgt während der letzten ein oder zwei Stadien. Im allgemeinen nehmen weder Eier, Puppen noch ausgewachsene Tiere an Größe zu; das gesamte Wachstum findet während des Larven- oder Nymphenstadiums statt.

**Ökologie der Insekten**

Ökologie ist die Lehre von den Wechselbeziehungen zwischen Organismen und ihrer Umwelt. Die Umwelt eines Insekts kann durch physikalische Faktoren wie Temperatur, Wind, Feuchtigkeit und Licht sowie durch biologische Faktoren wie andere Mitglieder der Art, Nahrungsquellen, natürliche Feinde und Konkurrenten (Organismen, die denselben Raum oder dieselbe Nahrungsquelle nutzen) beschrieben werden. Für eine erfolgreiche Schädlingsbekämpfung ist entscheidend, diese physikalischen und biologischen (ökologischen) Faktoren zu verstehen oder zumindest zu würdigen und zu wissen, wie sie mit der Insektenvielfalt, der Aktivität (Zeitpunkt des Auftretens der Insekten oder Phänologie) und der Häufigkeit zusammenhängen.

Einige Insektenarten haben eine einzige Generation pro Saison (univoltin), während andere mehrere haben können (multivoltin). Der gestreifte Gurkenkäfer zum Beispiel überwintert als Erwachsener, schlüpft im Frühjahr und legt seine Eier in der Nähe der Wurzeln junger Gurkenpflanzen ab. Aus den Eiern schlüpfen Larven, die sich im Sommer zu erwachsenen Tieren entwickeln. Diese überwintern und beginnen den Zyklus im nächsten Jahr von neuem. Im Gegensatz dazu überwintern Eiparasitoide wie Schlupfwespen als unreife Tiere in den Eiern ihrer Wirte. Während des Sommers können sie mehrere Generationen hervorbringen.

Insekten passen sich während ihres jahreszeitlichen Zyklus an vielerlei Umweltbedingungen an. Um die strengen Winter zu überleben, gehen Gurkenkäfer in einen Ruhezustand. In dieser Ruhephase ist die Stoffwechselaktivität minimal, und es findet keine Vermehrung oder kein Wachstum statt. Die Ruhephase kann auch zu anderen Zeiten des Jahres eintreten, wenn die Bedingungen für das Insekt zu schwierig sind.

Es ist oft besser, Insekten als Populationen und nicht als Individuen zu betrachten, insbesondere im Kontext eines Agrarökosystems. Populationen haben Merkmale wie Dichte (Anzahl pro Flächeneinheit), Altersverteilung (Anteil in jedem Lebensstadium) sowie Geburts- und Sterberaten. Das Verständnis der Merkmale einer Schädlingspopulation ist wichtig für ein gutes Management. Die Kenntnis der Altersverteilung einer Schädlingspopulation kann Aufschluss über das Potential für Ernteschäden geben. Wenn zum Beispiel die meisten gestreiften Gurkenkäfer noch nicht geschlechtsreif sind, ist ein direkter Schaden an den oberirdischen Pflanzenteilen unwahrscheinlich. Wenn die Dichte eines Schädlings bekannt ist und mit dem Schadenspotential in Verbindung gebracht werden kann, ist absehbar, ob eine Maßnahme zum Schutz der Kultur erforderlich ist. Informationen über die Sterberate durch natürliche Feinde können sehr wichtig sein. Natürliche Feinde tun nichts anderes, als die Schädlingspopulationen zu reduzieren, und das Verständnis und die Quantifizierung ihrer Auswirkungen sind wichtig für eine wirksame Schädlingsbekämpfung.

## Was ist ein Schädling?

Es gibt Tausende von Organismen auf der Welt, aber wir betrachten nicht alle als Schädlinge. Wenn die Population eines Organismus ein Niveau erreicht, durch das erhebliche Schäden an der Ernte verursacht werden, wird er zum Schädling. Sie können entweder Ernteschädlinge oder Lagerschädlinge sein, je nachdem, ob sie die Kulturpflanzen auf dem Feld oder die Ernte während der Lagerung zerstören. Der Schädlingsbefall hängt von der Anfälligkeit der Kultur und der Schädlingspopulation ab, die durch die Ökologie im Betrieb bestimmt wird. Biokulturen sind weniger anfällig für Schädlinge als chemisch behandelte Kulturen. Vielfältige Kulturen reduzieren die Schädlingspopulation durch ein Gleichgewicht mit den Fressfeinden, während Monokulturen die Anfälligkeit für Schädlinge erhöhen.

Aus verschiedenen Gründen möchte der Mensch Schädlinge bekämpfen oder beseitigen, vor allem wegen der wirtschaftlichen Verluste, die sie durch Krankheiten verursachen, die zur Vernichtung ganzer Ernten auf dem Feld oder während der Lagerung führen. Bei diesen Schädlingen kann es sich um Insekten, Milben, Unkraut, Pilze, Bakterien, Viren, Nagetiere und so weiter handeln, auch wenn diese für sich genommen ein natürlicher Bestandteil unserer Umwelt sind.

Leider töten Insektizide sowohl Schädlinge als auch die natürlichen Feinde dieser Schädlinge, die unterschiedslos als Räuber bezeichnet werden. Viele der Insekten, die zu Schädlingen werden können, werden durch Klima, Nahrung oder natürliche Feinde – Fressfeinde und Parasiten – in Schach gehalten. Die Einführung chemischer Pestizide in das komplexe Zusammenspiel von Räubern, Nutzpflanzen, Nutztieren und Menschen hat drei zentrale Probleme aufgeworfen:

- Schaffung von Anfälligkeit für Schädlinge durch Destabilisierung des Pflanzenstoffwechsels
- Die Tötung natürlicher Feinde des Zielschädlings führt zu einer Explosion der Population der ursprünglichen Schädlinge.
- Zerstörung einer großen Zahl von Nichtzielarten und natürlichen Feinden durch Pestizide, was zu einer Art Evolution neuer sekundärer Schädlinge in Form von resistenten Schädlingsarten führt.

In einem biologischen System hat jeder Organismus eine Nische und ist Teil des empfindlichen Netzes des Nahrungssystems. Das Versprühen von Chemikalien führt zur massenhaften Vernichtung von Nützlingen wie Bodennematoden und bestäubenden Insekten, was wiederum zu einer Verringerung der Fremdbestäubung führt, was die genetische Basis vor Ort reduziert. Dies wiederum beeinträchtigt die Widerstandsfähigkeit und die biologische Vielfalt des Ökosystems.

Seit jeher verfügten die Bauern über die Weisheit und das Wissen der biologischen Schädlingsbekämpfung, die in Indien fester Bestandteil der Landwirtschaft ist. Die Bauern verstanden das empfindliche Netz der Natur und die Zusammenhänge des Nahrungsnetzes.

## Die Rolle der natürlichen Feinde anerkennen

In der Natur gibt es für jeden Schädling einen Räuber (ein Organismus, der sich von dem Schädling ernährt), der dazu beiträgt, die Schädlingspopulation in Schach zu halten. Ein plötzlicher Rückgang der Räuberpopulation kann zu einem Anstieg der Schädlingspopulation führen und große Schäden an den Ernten verursachen. Die Populationen von Räubern und Beutetieren sind so stark voneinander abhängig, dass eine Zunahme oder Abnahme einer der beiden Populationen drastische Veränderungen in der Population der anderen verursacht.

Der Verzicht auf Gift bei der Bekämpfung eines Hauptschädlings, der geringere Einsatz von Pestiziden und die erhöhte Überlebensrate der natürlichen Feinde führen häufig zu einer Verringerung des Schadens durch ehemals wichtige Schädlingsarten.

Die Anwendung eines Insektizids hat mehrere direkte und indirekte Auswirkungen. Pestizide töten auch die Fressfeinde der Schädlinge und kommen so indirekt den Schädlingen zugute. Die Schädlinge erholen sich, und zwar in einer höheren Dichte als zuvor erwartet. *Beispiel: Baumwollkapselwurm.*

- Das Gift tötet die Fressfeinde anderer pflanzenfressender Insekten, die noch keine Schädlinge waren, wodurch diese Insekten eine höhere Dichte erreichen und zu Schädlingen werden. Die folgende zeigt die Daten zum Auftreten von Schädlingen bei Baumwolle.

**Tabelle 1: Zunahme des Auftretens von Schädlingen aufgrund von Pestizidanwendungen bei Baumwolle in Nicaragua**

| Jahr | Anzahl der Schädlingsarten | Anzahl der Anwendungen von Pestiziden | Relativer Ernteertrag |
|---|---|---|---|
| 1950 | 2 | 0–5 | 100 Prozent |
| 1955 | 5 | 8–10 | 80 Prozent |
| 1965 | 8 | 25–30 | 70 Prozent |
| 1979 | 24 | 50–60 | – |

## Pestizidresistenz

Pestizide führen zu Pestizidresistenz in den Schädlingspopulationen. Pflanzenfressende Insekten haben bereits Methoden entwickelt, um die von Pflanzen produzierten Toxine zu überwinden, und sind in der Lage, ihren Stoffwechsel umzustellen, um Pestizide schnell zu entgiften oder zu vermeiden.

Diese Effekte führen dazu, dass der Landwirt immer mehr Pestizide und immer mehr Arten von Pestiziden zur Bekämpfung von immer mehr Schädlingen einsetzt. Man nennt das eine »Pestizid-Tretmühle«, aber es ist eigentlich keine Tretmühle, denn der Landwirt verliert ständig an Boden. Die Anwendung von Pestiziden ist wie eine Sucht nach Betäubungsmitteln, die, wenn sie einmal begonnen hat, eine eigene Nachfrage erzeugt.

Die drei Kategorien der natürlichen Feinde von Schadinsekten sind:

- Fressfeinde
- Raubparasiten
- Krankheitserreger

**Baumwollkapselwurm**

Schädigt Baumwolle, Leguminosen, Mais, Tabak, Tomaten und verschiedene Gemüse

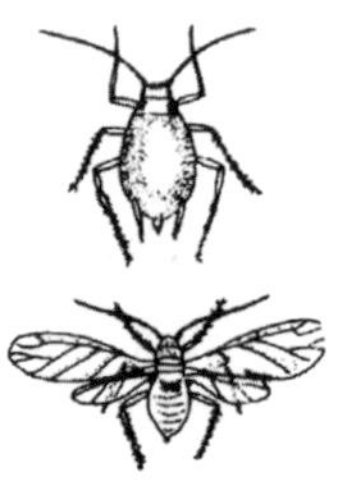

**Blattläuse**

Schädigen Leguminosen, Kürbisgewächse, Tomaten

**Zwiebelthrips**

Schädigt Tomaten, Knoblauch, Erbsen, Zwiebeln

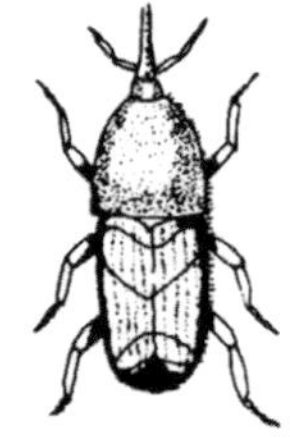

**Maiszünsler**

Schädigt gelagerte Getreide

**Abbildung 1: Schadinsekten**

## Fressfeinde

Viele verschiedene Arten von Räubern ernähren sich von Insekten. Insekten sind ein wichtiger Bestandteil der Ernährung vieler Wirbeltiere. Diese insektenfressenden Tiere ernähren sich in der Regel von vielen Insektenarten und konzentrieren sich nur selten auf Schädlinge, es sei denn, diese sind zahlreich vorhanden. Raubinsekten und andere Gliederfüßer werden bei der biologischen Schädlingsbekämpfung häufiger eingesetzt, weil sie sich von weniger Arten von Beutetieren ernähren und weil die Populationsdichte von Gliederfüßern

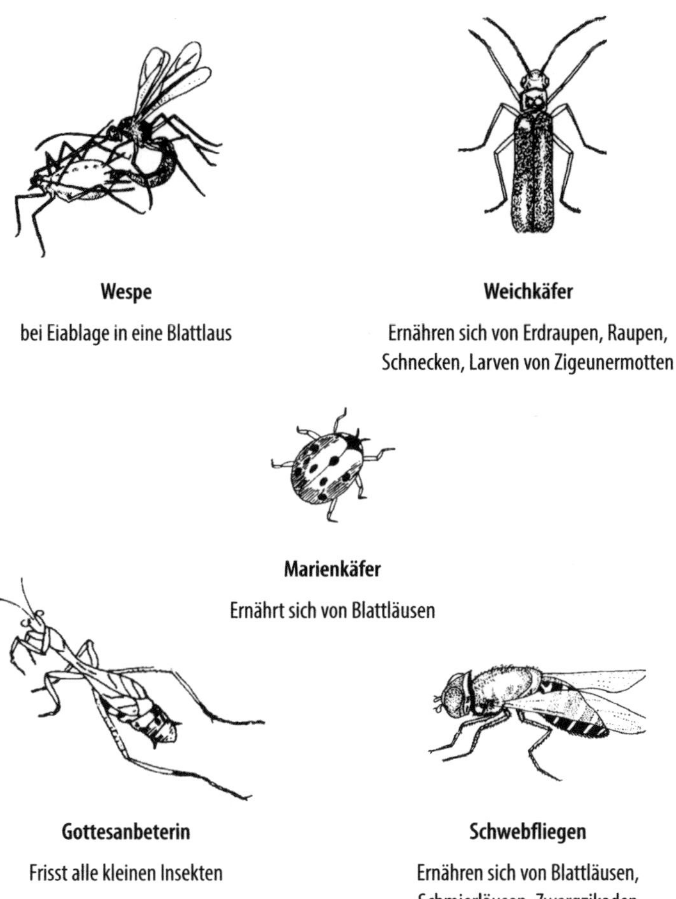


**Abbildung 2: Natürliche Feinde von Schadinsekten**

aufgrund ihrer kürzeren Lebenszyklen sich der Dichte ihrer Beute besser anpassen kann. Wichtige räuberische Insekten sind Marienkäfer, Laufkäfer, Rüsselkäfer, Blumenwanzen, echte räuberische Wanzen, Florfliegen und Schwebfliegen. Spinnen und einige Milbenfamilien sind auch Räuber von Insekten, schädlichen Milbenarten und anderen Gliederfüßern.

### Raubparasiten

Raubparasiten sind Insekten mit einem Entwicklungsstadium, das sich auf oder in einem einzelnen Wirtsinsekt entwickelt und den Wirt schließlich tötet. Die erwachsenen Tiere sind in der Regel freilebend und ernähren sich möglicherweise von Honigtau, Pflanzennektar oder Pollen. Da Raubparasiten an den Lebenszyklus, die Physiologie und die Abwehrkräfte ihrer Wirte angepasst sein müssen, ist ihr Wirtsspektrum begrenzt, und viele sind hoch spezialisiert. Daher ist die genaue Identifizierung der Wirts- und Parasitenarten von entscheidender Bedeutung für den Einsatz von Raubparasiten zur biologischen Bekämpfung.

### Krankheitserreger

Bakterien, Pilze, Protozoen und Viren, die Krankheiten verursachen, infizieren Insekten und Pflanzen. Diese Krankheiten können die Fress- und Wachstumsrate von Schadinsekten verringern, ihre Fortpflanzung verlangsamen oder verhindern oder sie töten. Darüber hinaus werden Insekten auch von einigen Arten von Nematoden befallen, die mit ihren bakteriellen Symbionten Krankheiten oder den Tod verursachen. Unter bestimmten Umweltbedingungen können sich Krankheiten auf natürliche Weise durch eine Insektenpopulation vermehren und verbreiten, insbesondere wenn die Dichte der Insekten hoch ist.

## Beispiele für in der Natur vorkommende Räuber

### Marienkäfer

Diese vertrauten Kreaturen ernähren sich sowohl im Larven- als auch im Erwachsenenstadium von Insekten mit weichen Körpern, insbesondere von Blattläusen. Man kann sie anlocken, indem man Nektarpflanzen (Nektar ist eine weitere Nahrungsquelle) und solche, die Blattläuse anlocken, pflanzt. Dazu gehören Korbblütler, Hülsenfrüchte und Blumen aus der Familie der Doldenblütler (Dill, Wilde Möhre, Fenchel, Schafgarbe und so weiter).

*Zielschädlinge*
Blattläuse, Heuschrecken, Schildläuse, Milben, Wollläuse

**Parasitäre oder räuberische Wespen**

*Encarsia formosa* sind kleine Wespen, die die Weiße Fliege im Gewächshaus parasitieren.

Trichogramma-Wespen parasitieren die Eier von blattfressenden Raupen wie der Aschgrauen Höckereule.

*Zielschädlinge*
Raupen, Blattläuse, Wollläuse, Heuschrecken, Weiße Fliege im Gewächshaus

**Gottesanbeterin**

Sie können wunderbare Verbündete für Gärtner sein (und es macht Spaß, sie zu beobachten), aber sie fressen eine solche Vielfalt von Insekten, dass man sie nicht bei einem Ausbruch eines bestimmten Schädlings einsetzen möchte.

*Zielschädlinge*
Die meisten Schadinsekten und Eier.

## Nicht-chemische Methoden der Schädlingsbekämpfung

Die Palette der verfügbaren nicht-chemischen Optionen kann je nach Schädlingsart, Schädlingsintensität oder -schwere und Wirksamkeit genutzt werden. Im Folgenden sind einige wichtige nicht-chemische Möglichkeiten aufgeführt, die dazu beitragen können, den Einsatz von Pestiziden zu reduzieren.

**Ausschluss:** Jede Maßnahme, die dazu dient, das Eindringen von Organismen in das landwirtschaftliche Feld durch Ausheben von Gräben zu verhindern.

**Sauberkeit:** Die Aufrechterhaltung einer sauberen Umgebung im Betrieb, in der sich Schädlinge ernähren, vermehren und verstecken können. Zu den Hygienemaßnahmen gehört auch die Sauberkeit in und um den Betrieb, indem Kunststoffe und andere anorganische Stoffe entsorgt werden. Die Ausscheidungen auf dem Hof sollten in die Komposttonnen gebracht werden, die in der Nähe der Felder angelegt wurden.

**Veränderung des Lebensraumes**: Das Anlegen einer lebenden Barriere am Rande der landwirtschaftlichen Felder wird das Auftreten vieler bodenbewohnender Schädlinge verringern, da die allelopathische* Wirkung der Wurzeln dafür sorgt, dass die Krankheitserreger nicht ungehindert in den landwirtschaftlichen Boden eindringen können. Ein passendes Beispiel sind die lebenden Zäune aus *Prosopis juliflora*, die die Felder in Rajasthan umschließen.

## Mechanische Bekämpfung

Ein Behälter und eine Pinzette sind das beste mechanische Werkzeug, um sichtbare und weniger mobile oder unbewegliche Schädlinge zu töten. Bei befallenen Pflanzen ist das Absammeln von Insekten (zum Beispiel Hornraupen) von Hand ein wirksames Mittel zur Schädlingsbekämpfung. Befallene Blätter müssen von den Pflanzen abgeschnitten, in Tüten verpackt und entsorgt werden.

Fallen sind ausbruchsichere Geräte, die sehr mobile und aktive Schädlinge einfangen. Farbige (gelbe) Klebefallen eignen sich gut für den Fang von Weißen Fliegen und Blattläusen. Klebefallen können mit handelsüblichen Ködern (Pheromonen und Lockstoffen) versehen werden, um die Fangwirkung zu erhöhen. Diese Methoden werden an Orten eingesetzt, an denen sich die Schädlinge kriechend fortbewegen.

Fallen sind nützlich für die Früherkennung und die kontinuierliche Überwachung von Schädlingsbefall. Sie sind nicht wirksam bei der Reduzierung von Populationen, es sei denn, die Schädlingspopulation ist isoliert oder auf ein kleines Gebiet beschränkt. Die

* Durch Wurzelausscheidungen werden Krankheitserreger abgetötet.

Wahrscheinlichkeit, dass ein Schädling in einem bestimmten Gebiet entdeckt wird, hängt von der Anzahl der verwendeten Fallen ab. Daher ist es von Vorteil, mehr als nur ein paar Fallen zu verwenden, wenn Schädlinge in sehr geringer Zahl vorhanden sind. Schädlinge müssen aktiv oder mobil sein, um in Fallen gefangen zu werden. Daher wirken sich alle Umgebungsvariablen (Temperatur, Feuchtigkeit, Wind, Licht oder Nahrung) oder biologische Faktoren (Alter, Geschlecht, Paarungsstatus und dergleichen), die die Aktivität der Schädlinge beeinflussen, auf den Fallenfang aus.

## Biologische Bekämpfungsmittel

Parasitäre und räuberische Insekten, Milben und Nematoden sind heute zur Schädlingsbekämpfung im Handel erhältlich. Sie sollten nur dort eingesetzt werden, wo keine Pestizide mehr verwendet werden oder dies bisher nicht der Fall war, da diese nützlichen Organismen empfindlich auf Pestizide reagieren. Viele der schwerwiegendsten Schädlinge, Pflanzenkrankheiten oder invasiven Unkräuter sind das Ergebnis von »Einschleppungen« aus fremden Ländern. Die neu eingeschleppten Organismen finden ein günstiges Umfeld vor, in dem sie frei von den bisherigen Einschränkungen sind, und vermehren sich so, dass sie zu »Schädlingen« werden. Insektenforscher haben dafür einen nützlichen Begriff: Sie bezeichnen die einschränkenden Elemente in der Herkunftsregion als »den natürlichen Feindkomplex«.

Die biologische Schädlingsbekämpfung ist die Praxis oder der Prozess, bei dem ein unerwünschter Organismus durch einen anderen (nützlichen) Organismus bekämpft wird.

In der Praxis kann die biologische Schädlingsbekämpfung durch drei Methoden erreicht werden:

- Inundative Freisetzung (auch als »klassische Biokontrolle« bezeichnet), bei der ein natürlicher Feind eines bestimmten Schädlings, Krankheitserregers oder Unkrauts in eine Region eingeführt wird, in der er nicht vorkommt, um das Problem langfristig zu beheben.

- Biopestizid-Ansatz, bei dem ein biologisches Schädlingsbekämpfungsmittel eingesetzt wird, wenn notwendig und (oft wiederholt) in der gleichen Weise wie ein chemisches Bekämpfungsmittel. Beispiele hierfür sind die Verwendung von *Bacillus thuringensis, Phoebiosis gigantean* und *Agrobacterium radiobacter.*
- Behandlung und Beeinflussung der Umwelt zur Förderung der Aktivitäten von natürlich vorkommenden Fressfeinden. Die biologische Bekämpfung kann gegen alle Arten von Schädlingen eingesetzt werden, einschließlich Wirbeltieren, Pflanzenkrankheitserregern, Unkräutern und Insekten, aber die Methoden und Mittel, die verwendet werden, sind für jeden Schädlingstyp unterschiedlich.

**Drei Hauptmethoden für den Einsatz biologischer Bekämpfung**

- Erhalt der vorhandenen natürlichen Feinde
- Einführung neuer natürlicher Feinde und Etablierung einer dauerhaften Population (sogenannte »klassische biologische Bekämpfung«)
- Massenaufzucht und periodische Freisetzung, entweder auf saisonaler Basis oder inundativ.

Die biologische Schädlingsbekämpfung zielt darauf ab, den Einsatz von Chemikalien zu reduzieren oder sogar zu eliminieren und spezifische Produkte zu entwickeln und anzuwenden, die nicht von ausländischen Technologien und importierten Rohstoffen abhängig sind.

Die biologischen Methoden der Schädlingsbekämpfung sind wirtschaftlich sinnvoll, umweltverträglich, schützen die Gesundheit der Landarbeiter und ihrer Familien und sorgen für gesündere Lebensmittel.

Einer der Hauptpfeiler des biologischen Pflanzenschutzes ist die Verwendung von Pflanzensorten, die resistent oder tolerant gegenüber Schadinsekten und Krankheiten sind. Eine resistente Sorte wird vom Schädling weniger angegriffen oder kann dessen normale Entwicklung und sein Überleben beeinträchtigen, oder die Pflanze kann den Schaden ohne wirtschaftliche Ertrags- oder Qualitätseinbußen tolerieren. Krankheitsresistente Gemüsesorten sind weit verbreitet, während insektenresistente Sorten weniger verbreitet, aber wichtig sind. Die beste Methode ist die Verwendung des einheimischen Saatguts, welches das Ergebnis jahrelanger Selektion durch die Bauern ist.

Zu den Vorteilen dieser Taktik gehören die einfache Anwendung, die Kompatibilität mit anderen Vorgehensweisen des integrierten Pflanzenschutzes, die geringen Kosten und die kumulative Wirkung auf den Schädling (jede nachfolgende Generation des Schädlings wird weiter reduziert) bei minimalen Umweltauswirkungen. Die Entwicklung resistenter oder schädlingstoleranter Pflanzensorten kann jedoch viel Zeit und Geld kosten, und die Resistenz ist nicht unbedingt von Dauer. So haben sich Insektenpopulationen entwickelt, die nun in der Lage sind, Pflanzensorten zu schädigen, die zuvor resistent waren.

**Kontrolle durch die Anbaumethode**

Viele landwirtschaftliche Praktiken machen die Umwelt für Insektenschädlinge weniger günstig. Beispiele dafür sind der Anbau von alternativen Wirten (zum Beispiel Unkräuter), Fruchtfolge, Auswahl der Pflanzorte, Fallenkulturen und Anpassung des Pflanz- oder Erntezeitpunkts.

**Die Fruchtfolge** ist zum Beispiel für die Bekämpfung des Kartoffelkäfers sehr empfehlenswert. Die Käfer überwintern in oder in der Nähe von Kartoffelfeldern und benötigen Kartoffeln oder verwandte Pflanzen als Nahrung, wenn sie im Frühjahr hervorkommen. Bei kühlen Temperaturen und ohne geeignete Nahrung werden die Käfer nur kriechen und nicht fliegen können. Werden Kartoffeln weit entfernt von der Vorjahresernte gepflanzt, haben die Käfer keinen Zugang zu der benötigten Nahrung, und sie verhungern.

**Lockpflanzen** werden gepflanzt, um Schadinsekten anzulocken und festzuhalten, damit sie effizienter bekämpft werden können und ihr Übergreifen auf wertvolle Kulturen verhindert oder verringert wird. Früh gepflanzte Kartoffeln können als Fallenkulturen für

Kartoffelkäfer dienen, die im Frühjahr auftauchen. Da die Frühkartoffeln die einzige verfügbare Nahrungsquelle sind, sammeln sich die Käfer auf diesen Pflanzen, wo sie leichter bekämpft werden können.

## Die Bedeutung der biologischen Schädlingsbekämpfung

Der biologische Pflanzenschutz ist eine Methode der Schädlingsbekämpfung, die die Umwelt schützt und ökologisch sowie wirtschaftlich sinnvoll ist.

Die wichtigsten Strategien sind:

- den Boden bearbeiten
- Zeitplan für Aussaat, Pflanzung und Ernte
- Fruchtfolgen
- Vernichtung von Ernterückständen befallener Pflanzen
- Verwendung resistenter Sorten
- Verwendung von Saatgut guter Qualität

Mit anderen Worten: Die biologische Schädlingsbekämpfung kombiniert biologische und agronomische Ansätze und stellt somit eine Strategie dar, die nicht nur über einen längeren Zeitraum hinweg nachhaltig ist, sondern auch die Umwelt am wenigsten belastet.

## Indische Methoden des Vrikshayurveda (Schädlingsbekämpfung)

Indien hat eine reiche Tradition in der gründlichen Erforschung von Pflanzenkrankheiten. Das Kompendium der Pflanzenmedizin wird *Vrikshayurveda* genannt. In diesem Kompendium sind verschiedene Ansätze alter Behandlungsmethoden gegen Insektenbefall aufgezeichnet. Einige der Behandlungen sind die folgenden:

Muskatnuss (*Asafoetida*) wird mit zwei Arten von Kalmus (*Vacha*), Pfeffer (*Erycibe paniculata*), Marknuss (*Lappiga aliona*), Senf und Paste aus Kuhhorn und Kuhurin vermischt und um die Bäume oder Pflanzen herum aufgetragen.

Räucherung aus Kuhhorn, Marknuss, Neem, Nussgras (*Musta),* Kalmus (*Vacha*), Viranga (*Vidanga*), Eisenhut (*Atibhisa*) und Indischer Buche (*Karanja*) in Verbindung mit dem Harz des Salbaums (*Aarjarsa*), des weißen Senfs (*Siddhartha*) und des Fünfblättrigen Mönchspfeffers (*Sinduvara*) vernichten Insekten, die Bäume befallen.

- Verwendung von Tabak als natürliches Pestizid.
- Verwendung von Buttermilch bei der Bekämpfung von Krankheiten der Baumwolle. Buttermilch ist *kashaaya* (adstringierend) und *amla* (sauer) und wirkt auch verdauungsfördernd.

## Traditionelle Techniken zur Prävention von Schädlingsbefall

Die Körner und Samen können regelmäßig in der Sonne getrocknet werden. Dies vertreibt die erwachsenen Insekten. Eier und Larven können jedoch noch vorhanden sein.

Lagerräume können regelmäßig mit Neemblättern geräuchert werden, um Motten, Rüsselkäfer und andere Käfer fernzuhalten.

Holz, Kuhdungasche und Sand können dem Getreide beigemischt werden. Ein Effekt der Zugabe dieser Stoffe ist, dass sie die Zwischenräume zwischen den Körnern füllen und somit die Bewegung der Insekten einschränken.

Auch die Zugabe von Steinmehl und speziellen Tonarten (ebenso Aktivkohle und hitzeaktivierter Tonstaub) zu den Körnern wird praktiziert. Diese ritzen die dünne wasserabweisende Schicht, die sich außen an der Körperwand des Insekts befindet, an, was zu einem Wasserverlust und dem Tod durch Austrocknung führt. Auch Holzasche und Sand können diese Wirkung haben.

Eine kleine, mit Öl gefüllte Tonlampe kann angezündet und in den Lagerbehälter gestellt werden, bevor dieser verschlossen wird. Die Lampe brennt so lange, bis der Sauerstoff im Behälter aufgebraucht ist, was dazu führt, dass auch die Insekten an Sauerstoffmangel sterben.

Kot oder Kuhurin wird oft versprüht, um Insekten fernzuhalten. Einige anorganische und organische Pestizide werden traditionell zur Bekämpfung der wichtigsten Pflanzenschädlinge und Krankheitserreger eingesetzt.

## Rezept für Gemüse- und Hülsenfruchtschädlinge

Zu den häufigen Schädlingen und Krankheitserregern von Hülsenfrüchten oder Gemüse gehören Bakterienbrand, Blattläuse, Pilz- und Blattflecken sowie Viruserkrankungen von Chili, Insektenbefall von Hülsenfrüchten, Zitrone und Wassermelone. Andere Schädlinge sind Heliothis und behaarte Raupen sowie Blattläuse an Fenchel.

**Inhaltsstoffe und Materialien**

- Blattextrakte von Neem und Tabak (5:1)
- Urin von Rindern (2–3 Tage alt)
- Gemisch aus Kalziumoxid und Holzstaub
- Blattextrakte von Vilayati Babul (*Prosopis juliflora*) gemischt mit Wasser (3 Liter Extrakt pro 4000 Quadratmeter)
- Wässrige Lösung von Alaun
- Auszug aus *Bassia latifolia* oder *Pongamia glabra*
- 1 Kilogramm Knoblauch, zerdrückt und über Nacht in 200 Milliliter Kerosin eingeweicht
- 2 Kilogramm gemahlener grüner Chili und 200 Liter Wasser zum Besprühen
- Trockene grüne Blätter von Eukalyptusarten werden am frühen Morgen verbrannt, wenn der Wind lau ist.

## Rezept für Vorratsschädlinge

Vorratsschädlinge bei Reis, Hülsenfrüchten und Erdnüssen, etwa Wickler, Zwergzikaden, Weiße Fliegen und Gundhi-Käfer, Blattläuse, Reisbohrer und bakterielle Krankheiten sowie Termiten in Zuckerrohr und Kokosnusspflanzen.

**Inhaltsstoffe und Materialien**

- Pulver aus den Blättern von *Vitex negundo*
- Gespaltene Samenschalenstücke von Cashew (*Anacardium occidentale)*, Blätter von *Moringa pterygosperma*
- Kampferblätter von *Sphaeranthus indicus*, Blattextrakt aus *Lasiosiphon eriocephalus*, Mischung aus Asafoetida und Rinderurin oder Mischung aus Knoblauch, Chili und Muskatnuss in Wasser
- Neem-Kuchen
- Trockene Kuhfladen und pflanzliche Abfälle vor der Pflanzung in den Furchen, die für die Pflanzung von Zuckerrohrstecklingen bereitet wurden
- Auftragen von Steinkohlenteer auf den unteren Teil des Stengels
- Um die Bodenfruchtbarkeit zu erhöhen, können wir 10 Kilogramm Kuhmist nehmen und 250 Gramm Ghee hinzufügen, vier Stunden lang umrühren. Fügen Sie 500 Gramm Honig oder 1 Kilogramm Rohzucker hinzu und rühren Sie es vier Stunden lang. Danach ist es eine sehr gute Nahrung für Bodenmikroorganismen. Zu dieser Mischung fügen Sie 200 Liter Wasser hinzu. Es ist als *Amrit pani/Sanjivani pani* bekannt. Wenden Sie es auf einen Hektar Land an. Dann mulchen Sie es. 400 Bauern in Maharashtra und Goa wenden diese Methode an, um die Zahl der Regenwürmer im Boden zu erhöhen. Ein Bauer in Pandharpur in Maharashtra hat einen 23 Hektar großen Weinberg, auf dem er diese Methode anwendet. Sein Betrieb erbrachte einen Ertrag von einer Tonne Trauben pro Hektar, was einen Rekord darstellt.

## Biopestizide

Biopestizide sind bestimmte Arten von Pestiziden, die aus natürlichen Materialien wie Tieren, Pflanzen, Bakterien und bestimmten Mineralien gewonnen werden. Sie sind in der Regel inhärent weniger giftig als herkömmliche Pestizide und wirken in der Regel nur auf den Zielschädling und eng verwandte Organismen, im Gegensatz zu konventionellen Breitbandpestiziden, die auf diese Weise unterschiedliche Organismen wie Vögel, Insekten und Säugetiere schädigen. Außerdem sind sie oft bereits in kleinen Mengen wirksam und werden schnell abgebaut, was zu einer geringeren Exposition führt und die Verschmutzungsprobleme herkömmlicher Pestizide weitgehend vermeidet. Biopestizide sind für Mensch und Umwelt sicherer als herkömmliche Pestizide. Sie verursachen keine Rückstandsprobleme, da sie sich in der Natur sehr schnell abbauen.

### Pflanzen als Biopestizide

KORIANDER *(Coriandrum sativum)*

Koriander ist ein einjähriges Kraut, das ein bis drei Meter hoch wächst. Es wird im allgemeinen im Regenfeld angebaut, entweder in Reinbeständen oder gemischt mit anderen Pflanzen. In bestimmten Gebieten wird er auch bewässert angebaut. Die Blätter, Samen und das Öl werden zur Schädlingsbekämpfung verwendet.

***Bekämpfter Schädling:*** Blattläuse.

INGWER *(Zingiber officinalis)*

Ingwer ist ein mehrjähriges Kraut, das bis zu 90 Zentimeter hoch wird. Die Rhizome sind dick, gelappt und von gelber Farbe. Ingwer benötigt ein warmes und feuchtes Klima. Er wird durch Rhizome vermehrt, die zur Schädlingsbekämpfung verwendet werden.

***Bekämpfte Schädlinge:*** Amerikanischer Baumwollkapselwurm, Blattläuse, Mango-Anthraknose, Hülsenfruchtkäfer, Wurzelknotennematode, Weiße Fliege, Gelbes Venenmosaik und vieles mehr.

### ZITRONENGRAS *(Cymbopogan citrates)*

Zitronengras ist ein mehrjähriges Gras, das in Büscheln wächst. Es wächst gut in moorigen Gebieten. Es wirkt abschreckend und wachstumshemmend. Die Wurzeln, Blätter, Samen und das Öl werden zur Schädlingsbekämpfung verwendet.

***Bekämpfte Schädlinge:*** Fruchtfliegen, Milben, Stechmücken und Vorratsschädlinge.

### NEEM *(Azadirachta indica)*

Neem ist ein immergrüner Baum, der bis zu 18 Meter hoch wird. Blätter, Samen, Kuchen und Ölextrakte können für Spritzungen zubereitet werden. Er wirkt zur Abschreckung, zur Verhinderung der Eiablage und als Wachstumsregulator für Insekten.

***Bekämpfte Schädlinge:*** Blattläuse, Reiszikade, Kohlschabe, Grüne Zwergzikade, Wurzelgallennematoden, Termiten, Reisbohrer und viele mehr.

### ZWIEBEL *(Allium cepa)*

Die Zwiebel ist zweijährig. Zwiebeln werden als Extrakte zur Schädlingsbekämpfung verwendet.

***Bekämpfte Schädlinge:*** Nematoden, Bohnenkäfer, Zecken, Tabakmosaikvirus und mehr.

### TABAK *(Nicotiana tabacum)*

Tabak ist eine kräftige, einjährige Pflanze mit einem dicken, aufrechten Stengel und wenigen Zweigen, die sich durch Samen vermehrt. Die Blätter, der Stengel und der Stamm können zur Schädlingsbekämpfung verwendet werden.

***Bekämpfte Schädlinge:*** Blattläuse, Zitrusminiermotte, Reisbohrer, Milben und mehr.

### KURKUMA *(Curcuma longa)*

Kurkuma ist ein mehrjähriges Kraut mit einem kurzen Stengel und büscheligen Blättern, das sich über Rhizome ausbreitet. Der Extrakt aus dem Rhizom kann zur Schädlingsbekämpfung verwendet werden.

***Bekämpfte Schädlinge***: Heerwürmer, Blattläuse.

### KNOBLAUCH *(Allium sativum)*

Knoblauch ist eine winterharte Staude, die eine Höhe von 30–100 Zentimeter erreicht. Die Zwiebeln, Blätter, Blüten und das Öl werden zur Schädlingsbekämpfung verwendet.

***Bekämpfte Schädlinge:*** Blattläuse, Heerwürmer, Bakterien, Kartoffelkäfer, Milben, Wurzelgallennematoden, Reisbrandpilz und mehr.

**Tabelle 2: Pflanzen, die zur Schädlingsbekämpfung an Nutzpflanzen verwendet werden**

| Name | Botanischer Name | Verwendetes Teil |
|---|---|---|
| Ringelblume | Tegetes eracta | Blumen/Blätter |
| Dainkan | Meleaa azadaract | Saatgut/Blätter |
| Vitex | Vitex nigundo | Blätter |
| Pongam-Baum | Punica granatum | Rinde |
| Stechapfel | Datura Metall | Blätter/Früchte |
| Beshrum | Ipomoea carnea | Blätter |
| Knoblauchsrauke | Mansoa alliacea | Blätter |
| Einjähriger Beifuß | Artimesia annua | Blätter/Saatgut |
| Sullu | Euphorbia royliana | Ausscheidungen |
| Xanthoxylum | Xanthoxylum aromaticum | Blätter/Früchte |
| Brennnessel | Urtica dioica | Oberirdischer Teil |
| Vasaca | Adhatoda vasica | Blätter |
| Hedychiaum | Hedychium spicatum | Knolle |
| Walnuss | Juglans regia | Laub/Rinde |
| Rumex | Rumex nepalensis | Blätter |
| Speisezwiebel | Allium cepa | Zwiebel |
| Knoblauch | Allium spp. | Zwiebel |
| Kampfer | Cinnamum camphora | Blätter |
| Sapium (Reetha) | Sapindus mukkorosi | Früchte |

## Methoden zur Herstellung von Biopestiziden

Neem hat in den letzten Jahrzehnten vor allem wegen seiner bioaktiven Inhaltsstoffe, die zunehmend im modernen Pflanzen- und Getreideschutz eingesetzt werden, weltweit Beachtung gefunden. Untersuchungen zeigten, dass Neemextrakte auf fast 200 Insektenarten wirken. Es ist bezeichnend, dass einige dieser Schädlinge resistent gegen Pestizide sind oder sich mit herkömmlichen Pestiziden nur schwer bekämpfen lassen (Blütenthrips, Kohlschabe und verschiedene Minierfliegen). Die meisten Neem-Produkte gehören zur Kategorie der Pestizide mit mittlerem bis breitem Wirkungsspektrum, das heißt, sie sind bei einem breiten Spektrum von Schädlingen wirksam.

Eine Reihe von Neemprodukten wie Neemblattextrakt, Neemsamenextrakt, Neemkuchenextrakt, Neemölemulsion und auch Neem in Kombination mit anderen Pflanzenextrakten dienen der Bekämpfung einer Vielzahl von Schädlingen. Die Verwendung von Neem ist einfach, und der Bauer kann diese Produkte in seinem eigenen Garten herstellen. Sie wurden auf den Feldern erprobt und haben sich bei der Bekämpfung einer breiten Palette von Schädlingen als wirksam erwiesen. Sie wurden auch zur Bekämpfung von Getreideschädlingen eingesetzt. Um Ratten zu bekämpfen, werden Papayastücke in der Nähe der Feldränder verteilt. Papaya enthält eine chemische Substanz, die im Maul der Ratten, die sie fressen, Gewebeschäden verursacht.

### KNOBLAUCHEXTRAKT *(Allium sativum)*

- 100 Gramm fein gemahlenen Knoblauch verwenden
- Diesen 48 Stunden lang in 2 Esslöffeln flüssigem Paraffin einweichen
- 30 Gramm Khadi-Seife in 1/2 Liter Wasser geben und gut mischen
- Die Lösung filtern und in einem Plastikbehälter aufbewahren
- Zur Herstellung von 1 Liter Spray 15 Milliliter Extrakt hinzufügen und gut mischen
- Zum Besprühen eines Hektars werden 15 Liter Extrakt und 100 Liter Wasser benötigt.

TABAK *(Nicotiana tobacum)*

- Nehmen Sie 250 Gramm Tabak und kochen Sie ihn 30 Minuten lang in 4 Litern Wasser
- 30 Gramm Khadi-Seife hinzufügen und gut mischen
- 1 Teil Extrakt mit 4 Teilen Wasser verdünnen und als Spray verwenden
- Die Zugabe von etwas gelöschtem Kalk erhöht die Wirksamkeit des Extrakts
- Dieser Extrakt ist extrem giftig. Schon in sehr geringen Mengen führt er bei Tieren und Menschen zum Tod. Verwenden Sie die besprühten Pflanzen frühestens 4–5 Tage nach dem Besprühen.

## Saatgutbehandlung

PANCHGAN

**Für 10 Kilogramm Saatgut:** 1 Tasse Kuhdung, 1 Tasse Kuhurin, 1/2 Tasse Frischmilch, je 1 Löffel Quark und Ghee

**Sämlingsstadium:** Zum Eintauchen des Keimlings: Verdünnen Sie den oben genannten Anteil 5–6 Mal in Wasser. (10-fache Verdünnung für Zuckerrohr)

## Behandlung von Kulturpflanzenkrankheiten

Krankheitsbekämpfungsmaßnahmen wie die Verwendung von krankheitsfreiem Saatgut, gute Fruchtfolgen und andere Anbaumethoden sind im biologischen Landbau sehr wichtig. So kann beispielsweise eine Verlängerung der Fruchtfolge durch mehrjährige Futterpflanzen die Menge an Wurzelfäule-Inokula im Boden deutlich verringern. Kulturen, die für ähnliche Krankheiten anfällig sind, sollten nicht innerhalb der für die jeweilige Krankheit empfohlenen Anzahl von Jahren angebaut werden.

Auch die Unkrautbekämpfung ist ein wichtiger Faktor bei der Krankheitsbekämpfung. Wenn Unkräuter, die Krankheiten übertragen oder dafür anfällig sind, stehenbleiben, kann die Fruchtfolge die Krankheit nicht wirksam bekämpfen. Nehmen wir zum Beispiel an, die Fruchtfolge sieht jedes vierte oder fünfte Jahr einen Rapsanbau vor, um Sklerotinia-Stengelfäule zu vermeiden. In diesem Fall dürfen sich anfällige Unkräuter wie Ackersenf nicht ausbreiten, und anfällige Kulturen wie Ackererbsen, Ackerbohnen oder Linsen sollten nicht angebaut werden.

## Schutz von Saatgut vor Insekten

Für jedes Kilogramm Saatgut, das gelagert werden soll, ist ein halbes Kilogramm frische, trockene Holzasche zu verwenden; es kann etwas mehr Asche genommen werden, um das Saatgut im Behälter zu bedecken. Es sollte frische Asche und keine alte Asche verwendet werden, da alte Asche in der Regel feucht und mit Mikroorganismen verunreinigt ist. Verwenden Sie keine heiße Asche, da die Samen dadurch abgetötet werden können.

Trockener, sauberer Sand, der mit dem Saatgut vermischt wird, bietet ebenfalls Schutz vor Rüsselkäfern, da die groben Sandkörner die Bewegung für sie unangenehm machen.

## Vielfalt von Insekten und Arthropoden auf der Navdanya Farm

Zahlreiche Gliederfüßer wie Insekten und Spinnentiere fungieren als Räuber für zahlreiche Pflanzenkrankheiten verursachende Organismen, die wir gewöhnlich als Schädlinge bezeichnen. Um das Gleichgewicht der biologischen Funktionen von Vögeln, Insekten und räuberischen Organismen in Agrarökosystemen wiederherzustellen, müssen wir unseren Weg zurückverfolgen, um ihre Populationen auf natürliche Weise mit Hilfe eines Ökosystemansatzes zu regulieren. Beobachten Sie das Auftauchen verschiedener Insektengruppen auf den Pflanzen und achten Sie auf deren Fressfeinde wie Insekten, Vögel und Reptilien.

Die Förderung dieser natürlichen Fressfeinde kann in Zukunft eine wichtige Rolle bei der Schädlingsbekämpfung spielen. Natürliche Auslese und Evolution sind die Mechanismen der Natur, und sie können viel dazu beitragen, die nützlichen Insekten auf den Feldern zu fördern. Im Gegensatz dazu werden durch den Einsatz synthetischer Chemikalien nur resistente Insekten herausgefiltert, die eine ständige Erhöhung der tödlichen Dosen schädlicher Chemikalien erfordern. Wie der weise Spruch: »Vorbeugen ist besser als heilen« besagt, lohnt es sich, die biologische Vielfalt zu erhalten, anstatt sie durch synthetische Mittel zu verringern.

Die in Pestiziden verwendeten Chemikalien gelangen in die Nahrungskette und beeinflussen durch Bioakkumulation alle Ebenen. Bei Navdanya praktizieren wir Schädlingsbekämpfung, indem wir mit der Artenvielfalt von Pflanzen und Insekten arbeiten und nicht versuchen, sie mit Pestiziden und Herbiziden auszurotten. Diese alternativen Lösungen auf der Grundlage der biologischen Vielfalt sind sicher für die Pflanzen, unseren Körper und die Ökosysteme. Die biologische Vielfalt trägt ebenso zur Ernährungssicherheit bei, denn sie schützt die Bestäuber, die für ein Drittel der Lebensmittel verantwortlich sind, die wir essen.

## Biodiversität der Bestäuber

Bestäuber sind biologische Überträger, die Pollenkörner von den Staubbeuteln der Blüte auf die Narbe (weibliches Fortpflanzungsorgan der Blüte) übertragen. So helfen sie bei der Fremdbestäubung. Die nächste Stufe ist die Befruchtung und die Bildung von Samen und Früchten. Bestäuber tragen dazu bei, die Befruchtung von Blütenpflanzen auf dem Land zu ermöglichen. Eine vielfältige Gruppe von

Säugetieren, Vögeln, Reptilien und Insekten erleichtert die Bestäubung von etwa 87,5 Prozent der wild wachsenden und kultivierten Blütenpflanzen. Insekten, vor allem Bienen, Fliegen, Schmetterlinge und Käfer, sind die wichtigsten Bestäuber. Sie tragen dazu bei, die Produktion von Samen und Früchten zu erhöhen.

Der Einsatz von Chemikalien und die intensive Landwirtschaft haben jedoch zusammen mit dem Verlust von Lebensräumen zu einem weltweiten Rückgang der Bestäuber geführt. Auf der Navdanya-Farm fanden wir 16 Bienenarten, drei Fliegenarten, eine Käferart, 21 Schmetterlingsarten, fünf Vogelarten und zwei Säugetierarten, die bei der Bestäubung von einem Drittel der auf der Farm angebauten Nahrungsmittelpflanzen helfen.

Die Bestäubung ist ein Schlüsselmechanismus zur Förderung der pflanzlichen Artenvielfalt sowohl in wilden als auch in vom Menschen bewirtschafteten Ökosystemen, die zur Gewährleistung der Ernährungssicherheit auf Bestäuber angewiesen sind. Der Großteil der Erzeugnisse des Waldes, die kein Holz sind, und der Pflanzenproduktion sind Ergebnis der Bestäuberleistungen. Die Nebenprodukte von wilden und bewirtschafteten Bestäubern tragen den Lebensunterhalt der lokalen Gemeinschaften. Bestäuber, vor allem Bienen, tragen zur Fortpflanzung von 87,5 Prozent der blühenden Pflanzen auf der Welt bei. Die Bestäubung ist ein unentgeltlicher Beitrag für die Wild- und Kulturpflanzen, der durch keine moderne Technik ersetzt werden kann. Die derzeitige Zerstörung von Lebensräumen, die vielen Chemikalien und die Einführung gebietsfremder Pflanzen und Bestäuber, Krankheiten und Schädlinge sind die treibenden Kräfte für ihren Rückgang.

Auf der Navdanya-Farm bemühen wir uns um den Erhalt des natürlichen Gleichgewichts, das Bestäuber und eine Vielzahl anderer Organismen anzieht, die für die Nutz- und Wildpflanzen gut sind.

Vögel sind eifrige Räuber, die bei der Schädlingsbekämpfung, der Samenverbreitung und der Bestäubung helfen. Es gibt 71 verschiedene Vogelarten auf unserer Farm. Eine Vielfalt von Vögeln kann erhalten werden, indem man ihnen Nahrungsquellen und Nistplätze zur Verfügung stellt. Die Navdanya-Farm ist nicht nur ein biologisches Agrarökosystem, sondern auch ein kleines Heiligtum in sich selbst. Neben den Nutzpflanzen gibt es eine große Vielfalt an Bäumen, Sträuchern und Kräutern – ein Paradies für eine artenreiche Vogelwelt.

## Biodiversität zur Schädlingsbekämpfung

**Schädlingsbekämpfung durch die ökologische Funktion der biologischen Vielfalt: Internationale Erfahrungen**

Die industrielle Landwirtschaft verursacht derzeit einen massiven Rückgang der biologischen Vielfalt und sie wird als einer der Hauptgründe für das Aussterben jetzt im Anthropozän angesehen. Es ist das sechste große Aussterbeereignis auf unserem Planeten. Die Ursache ist eindeutig auf die zahlreichen menschlichen Aktivitäten zurückzuführen, die unseren Planeten durch den Verlust von Lebensräumen, die Verschmutzung, die Klimaveränderungen und giftige Chemikalien zerstören. Die industrielle Landwirtschaft ist eindeutig für den größten Teil des Lebensraumverlustes verantwortlich, trägt wesentlich zu den Klimaveränderungen bei und ist durch giftige Chemikalien maßgeblich für den Rückgang vieler Arten bei Bienen, Vögeln und Amphibien verantwortlich.

Der Millennium Ecosystem Assessment Synthesis Report der Vereinten Nationen (MA Report 2005) wirft ernste Fragen zur Nachhaltigkeit vieler unserer derzeitigen landwirtschaftlichen Praktiken auf. »In den letzten 50 Jahren hat der Mensch die Ökosysteme schneller und umfassender verändert als in jedem vergleichbaren Zeitraum der Menschheitsgeschichte, vor allem, um die schnell wachsende Nachfrage nach Nahrungsmitteln, Süßwasser, Holz, Fasern und Brennstoffen zu befriedigen. Dies hat zu einem erheblichen und weitgehend unumkehrbaren Verlust der Vielfalt des Lebens auf der Erde geführt.«

Der IAASTD-Bericht kam zu dem Schluss, dass »business as usual« keine Option sei, und empfahl nachdrücklich die Einführung landwirtschaftlicher Systeme, die biologische Methoden nutzen, die die Umwelt regenerieren, um so die derzeitigen industriellen, landwirtschaftlichen Modelle zu ersetzen, die die Umwelt schwer schädigen (IAASTD 2008).

Die besten regenerativen Biobauern gestalten ihre Anbausysteme so, dass sie über eine Reihe integrierter Systeme verfügen, die verhindern, dass Schädlinge und Krankheiten in den jeweiligen Kulturen großen Schaden anrichten. Das Ziel ist ein ganzheitlicher Ansatz, der zu einem widerstandsfähigen Betrieb mit geringem Input und hohem Output führt. Hier werden die ökologischen Wissenschaften auf die Landwirtschaft angewandt, um Systeme auf der Grundlage der Agrarökologie zu schaffen.

## Ökofunktionale Intensivierung (Ecofunctional Intensification, EFI)

Ökofunktionale Intensivierung (EFI) ist der Prozess, wie ein landwirtschaftlicher Betrieb von der Abhängigkeit von giftigen und umweltschädlichen Betriebsmitteln zu einem hochproduktiven und widerstandsfähigen agrarökologischen System werden kann, das die Umwelt regeneriert.

EFI wird definiert als *ein ökosystembasiertes, regeneratives Produktionssystem, das die biologische Vielfalt fördert, um die Ökosystemleistungen zu optimieren. Ziel ist es, den vielfachen Nutzen der ökologischen Funktionen zu vergrößern, anstatt eine synthetische chemische Intensivierung zu betreiben.*

Die ökofunktionale Intensivierung optimiert die Leistung von Ökosystemdienstleistungen. Zu diesen Leistungen gehören die Regulierung von Schädlingen und Krankheiten, Wasserspeicherung und Entwässerung, Bodenaufbau, Bodenbiologie und -fruchtbarkeit, Nährstoffkreislauf, Stickstofffixierung, Photosynthese und Kohlenstoffbindung, eine Vielfalt an Nutzpflanzen und Tierarten, Bestäubung und viele andere.

Je größer die biologische Komplexität eines landwirtschaftlichen Systems ist, desto geringer ist die Gefahr, dass sich Schädlinge und Krankheitserreger in diesem System ansiedeln und es beeinträchtigen. Ziel ist es, robuste, nachhaltige, biodiverse Systeme mit Mechanismen zu schaffen, die die meisten Schädlings-, Krankheits- und Unkrautprobleme verhindern oder kontrollieren und die Bioverfügbarkeit von Nährstoffen erhöhen. Es gibt solche regenerativen biologischen Anbausysteme, die mit einem Minimum an Inputkosten auskommen und somit für den Bauern und die Umwelt am effizientesten sind.

Die Gesundheit des Bodens ist das Schlüsselprinzip für eine erfolgreiche regenerative Landwirtschaft. Ein ausgewogener Boden sorgt für ein Minimum an Krankheits- und Schädlingsbefall. Es gibt zahlreiche wissenschaftliche Belege dafür, dass Pflanzen, die in fruchtbaren Böden wachsen, widerstandsfähiger gegen Schädlinge und Krankheiten sind als Pflanzen, die aufgrund schlechter Böden oder schlechter Bewirtschaftung unter Mangelerscheinungen oder Stress leiden.

Immer mehr wissenschaftliche Studien zeigen, dass gesunde Pflanzen eine Reihe von Verbindungen produzieren, die Beeinträchtigungen durch Schädlinge und Krankheiten verhindern oder verringern, insbesondere phenolische und flavonoide Antioxidantien. Interessanterweise besagen andere Untersuchungen, dass diese schützenden Verbindungen nicht nur ihre Wirtspflanzen schützen, sondern auch für die Gesundheit der Menschen, die sie verzehren, von Vorteil sind. Diese Verbindungen bringen nachweislich mehrere Vorteile mit sich, zum Beispiel wirken sie entzündungshemmend und lindern die Schmerzen bei Rheuma, Arthritis, Kopfschmerzen, Asthma und Herzkrankheiten und haben krebshemmende Eigenschaften. Mehrere Studien belegen, dass Bio-Lebensmittel einen höheren Gehalt an diesen nützlichen Phytonährstoffen aufweisen.

Es gibt immer mehr Belege dafür, dass gesunde Pflanzen untereinander Duftsignale austauschen, die vor Krankheiten und Insektenbefall warnen, und dass diese Pflanzen daraufhin eine Reihe von Schutzstoffen erzeugen, um Schäden zu verhindern. Forscher untersuchen derzeit eine Reihe von Verbindungen, die von Pflanzen ausgesendet werden, wenn sie von Schädlingen angegriffen werden, und die nützliche Fressfeinde anlocken, um die Schädlinge zu bekämpfen.

Langjährige Forschungen ergaben, dass ausgewogene Böden mit einem hohen Kalzium- und Humusgehalt und einem neutralen pH-Wert eine Reihe nützlicher Arten fördern und Schädlinge und Krankheiten unterdrücken.

Diese Böden sind reich an nützlichen Organismen wie Trichoderma, die Krankheitserreger wie Rhizoctonia, Phytophthora und Amilleria bekämpfen. Actinomycetes kontrollieren viele Schädlinge und Krankheiten. Räuberische Nematoden bekämpfen wurzelschädigende Nematoden, und Organismen wie Metarhizium und *Bacillus thuringiensis* töten eine Reihe von Insekten.

## Umsetzung der Ökofunktionalen Intensivierung (EFI)

Die effizienteste Methode zur Bekämpfung von Schädlingen und Krankheiten besteht darin, proaktiv zu handeln und einen Schädlingsbekämpfungsplan zu erstellen. Im allgemeinen werden die besten Ergebnisse durch die Entwicklung eines Plans erzielt, der eine Reihe von Strategien mit einem gesamtbetrieblichen Ansatz umfasst.

Leider ist die Schädlingsbekämpfung in den meisten landwirtschaftlichen Systemen ein Ad-hoc-Prozess. Er ist entweder eine verspätete Reaktion auf einen Schädlingsbefall oder ein sehr ineffizientes Spritzprogramm, das in der Regel alle Nützlinge tötet und Umweltschäden sowie Gesundheitsprobleme verursacht.

Die integrierte Schädlingsbekämpfung (Integrated Pest Management, IPM) wurde in vielen Betrieben eingeführt und wird als nützlicher Ausgangspunkt für die Umstellung auf ein agrarökologisches System angesehen. Die IPM-Instrumente der Überwachung, der Festlegung von Schwellenwerten bei Schädlingsbefall und der »Hot Spot«-Spritzungen sind sehr nützlich.

Eine wirksame Überwachung ist nicht auf die IPM beschränkt und wird seit jeher als wesentliches Instrument einer guten Landwirtschaft angesehen. Ein altes Sprichwort besagt: »Die Fußstapfen des Landwirts sind der beste Dünger.«

Dieses Sprichwort bezieht sich auf die Tatsache, dass die Überwachung und das Verständnis dessen, was in der Kultur und im Betrieb insgesamt geschieht, eines der wichtigsten Managementinstrumente ist, da es dem Bauern ermöglicht, rechtzeitig Maßnahmen zu ergreifen, um Ernteschäden und -verluste zu verhindern.

Gute regenerative Biobauern gehen über die IPM hinaus, indem sie die Ökofunktionelle Intensivierung anwenden. Einer ihrer großen Vorteile ist, dass die Ökologie die Schädlinge und Krankheiten ohne Eingreifen des Bauern bekämpft, sobald diese Systeme eingerichtet sind.

Das bedeutet, dass die Schädlinge und Krankheiten die meiste Zeit über von den ökologischen Systemen kontrolliert werden sollten. Allerdings ist kein System, weder ein natürliches noch ein vom Menschen geschaffenes, unfehlbar. Gute Bauern überwachen und haben eine Backup-Strategie, um mit Problemen fertigzuwerden, wenn sie auftreten.

Biologische Methoden zur Schädlingsbekämpfung sind hervorragende Beispiele für die Intensivierung der Ökofunktion. Eine Reihe ökologischer Lösungen wird eingesetzt, damit Spritzmitteln zur Abtötung von Schädlingen und Krankheiten nicht mehr nötig sind. Die Ökologie erledigt die Arbeit.

## Nützliche Insekten und ihre Wirtspflanzen

Gewisse Pflanzengruppen ziehen nützliche Insekten, Arthropoden und höhere Tierarten an und bieten ihnen Zuflucht. Diese Arten beseitigen Schadinsekten in landwirtschaftlichen Betrieben und Obst- und Gemüsegärten. Sie werden unter dem Begriff Nützlinge zusammengefasst.

Viele Nutzinsekten haben eine Reihe von Wirtspflanzen. Einige nützliche Arten wie Schlupfwespen, Schwebfliegen und Florfliegen haben fleischfressende Larven, die Schädlinge fressen; die erwachsenen Tiere ernähren sich jedoch hauptsächlich von Nektar und Pollen aus den Blüten. Blumen versorgen Nützlinge mit konzentrierter Nahrung (Pollen und Nektar), was die Chancen erhöht, dass sie sich ansiedeln, überleben und auf Dauer bleiben. Sehr wichtig ist ebenfalls, dass die Blumen den Nützlingen Paarungsplätze bieten, so dass sie sich vermehren können.

Ohne solche Blütenpflanzen in einem landwirtschaftlichen Betrieb sterben die nützlichen Arten und vermehren sich nicht. In den meisten landwirtschaftlichen Betrieben werden diese Pflanzenarten als Unkraut vernichtet, so dass nicht genügend Nützlinge für eine effektive Schädlingsbekämpfung vorhanden sind. Der Kauf und die Freisetzung kommerzieller Mengen dieser Insekten ist in der Regel sehr teuer, vor allem wenn sie sich mangels geeigneter Nahrung nicht vermehren können.

Parasitäre Wespen bevorzugen kleine Blüten, wurden aber auch in großen duftenden Blumen wie Seerosen gefunden. Blüten mit hohem Nektar- und Pollengehalt gelten als besonders wertvoll. Viele Unkrautarten weisen diese Eigenschaften auf und sind daher für die Bekämpfung von Schadinsekten sehr wichtig. An der University of California, Davis, dem Dietrich Institute in Kalifornien, der Michael Field Research Station, Wisconsin, der Rutgers University New Jersey, der Lincoln University in NZ, dem FiBL in der Schweiz und mehreren europäischen Universitäten wurden Forschungen über Insektarien durchgeführt. Sie zeigten, dass die Anpflanzung dieser Wirtspflanzenarten als Bodendecker, in Reihen oder auf Randstreifen, zu einem deutlichen Rückgang der Schädlingsarten führen kann.

Landwirte in den USA, die Reihen dieser Wirtspflanzen als »Insektarien« auf ihren Feldern angepflanzt haben, müssen nicht mehr spritzen und haben ein ähnliches Maß an Schädlingsbekämpfung wie ihre Nachbarn, die viele giftige Chemikalien versprühen.

Die Förderung von nektar- und pollenreichen Blumen in und um den Betrieb wird durch eine Änderung der Artenzusammensetzung zugunsten der Nützlinge die Effizienz in diesen Bereichen verbessern. Laufende Forschungsarbeiten ermitteln die effektivsten Mischungen von Pflanzenarten und die Abstände zwischen diesen Naturstreifen.

Tansy Leaf, eine nordamerikanische Asternart, ist eine gute Pollenquelle für erwachsene Schwebfliegen. Eine neuseeländische Studie zeigte, dass die Zahl der Blattläuse in Kohl- und Rapsfeldern, die von einem 50 Zentimeter breiten Streifen Tansy Leaf umgeben waren, weniger als die Hälfte des normalen Niveaus betrug.

Wiederholte Versuche mit Auberginen und anderen Gemüsesorten, die an der Rutgers University in New Jersey durchgeführt wurden, ergaben, dass blühender Dill, Koriander und Fenchel gute Insektenpflanzen für Schlupfwespen sind.

Forscher der Universität von Kalifornien in Davis wiesen nach, dass eine große Artenvielfalt der Vegetation für eine konstant niedrige Population vieler Arthropoden sorgt, die als »Nahrung« für die Nützlinge dienen. Die Vegetation trägt auch zum Schutz der Nützlinge bei und sorgt dafür, dass sie in dem Gebiet bleiben.

Höhere Wirtspflanzen enthalten deutlich mehr nützliche Insekten als niedrige Pflanzen. Das ist vergleichbar mit Hochhäusern, in denen mehr Menschen leben als in einstöckigen Häusern. Die Forschung zeigte auch, dass eine große Vielfalt an Wirtspflanzenarten zu einer höheren Anzahl von Nützlingen und einer besseren Kontrolle von Schädlingsarten führt.

In einem Versuch zur Schaffung effektiver Insektenstreifen legten britische und neuseeländische Wissenschaftler mit Hilfe eines Zweiwege-Pflugs etwa zwei Meter breite und 50 Zentimeter hohe Streifen an. Sie wurden mit Knäuelgras, Wolligem Honiggras, mehrjährigem Weidelgras und Weißem Straußgras eingesät. Die ersten beiden Gräser bilden Büschel, die anderen Matten. Büschelgräser sind schnellwüchsig und konkurrenzstark, so dass Unkraut kein Problem darstellte. Nach zwei Jahren gab es 1.500 Raubinsekten pro

Quadratmeter, etwa das Zehnfache der Dichte von guten Hecken. Nach etwa fünf Jahren haben Bäume und Sträucher begonnen, dort als Hecken zu wachsen.

In Europa, Neuseeland, Australien und den USA können Bauern Listen von Insektenpflanzen erhalten, die sie in ihren Betrieben einsetzen können. Leider gibt es nur sehr wenige Untersuchungen zur Gestaltung von Insektenstreifen für andere Klimabedingungen, insbesondere für die Tropen.

**Drei Regeln für die Gestaltung von Insektenstreifen**

- Jede blühende Pflanze, die Bienen anlockt, eignet sich als Insektenpflanze. Nützliche Insekten bevorzugen Arten, die reich an Pollen und Nektar sind.
- Kleinere Blüten sind für Schlupfwespen am besten geeignet.
- Je größer die Artenvielfalt ist, desto effektiver ist das Insektensystem.

Forschungen der Universität Lincoln in Neuseeland und in Kalifornien belegten, dass es am besten ist, Unkrautbekämpfung schrittweise vorzunehmen und dabei immer gute Rückzugsgebiete für Unkraut in und um den Betrieb herum zu belassen, um eine gesunde Versorgung mit nützlichen Arten sicherzustellen. Bekämpfen Sie nie alle Unkräuter auf dem Betrieb gleichzeitig.

Staub beeinträchtigt die Fähigkeit von Raubinsekten, Wirte zu finden, und kann zum Ausbruch von Schädlingen wie Spinnmilben führen. Die Anpflanzung von Insektenschutzpflanzen als Windschutz und Bodendecker verringert die Staubentwicklung.

Studien in den USA hielten fest, dass der Wert der auf Insektenstreifen lebenden und brütenden Insekten bis zu 30.000 US-Dollar pro Acre (75.000 US-Dollar pro Hektar) entspricht, die man hätte aufbringen müssen, um diese Insekten von kommerziellen Anbietern zu kaufen.

## Vielfältige Beispiele für biologische Bekämpfungsmethoden

**Fallen-Kulturen**

Fallenpflanzen sind eine Variante von Insektenpflanzen und werden verwendet, um Schädlingsarten anzulocken und zu fangen. Es gibt eine Reihe von Methoden und Arten von Pflanzen, die verwendet werden.

- **Stets bevorzugte Wirtspflanzen**
  Diese locken die Schädlingsarten von der Kultur weg, weil diese die Lockkultur der Nutzpflanze vorziehen. Amerikanische Baumwollbauern legen auf ihren Feldern Reihen mit Luzerne an, weil Lyguskäfer Luzerne lieber mögen als Baumwolle. Die Landwirte mähen alle zwei Wochen abwechselnd die Hälfte der Reihe über die gesamte Länge. Auf diese Weise entsteht immer wieder ein Streifen Luzerne, der sich in einem für die Lyguskäfer günstigen Zustand befindet, so dass die meisten in den Luzernen bleiben.

- **Zeitlich begrenzte alternative Wirtspflanzen**
  Dazu werden vor oder nach der Saison Pflanzen gesät, die Schädlingsarten anziehen. Die Schädlinge werden dann vernichtet, um die Brutzyklen zu unterbrechen und die Schädlingspopulation zu reduzieren.

  Beispiele hierfür sind Kulturen, die Nematoden anziehen. Diese werden in der Regel früh in der Saison gepflanzt und als Gründüngung untergepflügt, bevor die Nematoden mit der Eiablage beginnen. Bei richtiger Anwendung durchbricht dieses System den Schädlingszyklus, reduziert Unkraut, liefert wertvolles organisches Material und setzt langsam Nährstoffe für die Nutzpflanzen frei.

  Eine Variante besteht darin, die Lockpflanzen direkt nach der Nutzpflanze zu säen. In der Regel ist der Schädlingsbefall zu diesem Zeitpunkt am größten. Eine Kombination aus einer Fallenkultur und einer Fruchtfolge im darauffolgenden Jahr erwies sich als die wirksamste Lösung für die Bekämpfung von Schädlingen.

Eine andere Variante besteht darin, ein paar kleine Flächen einige Wochen früher mit Nutzpflanzen zu bepflanzen und diese kurz vor der Aussaat der Hauptnutzpflanze unterzupflügen. Bei richtigem Timing kann dies den Schädlingsbefall erheblich reduzieren. In den USA wird der Befall mit Kartoffelnematoden um 80 Prozent reduziert, indem man die als Falle gesetzten Kartoffeln unterpflügt, bevor die Nematoden Zeit haben, sich zu vermehren.

Einige amerikanische Baumwollbauern säen einige Wochen vor der Aussaat der Nutzpflanzen schmale Streifen mit Baumwolle um ihre Felder herum. Rüsselkäfer und andere Schädlinge sammeln sich in diesen Baumwollpflanzen und werden durch das Besprühen mit einem Insektizid bekämpft. Dadurch wird die Zahl der Schädlinge in der Nutzpflanze reduziert.

Die Verwendung alternativer Wirte, die den Schädling früh in der Saison anlocken, kann nützlich sein. Ein Beispiel hierfür ist die Verwendung von Jaboticabas-Bäumen, die kurz vor Litschis oder Mangos blühen. Diese locken die Monolepta-Käfer an, so dass sie vernichtet werden können, bevor sie die Litschi- und Mangoblüten angreifen. Australische Forschungen zeigten, dass Kichererbsen die beste Fangpflanze für die pestizidresistente Baumwoll-Kapseleule (*Helicoverpa armigera*) sind, einem Falter. Leinsamen, Raps und Felderbsen erwiesen sich als gute Fallenpflanzen für Heliothis und als Wirtspflanzen für Räuber und Parasiten wie Florfliegen, Marienkäfer und Wespen.

- Köder

  Insektenstreifen können als Fallen genutzt werden, indem man Lockmittel oder Köder auslegt/versprüht, um die Schädlingsarten aus den Nutzpflanzen in die räuberreichen Insektenstreifen zu locken.

### Repellent-Arten

Einige Pflanzen vergrämen Schadinsekten. Die Zwischenpflanzung abstoßender Arten in einer Kultur macht sie für den Schädling weniger attraktiv. Wird eine Nichtkulturpflanze, die ein bevorzugter Wirt ist, in der Nähe der Kultur gepflanzt, wird der Schädling von der Kultur weggelockt.

### Push-Pull-Verfahren

Die besten Systeme funktionieren durch die Integration mehrerer biologischer Bekämpfungsstrategien in einem Gesamtsystemansatz.

Die Push-Pull-Methode bei Mais ist ein hervorragendes Beispiel für eine ökologische Methode, die mehrere dieser Elemente integriert, um erhebliche Ertragssteigerungen zu erzielen. Das ist wichtig, denn Mais ist das wichtigste Grundnahrungsmittel in Afrika und Lateinamerika. Das Push-Pull-System wurde von Wissenschaftlern in Kenia am International Centre of Insect Physiology and Ecology (ICIPE), Rothamsted Research, Großbritannien, in Zusammenarbeit mit anderen Partnern entwickelt.

Die Push-Pull-Methode ist ein hervorragendes Beispiel für EFI (Eco Function Intensification) als integriertes Produktionssystem. Sie nutzt die Kombination aus einer Deckfrucht und einer Fangpflanze, um den Stengelbohrer und den Parasiten Striga im Mais zu verhindern. Desmodium wird gepflanzt, um den Stengelbohrer abzuwehren und zugleich die natürlichen Feinde des Schädlings anzulocken. Seine Wurzelausscheidungen stoppen das Wachstum von Striga, einem parasitären Unkraut im Mais. Napiergras wird außerhalb des Feldes als Fangpflanze für den Maiszünsler gepflanzt. Das Desmodium hält die Schädlinge vom Mais ab, und das Napiergras lockt die Stengelbohrer aus dem Feld, damit sie ihre Eier dort statt im Mais ablegen. Die scharfen Kieselsäurehaare des Napiergrases töten die Larven des Maiszünslers, wenn sie schlüpfen, so wird der Lebenszyklus unterbrochen und die Zahl der Schädlinge reduziert.

Hohe Erträge sind nicht der einzige Vorteil. Das System benötigt keinen synthetischen Stickstoff, da Desmodium eine Leguminose ist

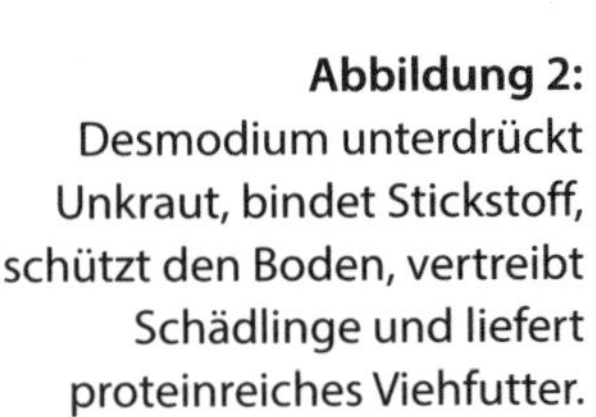

**Abbildung 2:** Desmodium unterdrückt Unkraut, bindet Stickstoff, schützt den Boden, vertreibt Schädlinge und liefert proteinreiches Viehfutter.

und Stickstoff bindet. Die Bodenerosion wird durch eine permanente Bodenbedeckung verhindert. Ganz wesentlich ist, dass das System hochwertiges Futter für das Vieh liefert. Napiergras und Desmodium werden systematisch geerntet, um frisches Futter für das Vieh zu liefern. Das Vieh kann nach der Maisernte auf dem Feld grasen. Viele Push-Pull-Bauern integrieren eine Milchkuh in das System und verkaufen die überschüssige Milch als regelmäßige Einnahmequelle.

**Barrieren**

Fallenkulturen und Dauerinsektenhäuser können als Barriere eingesetzt werden, um das Eindringen von Schädlingen in die Nutzpflanzenkultur zu verhindern. Bauern in den USA haben mehrere Reihen hoher Pflanzen oder Gräser wie Weizen, Mais, Roggen und Wicken um Gemüsefelder herum gepflanzt. Diese bilden eine Barriere, die das Eindringen von Blattläusen, die Viren auf Nutzpflanzen übertragen, verlangsamt.

Die Bauern in Myanmar pflanzen Sonnenblumen um ihre Felder herum. Diese dienen als Barrieren, die das Eindringen von Schädlingen verhindern, da sie von den Nützlingen in den Sonnenblumen angegriffen werden. Die Nützlinge können auch in das Feld gelangen, um die Ernte zu schützen.

Viele Bauern haben traditionell Hecken aus verschiedenen Pflanzen entlang der Wege und Hofgrenzen mit einer Vielfalt von einheimischen und eingeführten Arten. Dies ist in einigen Teilen Afrikas

**Abbildung 3:** Heckenränder entlang von Wegen in Kenia

weit verbreitet. Diese Grenzhecken dienen sowohl als Zufluchtsort für Nützlinge als auch als Barriere für Schädlinge.

**Höhere Tiere**

Insekten- oder Naturstreifen bieten Lebensraum für nützliche höhere Tiere. Eine große Anzahl höherer Tierarten spielt eine sehr wichtige Rolle bei der Bekämpfung von Schädlingen in der Landwirtschaft.

Viele Vogelarten fressen Schadinsekten. Untersuchungen des Mageninhalts der meisten Vogelarten, die in landwirtschaftlichen Betrieben vorkommen, zeigen, dass sie eine große Anzahl von Insekten verzehren können. Jeder Vogel kann pro Jahr Tausende von Insekten fressen.

Andere veröffentlichte Forschungsarbeiten legen dar, dass eines der Hauptprobleme des weit verbreiteten Herbizideinsatzes der Verlust von Lebensräumen für Vögel und Nutzinsekten ist. Die Zahl der Vögel geht in diesen Gebieten stark zurück, was zu einem höheren Pestizideinsatz führt.

Untersuchungen in Obstplantagen, in denen Netze verwendet werden, belegten, dass diese Obstplantagen mehr Insektizide einsetzen müssen, um Schädlinge abzutöten, die zuvor von Vögeln gefressen wurden.

Dichte Büsche, kleine Bäume, Sträucher und Bambus sind die richtigen Pflanzen, um insektenfressende Vögel anzulocken. Die meisten dieser Vögel sind klein und nisten gerne unter dichten Baumkronen, um vor Beutegreifern geschützt zu sein. Fledermäuse sind bei der Bekämpfung vieler nachts fliegender Insekten sehr wirksam. Jede Fledermaus muss jede Nacht ein Drittel ihres Körpergewichts an Insekten fressen. Das ist eine enorme Menge. In Europa und den USA bauen einige Bauern Fledermaushäuser, um sie auf dem Hof zu halten. Sie bringen auch Lichter in den Kulturen an, um Insekten anzulocken, die die Fledermäuse dann fressen. Viele Bauern sammeln den Fledermausguano um die Häuser herum als Dünger. Fledermäuse können zur Bekämpfung von Obstsaugern und Motten eingesetzt werden, indem man batteriebetriebene Lampen in den Bereichen der Obstplantagen anbringt, in denen eine Schädlingsbekämpfung erforderlich ist. Die Fledermäuse werden vom Licht angezogen, denn sie wissen, dass Licht viele Insekten anlockt. Mit ihrem Sonar können sie Motten in der Nähe orten und fressen.

Eidechsen, Frösche und Kröten ernähren sich von einer Vielzahl von Schadinsektenarten. Ein Licht, das nachts auf den Boden gelegt wird, lockt Frösche und Kröten an, die die vom Licht angezogenen Insekten fressen. Viele Käfer- und Mottenarten können auf diese Weise bekämpft werden.

Geflügel (Hühner, Enten, Pfaue und Perlhühner) sind sehr wirksam bei der Beseitigung von Schädlingen wie Heuschrecken und Käfern. Diese Tiere wurden traditionell in allen landwirtschaftlichen Kulturen als wesentlicher Bestandteil der Schädlingsbekämpfung eingesetzt.

Eulennistkästen in hohen Bäumen haben sich bei der Rattenbekämpfung als hilfreich erwiesen. Wichtig sind Sitzbäume und ein geräumter Rand, mindestens zwei Meter um das Feld herum, damit die Eulen die Ratten sehen und fangen können, wenn sie in die Felder hinein- und hinauslaufen.

### Anbau von Wirtspflanzen, die nicht von Schädlingen befallen werden, und von schädlingsresistenten Sorten

Wenn möglich, ist es wichtig, Pflanzensorten zu verwenden, die gegen die wichtigsten Schädlinge und Krankheiten resistent sind.

Einige Unkraut- oder Gartenpflanzen können Schädlingen Unterschlupf bieten. So leben zum Beispiel einige Käferarten wie der Rohrglanzkäfer, die Monolepta und die Rhyparida larrvae an den Wurzeln von Gräsern.

Viele Rattenarten nisten und leben in hohem Gras. Wenn dieses durch Sträucher, Bäume und blühende Pflanzen ersetzt werden, verringert sich ihre Zahl. Zusammen mit der Einführung nützlicher Pflanzenarten werden diese Maßnahmen den Schaden, den die Schädlinge in den Kulturen anrichten, deutlich verringern.

**Nützliche Arthropoden einkaufen**

Viele Nutzinsekten können jetzt gekauft werden. Die folgenden Gruppen von Arthropoden sind in der Regel erhältlich:

- Räuberische Nematoden
- Raubmilben
- Trichogramma, Telenomus und andere parasitische Wespen
- Florfliegen
- Marienkäfer
- Assassinenwanzen und andere räuberische Wanzen

**Köder, Lockmittel, Fallen und Pheromon-Disruptoren**

Zur Insektenbekämpfung wird eine Reihe von Fallen, Ködern und Lockmitteln eingesetzt. Dies sind einige der besten Methoden, da sie sich auf die Bekämpfung von Schädlingsarten konzentrieren, ohne sich negativ auf Nichtzielarten auszuwirken.

Beispiele hierfür sind Proteinhydrolysatköder für Fruchtfliegen. Diese locken vor allem Weibchen an, aber auch viele Männchen. Die Fliegen ernähren sich von Enterobakterien, die in dem Eiweißköder leben. Der Köder sollte in einem Gefäß aufbewahrt werden, welches das Entweichen verhindert oder genügend Wasser enthält, um die Fliegen zu ertränken. Pheromone oder Parahormone können als Köder oder als Mittel zur Störung der Paarung eingesetzt werden. Variationen dieser Mittel werden jetzt bei Apfelwicklern und Fruchtfliegen effektiv eingesetzt und sind im Handel erhältlich.

Borax und Zuckerköder können zur Bekämpfung einer Vielzahl von Schadinsekten eingesetzt werden, insbesondere von Schaben, Termiten und Ameisen. Nutzen Sie Bodentests, um sicherzustellen, dass der Borgehalt nicht zu hoch ist, da er für Pflanzen giftig sein kann. Wenn die Tests einen Bormangel ergeben, kann es verwendet werden, ohne dass es zu Bodenproblemen kommt.

Klebepasten können um die Stämme von Bäumen herum aufgetragen werden, um Insekten zu fangen, zum Beispiel Ameisen, die am Stamm hochklettern. Es werden auch farbige Klebefallen verwendet, die sich jedoch eher zur Überwachung der Schädlingszahlen eignen als zu einer wirksamen Bekämpfung.

# TEIL 6
# Lebensmittel, Ernährung und Gesundheit

Die industrielle Landwirtschaft wurde mit der Begründung gefördert, dass sie die einzige Möglichkeit sei, die Welt zu ernähren. Weltweit sind jedoch eine Milliarde Menschen von strukturellem Hunger betroffen. In Indien hungert jeder vierte Inder, jedes zweite Kind ist unterernährt.

Außerdem leiden aufgrund der industriellen Landwirtschaft und der industriellen Lebensmittel drei Milliarden Menschen an chronischen Krankheiten (Annam, *Manifesto on Food for Health*, Navdanya International, September 2018). Colin Todhunter schreibt:

> Daten der indischen Regierung veranschaulichen, dass sich die Prävalenz von Krebs zwischen 2012 und 2014 um 5 Prozent erhöht und sich die Zahl der Neuerkrankungen zwischen 1990 und 2013 verdoppelt hat. Die Krebsinzidenz für einige wichtige Organe ist in Indien die höchste der Welt.

Besorgniserregend ist ebenfalls die Zunahme der Diabetes-Prävalenz. Bis 2030 wird die Zahl der Diabetespatienten in Indien voraussichtlich auf 101 Millionen ansteigen (Schätzung der Weltgesundheitsorganisation). Die Zahl hat sich von 32 Millionen im Jahr 2000 auf 63 Millionen im Jahr 2013 verdoppelt. Über 8 Prozent der erwachsenen männlichen Bevölkerung in Indien sind an Diabetes erkrankt. Bei den Frauen sind es 7 Prozent. Nach Angaben der WHO starben 2015 in Indien fast 76.000 Männer und 52.000 Frauen in der Altersgruppe von 30 bis 69 Jahren an den Folgen von Diabetes. Eine vor einigen Jahren in *The Lancet* veröffentlichte Studie ergab, dass Indien weltweit an der Spitze der untergewichtigen Menschen steht. Etwa 102 Millionen Männer und 101 Millionen Frauen sind untergewichtig, was bedeutet, dass hier über 40 Prozent der untergewichtigen Weltbevölkerung lebt.

Demgegenüber steht die zunehmende Fettleibigkeit in Indien. Im Jahr 1975 hatte das Land 0,4 Millionen fettleibige Männer oder 1,3 Prozent der fettleibigen männlichen Bevölkerung weltweit. Im Jahr 2014 lag das Land mit 9,8 Millionen fettleibigen Männern oder 3,7 Prozent der fettleibigen männlichen Weltbevölkerung an fünfter Stelle. Bei den Frauen liegt Indien mit 20 Millionen fettleibigen Frauen beziehungsweise 5,3 Prozent der Weltbevölkerung weltweit an dritter Stelle.

Laut Indiens National Family Health Survey 2015–16 sind 38 Prozent der Kinder unter 5 Jahren verkümmert (ihre Körpergröße ist für ihr Alter deutlich zu gering). Die Erhebung belegte auch, dass 21 Prozent der Kinder unter 5 Jahren für ihre Größe deutlich untergewichtig sind, ein Zeichen für akute Unterernährung in jüngster Zeit. Die Prävalenz untergewichtiger Kinder in Indien gehört zu den höchsten der Welt; gleichzeitig entwickelt sich das Land schnell zur Welthauptstadt für Diabetes und Herzkrankheiten.

Indien hat inzwischen die zweithöchste Krebsrate bei Frauen.

Die Erzeugung von nahrhaften Lebensmitteln ohne Chemikalien und Pestizide ist zu einem gesundheitlichen Gebot geworden. Und eine pestizidfreie Landwirtschaft trägt zur Ernährungs-, Lebensmittel- und Gesundheitssicherheit bei.

Im Laufe von 30 Jahren haben die Praxis und die Forschung von Navdanya gezeigt, dass wir durch die biologische Vielfalt mehr Nährstoffe pro Hektar produzieren und die Gesundheit der Menschen wieder herstellen können.

## Saat der Hoffnung zur Bekämpfung von Hunger und Unterernährung: Gesundheit pro Hektar

Der ökologische, auf biologischer Vielfalt beruhende Mischanbau ist die Grundlage des Konzepts »Gesundheit pro Hektar«. Es handelt sich dabei um ein Anbausystem, das die Nährstoffproduktion pro Hektar Ackerland erhöht. Eine große Menge sowie eine Vielfalt von Lebensmitteln, die auf lokaler Ebene erzeugt und verbraucht werden, wirken einer ungleichen Verteilung entgegen. Die große Vielfalt an lokalen Lebensmitteln deckt das gesamte Nährstoffprofil ab, das der menschliche Körper benötigt. Ökologische Mischkulturen maximieren den Nährstoffgehalt pro Hektar und helfen so, die Preissteigerungen bei Lebensmitteln in Grenzen zu halten. Ein weiterer Grund, warum eine solche Anbaumethode die Lebensmittelpreise unter Kontrolle halten würde, ist, dass bei lokal erzeugten und verbrauchten Lebensmitteln die enormen Transport- und Lagerkosten entfallen, die normalerweise im Preis der Lebensmittel enthalten sind. Die Bevölkerung im allgemeinen weiß in der Regel recht viel über lokale Lebensmittel und deren gesundheitlichen Nutzen. Infolgedessen ist es einfacher, die Menschen, insbesondere die Frauen, über die verschiedenen Aspekte von Gesundheit und Ernährung aufzuklären. Die Umsetzung dieses Wissens wird zudem einfacher, weil sich Anpassung, Verfügbarkeit und Kosten nicht gegenseitig hochschaukeln, sondern vielmehr einander fördern. Der Ansatz konzentriert sich mehr auf die Ursache des Problems der Unterernährung als auf die Behandlung der aktuellen Fälle von Mangelernährung. Die Behandlung ist nur ein Aspekt der Krisenbewältigung. Unabhängig davon, wie ausgeklügelt unsere Behandlungsmethoden sind, kann die Unterernährung erst dann beseitigt werden, wenn wir der jeweiligen Bevölkerung nachhaltig eine ausreichende Menge an verschiedenen Nahrungsmitteln zur Verfügung stellen.

Die pro Hektar erzeugten Nährstoffe geben Aufschluss über die Vorteile, die biologische Mischkulturen auf die Gesundheit der

Bevölkerung haben können. Bisher haben wir uns vor allem auf den Ertrag pro Hektar konzentriert.

Die Betrachtung von Landwirtschaft und Gesundheit im Hinblick auf den Ertrag pro Hektar beruht auf der Annahme, dass eine Erhöhung des Ertrags bestimmter Nahrungsmittel die Krise der Unterernährung lösen würde. Einige wenige Nahrungsmittel, die in großen Mengen produziert werden, sind jedoch keine Antwort auf Hunger und Unterernährung. Die meisten Agrarrohstoffe werden für Biokraftstoffe und Tierfutter verwendet. Der Teil, der als Lebensmittel verwendet wird, kann nicht die für die Gesundheit erforderliche Vielfalt an Nährstoffen gewährleisten. Die wenigen weltweit gehandelten Rohstoffe bieten keine ideale Mischung und Ausgewogenheit der Nährstoffe. Um eine angemessene Ernährung zu gewährleisten, müssen wir unsere Ernährung diversifizieren, und um diese Diversifizierung zu gewährleisten, müssen wir unsere Anbauflächen diversifizieren. Die Frage, welche landwirtschaftliche Praxis die Ernährungssicherheit gewährleisten kann – biologischer Mischanbau oder chemischer Monokulturanbau –, wird derzeit intensiv diskutiert. Beim Ertrag pro Hektar von Monokulturen bestimmter Nahrungsmittel, der als Maß für die Effizienz herangezogen wird, scheinen diese konventionellen Monokulturen im Vorteil zu sein. Wenn wir jedoch den Nährstoffgehalt pro Hektar Anbaufläche in den beiden verglichenen Anbausystemen messen, kommen wir zu auffallend anderen Ergebnissen. Vielfalt erzeugt mehr Nährstoffe und Gesundheit pro Hektar. Chemische Monokulturen produzieren mehr nährstofflose, toxische Produkte, die der Gesundheit schaden: sowohl aufgrund des Nährstoffmangels als auch durch das Vorhandensein von Toxinen.

Es stellt sich die Frage, ob eine reichliche Produktion von Reis, Weizen, Mais oder Sojabohnen die Krise der Unterernährung lösen würde oder eine reichliche Produktion aller verschiedenen Nährstoffe. Biologischer Mischanbau auf der Grundlage der biologischen Vielfalt ist eine nachhaltige, bewährte, vernünftige, intelligente, kostengünstige und ökologische Lösung für das Problem der Unterernährung in Indien. Die Beweise sind eindeutig: Je größer die biologische Vielfalt, desto höher der Nährstoffgehalt pro Hektar.

Die geringe Produktivität der industriellen Landwirtschaft in Bezug auf die Ernährung wird jedoch durch eine eingeschränkte Sichtweise verschleiert. Das industrielle System wird nicht als Ganzes mit agrarökologischen Systemen verglichen. Es wird bloß auf eine Kultur reduziert und den Teil einer Kulturpflanze, die eine Handelsware ist.

Moderne Pflanzenzüchtungskonzepte wie Hochertragssorten reduzieren landwirtschaftliche Systeme auf einzelne Kulturen und Teile davon.

Die Ergebnisse des Anbaus des einen Systems werden dann mit den Ergebnissen eines anderen Systems verglichen. Die Strategie der Grünen Revolution zielt darauf ab, den Ertrag einer einzelnen Komponente eines landwirtschaftlichen Betriebs zu erhöhen, und zwar auf Kosten anderer Komponenten, was wiederum zu einer Erhöhung des externen Inputs führt. Aus diesem Grund ist ein solch partieller Vergleich per definitionem verzerrt, weil die neuen Sorten zwar als »ertragreich« eingestuft werden, obwohl sie es auf Systemebene gar nicht sind.

Traditionelle Anbausysteme beruhen auf Misch- und Rotationsanbausystemen von Getreide, Hülsenfrüchten und Ölsaaten – mit verschiedenen Sorten in jeder Kultur –, während das Paket der Grünen Revolution auf gentechnisch einheitlichen Monokulturen beruht.

Die Erträge der verschiedenen Kulturen in den Misch- und Rotationssystemen werden nie realistisch bewertet. Normalerweise wird der Ertrag einer einzelnen Kultur wie Weizen oder Mais herausgegriffen und mit den Erträgen neuer Sorten verglichen.

Selbst wenn man die Erträge aller Kulturen einbezieht, ist es schwierig, ein Maß an Hülsenfrüchten in ein gleichwertiges Maß an Weizen umzurechnen, da sie in der Ernährung und im Ökosystem unterschiedliche Funktionen erfüllen. Der Eiweißwert von Hülsenfrüchten und der Kalorienwert von Getreide sind beide für eine ausgewogene Ernährung wichtig, aber auf unterschiedliche Weise, und das eine kann das andere nicht ersetzen.

Auch die Kapazität von Hülsenfrüchten, Stickstoff zu binden, ist ein unsichtbarer ökologischer Beitrag zu den Erträgen der danach dort angebauten Getreidesorten.

Die komplexen und vielfältigen Anbausysteme, die auf einheimischen Sorten beruhen, lassen sich daher nicht ohne weiteres mit den vereinfachten Monokulturen von Hochertragssaatgut vergleichen. Ein solcher Vergleich muss das gesamte System einbeziehen und kann nicht auf den bloßen Vergleich eines Teils des landwirtschaftlichen Systems reduziert werden. Zudem ging es in den traditionellen landwirtschaftlichen Systemen bei der Produktion auch darum, die Bedingungen für die Produktivität langfristig zu erhalten.

Bei der Messung der Erträge und Produktivität im Paradigma der Grünen Revolution wird außer acht gelassen, wie sich die Prozesse der Produktionssteigerung auf die Prozesse auswirken, die die Voraussetzungen für die landwirtschaftliche Produktion erhalten. Während die reduktionistischen Kategorien von Ertrag und Produktivität kurzfristig zu höheren Erträgen führen, wird die ökologische Zerstörung außen vor gelassen, die sich auf zukünftige Erträge auswirkt.

## Ertrag ist nicht Ergebnis: Der Mythos von mehr Nahrung

Das gängigste Argument für Gentechnik und Chemie in Lebensmitteln ist, dass dies die einzige Möglichkeit sei, die Menschen zu ernähren. Eine Analyse der Trends und Auswirkungen der Grünen Revolution und der Gentechnik macht jedoch deutlich, dass Chemikalien und Gentechnik in der Landwirtschaft eine Garantie für die Schaffung von Mangel und damit für eine zunehmende Ernährungsunsicherheit sind. Was sich im Rahmen des Monokulturparadigmas entwickelt, das sich auf bestimmte Funktionen einzelner Arten konzentriert, kann die Erträge der verschiedenen Pflanzen und ihre verschiedenen Funktionen nicht berücksichtigen. Tatsächlich kann die Gentechnik die Vielfalt der Lebensmittel nur verdrängen und zerstören, die die Ernährungssicherheit in den verschiedenen Ernährungskulturen ausmacht.

Das Argument der erhöhten Verfügbarkeit von Nahrungsmitteln durch industrielle Züchtung, einschließlich Gentechnik, ist in vier Punkten illusorisch.

- Die industrielle Züchtung sowohl in der Gentechnik als auch in der Grünen Revolution konzentriert sich auf Teilaspekte einzelner Kulturen und nicht auf die Gesamterträge von mehreren Kulturen und integrierten Systemen.
- Die industrielle Züchtung konzentriert sich auf den Ertrag von ein oder zwei globalen Gütern, nicht auf die verschiedenen Nutzpflanzen, die die Menschen essen. Die industrielle Züchtung konzentriert sich auf die Menge pro Hektar und nicht auf den Nährwert pro Hektar. Tatsächlich ist der Nährwert pro Hektar als Folge der industriellen Landwirtschaft gesunken.
- Die industrielle Züchtung, einschließlich der Gentechnik, nutzt die natürlichen Ressourcen intensiv und verschwenderisch. Definiert

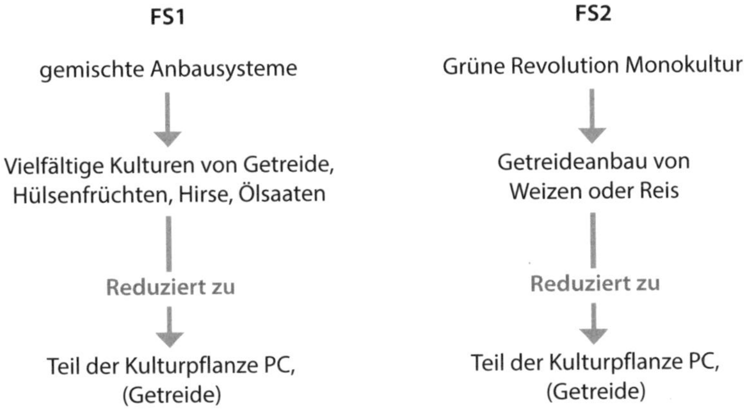


**Abbildung 1: Die Grüne Revolution**

man Produktivität anhand der Ressourcennutzung, so ist die Produktivität der industriellen Landwirtschaft sehr gering, und sie untergräbt die Ernährungssicherheit, da sie Ressourcen verbraucht, die, wenn sie nicht in einem nicht nachhaltigen Produktionssystem verschwendet würden, direkt für die Produktion von mehr Nahrungsmitteln hätten eingesetzt werden können.
- Ökologische Alternativen können das Nahrungsmittelangebot erhöhen: durch Intensivierung der biologischen Vielfalt anstelle von chemischer Intensivierung und Gentechnik.

## Umstellung der Messung von Ertrag pro Hektar auf Ernährung pro Hektar

Die chemische Landwirtschaft basiert auf dem Maßstab »Ertrag pro Hektar«, der kein zuverlässiges Maß für die Produktivität eines Ökosystems ist. Der zentrale Mythos, der zur Verdrängung vielfältiger bäuerlicher Sorten durch Hochertragssorten (HYV) geführt hat, ist, dass Erstere ertragsarm und Letztere ertragreich und produktiver sind.

- Hochertragssorten sind nicht von Natur aus ertragreich. Sie sprechen lediglich gut auf Chemikalien an und werden treffender als stark ansprechende Sorten (High Respond Varieties, HRVs) bezeichnet.
- HRVs weisen einen hohen Teilertrag auf, da diese Sorten nur für eine erhöhte Getreideproduktion mit hohem Chemikalieneinsatz gezüchtet wurden. Diese Steigerung der Getreideproduktion für den Markt wird durch eine Verringerung der Biomasse für die interne Verwendung im Betrieb, sowohl für Futter als auch für Dünger, erreicht.

HRVs weisen eine geringe Gesamtproduktivität des Systems auf. In Ländern wie Indien ist Stroh als Viehfutter wichtig, aber die HRVs produzieren nicht genügend Stroh in ausreichender Qualität. Die

Steigerung der vermarktbaren Getreideproduktion wurde auf Kosten einer Verringerung der Biomasse für Tiere und Böden sowie einer Verringerung der Produktivität des Ökosystems aufgrund einer Übernutzung der Ressourcen erreicht.

- Unter realistischen Bedingungen auf den Feldern der Kleinbauern übertreffen die einheimischen Sorten oft die HRVs in Hinblick auf den Gesamtertrag. Berücksichtigt man die Gesamtbiomasse, so erweisen sich traditionelle Anbausysteme auf der Grundlage einheimischer Sorten keineswegs als ertragsschwach. Tatsächlich haben viele einheimische Sorten höhere Erträge sowohl bei der Kornproduktion als auch bei der Gesamtbiomasse (Korn und Stroh) als die vermeintlichen Hochertragssorten, die an ihrer Stelle eingeführt wurden.
- Bauernsorten, die auf Nährwert gezüchtet wurden, enthalten mehr Mikronährstoffe, Spurenelemente, Antioxidantien und phenolische Verbindungen, die für die Gesundheit wichtig sind. Lebensmittel dienen der Ernährung, und die relevante Messgröße ist die Nährstoffqualität, nicht das Gewicht von nährstoffarmen Waren.

## Auf dem Weg zu einem auf biologischer Vielfalt beruhenden Produktivitätsrahmen

Nach dem vorherrschenden Produktionsparadigma steht Vielfalt im Widerspruch zur Produktivität, was zu einem Zwang zu Uniformität und Monokulturen führt. Dies führte zu der paradoxen Situation, dass die moderne Pflanzenzüchtung die Zerstörung eben jener biologischen Vielfalt verursacht, die sie als Rohmaterial nutzt. Die Ironie der Pflanzen- und Tierzucht besteht darin, dass sie genau die Bausteine zerstört, von denen ihre Technologie abhängt. Forstwirtschaftliche Entwicklungsprogramme führen Monokulturen industrieller Arten wie Eukalyptus ein und verdrängen die Vielfalt lokaler Arten, die die lokalen Bedürfnisse befriedigen. Modernisierungsprogramme in der Landwirtschaft führen neue und vereinheitlichte

Pflanzen auf den Feldern der Bauern ein und zerstören die Vielfalt der lokalen Sorten.

Die Modernisierung der Tierhaltung vernichtet die verschiedenen Rassen und führt die Massentierhaltung ein.

Diese Strategie, die Produktivitätssteigerung auf der Zerstörung der Vielfalt zu gründen, ist gefährlich und unnötig. Monokulturen sind ökologisch und sozial nicht nachhaltig, weil sie sowohl die Ökonomie der Natur als auch die der Menschen ruinieren. In der Land- und Forstwirtschaft, der Fischerei und der Tierhaltung geht die Produktion unaufhörlich in Richtung Zerstörung der Vielfalt. Die auf Uniformität basierende Produktion wird so zur Hauptbedrohung für den Erhalt der biologischen Vielfalt und für die Nachhaltigkeit, sowohl in Bezug auf die natürlichen Ressourcen als auch auf die sozioökonomischen Auswirkungen.

Erst wenn die Vielfalt zur Logik der Produktion gemacht wird, kann sie erhalten werden. Solange die Produktion weiterhin auf der Logik von Uniformität und Homogenisierung beruht, wird dies weiterhin die Vielfalt verdrängen. »Verbesserung« aus Sicht der Konzerne oder aus Sicht der westlichen land- und forstwirtschaftlichen Forschung ist oft ein Verlust für die Dritte Welt, vor allem für die Armen in der Dritten Welt. Es ist also nicht zwangsläufig so, dass Produktivität auf Kosten der Vielfalt erreicht wird. Uniformität als Produktionsmuster wird nur in einem Kontext von Kontrolle und Rentabilität unvermeidlich. Die Pflanzenverbesserung in der Landwirtschaft basiert auf der »Steigerung« des Ertrags des gewünschten Produkts auf Kosten der unerwünschten Pflanzenteile. Das »erwünschte« Produkt ist jedoch für die Agrarindustrie und die Bauern der Dritten Welt nicht dasselbe. Welche Teile eines landwirtschaftlichen Systems als »unerwünscht« angesehen werden, hängt davon ab, welcher Klasse und welchem Geschlecht man angehört. Was für die Agrarindustrie unerwünscht ist, kann für die Armen erwünscht sein, und durch die Verdrängung der biologischen Vielfalt fördert die »Entwicklung« der Landwirtschaft die Armut und den ökologischen Niedergang.

Gesamtproduktivität und Nachhaltigkeit sind in gemischten land- und forstwirtschaftlichen Systemen, die unterschiedliche Produkte erzeugen, viel höher.

Die Produktivität von Monokulturen ist niedrig, wenn es um unterschiedliche Erträge und Bedürfnisse geht. Sie ist nur dann hoch, wenn es um die Produktion eines »Teils eines Teils« der forst- und landwirtschaftlichen Biomasse geht. »Hochertragspflanzungen« wählen eine Baumart unter Tausenden aus, um einen Teil des Baumes (etwa Zellstoff) zu produzieren. »Ertragsstarke« Anbaumuster der Grünen Revolution wählen eine Kultur unter Hunderten aus, wie etwa Weizen für die Erträge eines Teils der Weizenpflanze (nur des Korns).

Diese hohen Teilerträge schlagen sich nicht in hohen Gesamterträgen (mit den unterschiedlichen Bestandteilen) nieder. Die Produktivität ist also unterschiedlich, je nachdem, ob sie in einem Rahmen der Vielfalt oder der Einheitlichkeit gemessen wird.

Im Zusammenhang mit den Klimaveränderungen ist Klimaresistenz die relevante Messgröße. Die sogenannten Hochertragssorten sind bei Dürren, Überschwemmungen und Wirbelstürmen ertragsschwach und anfällig für Ernteausfälle. Ihr Ertrag sinkt auf null. Traditionelle Sorten, die auf Salz-, Überflutungs- und Dürreresistenz gezüchtet wurden, sind in Zeiten der Klimaveränderungen klimaresistent.

In der Landwirtschaft wurde die Vielfalt zerstört, weil man davon ausging, dass sie mit geringer Produktivität einhergeht. Dies ist jedoch eine falsche Annahme, sowohl auf der Ebene der einzelnen Kulturpflanzen als auch auf der Ebene der Anbausysteme. Vielfältige einheimische Sorten sind oft genauso ertragreich oder ertragreicher als industriell gezüchtete Sorten. Darüber hinaus erzielt die Vielfalt von Anbausystemen insgesamt einen höheren Ertrag als eindimensionale Monokulturen.

Navdanya, ein nationales Programm zur Erhaltung von Saatgut und biologischer Vielfalt und eine Bewegung für biologische Landwirtschaft, hat die Erträge von einheimischen Sorten und Sorten der Grünen Revolution auf den Feldern der Bauern verglichen. Die Sorten der Grünen Revolution sind bei geringer Verfügbarkeit von Kapital und empfindlichen Ökosystemen nicht ertragreicher. Bauernsorten sind nicht per se ertragsarm, und die Sorten der Grünen Revolution oder industrielle Sorten sind nicht per se ertragreich. Wie Yegna Narayan Aiyer berichtet:

> Die Möglichkeit, in Indien phänomenale und fast unglaublich hohe Reiserträge zu erzielen, ist das Ergebnis der von der Zentralregierung organisierten und in allen Bundesstaaten durchgeführten Erntewettbewerbe. So lag selbst der niedrigste Ertrag bei diesen Wettbewerben bei 6.000 kg/ha, es waren 6.750 kg/ha in Westbengalen, 6.900, 9.000 und 9.360 kg/ha in Thirunelveli, 6.368 und 7.666 kg/ha in South Arcot, 12.500 kg/ha in Coorg und 13.600 kg/ha in Salem.

Die Messung von Ertrag und Produktivität im Rahmen der Grünen Revolution und des Gentechnik-Paradigmas lässt außer acht, wie sich die Prozesse zur Steigerung des Ertrags bei einzelnen Arten auf die Vorgänge auswirken, die die Bedingungen für die landwirtschaftliche Produktion aufrechterhalten, und zwar sowohl was die Verringerung der Arten- und Funktionsvielfalt landwirtschaftlicher Systeme angeht als auch den Ersatz interner, von der biologischen Vielfalt bereitgestellter Inputs durch gefährliche Agrarchemikalien. Diese reduktionistischen Ertrags- und Produktivitätskategorien ermöglichen zwar höhere Erträge von einzelnen Waren, lassen aber die ökologische Zerstörung, die sich auf künftige Erträge auswirkt, und die Zerstörung der vielfältigen Erträge von Systemen mit großer biologischer Vielfalt außer acht.

Die Produktivität traditioneller Anbaumethoden und agrarökologischer Systeme war schon immer hoch, wenn man bedenkt, dass nur wenige externe Betriebsmittel erforderlich sind.

Die industrielle Landwirtschaft und die industrielle Verarbeitung sind die Hauptursachen für die Epidemie nicht übertragbarer Krankheiten. Die Vorstellung vom Boden als leerem Behälter, von Pflanzen als Maschinen, für die chemische Düngemittel der Treibstoff sind, von Schädlingen als »Feinden«, die es auszurotten gilt, von Lebensmitteln als bloßer Stoff, mit dem wir uns vollstopfen, und von unseren Körpern als Maschinen, für die Lebensmittel Treibstoff sind und die extern repariert werden müssen, wenn sie kaputtgehen, ist die Wurzel der vielfältigen Krisen in den Bereichen Landwirtschaft, Ernährung und Gesundheit, denen wir uns gegenübersehen. Dieses mechanistische Industrieparadigma hat weder das erkenntnistheoretische noch das intellektuelle Potential, die Wurzeln der Krankheitsepidemie zu verstehen, die es geschaffen hat, noch bietet es dauerhafte Lösungen für die Probleme der Unterernährung und der chronischen Krankheiten, die es ebenfalls geschaffen hat.

Die Zerstörung der Erde und ihrer Vielfalt, die Zerstörung der verschiedenen Kulturen und der reichhaltigen Wissenssysteme durch den mechanistischen Verstand hat die Erde und die Menschheit verarmen lassen und zu mehr Unwissenheit in Bezug auf lebendige Systeme und lebende Prozesse geführt.

Wir brauchen einen Paradigmenwechsel von der Gewalt des mechanistischen Reduktionismus der industriellen Landwirtschaft, der industriellen Lebensmittel und der industriellen Medizin hin zu auf Biodiversität ausgerichteten, ökologischen und ernährungssensiblen Paradigmen der Landwirtschaft, der Lebensmittel, der Ernährung und der Gesundheit, wenn wir den Übergang von einer unterernährten und kranken Nation zu einer gesunden Nation schaffen wollen.

Die industrielle Landwirtschaft ist kein Ernährungssystem, das den Planeten und die Gesundheit der Menschen ernährt. Sie ist ein Warensystem, das Gewinne für eine Handvoll Konzerne produziert und sowohl die Erde als auch die Menschen krank macht.

Das mechanistische, reduktionistische Paradigma der chemisch-industriellen Landwirtschaft hat die Landwirtschaft auf die Produktion von Lebensmitteln als Handelsware reduziert. Für den Handel sind Masse und Quantität wichtig, nicht die Qualität. Die Qualität der Lebensmittel verschlechtert sich, echte Lebensmittel verschwinden und werden durch nährstofflose Waren ersetzt, die voller Giftstoffe sind und der Gesundheit schaden. Die Landwirtschaft, die sich ausschließlich auf den Verkauf von Agrochemikalien als Betriebsmittel für die Rohstoffproduktion konzentriert, hat das Maß für die Produktivität der Landwirtschaft auf den »Ertrag pro Hektar« reduziert. Doch der Ertrag pro Hektar lässt die wichtigsten Aspekte von Lebensmitteln und Landwirtschaft außer acht, die eine ernährungssensible Landwirtschaft braucht. Der »Ertrag« misst die Masse, die Menge einer Ware, nicht die nahrhafte Qualität der Lebensmittel. Daher ist er als Maßstab für Lebensmittel im Zusammenhang mit Gesundheit und Ernährung ungeeignet. Zudem misst der »Ertrag« auch die Zerstörung der Artenvielfalt nicht, die für Nahrung und Gesundheit sorgt. Der »Ertrag« allein misst nicht die hohen finanziellen Kosten der giftigen Inputs, die die Landwirte in die Schuldenfalle und in den Selbstmord treiben. Er misst auch nicht die Kosten der Krankheiten, die durch die Gifte in unseren Lebensmitteln verursacht werden. Und schließlich misst der Ertrag pro Hektar nicht die ökologischen Kosten der chemischen Monokulturen.

Wir müssen weg von der Messung des »Ertrags pro Hektar« von nährstoffarmen, toxischen Monokulturen, die zu hohen Kosten produziert werden, und hin zur Messung des Nährstoffgehalts pro Hektar bei einer Vielfalt von Pflanzen.

Navdanya fördert seit drei Jahrzehnten in verschiedenen Bundesstaaten Indiens eine biodiversitätsintensive, nahrungsbewusste Landwirtschaft. In vielfältigen Ökosystemen und vielfältigen Anbausystemen bringt Vielfalt systematisch immer mehr Nährstoffe pro Hektar hervor als Monokulturen. Die von Navdanya in Sikkim durchgeführten Erhebungen (das 2016 vom Premierminister Narendra Modi zum 100-prozentigen Bio-Bundesstaat erklärt wurde) bestätigen beispielsweise, dass biologisch vielfältige Biobetriebe mehr Nährstoffe pro Hektar produzieren als chemische Monokulturen.

Eine ernährungssensible Landwirtschaft bringt mehr Nahrung für die Menschen und den Boden.

Auf dem Navdanya-Betrieb hat sich die organische Substanz um bis zu 99 Prozent und Zink und Magnesium um 14 Prozent erhöht. Wir haben diese Stoffe nicht von außen zugeführt. Sie wurden von den Milliarden von Bodenmikroorganismen in lebendigen Böden produziert. Gesunde Böden bringen gesunde Pflanzen hervor. Gesunde

**Tabelle 1: Pro Hektar Ackerland erzeugte Nährstoffe, Sikkim**

| Nährstoff | Biologisch gemischter Anbau | Herkömmliche Monokultur |
|---|---:|---:|
| Eiweiß | 64,2 kg | 55,5 kg |
| Kohlenhydrate | 3–4,0 kg | 331,0 kg |
| Fett | 17,2 kg | 18,0 kg |
| Energie | 1.622.000 Kalorien | 1.710.000 Kalorien |
| Karotin | 3.154 mg | 450 mg |
| Thiamin | 2.330 mg | 2.100 mg |
| Riboflavin | 460 mg | 500 mg |
| Niacin | 9.800 mg | 9.000 mg |
| Folsäure | 80 mg | 100 mg |
| Vitamin C | 81.000 mg | 0 mg |
| Cholin | 166.000 mg | 0 mg |
| Kalzium | 305 g | 50 g |
| Eisen | 29,3 g | 11,5 g |
| Phosphor | 1.740 g | 1.740 g |
| Magnesium | 626 g | 695 g |
| Natrium | 145,2 g | 79,5 g |
| Kalium | 1.878 g | 1.430 g |
| Chlor | 172 g | 165 g |
| Kupfer | 6.420 mg | 2.050 mg |
| Mangan | 3.030 mg | 2.400 mg |
| Molybdän | 790 mg | 190 mg |
| Zink | 14.240 mg | 14.000 mg |
| Chrom | 48 mg | 20 mg |
| Schwefel | 645.000 mg | 570.000 mg |

Pflanzen sind ihrerseits in der Lage, die Menschen zu ernähren. Doch die chemische Landwirtschaft hat zu einem Rückgang der Nährstoffe im Boden geführt, was sich in einem Rückgang des Nährstoffgehalts unserer Lebensmittel niederschlägt.

## Der ayurvedische Ansatz für Gesundheit

Die Kombination aus einem Rückgang der Artenvielfalt und von Nährstoffen in unserer Nahrung führt zu Krankheiten. Ayurveda ist eine Wissenschaft, die erkannt hat, dass das Verdauungssystem von zentraler Bedeutung für unsere Gesundheit ist. Sogar die westliche Wissenschaft beginnt zu erkennen, was Ayurveda schon vor 5.000 Jahren verstand: dass der Körper keine Maschine und die Nahrung kein Treibstoff ist, der die Maschine nach den Newtonschen Gesetzen von Masse und Bewegung antreibt. Nahrung ist keine »Masse«; sie ist lebendig; sie ist die Quelle des Lebens und die Quelle der Gesundheit.

Es besteht eine enge Verbindung zwischen den Böden, den Pflanzen, unserem Darm und unserem Gehirn. Unser Darm mit seinem Mikrobiom enthält Billionen von Bakterien. Um gesund zu funktionieren, braucht das Darmmikrobiom eine vielfältige Ernährung, und eine vielfältige Ernährung braucht Vielfalt auf unseren Feldern und in unseren Gärten. Der Verlust an Vielfalt in unserer Ernährung führt zu Krankheiten. Chemikalien in der Landwirtschaft töten Bodenmikroben und die nützlichen Mikroben in unserem Darm ab.

In unserem Darm gibt es mehr als 100 Billionen Mikroben von 100 Bakterienarten. Die Darmmikrobiota enthält sieben Millionen Gene, es kommen bis zu 360 bakterielle Gene auf jedes menschliche Gen. Weniger als zehn Prozent der Gene in unserem Körper sind menschlich. In unserem Darm leben 100.000-mal mehr Mikroben als Menschen auf der Erde. Der Darm wird zunehmend als das zweite Gehirn bezeichnet. Er verfügt über ein eigenes Nervensystem, das als enterisches Nervensystem (ENS) bezeichnet wird und 50 bis 100 Millionen

Nervenzellen umfasst. Unser Körper ist ein intelligenter Organismus. Intelligenz ist nicht nur im Gehirn vorhanden. Sie ist überall. Und die Intelligenz im Boden, in den Pflanzen und in unserem Körper sorgt für Gesundheit und Wohlbefinden.

Der Verlust der biologischen Vielfalt auf unseren Feldern und in unserer Ernährung, der im letzten halben Jahrhundert mit der Ausbreitung der industriellen Landwirtschaft einherging, führt nicht nur zu einer ökologischen Krise. Er führt auch zu einer Ernährungskrise und einer Krankheitsepidemie.

In der ayurvedischen Wissenschaft wird *Agni* im Verdauungstrakt als der große Transformator erkannt. Sie empfiehlt, für eine ausgewogene Ernährung Lebensmittel mit einer Vielfalt von sechs Geschmacksrichtungen zu essen: süß, sauer, salzig, scharf, heiß, bitter, adstringierend.

Hinter jedem Geschmack stehen Potentiale für Prozesse, die die selbstregulierenden Systeme unseres Körpers schaffen und aufrechterhalten und so neue Eigenschaften erzeugen. Geschmacksrezeptoren befinden sich nicht nur auf der Zunge, sondern sind über den gesamten Verdauungstrakt verteilt und befinden sich an sensorischen Nervenenden und hormonhaltigen Stoffwechselzellen in der Darmwand.

Neue biologische Erkenntnisse zeigen nun, dass der Darm Sensoren für verschiedene Geschmäcker besitzt und dass verschiedene Stoffwechselprozesse durch die Verschiedenheit der Geschmäcker gesteuert werden. Wie die Forschungen von Dr. Eric Seralini besagen, kommuniziert die hochentwickelte Intelligenz im komplexen Ökosystem unseres Darms mit der Nahrung, die wir essen. Wenn wir frische und biologische Lebensmittel essen, werden die Regulierungsprozesse, die die Gesundheit sicherstellen, gestärkt. Wenn wir chemische Lebensmittel mit Giftstoffen essen, führt deren Aufnahme zu Krankheiten.

Bestimmte Moleküle und sekundäre Pflanzenstoffe, die in Kräutern und Gewürzen enthalten sind, wirken auf bestimmte Geschmacksrezeptoren und lösen bestimmte Stoffwechselprozesse aus. Süßrezeptoren stimulieren die Aufnahme von Glukose in den Blutkreislauf und setzen Insulin aus der Bauchspeicheldrüse frei, wenn sie Glukose wahrnehmen. Mayer erklärt: »Die Vielzahl von sekundären Pflanzenstoffen aus einer Ernährung, die reich an verschiedenen Pflanzen ist, in Verbindung mit den perfekt aufeinander abgestimmten sensorischen Mechanismen in unserem Darm, synchronisiert unser internes Ökosystem, unser Darmmikrobiom, mit der uns umgebenden Welt…« (Seite 59, Mayer)

Eine ernährungssensible Landwirtschaft weiß, dass alles die Nahrung von etwas anderem ist – vom Boden über die Pflanzen bis hin zu unserem Darm. Die heutige Landwirtschaft ist nicht sensibel für den Nährstoffkreislauf und das Nahrungsnetz, das die Erde und unseren Körper miteinander verbindet; so veröden der Boden und unser Darm.

Das ausgefeilte Ernährungsverständnis des Ayurveda hat die Vielfalt und gesunde Grundlage der traditionellen indischen Esskulturen geprägt. Heute wird diese reichhaltige, ernährungssensible Landwirtschafts- und Ernährungskultur durch industrielle Monokulturen, die Invasion von Junk Food, industriell verarbeiteten und mit giftigen Chemikalien angebauten Lebensmitteln und Fake Food bedroht.

Sowohl die Gesundheit des Planeten als auch unsere Gesundheit haben gelitten. 75 Prozent der planetarischen Krise in Bezug auf Wasser, Böden und biologische Vielfalt haben ihre Wurzeln in der industriellen Landwirtschaft. In ganz Indien besteht eine Wasserkrise, weil die sogenannte Grüne Revolution, die auf Chemikalien beruht, äußerst wasserintensiv ist und zur Umleitung von Flüssen und zur Gewinnung von Grundwasser für die intensive Bewässerung geführt hat. Mehr als 75 Prozent der Wasserressourcen sind durch die chemische Landwirtschaft zerstört oder verschmutzt worden.

Chemikalien haben unsere Böden veröden lassen, weil sie die organische Substanz, die lebendige Böden schafft, nicht zurückgeben. Unsere reiche Artenvielfalt an Pflanzen und Nahrungsmitteln wurde durch die Ausbreitung von Monokulturen und einer nährstoffarmen Landwirtschaft drastisch reduziert.

Wir haben 200.000 Reissorten, 1.500 Mango- und Bananensorten und 4.500 Brinjal-Sorten gezüchtet. Wir haben unsere Nutzpflanzen auf Vielfalt, Nährwert, Geschmack, Qualität und Klimaresistenz gezüchtet. Heute bauen wir eine Handvoll chemisch behandelter Produkte an, die keinen Nährwert bieten und voller Giftstoffe sind. Wir stehen vor einer schweren Krise der Unterernährung, wobei Indien auf dem Hungerindex auf Platz 99 steht. 75 Prozent der chronischen Krankheiten sind »ernährungsbedingt«.

Trotz des reichen wissenschaftlichen und geistigen Erbes, das darauf beruht, Lebensmittel als Grundlage für die Gesundheit zu betrachten, entwickelt sich Indien rasch zum Epizentrum chronischer Krankheiten wie Krebs, Fettleibigkeit, Diabetes und Herz-Kreislauf-Erkrankungen, die alle weitgehend mit Lebensmitteln zusammenhängen.

Es besteht eine enge Verbindung zwischen der Artenvielfalt im Boden, der Artenvielfalt unserer Pflanzen und der Artenvielfalt in unserem Darm, zwischen ökologischer Nachhaltigkeit und Gesundheit. Gesundheit ist ein Kontinuum, von der Erde bis zu unserem Körper. Schließlich sind wir aus denselben *Panch Mahabhutas* gemacht wie die Erde.

Der Boden, der Darm und unser Gehirn sind ein zusammenhängendes Biom. Gewalt gegen einen Teil löst Gewalt im gesamten, vernetzten System aus. Ein gesunder Planet und gesunde Menschen sind durch die Ernährung miteinander verbunden, und eine ernährungssensible Landwirtschaft stellt den Nährstoffkreislauf und die Vielfalt auf unseren Höfen und die Vielfalt auf unseren Tellern in den Mittelpunkt der Landwirtschaft.

Wenn wir Harnstoff auf den Boden ausbringen, wird die reiche Artenvielfalt der Bodenmikroorganismen zerstört, die die Vielfalt der Bodennährstoffe hervorbringen, und der Boden wird krank und verödet. Wüstenbildung ist der Tod des Bodens.

Ähnlich verhält es sich, wenn wir Gifte zu uns nehmen und unser Darmmikrobiom zu veröden beginnt. Da wir mehr Bakterium als Mensch sind, können die in der Landwirtschaft verwendeten Gifte wie Pestizide und Herbizide, die über die Nahrung in unseren Darm gelangen, nützliche Bakterien und damit unsere Gesundheit abtöten.

Eine ernährungsbewusste, biodiverse Landwirtschaft ist das Herzstück zur Wiederherstellung der Gesundheit des Planeten und der Menschen.

Der IAASTD-Bericht und der Millennium Ecosystem Assessment Synthesis Report der Vereinten Nationen sowie Tilman und andere Forscher haben die Frage der Agrarchemikalien aufgeworfen. Sie sind für Störungen des Hormonsystems, Erkrankungen des Immunsystems und Entwicklungstoxizität verantwortlich und tragen erheblich zu globalen Umweltveränderungen bei (Aldridge 2003; Buznikov 2001; Cabello 2001; Cadbury 1997; Colborn 1996; Hayes 2002 & 2003; Qiao 2001; Short 1994; Storrs 2004; Tilman et al., 2001; MA Report 2005; IAASTD 2008).

Die durch Agrarchemikalien in der Umwelt verursachten Schäden wurden Anfang der 1960er-Jahre bekannt, als Rachel Carson das Buch *Der stumme Frühling* schrieb (Carson 1962). Es wurde nachgewiesen, dass diese Chemikalien in der Umwelt verbleiben und sich anreichern, was zu höherer Sterblichkeit, Geburtsfehlern sowie Mutationen und Krankheiten bei Mensch und Tier führt.

In den 1990er-Jahren wurde das Problem der negativen Auswirkungen von Chemikalien auf die Fortpflanzung bei allen Arten durch Bücher wie *Die bedrohte Zukunft* und *Vom Aussterben bedroht* bekannt. Die in diesen Büchern zusammengefasste, von Experten begutachtete Wissenschaft zeigte, dass viele, vor allem landwirtschaftliche Chemikalien, Fortpflanzungshormone wie Östrogen imitieren. Diese verursachten einen ernsthaften Rückgang der Fruchtbarkeit, indem sie die Quantität und Qualität der Spermienproduktion verringerten und das Genitalsystem schädigten, insbesondere durch die Verweiblichung der männlichen Genitalien (Colborn, Dumanoski & Myers 1996; Cadbury 1997).

Die wissenschaftlichen Belege dafür, dass Agrarchemikalien für den Rückgang der biologischen Vielfalt und andere Umwelt- und Gesundheitsprobleme verantwortlich sind, werden immer zahlreicher. Diese giftigen Chemikalien durchdringen inzwischen den gesamten Planeten und verschmutzen unser Wasser, den Boden, die Luft und vor allem das Gewebe der meisten lebenden Organismen (Short 1994; Colborn, Dumanoski & Myers 1996; Cadbury 1997).

Die Veröffentlichung dieser Informationen führte nicht zu einer Verringerung des Problems. Synthetische Biozide (Pestizide, Fungizide und Herbizide) haben seit *Der stumme Frühling* (Carson 1962) exponentiell zugenommen. In der australischen Landwirtschaft werden heute mehr als 7.200 registrierte Biozidprodukte verwendet (Infopest 2004). Das sind deutlich mehr als die fast 1.400 Pestizide, die von der Environmental Protection Agency (EPA) für den landwirtschaftlichen und nicht-landwirtschaftlichen Einsatz in Nordamerika registriert wurden (Reuben 2010).

Die Regulierungsbehörden erkennen die vielfältigen Probleme nicht an, die durch den weit verbreiteten Einsatz von Chemikalien verursacht werden. Sie und ihre Regierungen vertreten die Auffassung, dass es keine Umwelt- oder Gesundheitsprobleme im Zusammenhang mit den derzeitigen Verwendungen gibt, da die derzeitigen Regulierungssysteme ihre Verwendung wirksam regeln.

In der Realität erfolgt die Regulierung von umweltrelevanten Chemikalien ad hoc und uneinheitlich, wobei in einigen Ländern Chemikalien ausgiebig benutzt werden, die in anderen verboten sind.

Die Tatsache, dass die unzureichende Regulierung von Pestiziden zu großen Problemen für die Umwelt und die menschliche Gesundheit führt, wurde durch neuere Studien bestätigt. Die wichtigste Studie ist das US President's Cancer Panel. Dieser Bericht wurde von herausragenden Wissenschaftlern und Medizinern auf diesem Gebiet verfasst und stellt eindeutig fest, dass Umweltgifte, einschließlich der in der Landwirtschaft verwendeten Chemikalien, die Hauptursache für Krebserkrankungen sind.

Der vom U.S. Department of Health and Human Services, den National Institutes of Health und dem National Cancer Institute veröffentlichte Bericht wirft viele kritische Fragen zur Regulierung von Chemikalien auf (Reuben 2010). Diese sind:

- **Die meisten Chemikalien sind nicht auf ihre Sicherheit getestet worden.**
  »Nur einige Hundert der mehr als 80.000 in den Vereinigten Staaten verwendeten Chemikalien wurden auf ihre Sicherheit geprüft.«
- **Pestizide werden mit vielen Krebsarten in Verbindung gebracht.**
  Fast 1.400 Pestizide sind von der Umweltschutzbehörde (EPA) für den landwirtschaftlichen und nicht-landwirtschaftlichen Gebrauch registriert (das heißt zugelassen). Die Exposition gegenüber diesen Chemikalien wurde mit Krebserkrankungen des Gehirns und Zentralnervensystems (ZNS), der Brust, des Dickdarms, der Lunge, der Eierstöcke, der Bauchspeicheldrüse, der Nieren, der Hoden und des Magens sowie mit Hodgkin-Non-Hodgkin-Lymphomen, multiplen Myelomen und Weichteilsarkomen in Verbindung gebracht. Bei Bauern, die Pestiziden ausgesetzt sind, bei Pestizidausbringern, bei Piloten von Sprühflugzeugen und bei Herstellern von Pflanzenschutzmitteln wurde außerdem eine erhöhte Rate an Prostatakrebs, Melanomen, anderen Hautkrebsarten und Lippenkrebs festgestellt.
  »Ungefähr 40 Chemikalien, die von der Internationalen Agentur für Krebsforschung (IARC) als bekannte, wahrscheinliche oder mögliche Karzinogene für den Menschen eingestuft wurden, werden in den von der EPA erlaubten und auf dem Markt befindlichen Pestiziden verwendet.«
- **Tests sind unzureichend.**
  Die verfügbaren Erkenntnisse über das Ausmaß der potentiellen Schäden und des erhöhten Krebsrisikos durch viele Umweltexpositionen sind unzureichend oder nicht eindeutig. Das Gremium ist besonders besorgt darüber, dass die Auswirkungen, Wirkungsmechanismen und potentiellen Wechselwirkungen einiger bekannter und vermuteter Karzinogene nur unzureichend bekannt sind.

»Eine aussagekräftige Messung und Bewertung des Krebsrisikos, das mit vielen Umweltexpositionen verbunden ist, wird durch einen Mangel an genauen Messinstrumenten und -methoden erschwert. Dies gilt insbesondere für die kumulative Exposition gegenüber bestimmten nachgewiesenen oder möglichen Karzinogenen, Wechselwirkungen zwischen Genen und Umwelt, neue Technologien und die Auswirkungen der Exposition gegenüber mehreren Stoffen.«

- **Aktuelle Tests stellen nicht genau dar, inwieweit Menschen schädlichen Chemikalien ausgesetzt sind.**
  »Einige Wissenschaftler sind der Meinung, dass die derzeitigen Methoden der Toxizitätstests und der Festlegung von Expositionsgrenzwerten die Art der Exposition des Menschen gegenüber potentiell schädlichen Chemikalien nicht genau wiedergeben. Die derzeitigen Toxizitätstests beruhen in hohem Maße auf Tierversuchen, bei denen wesentlich höhere Dosen verwendet werden, als sie beim Menschen auftreten können.«
- **Tests berücksichtigen nicht die schädlichen Auswirkungen niedriger Dosen.**
  »Diese Daten – und die daraus abgeleiteten Expositionsgrenzwerte – berücksichtigen nicht die schädlichen Auswirkungen, die bei nur sehr niedrigen Dosen auftreten können. Außerdem werden Chemikalien in der Regel verabreicht, wenn sich die Versuchstiere in der Pubertät befinden, eine Methode, bei der die Auswirkungen der Exposition in der Gebärmutter, in der Kindheit und während des gesamten Lebens nicht bewertet werden.«
- **Tests berücksichtigen Kombinationen von Chemikalien nicht.**
  »Darüber hinaus werden die Mittel einzeln und nicht in Kombination getestet.«
  »Toxizitätstests mit nur einem Wirkstoff und Tierversuche sind ungeeignet, um all die ungeprüften Chemikalien, die bereits in Gebrauch sind, und die Fülle neuer Chemikalien, die jedes Jahr eingeführt werden, zu berücksichtigen.«
- **Kinder sind wegen der Umweltschadstoffe durch Krebs besonders gefährdet.**

»Sie [Kinder] sind aufgrund ihrer geringeren Körpermasse und ihrer raschen körperlichen Entwicklung besonders gefährdet, sie sind anfälliger für bekannte oder vermutete Karzinogene, einschließlich Strahlung. Zahlreiche Umweltschadstoffe können die Plazentaschranke überwinden; in einem beunruhigenden Ausmaß werden Babys ›kontaminiert‹ geboren. Kinder können auch durch genetische oder andere Beeinträchtigungen geschädigt werden, die auf Umwelteinflüsse zurückzuführen sind, denen die Mutter (und in einigen Fällen auch der Vater) ausgesetzt ist. Es fehlt entscheidend an Wissen über die umweltbedingten Gefahren für die Gesundheit von Kindern, und es gibt einen gravierenden Mangel an Forschern und Klinikern, die für die Umweltgesundheit von Kindern ausgebildet sind.«

- **Die Krebsraten bei Kindern nehmen zu.**
  »Im gleichen Zeitraum (1975–2006) ist die Krebsinzidenz bei US-Kindern unter 20 Jahren jedoch gestiegen.«
- **Höhere Leukämieraten bei Kindern, die Pestiziden ausgesetzt sind**
  »Die Leukämieraten sind durchweg erhöht bei Kindern, die in landwirtschaftlichen Betrieben aufwachsen, bei Kindern, deren Eltern Pestizide im Haus oder Garten verwenden, und bei Kindern von Pestizidanwendern. Da diese Chemikalien häufig in Form von Mischungen eingesetzt werden, war es schwierig, die mit den einzelnen Wirkstoffen verbundenen Krebsrisiken eindeutig zu bestimmen.«
- **Besorgnis über zu hohe Rückstände in Lebensmitteln**
  »Nur bei 23,1 Prozent der [Lebensmittel-]Proben wurden keine Pestizidrückstände nachgewiesen, 29,5 Prozent wiesen einen Rückstand auf, die übrigen zwei oder mehr. Die Mehrzahl der festgestellten Rückstände lag weit unter den EPA-Toleranzen […] aber die Daten, auf denen die Toleranzen beruhen, werden von Umweltgesundheitsexperten und Befürwortern heftig kritisiert, da sie unzureichend sind und von der Industrie übermäßig beeinflusst werden.«

- **Die Regulierung von Umweltschadstoffen genügt nicht, um Schäden auszuschließen.**
  Der vorherrschende Regulierungsansatz in den Vereinigten Staaten ist eher reaktiv als vorsorgend. Das heißt, anstatt vorbeugende Maßnahmen zu ergreifen, wenn Ungewissheit über den potentiellen Schaden besteht, den eine Chemikalie oder ein anderer Umweltschadstoff verursachen kann, muss eine Gefahr unwiderlegbar nachgewiesen werden, bevor Maßnahmen zu ihrer Minderung eingeleitet werden. Anstatt von der Industrie oder anderen Befürwortern bestimmter Chemikalien zu verlangen, deren Sicherheit zu beweisen, trägt die Öffentlichkeit die Beweislast dafür, dass eine bestimmte Umweltexposition schädlich ist.

## Landwirtschaftliche Chemikalien in der Umwelt

Der Bericht des Krebsgremiums des US-Präsidenten konzentrierte sich zwar in erster Linie auf die menschliche Gesundheit, doch seine Ergebnisse haben eindeutige Auswirkungen auf die Umwelt im weiteren Sinne und alle Biota. Diese Ergebnisse stehen im Einklang mit einer großen und ständig wachsenden Zahl von wissenschaftlichen Gutachten, die die weitverbreiteten und schwerwiegenden Probleme aufzeigen, die durch landwirtschaftliche Chemikalien in der Umwelt entstehen.

Das Great Barrier Reef (GBR) ist in dieser Frage der sprichwörtliche Kanarienvogel im Kohlebergwerk. In einem Bericht der Great Barrier Reef Marine Park Authority heißt es:

> Die Wasserqualität des Great Barrier Reefs wird hauptsächlich durch landgestützte Aktivitäten in den angrenzenden Einzugsgebieten beeinträchtigt, darunter Vegetationsveränderung, Beweidung, Landwirtschaft, Stadtentwicklung, industrielle Entwicklung und Aquakultur. Nährstoffe, Sedimente und Pestizide sind

die Schadstoffe, die für die Gesundheit des Great Barrier Reefs am meisten Anlass zur Sorge geben (Prange et al., 2007).

Dieser Bericht und andere Studien haben gezeigt, dass Rückstände verschiedener Herbizide sowie erhöhte Nitrat- und Phosphatwerte aus synthetischen Düngemitteln und Bodenverluste in der Landwirtschaft das Great Barrier Reef in Mitleidenschaft ziehen. Die schwerwiegenden Schäden, die diese Chemikalien dem Riff zufügen, sowie die durch die Klimaveränderungen verursachten Belastungen können dieses zum Weltnaturerbe zählende Ökosystem zerstören. Deshalb hat die Regierung von Queensland die wichtigsten landwirtschaftlichen Betriebe reguliert, um die Zahl der Chemikalien, die das GBR beeinträchtigen, zu verringern.

Pestizide verschmutzen unser Trinkwasser und unsere Luft. Im Jahr 1999 wiesen Schweizer Forscher nach, dass ein Teil des Regens, der in Europa fällt, einen so hohen Gehalt an Pestiziden aufweist, dass es illegal wäre, ihn als Trinkwasser zu verwenden (Pearce 1999). Der Regen über Europa war mit Atrazin, Alochlor, 2,4-D und anderen gängigen Agrarchemikalien versetzt, die auf Pflanzen gesprüht werden. In einer 1999 in Griechenland durchgeführten Studie über Niederschläge wurden in 90 Prozent der 205 entnommenen Proben ein oder mehrere Pestizide gefunden. Atrazin war in 30 Prozent der Proben messbar (Charizopoulos & Papadoupoulou-Mourikidou1999).

In den USA ist die Situation ähnlich: »In der jüngsten nationalen Überwachungsstudie des U.S. Geological Survey (USGS) wurde Atrazin in Flüssen und Bächen sowie im Grundwasser in allen 36 von der Behörde untersuchten Flusseinzugsgebieten gefunden. Auch in der Luft und im Regen ist Atrazin häufig zu finden; die USGS stellte fest, dass Atrazin an fast allen untersuchten Orten im Regen nachgewiesen wurde. Atrazin in der Luft oder im Regen kann sich über weite Strecken von den Ausbringungsstellen entfernen. In Seen und im Grundwasser sind Atrazin und seine Abbauprodukte persistent und können sich über Jahrzehnte halten.« (Cox 2001)

Atrazin greift in das endokrine System ein (Hayes 2002 & 2003; Storrs et al., 2004).

Bei Tieren verursacht es Tumore der Brustdrüsen, der Gebärmutter und der Eierstöcke (US EPA 2002). Studien deuten darauf hin, dass es sich um eine von mehreren landwirtschaftlichen Chemikalien handelt, die beim Menschen Krebs verursachen (International Agency for Research on Cancer 1999; Mills 2002).

## Umwelt und Gesundheit

In Experimenten, die von Warren Porter und Kollegen an der Universität von Wisconsin-Madison durchgeführt wurden, wurde Mäusen Trinkwasser mit Kombinationen von Pestiziden, Herbiziden und Nitraten in Konzentrationen verabreicht, die derzeit im Grundwasser der USA zu finden sind. Sie wiesen veränderte Funktionen des Immunsystems, des Hormonsystems und des Nervensystems auf (Porter 1999).

Porter zeigte, dass der Einfluss von Pestizid-, Herbizid- und Düngemittelmischungen auf das Hormonsystem auch zu Veränderungen im Immunsystem führen und die Entwicklung des fötalen Gehirns beeinträchtigen kann. Besonders besorgniserregend war die Störung der Schilddrüsenfunktion bei Tieren. Dies hat vielfältige Auswirkungen, unter anderem auf die Entwicklung des Gehirns, die Empfindlichkeit gegenüber Reizen, die Lernfähigkeit oder -motivation und eine veränderte Immunfunktion.

Ein späteres Experiment von Porter und Kollegen ergab, dass sehr geringe Mengen einer Mischung aus den gängigen Herbiziden 2,4-D, Mecoprop, Dicamba und inerten Bestandteilen bei allen getesteten Dosen einen Rückgang der Zahl der Embryonen und Lebendgeburten bei Mäusen verursachten. Sehr bezeichnend ist, dass die Daten zeigten, dass niedrige und sehr niedrige Dosen diese Probleme verursachten (Cavieres, Jaeger & Porter 2002).

## Die Unzulänglichkeit der Toxikologiemodelle

Der Bericht des US President's Cancer Council und viele andere von Fachleuten begutachtete Studien zeigen, dass die derzeit von unseren Behörden verwendeten toxikologischen Modelle für die Bestimmung der Sicherheit vieler chemischer Verbindungen unzureichend sind. Eine beträchtliche Anzahl von Studien zeigt, dass Verbindungen, die in Teilen pro Million (ppm) als sehr wenig toxisch gelten, schon in Teilen pro Milliarde (ppb) eine Reihe von schädlichen Wirkungen haben. Diese Verbindungen stören das Hormonsystem schon in Mengen, die 1.000-mal niedriger sind als die, die in früheren Untersuchungen als sicher eingestuft wurden.

Ein Beispiel hierfür ist Atrazin – eines der weltweit am häufigsten verwendeten Herbizide. Zwei von Fachleuten begutachtete Studien von Tyrone Hayes haben gezeigt, dass Konzentrationen, die 1.000-mal niedriger sind als die derzeit in unseren Lebensmitteln und in der Umwelt zulässigen, zu schweren Fortpflanzungsstörungen bei Fröschen führen (Hayes 2002 und 2003).

Sara Storrs und Joseph Kiesecker von der Pennsylvania State University bestätigten die Forschungsergebnisse von Hayes. Sie setzten Kaulquappen von vier Froscharten Atrazin aus.

»Die Überlebensrate war bei allen Tieren, die 3 ppb ausgesetzt waren, deutlich niedriger als bei 30 oder 100 ppb […] Diese Überlebensmuster unterstreichen die Bedeutung von Untersuchung der Auswirkungen von Schadstoffen bei realistischen Expositionen und in verschiedenen Entwicklungsstadien.« (Storrs, 2004)

Dan Qiao und Kollegen vom Department of Pharmacology and Cancer Biology des Duke University Medical Center fanden heraus, dass der sich entwickelnde Fötus und das Neugeborene besonders anfällig für Pestizidmengen sind, die weit unter den derzeit von den meisten Aufsichtsbehörden in der Welt zugelassenen Mengen liegen. Ihre Studie zeigte, dass Föten und Neugeborene geringere Konzentrationen der schützenden Serumproteine aufweisen als Erwachsene (Qiao et al., 2001). Eine wichtige Folge ist eine Entwicklungsneurotoxizität, bei der das Gift das sich entwickelnde Nervensystem schädigt (Aldridge 2003; Buznikov 2001; Cabello 2001). Die Wissenschaftler erklärten: »Diese Ergebnisse deuten darauf hin, dass Chlorpyrifos und andere Organophosphate wie Diazinon unmittelbare Auswirkungen auf die Replikation von Nervenzellen haben. Angesichts der schützenden Wirkung von Serumproteinen deutet die Tatsache, dass der Fötus und das Neugeborene geringere Konzentrationen dieser Proteine aufweisen, darauf hin, dass bei Blutspiegeln von Chlorpyrifos, die für Erwachsene ungiftig sind, größere neurotoxische Wirkungen auftreten können.« (Qiao et al., 2001)

## Epidemiologie und wissenschaftliche Tests

Die meisten der in der Landwirtschaft verwendeten Biozide sind synthetische Chemikalien, die es in der Natur noch nie gegeben hat. Wissenschaftler stellen immer wieder schwerwiegende, unvorhergesehene Folgen für die Umwelt und die menschliche Gesundheit fest. Eine Fülle veröffentlichter wissenschaftlicher Untersuchungen bringt häufig verwendete Pestizide wie Malathion, Diazinon, Chlorpyrifos und andere Organophosphate sowie Karbamid, synthetische Pyrethroide und Herbizide mit Störungen des Hormon-, Nerven- und Immunsystems in Verbindung. Sie werden auch mit Bauchspeicheldrüsen- und Dickdarmkrebs, Lymphomen, Leukämie sowie Brust-, Gebärmutter und Prostatakrebs in Verbindung gebracht. Zu den damit verbundenen Autoimmunkrankheiten gehören Asthma, Arthritis und das chronische Müdigkeitssyndrom.

In dieser Abhandlung können nicht alle aufgeführt werden; es folgen jedoch ein paar Beispiele für gängige Herbizide. Eine im März 1999 von den schwedischen Wissenschaftlern Lennart Hardell und Mikael Eriksson veröffentlichte Fallkontrollstudie zeigte, dass das Non-Hodgkin-Lymphom (NHL) mit der Exposition gegenüber einer Reihe von Pestiziden und Herbiziden in Zusammenhang steht (Hardell & Eriksson1999).

Hardell und Eriksson veröffentlichten 1981 eine frühere Studie, die einen Zusammenhang zwischen Phenoxyherbiziden wie 2,4-D und Non-Hodgkin-Lymphomen (NHL) herstellte. Vor den 1940er Jahren war das Non-Hodgkin-Lymphom eine der seltensten Krebsarten der Welt. Heute ist es eine der häufigsten Krebsarten. Zwischen 1973 und 1991 stieg die Inzidenz des Non-Hodgkin-Lymphoms in den USA um 3,3 Prozent pro Jahr und wurde damit zur dritthäufigsten Krebsart. In Schweden ist die Inzidenz des NHL seit 1958 bei Männern um 3,6 Prozent pro Jahr und bei Frauen um 2,9 Prozent pro Jahr gestiegen (Harras, 1996).

Eines der Biozide, das in der Studie von Hardell und Eriksson mit NHL in Verbindung gebracht wird, ist Glyphosat. Eine frühere Studie aus dem Jahr 1998 hatte Glyphosat mit Haarzellenleukämie in Verbindung gebracht (Nordstrom et al., 1998). Tierstudien ergaben außerdem, dass Glyphosat Genmutationen und Chromosomenaberrationen verursachen kann (Cox 2004). Die Forschung hat gezeigt, dass Glyphosat bei normaler Anwendung genetische Schäden, Entwicklungsstörungen, Morbidität und Mortalität bei Amphibien verursachen kann (Clements, Ralph & Petras 1997; Howe et al., 2004; Lajmanovich, Sandoval & Peltzer 2003).

Clements und Kollegen veröffentlichten eine Studie, die DNA-Schäden bei Kaulquappen von Ochsenfröschen nach Exposition mit Glyphosat zeigte. Die Wissenschaftler kamen zu dem Schluss, dass die »Genotoxizität von Glyphosat bei relativ niedrigen Konzentrationen« besorgniserregend ist (Clements, Ralph & Petras 1997).

Eine Studie aus dem Jahr 2003 zeigte, dass ein Glyphosat-Herbizid sowohl Sterblichkeit als auch Missbildungen bei einer Kaulquappe verursachte (Lajmanovich et al., 2003). Eine 2004 von Biologen der Trent University, der Carleton University (USA) und der University of Victoria (Kanada) durchgeführte Studie zeigte, dass umweltrelevante Konzentrationen mehrerer Glyphosat-Herbizide Entwicklungsprobleme bei Kaulquappen verursachten. Die exponierten Kaulquappen wuchsen nicht zur normalen Größe heran, brauchten länger als normal, um sich zu entwickeln, und zwischen 10 und 25 Prozent wiesen abnorme Geschlechtsorgane auf (Howe et al., 2004).

Die Forschungen von Professor Don Huber zeigen, dass Glyphosat erhebliche Störungen der Bodenökologie verursacht. Es tötet oder schädigt viele Arten, die als nützlich angesehen werden, etwa Cyanobakterien, die eine wichtige Rolle bei der Fixierung von Stickstoff im Boden spielen. Er stimuliert auch andere Arten, insbesondere mehrere wichtige Krankheitserreger, die andere Arten angreifen und schädigen (Huber 2010).

# TEIL 7
# Bäuerliche Lebensgrundlagen und ländliche Wirtschaft

## Der Lebensunterhalt der Bauern als Grundlage unserer Ernährungssysteme

In der heutigen Landwirtschaft wird die Politik von multinationalen Konzernen bestimmt. Deren Gewinne stehen an erster Stelle, und deshalb sehen wir eine rasche Ausdehnung sozialer und ökologischer Dilemmata, die weltweit die Bauern und die Zukunft des Pflanzenanbaus bedrohen.

Die Wurzeln der modernen Landwirtschaftskrise liegen in der Grünen Revolution – einem Paradigma, das auf Chemikalien basiert, die in Kriegen eingesetzt wurden, was sich nun als Krieg gegen die Erde, die Bauern und die Bürger manifestiert. Heute fehlt es in unserer Lebensmittelversorgung an vielfältigen, nahrhaften Pflanzen.

Die ökologische und soziale Nachhaltigkeit wurde durch das vorherrschende Paradigma der industriellen Landwirtschaft untergraben, das nur das Wachstum im globalisierten Handel misst. Wenn Entwicklung und Wirtschaftswachstum ausschließlich unter dem Gesichtspunkt der Kapitalakkumulation betrachtet werden, führt dies zur Zerstörung nachhaltiger lokaler Wirtschaftssysteme.

Der Lebensunterhalt der Bauern wird auch durch ein wirtschaftlich nicht nachhaltiges und ungerechtes globalisiertes Landwirtschaftssystem untergraben, bei dem die Gewinne der Konzerne auf Kosten des Lebensunterhalts der Bauern steigen, die Globalisierung der industriellen Landwirtschaft zu einer Abhängigkeit von Chemikalien und Saatgut und der internationale Handel zu einer zunehmenden Abhängigkeit vom Anbau einer Handvoll weltweit gehandelter Rohstoffe führt, die hohe Produktionskosten, aber niedrige Verkaufserlöse erzielen.

In der Agenda 21 der Konferenz der Vereinten Nationen über Umwelt und Entwicklung wird die Notwendigkeit anerkannt, nachhaltige landwirtschaftliche Systeme zu fördern und die internen Betriebsmittel zu stärken:

> Der verstärkte Einsatz externer Betriebsmittel und die Entwicklung spezialisierter Produktions- und Anbausysteme erhöhen tendenziell die Anfälligkeit für Umweltbelastungen und Marktschwankungen. Es besteht daher die Notwendigkeit, die Landwirtschaft durch Diversifizierung der Produktionssysteme zu intensivieren, um die lokalen Ressourcen möglichst effizient zu nutzen und gleichzeitig die ökologischen und wirtschaftlichen Risiken zu minimieren.

Die Globalisierung hat die Landwirtschaft in einen Markt für teures Saatgut und Chemikalien verwandelt, während gleichzeitig die Erzeugnisse zu künstlich niedrigen Preisen verkauft werden müssen. Eine Fortsetzung des von globalen Interessen geprägten Weges wird diese Krise nur noch verschlimmern.

Den Kleinbauern überflüssig zu machen, ist die Absicht der industriellen Landwirtschaft. Weniger Landwirte bedeuten mehr automatisierte Systeme, die einen höheren Bedarf an fossilen Brennstoffen und Chemikalien erfordern. Das Ende der Bauern ist das Ende der Lebensmittel, wie wir sie kennen.

## Selbstmord unter Bauern und Würdigung der verlorenen Menschenleben

Durch Selbstmord sterben mehr amerikanische Landwirte als durch jede andere unnatürliche Ursache. Als Gruppe nehmen sich Landwirte mindestens dreimal so oft das Leben wie sonst in der Bevölkerung. Die Epidemie der Selbstmorde unter Landwirten hat nun auch Indien erreicht. Hunderttausende von Landwirten haben sich umgebracht, weil die Globalisierung der industriellen Landwirtschaft teure Betriebsmittel und unbezahlbare Schulden mit sich brachte. Am 4. Juni 1984 wollten die Landwirte des Punjab die Getreidelieferungen nach Delhi stoppen, weil ihr Einkommen sank. Vom 1. bis 10. Juni 2018 streikten die indischen Bauern und stoppten die Lieferung von Gemüse und Milch aufgrund von fallenden Preisen und sinkenden Einkommen.

Sinkende Einkommen, steigende Produktionskosten, Verschuldung und Selbstmorde prägen die sozioökonomische Landschaft der Landwirtschaft in Indien und weltweit in Regionen, in denen die industrielle chemische Landwirtschaft eingesetzt wird.

Am 24. und 25. September 2000 fand in Bangalore ein öffentlicher Prozess statt, um die Ursachen für die Selbstmorde unter den Bauern zu ergründen, indem die Familienangehörigen der Opfer angehört wurden. So zeigte man Solidarität und machte das Problem sichtbar.

Immer mehr ländliche Gemeinden verlieren Mitglieder, weil sie durch die gestiegenen Saatgutkosten, höhere Schulden und Ernteausfälle in den Tod getrieben werden. Es gab mehrere Fälle, in denen Bauern ihr Land und sogar ihre Nieren verkaufen mussten, um ihre Kredite zu tilgen. Wenn sie die Kredite nicht zurückzahlen, droht ihnen die Verhaftung.

Am 8. September 2006 veranstalteten neun Bauernverbände des Punjab eine öffentliche Anhörung zu den Selbstmorden von Bauern. Ich war als Mitglied der Bürgerjury eingeladen. Der Diwan-Saal des Gurdwara Haaji Rattan war überfüllt von einem Meer von Menschen, allesamt Familienangehörige der Selbstmordopfer. Die Bauernorganisationen hatten Informationen über 2.860 Selbstmorde gesammelt und die Familienangehörigen mobilisiert, um bei der öffentlichen Anhörung auszusagen.

> Sukhbir Singh aus Chak Sadoke, Block Jalalabad, Distrikt Ferozepur, war 42 Jahre alt, als er am 26. Oktober 2003 seinem Leben ein Ende setzte, indem er in einen Fluss sprang, weil er trotz des Verkaufs seiner sieben Hektar Land eine Schuld von 25.000 Dollar nicht bezahlen konnte. Er hinterlässt eine Witwe mit zwei Kindern. Harjinder Singh, 21 Jahre alt, aus Ratla Thark verlor seine sieben Hektar an Geldverleiher und beendete sein Leben durch den Einsatz von Pestiziden. Jeet Singh, 60 Jahre alt, aus demselben Dorf verbrannte sich. Hardev Singh, 28 Jahre alt, aus Urmmat Puria in Hoga trank am 12. Juli 2002 Pestizide, als er sein Darlehen in Höhe von 9.300 Dollar auch nach dem Verkauf von acht Hektar nicht zurückzahlen konnte. Avatar Singh, 26 Jahre alt, aus dem Dorf Machika starb nach dem Konsum von Pestiziden am 18. März 2006. Jagtar Singh, 48 Jahre alt, aus Doda in Mukstar hinterließ eine Witwe und eine Tochter, nachdem er ein Pestizid getrunken hatte, das sein Leben beendete. Er hatte zwei Hektar Land verkauft, um einen Teil seiner Schulden in Höhe von 2.000 Dollar zu begleichen. Raghubir Singh, 28 Jahre alt, hatte vier Hektar verpfändet, konnte sein Darlehen nicht zurückzahlen und setzte seinem Leben am 28. April 2004 ein Ende, indem er Pestizide trank. Seine Mutter, seine Witwe und seine beiden Kinder müssen sich durchschlagen. Wir erwähnen diese Selbstmorde von Bauern, und um zu zeigen, wie sie die von Konzernen geführte Globalisierung mit ihrem Leben bezahlen, hat Navdanya den Bericht »Seeds of Suicide« (Die Samen des Selbstmords) erstellt.

Eine nach der anderen kamen die Frauen und erzählten von ihrem Schmerz, ihrem Verlust, ihrer Tragödie. Die Namen und Gesichter waren verschieden, aber der Schmerz war derselbe – die vermeidbare

Tragödie des Verlustes von Bauernleben. Der Selbstmord durch den Konsum tödlicher Pestizide kostete Tausende das Leben. Dies sind einige ihrer Namen:

Ehemann von Gurjit, Budh Singh
Ehemann von Baljit Kaur, Thail Singh
Ehemann von Karamjit, Bhola Singh
Manjit Kaurs Ehemann Sunder Singh
Gurmeets Ehemann Gudu Singh
Paramjits Ehemann Pritpal
Gurdayal Kaurs Ehemann Jarnail Singh
Sukhpals Ehemann Gurcharan Singh
Jeet Kaurs Ehemann Gurmeet Singh
Malkeets Ehemann Nishatar,
Tel Kaurs Ehemann Nirpal
Sarabjits Ehemann Prem Singh
Jagat Kaurs Ehemann Balbir
Surjeet Kaurs Ehemann Dilwar Singh
Kulwinder Kaurs Ehemann Sindoore Singh
Manjir Kaurs Ehemann Chattar Singh
Amarjeets Ehemann Pappi
Jasbirs Ehemann Nirpesh Singh
Sukhdev Kaurs Ehemann Birpal
Paramjeets Ehemann Pappi Singh
Sukhdev Kaurs Ehemann Balwant Singh
Daljit Kaurs Ehemann Sumukh
Harbans Kaurs Sohn Gurmeet
Baldev Kaurs Sohn Mewa Singh
Beant Kaurs Ehemann Jailer Singh
Tej Kaurs Ehemann Buttu Singh
Jasbir Kaurs Sohn Jagga Singh
Tej Kaurs Ehemann Mitti Singh
Jasbir Kaurs Ehemann Kishan Singh
Charanjeet Kaurs Ehemann Mahadev Singh

Als ich die nicht enden wollenden Geschichten von Witwen hörte, wie sie ihre Lieben, ihr Land und ihre Hoffnungen im Teufelskreis der Schulden verloren hatten, musste ich an das Jahr 1984 während der Grünen Revolution denken, als dieses wohlhabende und stolze Land der fünf Flüsse (»Punj« bedeutet fünf, »ab« ist Fluss) von Extremismus und Terrorismus überrollt wurde. Diejenigen, die im Punjab nicht Selbstmord begehen, sind einer weiteren Bedrohung ihres Lebens ausgesetzt: Krebs. Pestizide sind darauf ausgelegt, zu töten, und von Punjab bis Bhopal haben sie Tausende getötet. Der Gasaustritt in Bhopal im Jahr 1984, der zu Tausenden von Toten führte, wurde von der Pestizidanlage von Union Carbide verursacht.

Agrarchemikalien und Saatgut von Agrarkonzernen lösten eine Agrarkrise aus, die Landwirte in die Schuldenfalle und in den Selbst-

**Tabelle 1: Selbstmorde unter Landwirten von 1995–2015**
Jahr und jährliche Gesamtzahl von Selbstmorden in ganz Indien

| | | | |
|---|---|---|---|
| 1995 | 10.720 | 2007 | 16.632 |
| 1996 | 13.729 | 2008 | 16.196 |
| 1997 | 13.622 | 2009 | 17.368 |
| 1998 | 16.015 | 2010 | 15.964 |
| 1999 | 16.082 | 2011 | 14.027 |
| 2000 | 16.603 | 2012 | 13.754 |
| 2001 | 16.415 | 2013 | 11.772 |
| 2002 | 17.971 | 2014* | 5.660* |
| 2003 | 17.164 | 2015** | 8.007** |
| 2004 | 18.241 | | |
| 2005 | 17.131 | **Gesamt 1995–2014** | **302.126*** |
| 2006 | 17.060 | **Gesamt 1995–2015** | **310.133**** |

* Die tatsächliche Zahl für 2014 beträgt 12.360, da die NCRB keine landwirtschaftlichen Arbeitskräfte berücksichtigt hat, und die tatsächliche Zahl für 1995–2014 beträgt 308.126.

** Die tatsächliche Zahl für 2015 beträgt 12.602, da die NCRB keine landwirtschaftlichen Arbeitskräfte berücksichtigt hat, und die tatsächliche Zahl für 1995–2015 beträgt 320.728.

mord treibt und diejenigen, die übrig bleiben, mit unheilbaren Krankheiten schlägt. Die Tabelle zeigt die Selbstmorde seit 1995, als durch die Welthandelsorganisation (WTO) die Globalisierung eingeführt wurde.

Wir müssen uns von der Selbstmordökonomie und dem falschen Versprechen der Ernährungssicherheit verabschieden, die unsere Kinder durch Unterernährung, unsere Bauern durch Verschuldung und Selbstmord und viele andere durch den unnötigen Einsatz von Giftstoffen in der Landwirtschaft umbringen. Wir können den weltweiten Hunger, die Armut und die Krankheiten verringern, indem wir unsere Abhängigkeit von Giftstoffen reduzieren.

Es gibt eine gewaltfreie Alternative zur Grünen Revolution – die biologisch-diverse und ökologische Landwirtschaft. Im Gegensatz zu den Behauptungen der chemischen Industrie produzieren biodiverse ökologische Systeme, wie bereits erwähnt, mehr Nahrungsmittel und Nährstoffe als chemische Monokulturen. In diesem Abschnitt teilen wir eine Anleitung zur Erzielung höherer Nettoeinkommen für Landwirte auf der Grundlage der Erfahrungen und Forschungen von Navdanya International.

## Die Auswirkungen der Globalisierung der Lebensmittelsysteme

Die Politik der Globalisierung und der Handelsliberalisierung verursachte die Krise der Landwirtschaft auf drei Ebenen:

- Eine Verlagerung von »Lebensmitteln zuerst« zu »Handel zuerst« und von »Bauern zuerst« zu »Konzernen zuerst«
- Eine Verlagerung von Vielfalt und Multifunktionalität der Landwirtschaft hin zu Monokulturen und Standardisierung, chemische und kapitalintensive Produktion und Deregulierung des Input-Sektors, insbesondere Saatgut, was zu steigenden Produktionskosten führt

- Deregulierung der Märkte und Rückzug des Staates aus der effektiven Preisregulierung, was zu einem Zusammenbruch der Preise für Agrarerzeugnisse führte.

Die Globalisierung soll die Effizienz und Produktivität steigern und den Wettbewerb und die Auswahlmöglichkeiten erhöhen. Im Bereich der Lebensmittel und der Landwirtschaft beruht die Globalisierung auf drei Annahmen:

- Die Globalisierung wird zu einer Verbreitung der produktivsten und effizientesten Anbausysteme führen. Sie wird daher zu einer höheren Nahrungsmittelproduktion führen und gleichzeitig Land, Wasser und die biologische Vielfalt erhalten.
- Die Globalisierung wird zu einem verbesserten Zugang zu den besten Lebensmitteln führen und Nahrungsmittelknappheit und Hunger verringern. Sie wird die Lebensmittelsicherheit und -versorgung verbessern.
- Die Globalisierung wird zu einem verstärkten Wettbewerb führen und die Einkommen und Bedingungen der Landwirte verbessern, da ihre Verhandlungsmacht und ihre Auswahlmöglichkeiten zunehmen.

Die Realität der Globalisierung und ihrer Auswirkungen auf Lebensmittel und Landwirtschaft steht jedoch im Widerspruch zu diesem Mythos von Wohlstand und Überfluss.

Die Globalisierung von Lebensmitteln und Landwirtschaft führte zu

- nicht nachhaltiger industrieller Landwirtschaft
- ländlicher Armut, Zerstörung der Existenzgrundlage der Bauern und dramatischen Einkommenseinbußen
- mehr Hunger.

## Monokulturen

Überall auf der Welt verändert sich die Lebensmittelproduktion zum Negativen. Die Landwirte geben mehr für Betriebsmittel aus und erhalten im Gegenzug niedrigere Preise für ihre Erzeugnisse. Dies wird in der Regel mit Überschüssen und Überproduktion erklärt. Das eigentliche Problem ist jedoch, dass die betreffenden Lebensmittel in Monokulturen und Monopolen erzeugt werden.

Einer der Nebeneffekte unseres Wirtschaftssystems, das Effizienz und Profit fördert, ist das Streben nach einer einzigen einheitlichen Sorte. Die moderne Agrartechnologie hat diese Fähigkeit zum Anbau einer einzigen Sorte gefördert. Die Einführung der Einheitlichkeit wurde mit dem höheren Ertrag einer einzigen Sorte begründet, um den spezifischen Marktanforderungen zu genügen.

Großkonzerne bestimmen die Preise für Saatgut und Chemikalien, was kurzfristig zu einer Senkung der Erzeugerpreise führen kann. Langfristig führt die Kontrolle dieser Preise durch Monopole jedoch zu hohen Lebensmittelpreisen.

Entgegen der landläufigen Meinung führen GVO und chemieintensive Anbausysteme dazu, dass die Bauern mehr ausgeben als sie einnehmen. Die konzerngesteuerte, industrialisierte, globalisierte Landwirtschaft schafft Schulden, macht die Bauern von teuren Betriebsmitteln abhängig und kauft dann die Erzeugnisse zu Preisen unter den Produktionskosten. Die Bauern sind in einem System gefangen, in dem sie mehr bezahlen, als sie einnehmen, da ihre Produktionskosten ständig steigen und der Betrag, den sie für ihre Produkte erlösen, ständig sinkt. Obwohl die US-Agrarexporte boomen, können die Landwirte dort kaum überleben und haben oft Mühe, ihren eigenen Lebensunterhalt zu bestreiten.

Es wird angenommen, dass die industrielle Landwirtschaft mehr Lebensmittel produziere und dass eine höhere Produktion zu niedrigeren Preisen führe. Betrachtet man die Gesamtproduktion verschiedener Kulturen im Gegensatz zu einer einzigen Kultur (definiert als Gesamtnährstoffmenge), so ist die industrielle Landwirtschaft nicht besser als Betriebe, die nachhaltige und biodynamische Methoden anwenden. Niedrige Preise werden von Monopolen kontrolliert und sind nicht repräsentativ für die gesamte landwirtschaftliche Produktivität. Weizen und Reis haben den geringsten Nährwert, machen aber den größten Teil der weltweiten Landwirtschaft aus und verdrängen ernährungsphysiologisch wertvollere Pflanzen. Gemessen am Nährwert pro Hektar hat die Grüne Revolution die Verfügbarkeit von Nährstoffen nicht verbessert, insbesondere nicht für die randständigen und ärmsten Bevölkerungsgruppen.

In einem System der vertikalen Integration – von den Inputs über die Beschaffung und den Vertrieb bis hin zur Verarbeitung – kontrollieren stets dieselben multinationalen Konzerne:

A. den Preis, zu dem die Betriebsmittel an die Bauern verkauft werden,
B. den Preis, zu dem die Erzeugnisse von Bauern gekauft werden,
C. den Preis, zu dem die landwirtschaftlichen Erzeugnisse an die Verbraucher verkauft werden.

Das Einkommen der Landwirte ist B minus A. Da die Kosten für die Betriebsmittel höher sind als der Preis der Erzeugnisse, ist das Einkommen der Bauern negativ, was zu einer Verschuldung führt. Gleichzeitig ist der Gewinn der Unternehmen A minus B. Je teurer die an die Bauern verkauften Betriebsmittel und je niedriger die Preise sind, zu denen die Bauern verkaufen, desto höher ist ihre Gewinnspanne.

Würden die Regierungen die Bauern nicht direkt unterstützen, würde dieses System zusammenbrechen, und anstatt Betriebsmittel zu verkaufen und landwirtschaftliche Erzeugnisse zu kaufen, müssten die Konzerne die Produktionskosten tragen, und die Lebensmittelpreise würden drastisch steigen, damit sie weiterhin Gewinne machen könnten.

Das industrielle Agrarmodell, das auf hohen Kosten für industrielle Produktionsmittel (Maschinen) beruht, die Verringerung der wirtschaftlichen Vielfalt und der von Konzernen kontrollierte globalisierte Handel führten gemeinsam zu der Notlage im ländlichen Raum, die wir weltweit beobachten.

Die chemisch-industrielle Landwirtschaft verursachte zahlreiche wirtschaftliche Probleme:

- steigende Produktionskosten, die Schulden verursachen
- sinkende Nettoeinkommen der Bauern aufgrund der Globalisierung und der Abhängigkeit von einer geringen Anzahl weltweit gehandelter landwirtschaftlicher Erzeugnisse.
- Die wahren Kosten für Lebensmittel werden durch Subventionen und Externalitäten verschleiert.
- Den Verbrauchern werden zunehmend ungesunde, chemisch verseuchte Lebensmittel zu einem Preis angeboten, der die tatsächlichen Kosten für die Natur und die Gesellschaft nicht deckt.

Niedrige Lebensmittelpreise spiegeln daher ein ineffizientes Nahrungsmittelsystem wider, das von Agrarmonopolen kontrolliert wird, die mit Preisabsprachen und Subventionen die Ernährungssouveränität bedrohen und die Existenzgrundlage der Bauern untergraben.

## Vergleich von internen und externen Inputs

Viele indigene Anbaumethoden beruhen auf internen Inputs – das Saatgut stammt vom eigenen Hof, die Bodenfruchtbarkeit wird durch umweltfreundlichen Kompost und Dünger erreicht, und die Schädlingsbekämpfung wird mit Methoden wie Mischkulturen in die Anbauplanung integriert.

Die industrielle Landwirtschaft ersetzt die Nachhaltigkeit auf Betriebsebene durch die Abhängigkeit von externen Inputs (chemische Düngemittel, Pestizide und Herbizide), die zu hohen Kosten erworben werden müssen. Bei der Bewertung der Gesamtproduktivität des Betriebs oder des Ertrags werden die ökologischen Auswirkungen der einzelnen von außen zugekauften Betriebsmittel nicht berücksichtigt.

## Alternative Modelle für Wirtschaft und Nachhaltigkeit

Die heutige Landwirtschaft ist überhaupt nicht mehr nachhaltig. Wir müssen die verschiedenen Dimensionen der Nachhaltigkeit betrachten, die die menschlichen und ökologischen Auswirkungen berücksichtigen:

**Nachhaltigkeit der natürlichen Ressourcen**
Die Nachhaltigkeit der natürlichen Ressourcen beruht auf der Stabilität der landwirtschaftlichen Ökosysteme. Dies ist die Grundlage einer naturbasierten Wirtschaft, die biologische Vielfalt, Bodenfruchtbarkeit und Wasser als ökologisches Kapital für die Landwirtschaft umfasst. Nachhaltigkeit in der Natur bedeutet die Regeneration der Naturprozesse. Die Anwendung dieses Prinzips in landwirtschaftlichen Gemeinschaften führt zu einer Regeneration und Wiederbelebung der Kultur und der lokalen Produktionswirtschaft.

**Sozioökonomische Nachhaltigkeit**
Die sozioökonomische Nachhaltigkeit lässt sich anhand der direkten Beziehungen zwischen

- Gesellschaft und Umwelt
- den verschiedenen an der Produktion beteiligten Personen
- und Erzeugern und Verbrauchern beurteilen.

Die sozioökonomische Nachhaltigkeit misst die Gesundheit der »Volkswirtschaft« oder der »Wirtschaft des Lebensunterhalts«, in der die menschlichen Bedürfnisse als Menschenrechte Vorrang haben. Die Volkswirtschaft umfasst die vielfältigen materiellen und finanziellen Kosten und Vorteile, die den bäuerlichen Gemeinschaften aus der Landwirtschaft erwachsen.

Verschuldung und Selbstmorde von Landwirten sind eindeutige Indikatoren für mangelnde Nachhaltigkeit in einer Volkswirtschaft. Die Epidemie von Bauernselbstmorden in Indien ist in Regionen konzentriert, in denen die chemische Intensivierung die Produktionskosten in die Höhe getrieben hat und die Monokulturen von Nutzpflanzen aufgrund der Globalisierung zu einem Preis- und Einkommensrückgang geführt haben. Die hohen Produktionskosten sind der wichtigste Grund für die Verschuldung in ländlichen Gebieten. Während die Einkommen der Bauern sinken, steigen die Preise für Lebensmittel. Die Art und Weise, wie wir unsere Lebensmittel erzeugen und verteilen, ist der wichtigste Faktor für die Nachhaltigkeit der Wirtschaft der Natur und der Menschen, einschließlich des Lebensunterhalts der Bauern und der Gesundheit der Bürger.

Es gibt zwei unterschiedliche Bedeutungen von Nachhaltigkeit. Die eigentliche Bedeutung bezieht sich auf die Nachhaltigkeit von Natur und Gesellschaft. Das heißt, wieder zu erkennen, dass die Natur unser Leben und unseren Lebensunterhalt trägt; sie ist die wichtigste Quelle für unseren Lebensunterhalt. Die Natur zu erhalten bedeutet, die Integrität der Prozesse, Zyklen und Rhythmen der Natur zu bewahren.

Es gibt eine zweite Art von »Nachhaltigkeit«, die sich auf Markt- und Unternehmensgewinne bezieht. Es geht um die Aufrechterhaltung der Versorgung mit Rohstoffen für die industrielle Produktion und den weltweiten Verbrauch über große Entfernungen. Es geht um

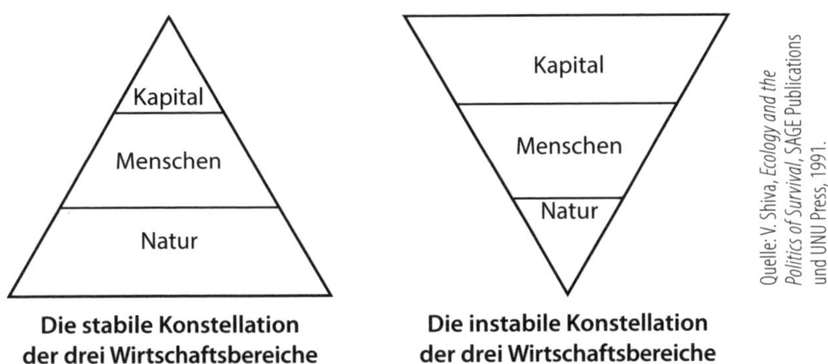


**Abbildung 1: Biologische Vielfalt der Volkswirtschaften**
Wachstum der Marktwirtschaft auf Kosten der Volkswirtschaft und der Wirtschaft der Natur

die Nachhaltigkeit der Gewinne durch eine extraktive Wirtschaft. So wachsen die Märkte, während die Böden und ländlichen Gemeinschaften verarmen.

## Von linearen Raubbauwirtschaften zu Kreislaufwirtschaften

Einer unserer wichtigsten Beiträge zu fairen Handelspraktiken ist die Schaffung von Fair-Trade-Lebensmittelgemeinschaften, verbunden durch biologische Vielfalt, Gerechtigkeit und direkte Beziehungen untereinander.

Die Vielfalt von Reis, Weizen, Hirse, Frühstücksgetreide, Gebäck und so weiter spiegelt unser Engagement für die Erhaltung des lokalen Saatguts und der Biodiversität, für eine wasserschonende Landwirtschaft und für die Sicherung der Existenzgrundlage von Kleinbauern und Frauen angesichts der Globalisierung wider.

Durch den ökologischen fairen Handel verbinden wir Nachhaltigkeit und soziale Gerechtigkeit miteinander. Durch die biologische Vielfalt säen wir die Saat für Freiheit, Wohlstand und Frieden, für lebendige Volkswirtschaften und lebendige Demokratien. Das ist echter fairer Handel – beruhend auf Freiheit für die Natur und Freiheit für die Menschen.

Das vorherrschende Wirtschaftsmodell hat seine Wurzeln nicht mehr in der Ökologie, sondern existiert außerhalb und über der Ökologie und stört die ökologischen Systeme und Prozesse, die das Leben erhalten. Die unkontrollierte Ausbeutung von Ressourcen führt zum Aussterben von Arten und zum Zusammenbruch von Ökosystemen und verursacht irreversible Klimakatastrophen.

Außerdem wurde die Wirtschaft, die Teil der Gesellschaft ist, außerhalb und über die Gesellschaft gestellt, außerhalb der demokratischen Kontrolle. Ethische Werte, kulturelle Werte, spirituelle Werte, Werte der Fürsorge und der Zusammenarbeit wurden durch die extraktive Logik des globalen Marktes, der nur auf Profit aus ist, ausgehebelt. Der Wettbewerb lässt keinen Raum für Zusammenarbeit. Alle Werte, die sich aus unserer wechselseitig abhängigen, vielfältigen und komplexen Realität ergeben, wurden verdrängt oder zerstört. Wenn die Realität durch abstrakte Konstruktionen ersetzt wird, die von den herrschenden Mächten in der Gesellschaft geschaffen werden, wird es leicht, Natur und Gesellschaft für Profit und Macht zu manipulieren. Anstatt das Wohlergehen realer Menschen und realer Gesellschaften anzustreben, geht es allein um das Wohlergehen von Konzernen. Die reale Produktion der Ökonomien von Natur und Gesellschaft wird durch die abstrakte Konstruktion von »Kapital« und jetzt durch das digitale Finanzwesen ersetzt. Das Reale, das Konkrete, das Lebensspendende weicht den künstlich konstruierten Währungen, deren Fluss nur eine Richtung kennt.

Die lineare extraktive Wirtschaft ist auf Eroberung, Vermarktung und Profit aus. Sie hat keinen Sinn für die Pflege von Natur und Gemeinschaft. Sie lässt die Natur und die Gesellschaft verarmen, sei es durch die Ausbeutung von Mineralien oder von Wissen durch Biopiraterie, die Gewinnung von »Genen« durch Genpatente, die Gewinnung von Daten durch »Data Mining« oder die Gewinnung von Nutzungs- und Lizenzgebühren für Saatgut, Wasser, Kommunikation oder privatisierte Bildung und Gesundheitsfürsorge. Sie schafft Armut, Schulden und Vertreibung. Sie erzeugt Verschwendung – Verschwendung in Form von Umweltverschmutzung, Verschwendung von Ressourcen, Verschwendung von Menschen, Verschwendung von Leben.

Wirklicher Reichtum ist unsere Fähigkeit, das zu schaffen, zu erzeugen und herzustellen, was wir und unsere Gemeinschaften brauchen, um unser Wohlergehen zu sichern. Die ursprüngliche Bedeutung von Wohlstand ist Wohlbefinden, nicht Geld. Arbeit schafft Wohlstand. Als Mitschöpfer und Miterzeuger mit der Natur bewahren wir die Fähigkeiten der Erde, Wohlstand zu schaffen, und steigern so unseren eigenen. Wir schaffen echten Wohlstand, wenn wir als Erdenbürger leben. Das Leben und seine Vitalität in der Natur und in der Gesellschaft beruhen auf Zyklen der Erneuerung und Regeneration, auf Gegenseitigkeit, Respekt und menschlicher Solidarität. Die Beziehung zwischen Boden und Gesellschaft, zwischen Natur und Kultur, ist eine Beziehung auf Gegenseitigkeit, auf der Grundlage von Rückführung und Ausgleich.

Das ökologische Gesetz der Rückführung hält die Kreisläufe von Nährstoffen und Wasser aufrecht und ist damit die Grundlage der Nachhaltigkeit. Für die Gesellschaft ist das Gesetz der Rückführung die Grundlage für Gerechtigkeit, Gleichheit, Demokratie und Frieden.

Regenerative, erneuerbare, nachhaltige Wirtschaftssysteme, die das Wohlergehen der Natur und unser eigenes Wohlbefinden fördern, beruhen auf dem Gesetz der Rückführung – des Zurückgebens aus Dankbarkeit und in dem tiefen Bewusstsein, dass wir das Netz des Lebens sind und uns um es kümmern müssen. Es handelt sich also um Kreislaufwirtschaften, die sich der Kreisläufe der Natur bewusst sind und diese aufrechterhalten. Alle ökologischen Krisen sind eine Unterbrechung der Naturkreisläufe und die Überschreitung dessen, was als »planetarische Grenzen« bezeichnet wird. Wenn wir der Natur organische Stoffe zurückgeben, gibt sie uns weiter Nahrung. Die Arbeit des Zurückgebens ist unsere Arbeit. Uns Nahrung zu geben, ist die komplexe Arbeit der Natur – durch ihren Boden, ihre biologische Vielfalt, ihr Wasser, die Sonne und die Luft.

In einer Kreislaufwirtschaft geben wir der Natur und der Gesellschaft etwas zurück. Wir bauen die Wirtschaft der Natur und die Wirtschaft der Menschen auf. Wohlstand wird geteilt. Wohlstand wird verteilt. Wohlstand zirkuliert.

In der realen Wirtschaft wachsen Pflanzen, wachsen Bodenorganismen, wachsen Kinder in Wohlstand und Glück.

Die Kreislaufwirtschaft erneuert die Natur und die Gesellschaft. Sie schafft Auskommen und Wohlbefinden für alle. In der Pflege der Erde und der Gesellschaft ist eine Vielfalt an sinnvoller und kreativer Arbeit möglich. Sie beruht auf dem Naturgesetz der Rückführung. In der Natur gibt es keinen Abfall, keine Verschmutzung.

Wenn die Wirtschaft ein Kreislauf ist, ist jedes Wesen und jeder Ort das Zentrum der Wirtschaft, und Natur und Gesellschaft entwickeln sich und bestehen aus vielfältigen selbstorganisierten Systemen wie die Billionen von Zellen in unserem Körper.

Kreislaufwirtschaften sind als lebendige Ökonomien von Natur aus biodivers, sie reichen vom Kleinsten und Lokalen bis hin zum Globalen und Planetaren.

Durch biodiverse ökologische Lebensmittelsysteme und die Kreislaufwirtschaft können wir den Selbstmorden von Bauern Einhalt ge-

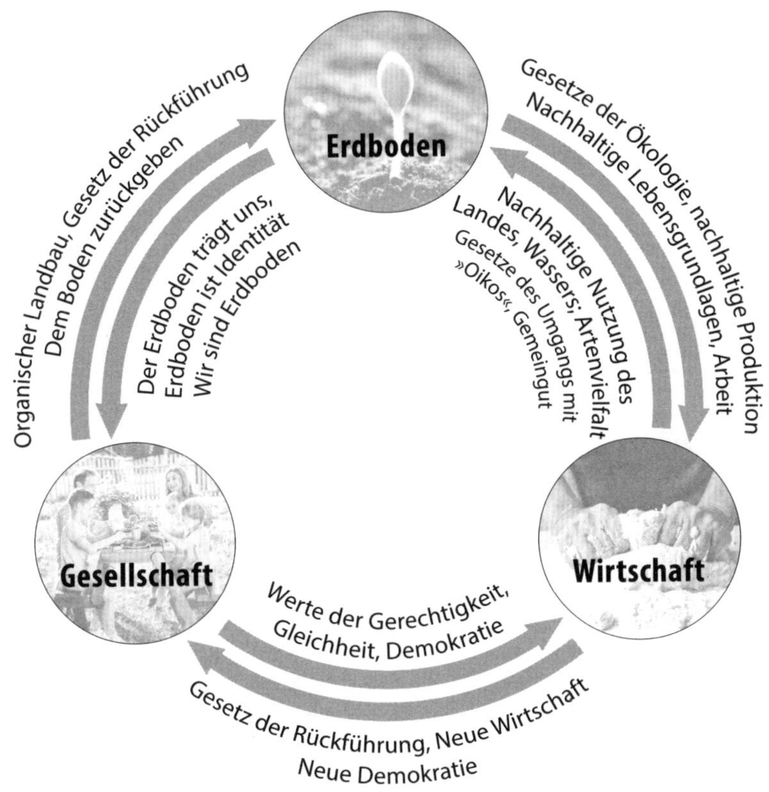


**Abbildung 2: Die Kreislauflogik des Gesetzes der Rückkehr, der Wechselseitigkeit und der Regeneration**

bieten und die landwirtschaftliche Notlage umkehren. Die Navdanya-Bauern haben ihr Einkommen verzehnfacht: durch Saatgutsouveränität, Ernährungssouveränität und Zusammenarbeit untereinander sowie mit denjenigen, welche die von ihnen erzeugten vielfältigen und gesunden Lebensmittel essen.

Die Kreislauflogik des Gesetzes der Rückführung, der Wechselseitigkeit und der Regeneration – so wie sich selbstorganisierte Systeme in und durch Vielfalt entwickeln, sind auch selbstorganisierte Ökonomien vielfältig. Seit 30 Jahren bringen wir auf den Tisch, was das Saatgut hervorbringt, und bringen die Bauern zu den Verbrauchern, indem wir kooperative Kreislaufwirtschaften als Alternativen zu den linearen extraktiven Wirtschaften schaffen, in denen Konzerne den Boden ausbeuten und den Bauern Gifte verkaufen und Bürger entwertete und »Fake«-Lebensmittel verkaufen.

Seit drei Jahrzehnten arbeitet Navdanya an der Entwicklung von Paradigmen und Verfahren, die den Lebensunterhalt der Bauern sichern und ihr Einkommen erhöhen, während sie gleichzeitig die Erde regenerieren und gesunde und nahrhafte Lebensmittel erzeugen.

Die Bauern von Navdanya praktizieren biodiversitätsbasierte Agrarökologie und bauen daher Lebensmittel an, ohne externe Betriebsmittel dazuzukaufen. Sie praktizieren das, was oft auch als »Null-Budget«-Landwirtschaft bezeichnet wird. Da sie souverän im Umgang mit Saatgut und mit der auf biologischer Vielfalt basierenden organischen Erneuerung der Bodenfruchtbarkeit und Schädlingsbekämpfung sind, haben sie keine Ausgaben für den Kauf externer chemischer Betriebsmittel. Da sie ökologisch wirtschaften, sind sie schuldenfrei.

Alle Navdanya-Betriebe sind biodiverse Betriebe, die zu ökologischen Funktionen beitragen, die auf Chemikalien verzichten können. Sie liefern auch biodiverse Produkte. Die Bauern befinden sich daher nie in der misslichen Lage, in der sich Bauern befinden, die chemische Monokulturen anbauen, da die regenerative, auf biologischer Vielfalt beruhende biologische Landwirtschaft hochwertige und vielfältige Lebensmittel erzeugt.

Die Navdanya-Philosophie ist *Bija Swaraj* und *Anna swaraj* durch *Jaivik Kheti – regenerative* biologische Landwirtschaft. Navdanya-Bauern sind durch die Vielfalt der Volkswirtschaften daher auch souverän in ihren Preis-, Vertriebs- und Vermarktungssystemen.

Folglich ist ihr Einkommen zehnmal höher als das von Bauern, die gezwungen sind, landwirtschaftliche Massenware in chemischen Monokulturen anzubauen.

Das Navdanya-Modell für ökologische, biologische Landwirtschaft setzt auf Biodiversität. Navdanya bedeutet sowohl »neun Samen« als auch »neues Geschenk«. Der wichtigste Beitrag von Navdanya ist die Förderung einer auf biologischer Vielfalt basierenden Produktivität für Kleinbauern, die den Schutz der Lebenswelt mit wirtschaftlicher Erzeugung verbindet.

In einer Zeit, in der gentechnisch verändertes Saatgut als Wunder angepriesen wird, so wie Hochertragssaatgut während der Grünen Revolution als Wunder eingeführt wurde, hat Navdanya die offen bestäubten Bauernsorten bewahrt, sie wieder in die Produktionssysteme eingeführt und sowohl die Produktivität als auch die ländlichen Einkommen verbessert.

Eine von Navdanya in vier Distrikten Westbengalens durchgeführte Studie zeigt, dass sich die biologische Vielfalt bei gleichen Boden- und Klimabedingungen als wirtschaftlich effizienter erweist als chemisch intensive Anbausysteme. Die Studie zeigt, dass der Nettowert der Jahresproduktion eines durchschnittlichen biodiversen Betriebs durchweg höher ist als der eines durchschnittlichen Monokulturbetriebs. Auf den ausgewählten biodiversen Betrieben im Distrikt East Medinipur wird eine große Vielfalt an Pflanzen angebaut, sowohl in Fruchtfolge als auch im Zwischenfruchtanbau. Einige dieser Betriebe, die meist weniger als einen Hektar groß sind, bauen neben Reis mehr als 50 Arten von Kulturpflanzen an. Die Regenfeldbau-Betriebe im Distrikt Bankura sind vergleichsweise weniger vielfältig und bauen kaum mehr als 14 Kulturen pro Jahr an, einschließlich Reis. In den bewässerten Monokulturbetrieben hingegen werden im Distrikt Bankura zwei Reissorten und im Distrikt East Medinipur drei Reissorten (alle Hochertragssorten) angebaut. Die Monokulturbetriebe in East Medinipur scheinen trotz dreier Reiskulturen weniger produktiv zu sein als die Betriebe in Bankura mit zwei Reiskulturen. Die Bauern erklären dies mit der »Bodenmüdigkeit« aufgrund der Monokultur und des intensiven Einsatzes von Agrochemikalien – ein wesentliches Merkmal der industriellen Landwirtschaft.

Ein bemerkenswertes Ergebnis war, dass der relative Wert der landwirtschaftlichen Erzeugnisse mit zunehmender Vielfalt der Kulturen deutlich zuzunehmen scheint. Diese gleichmäßige Verteilung des Wertes des Nettobetriebsgewinns (Differenz zwischen Output- und Inputwert) pro Flächeneinheit in Abhängigkeit von der Kulturpflanzenvielfalt wird deutlich, wenn sowohl der Nettobetriebsgewinn als auch die Anzahl der Kulturpflanzenarten in natürliche Logarithmen transformiert werden. Die Regressionssteigung beträgt 0,5893 und ist mit einem Vertrauensniveau von 99,9 Prozent signifikant. Die Daten widersprechen der vorherrschenden agrarwissenschaftlichen Annahme, dass der intensive Anbau einer Monokultur die Produktivität des Bodens steigern würde. Die Mehrheit der Bauern in Bankura und Medinipur hat inzwischen erkannt, dass die Erträge der Monokulturbetriebe auf Dauer nicht nachhaltig sind. Viele dieser Landwirte sind zu traditionellen Anbausystemen mit einheimischen Bauernsorten zurückgekehrt.

Einige von ihnen haben mit einem hybriden System experimentiert, bei dem eine Vielzahl von »Zweitfrüchten« im Fruchtwechsel mit Hochertragsreis angebaut wird. Die meisten dieser Bauern, die Mischkulturen anbauen, berichteten jedoch, dass »die Kosten für die Betriebsmittel die zusätzlichen Erlöse von Hochertragsreis auffressen« und dass das beste Mittel zur Verringerung der externen Betriebsmittel darin besteht, »dem Land eine Pause zu gönnen«, indem man einige Jahre lang Gemüse und Obst anbaut, bevor man es wieder mit Reis bepflanzt (RFSTE, *Industrial vs. Ecological Agriculture,* Deb 2004).

Die Erhaltung einheimischen Saatguts und die organische Landwirtschaft mit biologischer Vielfalt führten zu Einkommen, die 2–3

**Tabelle 2: Produktionskosten und Nettogewinn von Balbeer Singh, einem Bauern aus Navdanya**

| Jahr | Weizenertrag/ Bigha* | Kosten für Agrochemikalien | Reisertrag/ Bigha* |
|---|---|---|---|
| 1994–1995 | 1,60 qt. | 100 | 1,8 |
| 1995–1996 | 1.08 | 68 | 0.90 |
| 1996–1997 | 0.98 | 32 | 0.92 |
| 1997–1998 | 1,8 | Null | 2,00 |
| 1996–1999 | 2,2 | Null | 2,50 |
| 2004–2005 | 2,5 | Null | 3,0 |

Quelle: Bolbeer Singh, Village Utireha, und Navdanya Records

Mal höher sind als bei Monokulturen und 8–9 Mal höher als bei industriellen Systemen mit gentechnisch verändertem Saatgut.

Die Tabelle zeigt, dass der Bauer auf seinen 0,5 bigha Land (1 bigha sind 800 Quadratmeter) durch den Anbau mehrerer Kulturen einen Nettogewinn von 3.060 Rupien (Rs.) erzielen konnte. Die Produktionskosten wurden auf 1.200 Rupien pro Jahr geschätzt, was die Manntage des Landwirts sowie die Gärreste aus seinem eigenen Betrieb einschließt, obwohl er kein Geld für den Anbau ausgegeben hat.

Wenn wir das Nettoeinkommen auf einen Hektar umrechnen, könnte der Landwirt bis zu 90.000 Rupien erwirtschaften, was ziemlich viel ist. Es ist nicht einfach, mit jeder Art von Landwirtschaft so viel Gewinn zu erzielen.

Es wurde also festgestellt, dass das Einkommen und der Gewinn des Bauern um so höher sind, je größer die Vielfalt ist. Dies steht im Gegensatz zu dem, was die Befürworter der konventionellen Landwirtschaft den Landwirten erzählen, um Monokulturen zu fördern.

Ein weiteres Beispiel ist Yogambar Singh aus Pulinda, ein 65-jähriger Bauer, der seine Geschichte mit großem Nachdruck erzählt: »Ich habe etwa 40 nali Land und lebe ausschließlich von der Landwirtschaft. Ich habe keine andere Einkommensquelle.« Er erzählte, dass er bereits vor 1995 in großem Umfang Chemikalien eingesetzt hat. Nachdem er sich Navdanya angeschlossen hatte, setzte er auf seinem Land keine Chemikalien mehr ein und betreibt seit über zehn Jahren biologischen Landbau. Er fährt fort: »Ich bin Analphabet, aber ich kenne mich mit Landwirtschaft aus. Ich habe einige Jahre lang Chemikalien auf meinen Feldern eingesetzt, was die Bodenfruchtbarkeit sowie die Beschaffenheit und Qualität des Bodens stark beeinträchtigt hat.« In seinem Leben hat er dreimal geheiratet, und er sagt, dass er nur aufgrund des Einkommens aus seinem Betrieb heiraten konnte. Er konnte auch zwei Taxis für seinen Sohn kaufen. Sein jährliches Nettoeinkommen beläuft sich auf mindestens 70.000 Rupien, ohne die Ausgaben, von denen der größte Teil für seine Arbeit, die Gärreste oder den selbst hergestellten Kompost anfällt.

Die vergleichende Analyse seiner beiden Felder, eines bewässerten und eines unbewässerten, war ein wichtiges Beispiel, von dem Yogambar Singh berichtete: dass ein Landwirt mit unbewässerten Feldern genauso viel oder sogar mehr verdienen kann als mit einem bewässerten Feld. Er ist davon überzeugt, dass nur harte Arbeit und biologische Anbaumethoden hohe Erträge bringen können, nicht aber der intensive Einsatz von Agrochemikalien.

| **FELD 1 bewässert** | **FELD 2 unbewässert** |
|---|---|
| Produktionskosten – Rs 1000,00 | Produktionskosten – Rs 600,00 |
| Bruttoeinkommen – Rs 2745,00 | Bruttoeinkommen – Rs 2123,00 |
| Abzüglich Ausgaben – Rs 1000,00 | Abzüglich Ausgaben – Rs 600,00 |
| Nettoeinkommen – Rs 1745,00<br>pro (0,75 Nali)<br>Oder Rs. 69.500.00 pro Ha | Nettoeinkommen – Rs 1523,00<br>(0,5 Nali)<br>Oder Rs. 95.1887,50 pro Ha |

1995 entwickelte Navdanya den Maßstab für Produktivität auf der Grundlage der biologischen Vielfalt anstelle von Erträgen aus chemischen Monokulturen. 200 biodiverse landwirtschaftliche Betriebe wurden in vier Regionen und in vier verschiedenen Agrarökosystemen untersucht – in den Bergökosystemen von Uttarakhand und Sikkim, im Wüstenökosystem von Rajasthan und in den Western Ghats von Kerala.

Um den wirtschaftlichen Gesamterlös der kleinen landwirtschaftlichen Betriebe anhand der Einzelhandelspreise zu schätzen, wurde der Biodiversitäts-Output angelegt. Diese Preise für verschiedene Lebensmittel wurden von Navdanya im Februar 2013 erhoben, um das Einkommen pro Hektar auf biodiversen Betrieben im Vergleich zu chemischen Monokulturbetrieben zu berechnen. Wir nehmen diese Preise als Referenzwerte. Die landwirtschaftliche Produktion in biologischer Vielfalt wurde in Geld umgerechnet, wenn der Landwirt alle seine Produkte verkaufte. Die Ergebnisse lauten wie folgt:

Unter Zugrundelegung der marktüblichen Verkaufspreise ermittelten wir ein Einkommen von 66.197 Rupien pro Acre (etwa 0,4 Hektar) Anbaufläche aus biologischem Anbau im Vergleich zu 33.037 Rupien aus chemieintensiven Monokulturen.

Die Einkommenssteigerung durch biologische Vielfalt beträgt also 66.197 minus 33.037 = 33.160 Rupien pro Acre.

Die Biodiversität sorgte somit für eine Verdoppelung der landwirtschaftlichen Einkommen.

In Indien gibt es 452.202.848 Acres Anbaufläche. Wenn wir das gesamte Land auf biodiversen ökologischen Landbau umstellen, würden die Bauern folgendes zusätzliches Einkommen erzielen: 452.202.848 x 33.160 = 14.995.046.439.680 Rupien das entspricht = 276,2 Milliarden US$ im Jahr, und das sind etwa 15 Prozent des indischen BIP im Jahr 2011–12. Die zusätzlich erzielten Einnahmen könnten einem Sechstel des indischen BIP entsprechen. Dies ist der Weg zur Beseitigung von Armut und Hunger.

## Biologische Vielfalt der Volkswirtschaften und Marktsouveränität der Bauern

Für Navdanya sind Lebensmittel keine Ware, sondern Gemeingut. Ein Bauer ist ein Mitglied einer Lebensmittelgemeinschaft, ebenso wie alle, die mit ihm durch das Essen verbunden sind. Die industrielle Landwirtschaft und die Globalisierung reduzierten Lebensmittel auf eine nährstofflose, giftige Ware und trennten den modernen Verbraucher von den Realitäten des Lebensmittelanbaus. Durch lange Lieferketten und riesige Konzerne, die als Zwischenhändler fungieren, werden die Krisen der Bauern verschärft und ihre Einkommen unter das für das Überleben notwendige Niveau gedrückt.

Navdanya gewann durch biologisch vielfältige Biolebensmittel diese als Nahrung und Erbe zurück.

Navdanya schuf alternative Märkte, die auf der Direktvermarktung von den Erzeugnissen der biologischen Vielfalt beruhen. Dies ist eine Besonderheit der Fair-Trade-Bewegung, denn:

- Sie schafft Märkte durch fairen Handel, um die biologische Vielfalt zu schützen und nicht nur eine Ware zu verkaufen.
- Sie hat lokale, heimische Märkte im Globalen Süden geschaffen.
- Sie verbindet Erzeuger und Verbraucher direkt miteinander.

Die Direktvermarktungs-/Fair-Trade-Initiativen von Navdanya sind eine Alternative zum unfairen Handel, der von der Agrarindustrie betrieben und von der WTO und der Weltbank durchgesetzt wird.

### Von der Monokultur zur Vielfalt

Navdanya, eine Bewegung zur Erhaltung der biologischen Vielfalt, nutzt den fairen Handel, um unterschiedliche Märkte für Vielfalt zu schaffen. Der globale Markt konzentriert sich auf Weizen, Reis, Mais und Soja. Der von GVO dominierte Markt konzentriert sich auf Mais, Soja, Raps und Baumwolle.

Navdanya hat »vergessene Lebensmittel« – Hirse und Pseudogetreide – populär gemacht, die ressourcenschonend sind und einen hohen Nährwert aufweisen. Ihr Bestand bedeutet, dass weniger

Wasser verbraucht und mehr Nährstoffe produziert werden. Indien könnte auf derselben Fläche und mit derselben Menge an Wasser 400-mal mehr Nahrungsmittel produzieren, wenn Hirse wie Ragi (Fingerhirse) und Jhangora (Rinderhirse) Priorität hätten.

Als der Speiseölmarkt auf Soja reduziert wurde und die Landwirte, die Ölsaaten anbauten, ihre Märkte verloren, verteidigte und förderte Navdanya die einheimischen Ölsaaten und deren Kaltpressung in einheimischen Ölmühlen. Neben Sesam, Leinsamen und Niger wurden auch mehr als neun Senfsorten erhalten. Durch den fairen Handel mit Bio-Ölsaaten und kaltgepresstem Speiseöl wurde die biologische Vielfalt erhalten und die Lebensgrundlage der Bauern in Trockengebieten wie Rajasthan sowohl bei der Ölsaatenproduktion als auch bei der Speiseölgewinnung geschützt.

Navdanya trug dazu bei, dass mehr als 3.000 Reissorten erhalten werden konnten, und es wurden fair gehandelte Bio-Märkte für ungeschliffenen braunen Reis, roten Reis, neun Basmati-Sorten und neun aromatische Reissorten geschaffen.

Zu den ungesunden Monokulturen von Coca Cola und Pepsi schuf Navdanya zudem eine Alternative mit seiner einzigartigen Palette von Fruchtsäften – Quitte, Ingwer, Rhododendron, Sanddorn, Malz und Minze.

### Von der Zentralisierung und Konzentration zur Dezentralisierung und Kreislaufwirtschaft

Unfairer Handel führt zu einer Konzentration der Produktion sowohl durch die Konzentration auf einzelne Waren wie in den indischen Agrarexportzonen als auch durch die Förderung der Konzentration von Landbesitz durch die Enteignung von Kleinbauern.

Navdanya baut auf die Stärke der biologischen Vielfalt und der Kleinbauern. Durch die Erhaltung und Förderung der Nutzung der einheimischen biologischen Vielfalt dort, wo die Böden und das landwirtschaftliche Klima am besten dafür geeignet sind, und durch die Umwandlung der biologischen Vielfalt in das wichtigste Kapital der Bauern entwickelt Navdanya ein horizontal organisiertes Netz dezentralisierter, diversifizierter Erzeugergemeinschaften, die gleichzeitig Wasser und biologische Vielfalt erhalten. Navdanya baut auf der gandhianischen Philosophie der sich stetig ausweitenden, sich nie über andere erhebenden Kreise auf. Gandhis wirtschaftliche Vision lässt sich am besten an seiner Wirtschaftsverfassung für Indien ablesen.

»Meiner Meinung nach sollte die wirtschaftliche Verfassung Indiens und der Welt so beschaffen sein, dass niemand unter Mangel an Nahrung und Kleidung leiden muss. Mit anderen Worten, jeder sollte genügend Arbeit haben, um seinen Lebensunterhalt bestreiten zu können. Und dieses Ideal kann nur dann allgemein verwirklicht werden, wenn die Produktionsmittel für die elementaren Lebensbedürfnisse in der Verfügungsgewalt der Volksmassen bleiben. Sie sollten für alle frei verfügbar sein, so wie die Luft und das Wasser Gottes es sind oder sein sollten; sie sollten nicht zu einem Mittel der Ausbeutung anderer gemacht werden. Ihre Monopolisierung durch irgendein Land, eine Nation oder eine Gruppe von Personen wäre ungerecht. Die Vernachlässigung dieses einfachen Prinzips ist die Ursache für das Elend, das wir heute nicht nur in diesem unglücklichen Land, sondern auch in anderen Teilen der Welt erleben.«

**Tabelle 3: Netto-Einkommen von Monokulturen im Vergleich zu ökologischen Alternativen (Biodiversitätsbasierte ökologische Landwirtschaft)**

| ***Monokulturen*** | | ***Ökologische Alternativen*** | |
|---|---|---|---|
| **Nutzpflanze** | **Nettoeinkommen (Rs)/ha** | **Nutzpflanze** | **Nettoeinkommen (Rs)/ha** |
| Hybrid-Reis | 71.862 | Dehraduni Basmati | 113.032 |
| Hybridmais | 30.659 | Fingerhirse | 128.150 |
| Hybridsojabohnen | 2863 | Rajma | 267.399 |
| Grüne Erbsen | 94.715 | Amaranth | 367.000 |
| Bt-Baumwolle | 8.403 | Desi Kappas | 23.737 |
| Durchschnittliches Nettoeinkommen | 41.700 | Durchschnittliches Nettoeinkommen | 179.864 |

**Von der agrarindustriellen zur natur- und menschengesteuerten Produktion und Verteilung**

Biodiversität plus bio plus Marktsouveränität erhöhen das Einkommen der Bauern, weil es die Kosten für Betriebsmittel und die Ausbeutung durch Zwischenhändler und Konzerne auf null reduziert.

Navdanya-Mitglieder verdienen bis zu zehnmal mehr, wenn sie aus der Tretmühle der Chemikalien und Rohstoffe aussteigen, in der sie durch steigende Produktionskosten und sinkende Preise für ihre Produkte gefangen sind.

## Produktivität neu definieren

Die beiden vorherrschenden Narrative der industriellen Landwirtschaft lauten:

- Monokulturen produzieren mehr als Artenvielfalt.
- Kleine landwirtschaftliche Betriebe sind nicht produktiv oder lebensfähig.

Studien und unsere Praxis zeigen, dass beide Narrative von Grund auf falsch sind.

Auf dem Biohof von Navdanya bauen wir jeweils 12, 9, 7 oder 5 Kulturen in Mischkulturen an. Biodiverse Systeme erzeugen mehr Lebensmittel und bringen höhere Einkommen als Monokulturen (siehe 7). Ein Ein-Hektar-Modell auf der Navdanya-Farm zeigt, dass ein Kleinbauer, der biologische Vielfalt anbaut, sowohl Überfluss als auch Wohlstand hervorbringen kann.

Eines der größten Probleme bei der Messung der Produktivität ist, dass die Umweltkosten und -nutzen nicht berücksichtigt werden. Wirtschaftliche Berechnungen der landwirtschaftlichen Produktivität berücksichtigen in der Regel nur den Ertrag einer bestimmten Kultur pro Flächeneinheit.

Die Produktivität betrachtet nur die Erträge und nicht, *wie* diese erzielt werden. Sie spiegelt auch die zusätzlichen finanziellen Kosten nicht vollständig wider, die entstehen, wenn landwirtschaftliche

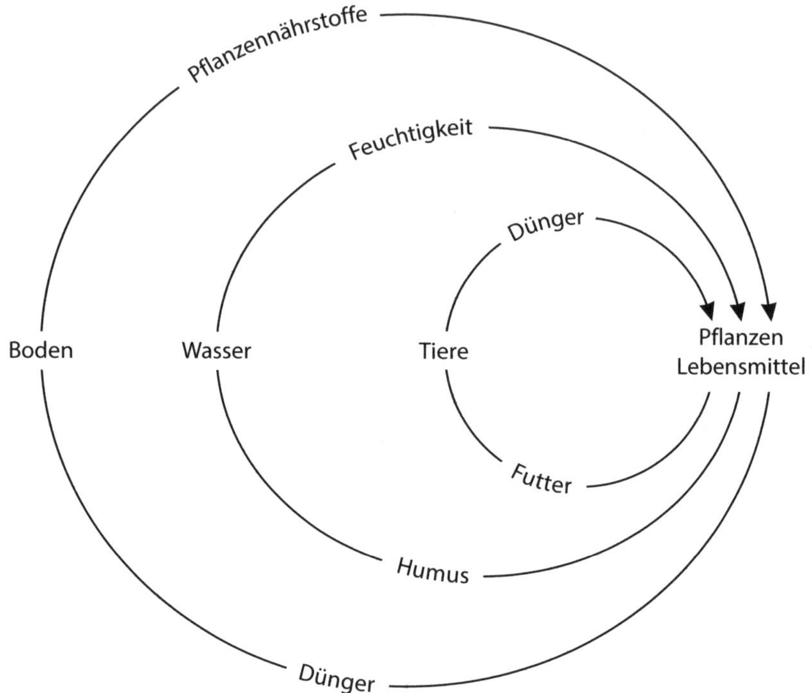


**Abbildung 3: Interne Inputs in der Landwirtschaft**
Quelle: V. Shiva, *Die Gewalt der Grünen Revolution*

Praktiken von auf Vielfalt beruhenden Methoden auf Monokulturen umgestellt werden.

Deutlich wird dies etwa in Polykulturen, in denen neben der primären Nutzpflanze auch Pflanzen für andere Zwecke (Brennstoff oder Futter) angebaut werden.

Nehmen wir zum Beispiel einen Hektar Land, auf dem vier Tonnen Reis und zwei Tonnen Stroh geerntet werden. Wenn sich die Berechnung der Produktivität nur auf den Ertrag des Reises beziehen würde, kann ein Feld mit Polykulturen als weniger produktiv als ein Feld mit Monokulturen angesehen werden.

Nachhaltige Anbausysteme beinhalten eine symbiotische Beziehung zwischen Boden, Wasser, Landwirtschaft, Tieren und Pflanzen.

Der biologische Landbau verbindet sie auf nachhaltige Weise miteinander, wobei jede einzelne Komponente in Abhängigkeit vom Rest agiert und das gesamte System stärkt.

Die Vorstellung, dass wir durch industrielle Züchtung und Gentechnik mehr Nahrungsmittel produzieren können, kann einem Vergleich mit traditionellen Anbaumethoden nicht standhalten, denn sie nimmt keine Rücksicht auf den Lebensunterhalt der Bauern und stärkt nicht die Ernährungssouveränität – und zwar aus folgenden Gründen:

- Sie konzentriert sich auf Teilaspekte einzelner Kulturen und nicht auf die Gesamterträge mehrerer Kulturen in integrierten Systemen.
- Sie berechnet die Menge pro Hektar und nicht den Nährwert pro Hektar.
- Die natürlichen Ressourcen werden intensiv genutzt, aber die Kosten der Umweltauswirkungen werden nicht in den Preis der Lebensmittel einberechnet.

Die Untersuchungen von Navdanya International zu 22 Reisanbaumethoden veranschaulichen, dass indigene Methoden in Bezug auf Erträge, Arbeitseinsatz und Energieverbrauch effizienter sind (Tabelle 4). Diese Auswertung zeigt, dass die Monokultur auf Dauer zu Mangel führt, weil ihr Paradigma die Vielfalt der Anbautechniken und Erträge nicht berücksichtigt.

Die industrielle Züchtung und die landwirtschaftliche Biotechnologie sind ebenfalls für die Verringerung des Nährwerts unserer Lebensmittel verantwortlich. Nährstoffreiche Pflanzen werden durch Hochertragssorten von Pflanzen mit geringerem Nährwert ersetzt. Die geringere Kalorienzufuhr in unserer Nahrung trägt zur weltweiten Ernährungsunsicherheit und zum Hunger von zwei Dritteln der Weltbevölkerung bei.

Verschiedene Vorgehensweisen ermöglichen diese Verdrehung und schaffen eine Illusion von Wachstum. Erstens betrachtet das Monokultur-Paradigma nur ein Element eines Systems und behandelt dessen Zuwachs als Zuwachs im gesamten System. Wenn man sich also

**Tabelle 4: Vergleich der Inputs und Outputs von vorindustriellen, halbindustriellen und vollindustriellen Reisanbaumethoden**
(pro Hektar in einem Jahr)

| Standort | Input fossile Brennstoffe | Arbeit (pro Nutzpflanze) | Arbeit Gesamt | Input Gesamt (GJ) | Output Gesamt (GJ) |
|---|---|---|---|---|---|
| | | *Vorindustriell* | | | |
| a) Dayak, Sarawak (1951) | 2 % | 208 | 44 % | 0,30 | 2,4 |
| b) Dayak, Sarawak (1951) | 2 % | 271 | 51 % | 0,63 | 5,7 |
| c) Kilombero, Tansania (1957) | 2 % | 170 | 39 % | 0,42 | 3,8 |
| d) Kilombero, Tansania (1967) | 3 % | 144 | 35 % | 1,44 | 9,9 |
| e) Iban, Sarawak (1951) | 3 % | 148 | 36 % | 0,27 | 3,1 |
| f ) Lust›un Yunnan (1938) | 3 % | 882 | 70 % | 8,04 | 166,9 |
| g) Yits'un Yunnan (1938) | 2 % | 1293 | 78 % | 10,66 | 163,3 |
| h) Yuts'un Yunnan (1938) | 4 % | 426 | 53 % | 5,12 | 149,3 |
| | | *Halbindustriell* | | | |
| i ) Mandya, Karnataka (1955) | 23 % | 309 | 46 % | 3,33 | 23,8 |
| j ) Mandya, Karnataka (1975) | 74 % | 317 | 16 % | 16,73 | 80,0 |
| k) Philippinen (1972) | 86 % | 102 | 5,3 % | 12,37 | 39,9 |
| l ) Philippinen (1972) | 89 % | 102 | 4,1 % | 16,01 | 51,6 |
| m) Japan (1963) | 90 % | 216 | 5,2 % | 30,04 | 73,7 |
| n) Hongkong (1971) | 83 % | 566 | 12 % | 31,27 | 64,8 |
| o) Philippinen (1965) | 98 % | 72 | 13 % | 3,61 | 25,0 |
| p) Philippinen (1979) | 33 % | 92 | 16 % | 5,48 | 52,9 |
| q) Philippinen (1979) | 80 % | 84 | 11 % | 6,90 | 52,9 |
| | | *Vollindustriell* | | | |
| r) Surinam (1972) | 95 % | 12,6 | 0,2 % | 45,9 | 83,7 |
| s) USA (1974) | 95 % | 3,8 | 0,02 % | 70,2 | 88,2 |
| t ) Sacramento Calif (1977) | 95 % | 3,0 | 0,04 % | 45,9 | 80,5 |
| u) Grand Prairie Ark. (1977) | 95 % | 3,7 | 0,04 % | 52,5 | 58,6 |
| v) Südwest-Louisiana (1977) | 95 % | 3,1 | 0,04 % | 48,0 | 50,8 |
| w) Mississippi (Delta 1977) | 95 % | 3,9 | 0,05 % | 53,8 | 55,4 |
| x) Golfküste von Texas (1977) | 95 % | 3,1 | 0,04 % | 55,1 | 74,7 |

nur auf den Ertrag konzentriert, gibt es mehr Körner bei den einzelnen Getreidesorten wie Reis oder Weizen, während es weniger Stroh für Futterzwecke gibt. Außerdem nehmen der Nährstoffgehalt und die Qualität von Hülsenfrüchten, Ölsaaten und Grünfutter ab.

Eine zweite Vorgehensweise besteht darin, die höheren Inputs aus allgemein zugänglichen Ressourcen auszuklammern und sich nur auf den Output des einzelnen Produktes zu konzentrieren. Auf diese Weise wird die Ressourcenverschwendung nicht berücksichtigt, und eine niedrige Ressourcenproduktivität wird in eine hohe Rohstoffproduktivität verwandelt.

Um die tatsächliche Produktivität eines landwirtschaftlichen Systems aus der Sicht des Bauern und des Bodens zu bewerten, müssen wir die auf der biologischen Vielfalt beruhende Produktivität messen und nicht nur den Preis oder den Ertrag einer einzelnen Ware oder eines einzelnen Produkts. Und wir müssen einrechnen:

- den Wert der verschiedenen Ergebnisse der verschiedenen Arten und ihrer verschiedenen Funktionen;
- den Wert interner Inputs, die durch verschiedene landwirtschaftliche Erzeugnisse bereitgestellt werden (etwa Stroh für organischen Dünger);
- die Kosten für gekaufte Betriebsmittel wie Düngemittel, Pestizide, Herbizide;
- die ökologischen Kosten des externen Chemikalieneinsatzes.

Diversität bringt mehr als Monokulturen. Aber Monokulturen sind für die Industrie und sowohl für die Märkte als auch für die politische Kontrolle von Vorteil. Der Wechsel von ertragreicher Vielfalt zu ertragsarmen Monokulturen ist möglich, weil die vernichteten Ressourcen den Armen weggenommen werden.

Die höhere Warenproduktion bringt jenen mit wirtschaftlicher Macht Vorteile. Der Verursacher zahlt in der industriellen Landwirtschaft nicht für die Schäden – weder in der chemischen noch in der biotechnologischen Ära. Ironischerweise wird, während die Armen hungern, der Hunger der Armen benutzt, um die landwirtschaftlichen Strategien zu rechtfertigen, die den Hunger der Armen noch vergrößern.

## Kleine Bauernhöfe sind produktiver

Die Universität Essex im Vereinigten Königreich führte eine Prüfung der Fortschritte auf dem Weg zur landwirtschaftlichen Nachhaltigkeit in 208 Projekten in 52 Entwicklungsländern durch (Pretty et al., 2002). Diese Projekte bezogen sowohl integrierte, nahezu biologische Betriebe (179 Fälle) als auch zertifizierte und nicht zertifizierte biologische Betriebe (29 Fälle) mit ein. Diese Bioprojekte umfassten eine Mischung aus Lebensmittel-, Faser- und Getränkelandwirtschaft mit 154-742 Haushalten, die 106.197 Hektar bewirtschafteten. Die durchschnittliche Anbaufläche pro Haushalt ist klein (0,7 ha), da viele Projekte den ökologischen Gemüseanbau in kleinem Maßstab betreffen. Die Prüfung ergab, dass vielversprechende Verbesserungen in der Lebensmittelproduktion durch einen oder mehrere Mechanismen erzielt werden:

- Intensivierung einer einzelnen Komponente des landwirtschaftlichen Systems, etwa Intensivierung des Hausgartens mit Gemüse und Bäumen;
- Hinzufügung eines neuen produktiven Elements zu einem landwirtschaftlichen System (etwa Fisch zu Reis) steigert die gesamte Nahrungsmittelproduktion des Betriebs, das Einkommen oder beides, wirkt sich aber nicht unbedingt auf die Produktivität des Getreides aus;
- bessere Nutzung des natürlichen Kapitals zur Steigerung der gesamten landwirtschaftlichen Produktion, insbesondere des Wassers.

Die Vielfalt der Kulturen auf Biobetrieben kann weitere wirtschaftliche Vorteile haben. Die Vielfalt bietet einen gewissen Schutz vor fallenden Preisen bei einer einzigen Ware. Eine diversifizierte Landwirtschaft ermöglicht auch eine bessere saisonale Verteilung der Betriebsmittel.

Biobauern müssen sich aus zwei Gründen weniger Geld leihen als konventionelle Landwirte. Erstens kaufen Biobauern weniger Betriebsmittel wie Dünger und Pestizide. Zweitens sind die Kosten und das Einkommen in diversifizierten Biobetrieben gleichmäßiger über das Jahr verteilt. Eine biodiverse ökologische Landwirtschaft, die auf agrarökologischen Grundsätzen beruht, geht die oben genannten Probleme an:

- Sie führt zu einer Steigerung der Gesamtproduktivität der Landwirtschaft und erhöht das Nettoeinkommen der Bauern, indem sie die Kosten für externe Inputs wie Saatgut und Chemikalien auf null reduziert.
- Sie schafft eine Vielfalt von Lebensmitteldistributionssystemen, vom Ab-Hof-Verkauf gesunder Lebensmittel bis hin zur Schaffung lokaler, regionaler und nationaler Märkte für echte Lebensmittel von echten Bauern, die nur mit hochwertigen, einzigartigen Produkten handeln, die in anderen Regionen nicht angebaut werden können. Die Vielfalt der Kulturen auf unseren Feldern und der Lebensmittel auf unseren Tellern geht Hand in Hand mit globalen Märkten.
- Die pestizid- und chemiefreie Erzeugung und Verarbeitung stellt den Verbrauchern durch fairen Handel sichere und gesunde Lebensmittel zu fairen Preisen zur Verfügung.

Angesichts der raschen Veränderungen in der Landwirtschaft infolge der Liberalisierung ist es dringend erforderlich, die ökologischen Kosten der Globalisierung der Landwirtschaft anhand eines auf der biologischen Vielfalt basierenden Produktivitätsrahmens zu überwachen, der die Gesundheit der Wirtschaft der Natur ebenso widerspiegelt wie die der Wirtschaft der Menschen. Wir haben in den letzten zwei Jahrzehnten den folgenden Rahmen entwickelt:

- Dokumentation des Zustands der biologischen Vielfalt in einem Betrieb
- Aufzeigen des Beitrags der biologischen Vielfalt zur Bereitstellung interner Inputs und zum Aufbau und Erhalt der Naturwirtschaft durch die Erhaltung von Boden, Wasser und biologischer Vielfalt
- Aufzeigen des Beitrags der biologischen Vielfalt zur Selbstversorgung mit Nahrungsmitteln durch bäuerliche Familien und Gemeinschaften und zum Aufbau und Erhalt der Volkswirtschaft
- die Marktwirtschaft des Betriebs in Form von Einkommen aus dem Verkauf landwirtschaftlicher Erzeugnisse und von zusätzlichen Kosten für den Kauf externer Betriebsmittel und Lebensmittel abbilden, wenn auf die Vorteile der biologischen Vielfalt verzichtet wird.

## Steigende Produktionskosten

Ein Hauptgrund für die Agrarkrise sind die steigenden Produktionskosten und die Abhängigkeit vom Kauf externer Betriebsmittel, einschließlich fossiler Brennstoffe, Chemikalien und Saatgut. Das Saatgutmonopol wurde ausgeweitet und damit auch der Preis für Saatgut. Die Konzerne fördern die Umstellung von frei bestäubtem Saatgut, das die Landwirte selbst vermehren können, auf Hybride, einschließlich GVO-Hybride wie Bt-Baumwolle, so dass die Landwirte gezwungen sind, jedes Jahr erneut Saatgut zu hohen Preisen zu kaufen.

Chemische Düngemittel und Pestizide bringen die Landwirte in einen chemischen Teufelskreis. Je mehr die Landwirte auf Chemikalien angewiesen sind, desto mehr müssen sie kaufen, weil die Wirkung nachlässt.

Seit dem Beginn der Grünen Revolution in den 1960er-Jahren haben die Regierungen eine Politik zur Förderung von chemischen Düngemitteln durch ein Subventionssystem verfolgt. Diese chemischen Düngemittel führen zu einem Rückgang der Produktivität, weil sie die Gesundheit des Bodens zerstören.

So wie chemische Düngemittel die Bodenökologie zerstören, zerstören Pestizide und GVO-Pflanzen die Insektenökologie und schaffen somit mehr Schädlinge.

Die gentechnische Veränderung von Bt-Pflanzen wird in erster Linie damit begründet, dass dadurch der Einsatz von Insektiziden verringert werden kann. Das Einschleusen der Gene für das Bt-Toxin bedeutet, dass eine hohe Dosis dieses Toxins in jeder Zelle jeder Pflanze ständig vorhanden ist. Die langfristige Exposition gegenüber Bt-Toxinen fördert die Entwicklung von Resistenzen in Insektenpopulationen.

In der Ära der Antibiotika entwickeln wir in ähnlicher Weise Resistenzen gegen sie. Das Problem sowohl bei Bt- als auch bei herbizidtoleranten Pflanzen ist, dass sie einen starken Selektionsdruck auf Schädlingspopulationen ausüben, damit diese Resistenzen entwickeln, die viel schneller auftreten, als es sonst der Fall wäre. Sowohl Bt- als auch herbizidtolerante Pflanzen sind keine nachhaltigen Technologien in der Landwirtschaft.

So hat Bt-Baumwolle zum Beispiel zum Auftreten von Nichtzielschädlingen wie Blattläusen, Zwergzikaden, Wollläusen und der Weißen Fliege beigetragen. Dies hat zur Folge, dass die Bauern mehr Pestizide einsetzen, höhere Kosten haben und häufiger mit Ernteausfällen konfrontiert sind. Die hohen Kosten und Risiken führen zu einer zunehmenden Verschuldung.

## Missverständnisse über die wahren Kosten

Die Globalisierung der Landwirtschaft bringt die Kontrolle der Landwirtschaft durch die Konzerne mit sich. Die Strukturanpassungspolitik der Weltbank erzwang den Einstieg globaler Saatgut- und Getreidekonzerne in Indien. Das WTO-Agrarabkommen zwingt die Länder zur Liberalisierung von Exporten und Importen und erlaubt es globalen Konzernen, die heimische Produktion, die heimischen Märkte und den globalen Handel zu kontrollieren.

Es gibt zwei große Irrtümer, auf denen die Erzählung von sinkenden Preisen aufgrund von Produktivität und Wettbewerb beruht.

Der erste ist die falsche Definition von »Produktivität« in der industriellen Landwirtschaft, die auf Monokulturen und höherer Ausbeutung von Natur und Mensch beruht. Die Strategie ist, unsere Kleinbauern und Kleinbetriebe als »Hindernis« zu sehen und uns glauben zu lassen, dass die Übernahme unserer Landwirtschaft durch Konzerne und die Vergrößerung der Betriebe uns schützen wird. In Wirklichkeit wird die Übernahme durch transnationale Konzerne unsere Bauernhöfe und Bauern zugrunde richten, indem sie unsere lebenswichtigen Ressourcen an Konzerne ausliefert, unsere biologische Vielfalt zerstört, die das eigentliche Kapital der Naturwirtschaft ist, und unsere Kleinbauern vernichtet, die die Grundlage der Lebensmittelwirtschaft bilden. Importe bedrohen unser Überleben von außen, Konzerne laden den Eindringling ein, unsere Vermögenswerte von innen zu übernehmen.

Der zweite Irrtum ist die falsche Vorstellung von Wettbewerb, die auf der Förderung der Kontrolle der Landwirtschaft durch Konzerne und auf unnötigen Exporten und Importen im Rahmen der Handelsliberalisierung beruht, wobei die wahren Kosten durch Subventionen und Externalisierung verschleiert und Unternehmensgewinne über das Leben der Bauern und die Nachhaltigkeit der Natur gestellt werden.

Die industrielle Landwirtschaft wird allein durch Subventionen für die Agrarchemie und die Agrarindustrie sowie durch die Externalisierung der Kosten für die Umwelt und die öffentliche Gesundheit aufrechterhalten.

Die Patentklauseln für Saatgut im Übereinkommen über handelsbezogene Rechte an geistigem Eigentum (TRIPS) wurden von Monsanto ausgearbeitet. Dennoch ist es uns gelungen, Saatgut, Pflanzen und Tiere durch Artikel 3j im indischen Patentgesetz von den WTO-Regeln auszunehmen. Ich war Mitglied der Sachverständigengruppe für die Ausarbeitung des Gesetzes zum Schutz von Pflanzensorten und Bauern.

Darüber hinaus erzwingt das Abkommen über gesundheitspolizeiliche und pflanzenschutzrechtliche Maßnahmen, das von der Junk-Food-Industrie und der industriellen Lebensmittelverarbeitung – darunter Nestlé, Pepsi und Coca-Cola – ausgearbeitet wurde, Änderungen der nationalen Gesetze zur Lebensmittelsicherheit, die Schließung des handwerklichen Sektors und die Deregulierung des industriellen Verarbeitungssektors, der auf chemischen und synthetischen Inhaltsstoffen beruht, die zum Schutz der Gesundheit der Menschen eigentlich reguliert werden müssten.

Die WTO hat durch das TRIPS-Abkommen Saatgutmonopole und durch das Übereinkommen über die Landwirtschaft subventionierte Lebensmittel zu Dumpingpreisen gefördert. Diese Abkommen haben Lebensmittel auf »Rohmaterial« für die industrielle Verarbeitung reduziert, was durch Pseudo-Sicherheitsgesetze ermöglicht wird, die lokale Lebensmittel verbieten, während industriell verarbeitete Lebensmittel kontinuierlich dereguliert werden.

Interne Liberalisierung bedeutet, die Landwirtschaft zu befreien, um sich selbst erneuernde ökologische Prozesse zu fördern und die ökologische Sicherheit und die Sicherheit des Lebensunterhalts zu verbessern. Dies beinhaltet insbesondere:

- Befreiung der Landwirtschaft von hohen externen Inputs wie chemischen Düngemitteln und Pestiziden und den Übergang zu einer nachhaltigen Landwirtschaft, die auf internen Inputs für ökologische Nachhaltigkeit beruht
- Befreiung der Bauern von kapitalintensiver Landwirtschaft und Verschuldung
- Befreiung der Bauern von der Landlosigkeit
- Befreiung der Bauern von der Angst vor Enteignung durch Monopole für Land, Wasser und biologische Vielfalt
- Die Befreiung der Menschen von ungerechten, mit Zwang durchgesetzten Gesetzen, die die lokale Produktion, den Vertrieb und die Verarbeitung kriminalisieren, geht Hand in Hand mit der Deregulierung der Konzerne

- Befreiung der Armen vom Hungertod durch Gewährleistung des Menschenrechts auf Nahrung
- Befreiung der Menschen von ungesunden, giftigen Lebensmitteln, die weltweit chronische Krankheiten verursachen
- Befreiung der Landbevölkerung vom Wassermangel durch Gewährleistung unveräußerlicher und gerechter Trinkwasserrechte
- Befreiung von Wissen und biologischer Vielfalt von Schutzrechtsmonopolen
- Wiederherstellung der lokalen Ernährungssicherheit bei gleichzeitiger Wiederbelebung der ländlichen Wirtschaft.

## Die wirtschaftlichen Kosten für Bauern, die Umwelt und die öffentliche Gesundheit

Viele Menschen tragen sowohl hohe Kosten für die Umwelt als auch für die öffentliche Gesundheit. Aufgrund der Chemikalien in unseren Lebensmitteln, der industriellen Verarbeitung unserer Lebensmittel und der nährstoffarmen Waren leiden viele Menschen an einem Mangel an Spurenelementen und Mikronährstoffen, was zu chronischen Krankheiten wie Diabetes und Fettleibigkeit führt.

Die Lebensmittel, die wir essen, beeinflussen unsere Gesundheit. Studien zeigen, dass 51 Prozent aller Lebensmittel mit Pestiziden, einschließlich DDT, kontaminiert sind. Pestizide imitieren Östrogen und wirken den männlichen Hormonen entgegen, was zu Unfruchtbarkeit führen kann.

Die Krebsepidemie verschärft sich. Chemikalien in der Landwirtschaft und in der Industrie sind die Ursache dafür. Unsere gemeinnützige Organisation Navdanya führte eine Untersuchung im Dorf Gangnauli im Bezirk Baghpat durch, die ergab, dass allein in diesem Dorf 100 Patienten an Krebs erkrankt sind.

Die Unterernährung in Indien ist eine Krise. Eines der häufigsten Probleme, die nahrungsbedingten Krankheitsepidemien, betrifft fast 39 Prozent der indischen Kinder. Der Mangel an nährstoffreichen Lebensmitteln ist sowohl für die Armen als auch für die Wohlhabenden ein Problem. Selbst unter Indern, denen es besser geht, ist Mangelernährung weit verbreitet.

Die Grüne Revolution, die Indien von den USA aufgezwungen wurde, ließ jegliche Rücksichtnahme auf Gesundheit und Ernährung außer acht und konzentrierte sich nur auf den verstärkten Einsatz von Agrarchemikalien und die Produktion von Rohstoffen. Dies führte zu

**Tabelle 5: Gesamtkosten für alle negativen externen Effekte (Externalitäten) der industriellen Landwirtschaft**

| Nr. | Negative Externalität | Jährliche Kosten in US-Dollar | Prozent aller negativen Effekte |
|---|---|---|---|
| 1. | Selbstmord von Landwirten | 98,0 Milliarden | 7,8 |
| 2. | tödliche Vergiftungen | 274,1 Milliarden | 21,7 |
| 3. | unspezifische langfristige Krankheiten | 32,9 Milliarden | 2,6 |
| 4. | spezifische langfristige Krankheiten | 130,8 Milliarden | 10,4 |
| 5. | die Vergiftung von Nutztieren | 261,1 Millionen | |
| 6. | die Vergiftung von Haustieren | 6,0 Millionen | |
| 7. | die Vergiftung von Wildtieren | 2,7 Millionen | |
| 8. | die Vogelvergiftung | 2,4 Milliarden | 3,3 |
| 9. | getötete Fische | 36,4 Millionen | |
| 10. | Vergiftung von Honigbienen | 349,7 Millionen | |
| 11. | Resistenz gegen Pestizide und die Eliminierung der natürlichen Feinde | 38,9 Milliarden | |
| 12. | Verlust von Ernten durch die industrielle Landwirtschaft | 69,7 Milliarden | 5,5 |
| 13. | Verschmutzung von Oberflächen- und Grundwasser | 45,0 Milliarden | 3,6 |
| 14. | Luftverschmutzung | 68,9 Milliarden | 5,5 |
| 15. | Verlust von organischer Substanz aus dem Boden | 7,1 Milliarden | 0,6 |
| 16. | Verlust der biologischen Vielfalt in Agrarökosystemen | 467,5 Milliarden | 37,0 |
| 17. | Agrarsubventionen | 27,4 Milliarden | 2,2 |
| | **Insgesamt** | **1,26 Billionen** | **100** |

einer vermehrten Produktion von nährstoffarmen Waren, die voller Pestizide und Toxine sind, und reduzierte die Verfügbarkeit von nährstoffreichen Lebensmitteln.

Ungesunde, nicht nachhaltig produzierte Lebensmittel verursachen hohe finanzielle Kosten sowohl für die Wirtschaft der Natur als auch für die der Menschen. Durch diese Verzerrung durch die Externalisierung der Kosten für die von den Bauern verkauften Lebensmittel erscheinen die tatsächlichen Kosten künstlich teurer und weniger tragfähig, als es tatsächlich der Fall ist.

Erst der reale Preis von Lebensmitteln führt zu einer wahren Kostenrechnung, die die externen Effekte einbezieht und die hohen Subventionen für die Landwirtschaft und die verarbeitende Industrie berücksichtigt.

In der Navdanya-Studie *Wealth Per Acre* (Wohlstand per Acre) werden die gesellschaftlichen und ökologischen Externalitäten der chemischen Landwirtschaft in Indien auf jährlich 1,3 Billionen Dollar geschätzt (die Düngemittelsubventionen in Indien belaufen sich auf 12,43 Milliarden Dollar).

Wie wir in diesem Buch gezeigt haben, verursacht die industrielle Landwirtschaft hohe ökologische Kosten, die die Lebensgrundlagen zerstören. Die hohen Kosten haben die Bauern in den Selbstmord getrieben. Die hohen Kosten für Chemie- und Junkfood summieren sich und machen industrielle Lebensmittel eigentlich unerschwinglich.

Lebensmittel, die über weite Strecken transportiert werden, müssen verarbeitet, chemisch behandelt, gekühlt und verpackt werden, was direkt zu Umweltverschmutzung, Krankheiten und Klimawandel beiträgt. All diese Verpackungen landen als Müllberge in der Nähe unserer Städte. Treibhausgase, wie Kohlendioxid aus den »Food Miles« und Methan aus den Mülldeponien, tragen zu den Klimaveränderungen bei und destabilisieren den Planeten.

Lokal zu essen und eine nachhaltige und gesunde Lebensmittelkette für jede Stadt zu schaffen, bedeutet, dass weniger Lebensmittelkilometer zurückgelegt werden und weniger Giftstoffe in die Nahrungskette gelangen. Lokal zu essen bedeutet, dass wir direkt mit unseren Landwirten in Kontakt treten und sie bei der Umstellung auf eine Landwirtschaft unterstützen, die es ihnen ermöglicht, biodiverse, sichere und gesunde Lebensmittel anzubauen, zu denen wir unmittelbar Zugang haben.

Um das kaputte Lebensmittelsystem, seine ökologischen Kreisläufe und die unterbrochenen Verbindungen zwischen Stadt und Land wiederherzustellen, müssen Bürgerinnen und Bürger lebensmittelkompetent werden und wissen, was sie essen und woher ihre Lebensmittel stammen.

Indem wir dafür sorgen, dass ein fairer Anteil der Verbraucherpreise bei unseren Lebensmittelerzeugern ankommt, können wir dazu beitragen, dass nicht immer mehr Bauern in den Ruin getrieben werden. Wir können unsere Gesundheit verbessern und gleichzeitig die Agrarwirtschaft und die Erde regenerieren.

## Biologischer Landbau sorgt weltweit für höhere Nettoeinkommen

Der Absatz von Bioprodukten, die Zahl der ökologisch bewirtschafteten Hektar und die Zahl der Bioproduzenten nimmt trotz der derzeit schwierigen globalen Wirtschaftslage weiter zu. Informationen aus den meisten Ländern der Welt zeigen einen beständigen Trend einer dynamischen und wachsenden Wirtschaft. Wie bei allen Trends gibt es Beispiele für Schwankungen in der Wachstumsrate und sogar begrenzte Zeiträume in einigen Ländern, in denen es zu kleinen Rückgängen kommt; die Metadaten zeigen jedoch einen starken positiven Trend. Trotz der Gemengelage aus wirtschaftlichem Abschwung, schleppendem Wachstum und anderen Marktunsicherheiten in Ländern auf der ganzen Welt wächst der Biosektor weiter und übertrifft die meisten anderen Agrar- und Lebensmittelsektoren.

Die Triebkräfte für das weltweite Wachstum des biologischen Landbaus lassen sich in der Hauptsache auf zwei Faktoren zurückführen: die Nachfrage von Verbrauchern und Märkten und der Schub durch widerstandsfähige Produktionssysteme. Ursprünglich wurde das Wachstum der Bio-Bewegung von Bauern in den 1920er bis 1980er-Jahren angetrieben, die über den Verlust der Qualität ihrer Ernten und der wirtschaftlichen Rentabilität aufgrund des Einsatzes von chemisch-synthetischen Düngemitteln und Pestiziden besorgt waren. Die Widerstandsfähigkeit und Angepasstheit ökologischer Systeme, insbesondere in Hinblick auf die Anpassung an Klimaextreme und die Gewährleistung der Ernährungssicherheit, ist nach wie vor ein entscheidender Trend für das nachhaltige Wachstum des biologischen Sektors.

Die Nachfrage auf Seiten der Verbraucher ist eine wichtige Triebkraft für das Wachstum des Bio-Sektors, insbesondere seit der Verifizierung durch Dritte in den 1980er-Jahren. Bio-Garantiesysteme, wie das Zertifizierungssystem des USDA National Organic Program, sollen sicherstellen, dass die Verbraucher der Integrität von Bio-Produkten vertrauen können, und spielen daher eine wichtige Rolle bei der Steigerung der Nachfrage.

Zwei weitere globale Trends üben einen wichtigen Einfluss auf das Wachstum des Sektors aus. Trotz des weltweiten stetigen Rückgangs der Zahl von Bauern, steigt die Zahl biologischer Erzeuger aufgrund ihrer wirtschaftlichen Rentabilität stetig an. Ein weiterer wichtiger Trend ist der Beginn eines wissenschafts- und forschungsbasierten Ansatzes, nachdem dieser fast ein Jahrhundert lang weitgehend ignoriert worden war.

Die Veröffentlichung von *Der stumme Frühling* im Jahr 1962 warf die Frage nach giftigen Chemikalien in Lebensmitteln und in der Umwelt auf. Dies war der Beginn der Bio-Verbraucherbewegung aufgrund ihrer Sorgen hinsichtlich giftiger Chemikalien in Lebensmitteln. Die Besorgnis über Pestizide ist nach wie vor der Hauptantrieb der Verbraucher. Erhebungen von Newspoll (OFA 2008), Nielsen, Organic Trade Association und anderen glaubwürdigen Organisationen zeigen, dass mehr als 60 Prozent der Käufer von Lebensmitteln in Australien und Kanada, 78 Prozent in den USA und ein beträchtlicher Prozentsatz in den EU-Ländern Bio-Produkte kaufen, was zeigt, dass Bio-Produkte weltweit ein hohes Maß an Anerkennung und Akzeptanz genießen.

Diese Untersuchung zeigt, dass die weltweit steigende Nachfrage nach Bio-Lebensmitteln von Verbrauchern angetrieben wird, die sich Sorgen um die Gesundheit, die Umwelt und die Lebensmittelqualität machen. Der Hauptgrund für die Wahl von Bio-Lebensmitteln ist die Sorge um die Gesundheit im Zusammenhang mit giftigen Chemikalien, gefolgt von der Überzeugung, dass Bio-Lebensmittel nahrhafter sind.

Dies ist Teil des weltweit wachsenden Trends zu gesünderen und sichereren Lebensmitteln. Dieses schnell wachsende Marktsegment wird als LOHAS (Lifestyles of Health and Sustainability) bezeichnet. Der Bio-Sektor hat daran den größten Marktanteil.

Ein tragfähiges Einkommen ist ein wesentlicher Bestandteil der Nachhaltigkeit landwirtschaftlicher Betriebe. Die jüngste Studie von Noémi Nemes von der Ernährungs- und Landwirtschaftsorganisation der Vereinten Nationen (FAO) analysierte über 50 Wirtschaftsstudien. Sie stellte fest, dass die Datenlage

> belegt, dass biologische Betriebe in der Mehrzahl der Fälle profitabler sind als nicht-biologische Betriebe. Höhere Marktpreise und Prämien oder niedrigere Produktionskosten oder eine Kombination aus beidem führen in den Industrieländern meist zu höheren relativen Gewinnen aus der biologischen Landwirtschaft. Die gleiche Schlussfolgerung kann aus Studien in Entwicklungsländern gezogen werden, aber dort sind höhere Erträge in Kombination mit hohen Prämien die Ursache für die relativ höhere Rentabilität.

Ein Bericht des Umweltprogramms der Vereinten Nationen und der Konferenz der Vereinten Nationen für Handel und Entwicklung besagt, dass der ökologische Landbau nicht nur die Menge der erzeugten Lebensmittel erhöht, sondern den Landwirten auch Zugang zu hochwertigen Märkten verschafft.

Eine Studie der Iowa State University in den USA ergab, dass die Erträge aus biologischem Anbau aufgrund der Einsparungen durch den Verzicht auf chemische Düngemittel und Pestizide im Durchschnitt doppelt so hoch sind wie die Erträge aus konventionellem Anbau.

Eine Studie von Dr. Rick Welsh vom Wallace Institute in den USA zeigte, dass ökologische Betriebe rentabler sein können. Der höhere Preis, der für biologische Produkte gezahlt wird, ist nicht immer ein Faktor für diese zusätzliche Rentabilität. Dr. Welsh analysierte eine Reihe von akademischen Studien, in denen biologische und konventionelle Anbausysteme verglichen wurden. Zu den untersuchten Daten gehörten sechs Universitätsstudien, die biologische und konventionelle Systeme verglichen (Welsh 1999).

Die chemische Landwirtschaft treibt die Bauern in die Schuldenfalle und beschert den Konzernen zusätzliche Gewinne, indem sie den Lebensmitteln durch industrielle Verarbeitung Nährstoffe entziehen. Sowohl die Erzeuger als auch die Verbraucher verlieren, während die Konzerne mit beidem Profite erzielen.

Das Wirtschaftsparadigma, das auf einer linearen, einseitigen Entnahme von Ressourcen und Reichtum aus der Natur und Gesellschaft beruht, hat jedoch Produktions- und Verbrauchssysteme gefördert, die ökologische Kreisläufe unterbrochen und zerrissen haben und die Stabilität der natürlichen Welt und den gesellschaftlichen Zusammenhalt bedrohen. Das extraktive Modell in der Landwirtschaft ist die Hauptursache für die ökologische Krise, die Agrarkrise und die Krankheitsepidemie.

Die Daten zeigen, dass die biologische Landwirtschaft die Zukunft der Landwirtschaft ist, da sie schnell wachsende, hochwertige Märkte, eine starke Verbrauchernachfrage und ertragreiche, widerstandsfähige Produktionssysteme aufweist. Der Biosektor deckt die gesamte Wertschöpfungskette vom Saatgut bis zum Tisch und vom Feld bis zum Teller ab und bietet daher zahlreiche Möglichkeiten für alle Arten von Investoren, von den kleinsten Familienbetrieben und

Einzelhändlern bis hin zu den größten Unternehmen. Solange es gute Managementpraktiken gibt, werden alle davon profitieren.

Die industrielle Landwirtschaft beruht auf ökologischer und sozialer Nicht-Nachhaltigkeit. Der Übergang zu einer ökologischen Landwirtschaft und gerechten Lebensmittelsystemen ist ein Gebot der Stunde, um die Wirtschaft der Natur und der Menschen zu regenerieren.

Biodiversitätsbasierte ökologische Landwirtschaft und Biodiversität von Märkten und Wirtschaft ist der Ansatz von Navdanya, um Boden, Wasser und Artenvielfalt, die ländliche Wirtschaft und die Gesundheit aller Menschen wieder herzustellen: durch Zusammenarbeit, Kreislaufwirtschaft und lokale Lebensmittelsysteme.

# Quellenverzeichnis und empfohlene Literatur

**Einführung**

A Viable Food Future, Part I, (2010), The Development Fund/Utviklingsfondet, Norway.

Aldridge, J., Seidler, F., Meyer, A., Thillai, I., and Slotkin, T. (2003), Serotonergic Systems Targeted by Developmental Exposure to Chlorpyrifos: Effects during Different Critical Periods, Environmental Health Perspectives Vol. 111, Number 14, November 2003.

Agriculture and Food Policy Reference Group (2006), Creating Our Future: Agriculture and Food Policy for the Next Generation, Report to the Minister for Agriculture, Fisheries and Forestry, Canberra, February, ISBN 1 920925 49 X Published by ABARE, GPO Box 1563 Canberra ACT 2601.

Anderson, I., (2010), Agricultural Development, Food Security and Climate Change: Intersecting at a global Crossroads, http://web.worldbank.org/Wbsite/External/Topics/Extsdnet/0,,content MDK:22782615~pagePK:64885161~piP-K:64884432~theSitePK:5929282,00.html

Avery, D. (2000), Saving the Planet with Pesticides and Plastic: The Environmental Triumph of High-Yield Farming, Hudson Institute, USA.

Azeez, G. (2009), Soil Carbon and Organic Farming, Soil Association, Bristol, UK, November (2009), http://www.soilassociation.org/Whyorganic/Climate friendlyfoodandfarming/Soilcarbon/tabid/574/Default.aspx 2010, ISBN 978-82-91923-19-2 (Printed edition), ISBN 978-82-91923-20-8 (Digital edition).

Badgley et al., (2007), Organic agriculture and the global food supply, Renewable Agriculture and Food Systems (2007), 22: 86–108, Cambridge University Press, doi:10.1017/S1742170507001640.

Bardgett, R. D. (2005), The biology of soil: a community and ecosystem approach, Oxford University Press Inc, New York.

Barrett, C. et al., (2004), Better technology, better plots, or better farmers? Identifying changes in productivity and risk among Malagasy rice farmers, Am. J. Agric. Econ., 2004, 86, 4, 869-888.

Bell, P. (1992), Eutrophication and coral reefs: some examples in the Great Barrier Reef lagoon, Water Research, 26: 553–568.

Bell, P., Elmetri, I., (1995), Ecological Indicators of Large-scale Eutrophication in the Great Barrier Reef Lagoon, Ambio (1995) Vol. 24, Issue: 4, pp. 208–215.

Bemani, J. M. et al., (2005), Agricultural run-off fuels large phytoplankton blooms in vulnerable areas of the ocean, Nature 434, 211–214 (10 March 2005); doi:10.1038/nature03370.

Benbrook, C. M. (2005), Second State of Science Review (SSR), Organic Centre, USA, www.organic-center.org/stateofscience.htm

Buznikov, G. A., et al., (2001), An Invertebrate Model of the Developmental Neurotoxicity of Insecticides: Effects of Chlorpyrifos and Dieldrin in Sea Urchin Embryos and Larvae, Environmental Health Perspectives Vol. 109, Number 7, July 2001. Cabello, G., et al., (2001), A Rat Mammary Tumor Model Induced by the Organo-phosphorous Pesticides Parathion and Malathion, Possibly through Acetylcholinesterase Inhibition, Environmental Health Perspectives Vol. 109, Number 5, May 2001.

Cacek, T. and Langner L. L. (1986), The economic implications of organic farming, 1986, American Journal of Alternative Agriculture, Vol. 1, No. 1, pp. 25–29.

Cadbury, D. (1997), The Feminization of Nature, Penguin Books, Middlesex England, 1998.

Carson, R. (1962), Silent Spring, Penguin Books, New York, USA 1962.

Cavieres, M., Jaeger, J. and Porter, W. (2002), Developmental Toxicity of a Commercial Herbicide Mixture in Mice: I. Effects on Embryo Implantation and Litter Size, Environmental Health Perspectives Vol. 110, Number 11, November 2002. Charizopoulos, E. and Papadopoulou-Mourkidou, E. (1999) »Occurrence of Pesticides in Rain of the Axios River Basin, Greece,« Environmental Science & Technology [ES&T] Vol. 33, No. 14 (July 15, 1999), pp. 2363–2368.

Clements, C., Ralph S. and Petras M. (1997). Genotoxicity of select herbicides in Ranacatesbeiana tadpoles using the alkaline single cell gel DNA electrophoresis (comet) assay. Environ. Mole. Mutagen. 29:277–288.45.

Colborn, T., Dumanoski, D. and Myers J. P., (1996) Our Stolen Future, March 1996. Connor, S. (2011), The Independent 22 October 2011.

Reporting on the scientific study that is in the process of being published in a peer reviewed journal, *Geophysical Research Letters.*

Cox, C. (2004), Glyphosate (Roundup) Journal Of Pesticide Reform, Winter, Vol. 24, No. 4, Northwest Coalition Against Pesticides, Eugene, Oregon.

Cox, C. (2001), Atrazine: Environmental Contamination and Ecological Effects, Journal Of Pesticide Reform, Fall 2001, Vol. 21, No. 3, p12, Northwest Coalition Against Pesticides, Eugene, Oregon.

Drinkwater, L. E., Wagoner, P. and Sarrantonio, M. (1998), Legume-based cropping systems have reduced carbon and nitrogen losses, Nature 396, 262–265 (1998).

ETC Group 2009, Who Will Feed Us? Questions for the Food and Climate Crises, ETC Group, November 2009, www.etcgroup.org

FAO (2000), Twenty Second FAO Regional Conference for Europe, Porto, Portugal, 24–28 July 2000 Agenda Item 10.1, Food Safety and Quality as Affected by Organic Farming.

FAO (2003), Organic Agriculture: the Challenge of Sustaining Food Production while Enhancing Biodiversity, Food and Agriculture Organization of the United Nations, Rome, Italy.

FAO (2007), FAO international conference on Organic Agriculture and Food Security, 2007: Organic agriculture can contribute to food security, Food and Agriculture Organization of the United Nations, Rome, Italy

FAO (2010), The State of Food Insecurity in the World, Food and Agriculture Organization of the United Nations, Rome, Italy.

Garry, V. F., et al., (2001), Biomarker Correlations of Urinary 2,4-D Levels in Foresters: Genomic Instability and Endocrine Disruption, Environmental Health Perspectives Vol. 109, Number 5, May 2001.

Handrek, K. (1990), Organic Matter and Soils, CSIRO, Australia, 1979, repr. 1990.

Handrek, K. and Black, N. (2002) Growing Media for Ornamental Plants and Turf, UNSW Press, Sydney 2002.

Hardell, L. and Eriksson M. (1999), "A Case-Control Study of Non-Hodgkin Lymphoma and exposure to Pesticides," Cancer Vol. 85, No. 6 (March 15, 1999), pp. 1353–1360.

Hayes, T. B., et al., (2002). »Hermaphroditic, demasculinized frogs after exposure to the herbicide atrazine at low ecologically relevant doses.« Proceedings of the National Academy of Sciences, Vol. 99:5476–5480, April 16, 2002.

Hayes, T. B., et al., (2003), Atrazine-Induced Hermaphroditism at 0.1 ppb in American Leopard Frogs (Rana pipiens): Laboratory and Field Evidence Environmental Health Perspectives Vol. 111, Number 4, April 2003.

Hoegh-Guldberg, O., Mumby, P.J., Hooten, A. J., Steneck, R. S., Greenfield, P., Gomez, E., Harvell, E.D., Sale, P.F., Edwards, A. J., Caldeira, K., Knowlton, N., Eakin, C. M., Iglesias-Prieto, R., Muthiga, N., Bradbury, R. H., Dubi, A. and Hatziolos, M. E., (2007), Coral Reefs Under Rapid Climate Change and Ocean Acidification, Science 318: 1737–1742.

Hole, D., Perkins A, Wilson J, Alexander I, Grice P. and Evans A., (2004) Does organic farming benefit biodiversity?, Biol. Conserv. Vol. 122, Issue I, 113–130.

Howe, C.M. et al., (2004), Toxicity of glyphosate based pesticides to four North American frog species, Environ. Toxicol. Chem. 23:1928–1938.

Huber, D. M. (2010), Ag Chemical And Crop Nutrient Interactions, Fluid Journal, Spring 2010, Vol. 18 No. 3, Issue #69.

IAASTD (2008), International Assessment of Agricultural Knowledge, Science and Technology for Development (IAASTD), Island Press, 1718 Connecticut Avenue NW, Suite 300 Washington DC, 20009-1148 info@islandpress.org

IEA (2011), Prospect of limiting the global increase in temperature to 2°C getting bleaker, International Energy Agency Media Release 30 May 2011, http:// www. iea.org/index_info.asp?id=1959.

IFOAM (2011), IFOAM Smallholder Position Paper in publication, www.ifoam.org

Immig J, (2010), A list of Australia's most Dangerous Pesticides, a report by the National Toxics Network and the World Wildlife Fund. Infopest (2004), Queensland Department of Primary Industries and Fisheries. Primary Industries Building, 80 Ann St, Brisbane, Queensland, Australia, http://ntn.org.au/2011/01/10/toxic-hit-list-shows-australians-exposed-to-dangerous-pesticides/

International Agency for Research on Cancer (1999), "Overall Evaluations of Carcinogenicity to Humans 6-Chloro-N-ethyl-N¢-(1-methylethyl)-1,3,5-triazine-2,4-diamine" Vol. 73 (1999) (p. 59).

Jones, C. E. (2006), Balancing the Greenhouse Equation–Part IV, Potential for high returns from more soil carbon, Austral Farm J, February 2006, pp. 55-58.

Jones, C. E. (2011), Carbon that Counts, in publication. A preview text is available at www.ofa.org

Khan, S. A., Mulvaney, R. L., Ellsworth, T. R., and Boast (2007), C. W. The Myth of Nitrogen Fertilization for Soil Carbon Sequestration. Journal of Environmental Quality. 2007 Oct 24; 36(6):1821–1832.

Lajmanovich, R. C., Sandoval, M. T. and Peltzer P. M. (2003). Induction of mortality and malformation in Scinax nasicus tadpoles exposed to glyphosate formulations. Bull. Environ. Contam.Toxicol. 70:612–618.46

Lal, R. (2008), Sequestration of atmospheric $CO_2$ in global carbon pools, Energy and Environmental Science 1: 86–100. doi:10.1039/b809492f.

Lal, R. (2007), Carbon sequestration Phil. Trans. R. Soc. B 27 February 2008 Vol. 363 No. 1492 815-830 doi: 10.1098/rstb.2007.2185.

LaSalle, T. and Hepperly, P. (2008), Regenerative Organic Farming: A Solution to Global Warming, The Rodale Institute 611 Siegfriedale Road Kutztown, PA 19530-9320 USA.

Leu, A. F. (2004), Organic Agriculture Can Feed the World, Acres USA, Vol. 34, No. 1 Lotter, D. W., Seidel, R. and Liebhart, W. (2003), The performance of organic and conventional cropping systems in an extreme climate year. American Journal of Alternative Agriculture 18(3):146–154.

Mader, P., Fliessbach, A., Dubois, D., Gunst, L., Fried, P. and Niggli, U. (2002), Soil fertility and biodiversity in Organic Farming. Science 296, 1694–1697.

MA Report (2005), Millennium Ecosystem Assessment Synthesis Report, The United Nations Environment Programme March 2005.

MBDA (2011) The official website of the Murray Darling Basin Authority, http://www.mdba.gov.au/water/blue-green-algae.

Mills, P. et al. (2002), Cancer Incidence in the United Farmworkers of America (UFW) 1987–1997, 2001, American Journal of Industrial Medicine, 40: pp. 596–603, 2002.

Monbiot G (2000), Organic Farming Will Feed the World, Guardian, 24th August 2000.

Mulvaney R. L., Khan, S. A. and Ellsworth, T. R., (2009), Synthetic Nitrogen Fertilizers Deplete Soil Nitrogen: A Global Dilemma for Sustainable Cereal Production, Journal of Environmental Quality 38:2295-2314 (2009) doi: 10.2134/jeq2008.0527, American Society of Agronomy, Crop Science Society of America, and Soil Science Society of America 677 S. Segoe Rd., Madison, WI 53711 USA.

National Standard (2005), National Standard for Organic and Bio-Dynamic Produce, *Edition 3.1, As Amended January 2005,* Organic Industry Export Consultative Committee, c/o Australian Quarantine and Inspection Service, GPO Box 858, Canberra, ACT, 2601.

New Scientist (2001), Editorial, February 3, 2001.

Nordstrom, M. *et al.*, (1998), »Occupational exposures, animal exposure, and smoking as risk factors for hairy cell leukaemia evaluated in a case-control study,« British Journal Of Cancer Vol. 77 (1998), pp. 2048–2052.

OFA (2008), The Newspoll survey commissioned by the Organic Federation of Australia can be downloaded at: http://www.ofa.org.au/papers/OFA_Newspoll_ Report_2008.pdf

Organic Production Survey (2008), Vol. 3, Special Studies, Part 2, AC-07-SS-2, Issued February 2010, Updated July 2010, United States Department of Agriculture, http://www.agcensus.usda.gov/Publications/2007/Online_Highlights/ Organics/

Parrott, N., (2002),"The Real Green Revolution," Greenpeace Environmental Trust, Canonbury Villas, London ISBN 1 903907 02 0.

Pearce, F. and Mackenzie, D., (1999), "It's raining pesticides; The water falling from our skies is unfit to drink," New Scientist April 3, 1999, p. 23.

Pimentel, D. et al., (2005), Environmental, Energetic and Economic Comparisons of Organic and Conventional Farming Systems, Bioscience (Vol. 55:7), July 2005.

Porter, W. et al., (1999), "Endocrine, immune and behavioral effects of aldicarb (carbamate), atrazine (triazine) and nitrate (fertilizer) mixtures at groundwater concentrations," Toxicology and Industrial Health (1999) 15, 133–150.

Posner et al., (2008), Organic and Conventional Production Systems in the Wisconsin Integrated Cropping Agron J.2008; 100: 253-260.

Prange, J. et al., (2007), Great Barrier Reef Water Quality Protection Plan Annual Marine Monitoring Report, Reporting on data available from December 2004 to April 2006, Great Barrier Reef Marine Park Authority, 2007 ISSN 1832-9225.

Pretty, J. (1998a), The Living Land-Agriculture, Food and Community Regeneration in Rural Europe, Earthscan, London. August 1999.

Pretty, J. (1998b), SPLICE magazine, August/September 1998 Vol. 4 Issue 6.

Pretty, J. (1995), Regenerating Agriculture: Policies and Practice for Sustainability and Self-Reliance, Earthscan, London.

Qiao, D. et al., (2001), Developmental Neurotoxicity of Chlorpyrifos Modeled in Vitro: Comparative Effects of Metabolites and Other Cholinesterase Inhibitors on DNA Synthesis in PC12 and C6 Cells, Environmental Health Perspectives Vol. 109, Number 9, Sept. 2001.

Ravishankara, A. R., Daniel, J. S. and Portmann, R.W. (2009), »Nitrous Oxide (N2O): The Dominant Ozone-Depleting Substance Emitted in the 21st Century«. Science 326 (5949).

Reganold, J., Elliott, L. and Unger, Y., (1987), Long-term effects of organic and conventional farming on soil erosion, Nature 330, 370-372 (26 November 1987); doi:10.1038/330370a0.

Reganold, J., Glover, J., Andrews, P. and Hinman, H. (2001), Sustainability of three apple production systems. Nature 410, 926–930 (19 April 2001) | doi: 10.1038/35073574123–5. doi:10.1126/science.1176985.

Reuben, S. H., for The President's Cancer Panel, (2010), Reducing Environmental Cancer Risk What We Can Do Now, 2008–2009 Annual Report i President's Cancer Panel, April 2010, U.S. Departmenof Health and Human Services, National Institutes of Health, National Cancer Institute.

Rodale (2011), http://www.rodaleinstitute.org/about_us

Rodale (2003), Farm Systems Trial, The Rodale Institute 611 Siegfriedale Road Kutztown, PA 19530-9320 USA

Rodale (2006), No-Till Revolution, The Rodale Institute 611 Siegfriedale Road Kutztown, PA 19530-9320 USA http://www.rodaleinstitute.org/no-till_revolution. Sala, O. E., Meyerson, L. A., Parmesan, C. (26 January 2009). Biodiversity change and human health: from ecosystem services to spread of disease. Island Press. pp. 3–5. ISBN 9781597264976.

Sanderman, J., Farquharson, R. and Baldock, J., Soil Carbon Sequestration Potential: A review for Australian agriculture, CSIRO Land and Water, 2010.

Steer, A. 2011, Agriculture, Food Security and Climate Change – A Triple Win? http://site resources.worldbank.org/INTSD-NET/64884474-1244582297847/22752519/Hague_Opening _F.pdf

Stevenson, J. (1998), Humus Chemistry in Soil Chemistry, p. 148 Wiley, NY 1998.

Short, K. (1994), Quick Poison, Slow Poison, 1994, ISBN 0 858811278. Steingraber, S. (1997), Living Downstream; An Ecologist Looks At Cancer And The Environment, New York: Addison-Wesley, 1997.

Storrs, S. et al., (2004), Survivorship Patterns of Larval Amphibians Exposed to Low Concentrations of Atrazine, Environmental Health Perspectives 112: No. 10.1054-1057 (2004).

Teasdale, J. R., Coffman, C. B. and Mangum, R. W. (2007), Potential longterm benefits of no-tillage and organic cropping systems for grain production and soil improvement. Agron. J. 99:1297–1305.

Thieu, V., Billen, G., Garnier, J., and Benoît, Marc, (2010), Nitrogen cycling in a hypothetical scenario of generalised organic agriculture in the Seine, Somme and Scheldt watersheds. Reg Environ Change (2011), 11:359–370 doi: 10.1007/s10113-010-0142-4, Published online: August 2010. This article is published with open access at Springerlink.com.

Thieu, V., Billen, G., and Garnier, J., (2009), Assessing the effect of nutrient mitigation measures in the watersheds of the Southern Bight of the North Sea, Science of the Total Environment, Published online: Jan 2010, This article is published with open access at Springerlink.com

Tilman, D., Fargione, F., Wolff, B., D'Antonio, C., Dobson, A., Howarth, R., Schindler, D., Schlesinger, W., Simberloff, D., and Swackhamer, D. (2001), Forecasting Agriculturally Driven Global Environmental Change, Science 13 April 2001 292: 281-284 [doi: 10.1126/science.1057544].

Trewavas, A. J. (2001), Urban myths of organic farming. Nature 410, pp. 409-410. Unep-Unctad (2008), Organic Agriculture and Food Security in Africa, Sept 2008. http://www.unep-unctad.org/cbtf/index.htm

UNFCCC (2011), The United Nations Framework Convention on Climate Change, http://cancun.unfccc.int/

USEPA (2002), United States Environmental Protection Agency Revised Human Health Risk Assessment Atrazine April 16, 2002 Reregistration Branch 3 Health Effects Division Office of Pesticide Programs

Welsh, R. (1999), Henry A. Wallace Institute, The Economics of Organic Grain and Soybean Production in the Midwestern United States, Policy Studies Report No. 13, May 1999.

Willer, H. and Kilcher, L. (Eds.) (2011), The World of Organic Agriculture-Statistics and Emerging Trends 2011. IFOAM, Bonn, and FiBL, Frick.

Wynen, E. (2006), 'Economic management in organic agriculture'. In: Kristiansen, P., Taji, A. and Reganold, J. P. (Eds): Organic Agriculture – a Global Perspective, Chapter 8, CSIRO Publishing, Melbourne (see chapter)

### Teile 2–7

Aggarwal, P. K. (2003), «Impact of Climate Change on Indian Agriculture« J Plant Biol., Vol. 30, 2. Conway, Gordon 1997. The Doublyst Green Revolution: First of All in the 21st Century. London. Penguin.

Altieri, M. A., (1993), Biodiversity and Pest Management in Agroecosystems. New York: Food Products Press.

Altieri, M. A. (1987), Agroecology: The Scientific Basis of Alternative Agriculture. Boulder: Westview Press.

Altieri, M. A. (2000), Agro-ecology: Principles and strategies for designing sustainable farming systems. Agroecology in Action.

Bhatt, V. K., Singh, H. R. and Semwal, M. M. (2007), Biodiversity Based Organic Agriculture: A sustainable Livelihood option for Uttarakhand, Samaj Vigyan Shodh Patrika, Special Issue (Uttarakhand -1), pp. 65–79.

Deb, D. (2004), Industrial vs Ecological Agricultural, Navdanya/Research Foundation for Science technology and Ecology, New Delhi, p. 80.

Deere, C. D., (1997), Reforming Cuban Agriculture. Development and Change 28, 649–669.

DEFRA (2005), »Climate Change Impacts on Agriculture in India« A Joint Program Ministry of Environment and Forest, Govt. of India and Department of Environment, Food and rural Affairs (DEFRA), UK, Sept. 2005.

Dobhal, D. P., Gergan, J.T., Thayyen, R.J. (2004), Recession and Morphogeometrical changes of Dokriani glacier (1962–1995), Garhwal Himalaya, India. Current Science, 86 (5), pp. 101–107.

Dobhal, D. P., Gergan, J. T. and Thayyen, R. J. (2007), Recession and Mass balance fluctuations of Dokriani glacier from 1991 to 2000, Garhwal Himalaya, India, In: International seminar »Climatic and Anthropogenic impacts on water resources variability«.

Dobhal, D. P., Gergan, J. T. and Thayyen, R. J. (2008), Mass balance studies of the Dokriani Glacier from to, Garhwal Himalaya, India, Bulletin of Glaciological Research (25) 9–17.

Dulal, Goswami, in theshillongtimes.com, 27-Aug, 2007. Indian Institute of Tropical Meteorology (IITM), Pune. Funes-Monzote, R., 2004. De bosque a sabana. Azúcar, deforestación y medioambiente en Cuba, 1492-1926, Siglo XXI Editores, México D.F.

Funes, F., García, L., Bourque, M., Pérez, N., Rosset, P., (2002), Sustainable agriculture and resistance. Transforming Food Production in Cuba. Food First Books, Oakland.

FAO (Food and Agriculture Organization of the United Nations). (2000), State of the World's forests 1997. FAO, Rome, Italy.

Fujisaka, S. 1999. Side-stepped by the Green Revolution: Farmers' traditional rice cultivars in the uplands and rainfed lowlands. pp. 50–63. In: Prain, G., Fujisaka, S. and Warren, M. D. (eds.), Biological and Cultural Diversity: The role of indigenous agriculture experimentation in development. London. Intermediate Technology Publications.

Grabherr, G., Gottfriend, M., Pauli, H. (1994), 'Climate Effects on Mountain Plants'. In Nature, 369: 448. Hasnain, S. I., 2002: Himalayan glaciers meltdown: impact on South Asian Rivers. IAHS Pub No. 274, pp. 1–7. Howard, Louise E, 1953. »Sir Albert Howard, Soil and Health«, Faber and Faber, London, p. 15.

Howard, A., (1940), An Agriculture Testament, London http://nature.berkeley.edu/~miguel-alt/principles_and_strategies.html (retrieved on December 2, 2013). ICIMOD/UNEP (2001), Inventory of glaciers, glacier lakes and glicial lake outburst floods, monitoring and early warning system in the Hindu Kush-Himalayan Region. Nepal, p. 247. ICIMOD/UNEP, Kathmandu.

ICIMOD, 5 June 2007, Ms Bidya Banmali Pradhan, http://www.roap.unep.org/press/NR07-10.html.

Imperils the sustainability of the agricultural systems in the Central Himalaya. Curr. Sci. 9: 771–782 Marrero, L., 1974–1984. Cuba, Economía y Sociedad, Playor, Madrid. (15 volumes) McCully, Patrick, International Rivers Network, Press Release, May 9, 2007.

India's dams largest methane emmiters among the world's dams, May 18, 2007, http: //www.icrindia.org/?p=146.

International Assessment of Agricultural Knowledge, Science and Technology for Development (IAASTD, 2009), Executive Summary of the Synthesis Report, Island Press, Washington, DC, USA

International Hydrological Programme (IHP)-VI, UNESCO, Tech. Doc., 80, pp. 53-63.

IPCC, (2001), http://www1.ipcc.ch/pdf/climate-changes-2001/synthesis-spm/synthesis-spm-en.pdf.

IPCC (2007), IPCC Summary for Policymakers: Climate Change 2007: Climate Change Impacts, Adaptation and Vulnerability.

IPCC WGII Fourth Assessment Report. Jackson, Michael (1995), Protecting the Heritage of rice biodiversity. Geojournal 35: 267–274. Jangpangi, B. S., Study of some Central Himalayan glaciers. J. Sci. Ind. Res., 1958, 17, 91–93.

Kadota, J. I., Sakito, O., Kohno, S., Sawa, H., Mukae, H., Oda, H., Kawakami, K., Fukushima, K., Hiratani, K. and Hara, K. (1993) A mechanism of erythromycin treatment in patients with diffuse panbronchiolitis. Am. Rev. Respir. Dis., 147, pp. 153–159.

Kaul, M. K. (ed.), Inventory of the Himalayan Glaciers, GSI Special, Publication No. 34, 1999, p. 10.

Kaul, M. K. (1999), Inventory of the Himalayan Glaciers: A Contribution to the International Hydrological Programme. edited by Kaul, M. K. p. 165.

Kulkarni, A.V., Bahuguna, I. M., Rathore, B. P., Singh, S. K., Randhawa, S. S., Sood, R. K. and Dhar S., (2007), Glacial retreat in Himalaya using Indian Remote Sensing Satellite data, Curr. Sci., Vol. 92, No. 1, 10 January, 2007.

Le Riverend, J., (1970), Historia económica de Cuba, Instituto Cubano del Libro, Havana.

Lima, I. B. T., Ramos, F. M., Bambace, L. A. W. and Rosa, R. (2008) Methane Emissions from Large Dams as Renewable Energy Resources: A Developing Nation Perspective, Mitig Adapt Strat Glob Change (2008) 13:193–206 (published online 2007, http://tinyurl.com/2bzawj).

Longstaff, T. G. (1910), Glacier Exploration in the Eastern Karakoram, Geograph Jour. V. 35, pp. 622–658. Maikhuri, R. K, Semwal, R. L, Rao, K. S., Nautiyal, S. and Saxena, K. G. 1997. Eroding traditional crop diversity.

MEA. (2005), Millennium Ecosystem Assessment: Ecosystems and Human Well-Being: Synthesis. Washington: Island Press. http://www.millenniumassessment. org/ documents/document.429.aspx.pdf.

Ministry of Environment and Forests (2004), India's National Communication to the United Nations Framework Convention on Climate Change M O E. & F, Govt. of India 2004, New Delhi.

Moreno, F. M., (1978), El Ingenio. Complejo económico social cubano del azúcar. Ciencias Sociales, Havana.

Naithani, A. K., Nainwal, H. C. and Prasad, C. P., Geomorphological evidences of retreat of Gangotri glacier and its characteristics. Curr. Sci., 2001, 80, 87–94.

National Water Policy 2002. http://wrmin.nic.in/writere-addata/linkimages/nwp 20025617515534.pdf

Oberoi, L. K., Siddiqui, M. A. and Srivastava, D. (2001). Recession of Chipa, Meola and Jhulang (Kharsa) Glaciers in Dhauliganga Valley between 1912 and 2000. GSI Special Publication, 11(65): 57–60.

Olivier De S. and Gaëtan, V. (2011), The New Green Revolution: How Twenty-First-Century Science Can Feed the World http://www.thesolutions-journal.com/ node/971), Vol. 2: Issue 4: Aug 18.

Parmesan, C., Yohe, G. (2003), A Globally Coherent Fingerprint of Climate Change Impacts Across Natural Systems. In Nature, 421: 3742.

Pebley, A. R., (1998), Demography and the environment. Demography, 35 pp. 377–389. Pérez, R. N., Echeverría, D., González, E., García, M., (1999), Cambios tecnológicos, sustentabilidad y participación. Universidad de La Habana, Havana, p. 273.

Pounds, J. A., Fogden, M. P. L. and Campbell, J. H. (1999), Ecology: Clouded futures. Nature, 398: 611–615. Qin Dahe, P. A. Mayewski, C. P. Wake, Kang Shichang, Ren Jiawen, Hou Shugui, Yao Tandong, Yang Qinzhao, Jin Zhefan, Mi Desheng, 2000. Evidence for recent climate change from ice cores in the central Himalaya. Annals of Glaciology, 31: 153-158.

Raina, V. K., (2004), Is the Gangotri Glacier receding at an alarming rate? J. Geol. Soc. India, 64, 819–821. Reijntjes, C., Haverkort, B. and Water-Bayer, A. 1992. Farming for the Future: An Introduction to Low-External-Input and Sustainable Agriculture. London: MacMillan Press. p. 250.

Richharia, R. H. and Goapalswami, S., (1990), Rices of India, Academy of Development Science, Kashele, Maharashtra, p. 350.

Rosset, P., Benjamin, M., (1994), The greening of the revolution: Cuba's experiment with organic agriculture. Ocean Press, Melbourne.

Rupa Kumar, K., Krishna Kumar, K., Prasanna, V., Kamala, K., Deshpande, N. R., Patwardhan, S. K. and Pant, G. B. (2003), Future Climatic Scenario. In: Shukla, P. R., Sharma, Subodh, K., Ravindranath, N. H., Garg, A. and Bhattacharya, S., (Eds.) Climatic Change and India: Vulnerability Assessment and Adaptation. Universities Press (India) Pvt. Ltd., Hydrabad.

Shah, T., (1993), Agriculture and rural development in 1990s and beyond. Economic and Political Weekly (September 25); A 74–A76.

Shiva, V., (2001), The Violence of the Green Revolution. Penang. Third World Network. Shiva, V., (2008), Soil not Oil: Environmental Justice in an age of Climate Crisis, South End Press, Cambridge, Massachusetts, p. 147.

Shiva, V., (1991), The Violence of the Green Revolution: Third World Agriculture, Ecology and Politics. Penang. Third World Network.

Shiva, V., (2008), Soil Not Oil: Climate change Peak Oil and Food Insecurity, Women unlimited, New Delhi, p. 156.

Shiva, V., and Poonam, P., (2006), Biodiversity Based Organic Farming: A new Paradigm for Food Security and Food Safety, Navdanya, New Delhi.

Shiva, V., and Singh, V. (2011), Health Per Acre: Organic Solution to Hunger and Malnutrition, Navdanya, New Delhi, 80pp

Shiva, V., and Singh, V. (2014), Wealth per Acre, Natraj Publishers, 230pp

Shiva, V. and Vinod, K. B. (2009), Climate Change at the Third Pole: The impact of Climate Instability on Himalayan Ecosystem and Himalayan Community, Navdanya/RFSTE, New Delhi, 223pp.

Shiva, V., Pandey, P. and Singh, J. (2004), Principles of Organic Farming, Navdanya, New Delhi Shiva, V. and Radha, H. B. (2001), Diversity The Hindustan way: An Ecological History of Food and Farming in India, Vol. 1 and 2, RFSTE/Navdanya.

Sinclair, M., Thompson, M., (2001), Cuba Going Against the Grain: Agricultural Crisis and Transformation. An Oxfam America Report, p. 5.

Singh, V. (2005), Agrobiodiversity, Sustainability and Food Security in the Himalayan Mountains: An Uttaranchal Perspective. Gorakhpur: Gorakhpur Environmental Action Group, p. 50.

Singh V., Shiva V. and Bhatt V. K. (2014), Agroecology: Principles and Operationalisation of Sustainable Mountain Agriculture, Navdanya, New Delhi, p. 64.

Srivastava, D., Swaroop, S., Mukerji, S., Roy, D. and Gautam, C.K. (2001b), Mass balance of Dunagiri Glacier, Chamoli District, Uttar Pradesh. Proceeding of Symposium on Snow, Ice and Glacier, March 1999, Abstract, 10–11.

Srivastava, D., Sangewar, C. V., Kaul, M. K. and Jamwal, K. S. (2001a), Mass balance of Ruling Glacier – A Trans-Himalayan Glacier, Indus Basin, Ladak. Proceeding of Symposium on Snow, Ice and Glacier, March 1999, Geological Survey of India, Special Publication. 53: 41–46.

Tangri, R. P. (2003), What Stress Costs. Halifax: Chrysalis Performance Strategies Inc. The Ecologist, Vol. 13, No. 2/3, 1983. Tilman, David, 1999. The Greening of the Green Revolution. Nature 396: 211–212.

UNEP Climate Change Information Sheets, accessed online at: http://www. unep. org/dec/docs/info/ccinfokit/infokit-2001.pdf.

UNEP Report (2007), Fast Melting Glaciers Could Raise the Likelihood of Floods and Water Shortages, Uprety, D. C., «Rising Atmospheric Carbon Dioxide and Crops Indian Studies«, 2 International Congress on Plant Physiology, Jan 8–12, 2003, New Delhi.

Vohra, C. P. (1981), Himalayan Glaciers in the Himalaya: Aspects of Change, (Eds. J. S. Lall and Moddie), Oxford University Press, New Delhi, pp. 138–151.

Wilson, R. J., Gutierrez, D., Gutierrez, J., Monserrat, V. J. (2007), »An Elevational Shift in Butterfly Species Richness and Composition. Accompanying Recent Climate Change» In Global Change Biology, 13: pp. 1873–1887.

WWF Climate Change. Nature at risk. Threatened species, accessed online at: http://www.panda.org/about_wwf/what_we_do/climate_change/problems/impacts/ species/index.cfm.

WWF (2005), An overview of glaciers, glacier retreat, and subsequent impacts in Nepal, India and China. Available at www.himlayaglaciersreport2005.pdf.

WWF Rivers at Risk report, March 2007. http://assets.panda.org/downloads/world-stop10riversatriskfinal-march13.pdf.

Wright, J., (2005), Falta Petroleo! Cuba's experiences in the transformation to a more ecological agriculture and impact on food security. PhD thesis, Wageningen University, The Netherlands.

## Abbildungsverzeichnis

Alle Graphiken: Brad Greene und Dragon Design, GB
Zeichnungen: Seite 117 oben: Qualit Design/shutterstock.com
S. 11, Weizen: Alexander_P;
81, Gerste (aus der *Trousset Encyclopedie*, 1886–1891): Morphart Creation;
125, Fuchsschwanzhirse: Yevheniia Lytvynovych;
229, Hirse: Yevheniia Lytvynovych;
277, Reis: Kuzmina Aleksandra;
329, Mais: Kunets Roman;
363, Fingerhirse (aus *Meyers Konversations-Lexikon*, 1897): Hein Nouwens;
411, Erbse: Yevheniia Lytvynovych;
alle shutterstock.com

Aktuelle Informationen und weiterführende Beiträge finden sich auf der Homepage:

www.vandana-shiva.de

Weitere Titel bei Neue Erde

**Erinnerungen einer der großen Aktivistinnen unserer Zeit**

Ihr gesamtes Lebenswerk ist von einer tiefen Liebe zum Leben und zur Freiheit durchdrungen. Es ist diese Liebe, die sie anspornt, all das zu verteidigen, was von Unfreiheit bedroht ist – Wälder, Flüsse, Saatgut, Boden, Biodiversität und auch die Menschen, die davon leben. Zusammen mit der quantenphysikalischen Erkenntnis, dass alles miteinander verbunden, alles eins ist, weiß sie Herz und Intellekt zu einer unschlagbaren Waffe im Kampf für das Leben zu vereinen.

Vandana Shiva
**TERRA VIVA**
Mein Leben für eine lebendige Erde
*Hardcover, 240 Seiten*
ISBN 978-3-89060-829-7

**Von der Ausplünderung zur Regeneration**

In diesem Buch trägt Vandana Shiva ihre Themen mit Nachdruck und im Lichte der aktuellen Ereignisse vor. Und sie macht deutlich, dass es nicht damit getan ist, das derzeitige Wirtschaftssystem zu reformieren. Denn was wir derzeit haben, ist keine Ökonomie im Sinne von Oikos, dem gemeinsamen »Haus« unserer Erde, dem Haushalt der Natur, den die Ökologie beschreibt. Was »Wirtschaft« und »Wachstum« genannt wird, ist Extraktvismus, Plünderung der Lebensgrundlagen, ein Zehren von der Substanz.

Vandana Shiva
**Wahre Wirtschaft**
Von der Geldgier zu einer Ökonomie der Fürsorge
*Hardcover, 304 Seiten*
ISBN 978-3-89060-820-4

**Einssein versus das 1%**

In diesem klug auf Fakten aufgebauten Buch zeigt Vandana Shiva, wie eine kleine Gruppe superreicher Einzelpersonen, Stiftungen und Investmentfirmen die Kontrolle über unsere Lebensmittelversorgung, unser Informationssystem, unser Gesundheitswesen und unsere Demokratien immer weiter ausbaut. Die Autorin macht sehr deutlich, dass unser Überleben von der Vielfalt unseres Saatgutes und dass unsere Demokratien von einer aufgeklärten Öffentlichkeit abhängen.

Vandana Shiva, Kartikey Shiva
**Eine Erde für alle! – Einssein versus das 1%**
Aufstehen gegen die Monokultur von
Wirtschaft und Weltsicht
*Klappenbroschur, 192 Seiten*
ISBN 978-3-89060-797-9

**Agrarökologie versus Agrarindustrie**

In dieser Abrechnung der Wissenschaftlerin und Aktivistin Vandana Shiva wird eindrucksvoll dargelegt, wie die Agrargroßindustrie mit Chemie und Gentechnik den Planeten plündert, die Lebenswelt zerstört und unsere Gesundheit untergräbt. Und sie zeigt faktenreich und sachkundig auf, wer wirklich unsere Nahrungsgrundlage sicherstellt und wie wir den Hunger besiegen und unsere Nahrungssicherheit wiederherstellen können.

Vandana Shiva
**Wer ernährt die Welt wirklich?**
Das Versagen der Agrarindustrie und die
notwendige Wende zur Agrarökologie
*Klappenbroschur, 256 Seiten*
ISBN 978-3-89060-798-6

**Philanthropie als Deckmantel für ungezügelten Kapitalismus**

»Philanthrokapitalismus und die Aushöhlung der Demokratie« ist eine Sammlung von Aufsätzen, die aus verschiedenen Perspektiven auf die Gefahren der von Konzernen und einzelnen Milliardären betriebenen philanthropischen »Entwicklungen« in den Bereichen Agrartechnologie, Ernährung, Bildung und globale Gesundheitssysteme eingehen. Das Buch wurde von Vandana Shiva zusammengestellt und enthält erhellende Beiträge unabhängiger Denker und Aktivisten.

Vandana Shiva (Hrsg.)
**Philanthrokapitalismus und die Aushöhlung der Demokratie**
Wie Konzerne Technologie, Gesundheit und Landwirtschaft übernehmen
*Klappenbroschur, 320 Seiten*
ISBN 978-3-89060-835-8

**Unsere Zukunft ist lokal – oder sie ist nicht**

Vor uns liegen zwei diametral entgegengesetzte Wege: Der eine führt uns unerbittlich in Richtung einer rasanten, groß angelegten monokulturellen technologischen Entwicklung. Es ist ein Weg, der uns voneinander und von der natürlichen Welt trennt und unseren sozialen und ökologischen Niedergang beschleunigt. Auf dem anderen Weg geht es darum, sich zurückzunehmen und eine tiefe Verbundenheit zu fördern, um die sozialen und wirtschaftlichen Strukturen wiederherzustellen, die für die Befriedigung unserer materiellen sowie tieferen menschlichen Bedürfnisse nötig sind.

Helena Norberg-Hodge
**Lokal ist unsere Zukunft**
Schritte zu einer Ökonomie des Glücks
*Klappenbroschur, 184 Seiten*
ISBN 978-3-89060-819-8

www.neue-erde.de

**Unsere Kinder und Enkel immer mitbedenken!**

»Wir Mi'kmaq sehen sieben Generationen voraus. Wir können doch nicht das Wasser der Kinder unserer Kinder vergiften! Es geht uns in unserem Leben und Handeln nicht zuerst ums Geld, sondern um die Welt. Wir wollen sicherstellen, dass der Platz zum Leben auch in Zukunft erhalten bleibt.« Diese Bemerkung ließ den Autor nicht mehr los, und er nahm die Spur auf, verfolgte sie von den Naturvölkern zu den Naturphilosophen bis zu den heutigen Vordenkern einer Verbindung von Wissenschaft und Spiritualität.

Peter Krause
**Sieben Generationen**
Eine alte indigene Weisheit für die Welt von heute und morgen
*Klappenbroschur, 192 Seiten*
ISBN 978-3-89060-817-4

**Ohne Paradigmenwechsel geht es nicht**

Bernard Lietaer sieht die Menschheit heute vor enormen Herausforderungen stehen, darunter drei, die überwältigend sind: Die Klimaveränderungen, Flüchtlinge, Währungsstabilität.

Dennoch ist und bleibt er optimistisch. Herausforderungen haben die Menschen immer wieder gezwungen, zu wachsen und sich in die nächste Phase ihrer Entwicklung zu begeben, indem sie die Paradigmenwechsel, mit denen sie konfrontiert waren, auf mustergültige Weise bewältigten. Wir befinden uns jetzt in einem Abschnitt, in dem wir in eine neue Phase unserer Entwicklung eintreten müssen, und dieses Mal müssen wir gleichzeitig drei kritische Paradigmenwechsel bewältigen.

Bernard Lietaer
**SHIFT**
Drei Paradigmenwechsel, die wir vollziehen müsen, um zukunftsfähig zu werden
*Paperback, 128 Seiten*
ISBN 978-3-89060-830-3

**Die Neue Erde manifestieren**

Angesichts der Notlagen in der Welt – Krieg, Artensterben, Klimazerrüttung und mehr – ist heute nichts notwendiger, als das Bild einer glücklichen, lebenswerten und erfüllenden Zukunft erstehen und aus dieser Vorstellung heraus Wirklichkeit werden zu lassen: zu manifestieren. Dieses Buch entwirft eine Vision mit riesigem Wachstumspotential, und wir alle sind aufgerufen, unsere Welt von morgen bereits heute zu erträumen – und zu erschaffen.

Catharina Roland, Coco Tache
**Das Manifest der Neuen Erde**
*Hardcover, 208 Seiten, durchgehend mit farbigen Fotos*
ISBN 978-3-89060-824-2

**Positives ist machbar!**

Alternative Lebensformen, wie sie in den Ökodörfern weltweit erprobt werden, schaffen Modelle gelebter Nachhaltigkeit. Angesichts von Klimawandel, Armut, Einsamkeit und Krieg arbeiten sie an Lösungen und erproben sie im wirklichen Leben – meist mit einfachen Mitteln, aber oft mit spektakulären Ergebnissen. In diesem Buch stellen wir eine Auswahl von Ökodörfern aller Kontinente vor, die einen Eindruck vom Reichtum und der Vielfalt der Bewegung geben.

Kosha Anja Joubert, Leila Dregger
**Ökodörfer weltweit**
Lokale Lösungen für globale Probleme
*Klappenbroschur, 192 Seiten, mit vielen farbigen Fotos*
ISBN 978-3-89060-664-4

## Der grüne Schein trügt

Tatsache ist: Unsere auf fossiler Energie beruhende industrielle Lebensweise ist mit dem Lebenssystem der Erde – von dem wir untrennbar Teil sind – nicht vereinbar. Aber wir belügen uns gerne: »Grüne« Technologie sei der Ausweg, um uns von fossiler Energie unabhängig zu machen und trotzdem unsere Lebensweise beibehalten zu können. Schöner Schein! Wind-, Sonnen- und Wasserenergie: Sie alle setzen eine industrielle Infrastruktur voraus, die auf fossiler Energie beruht. Sie stellen einen Riesenumweg dar, der in dieselbe Patsche führt.

Derrick Jensen, Lierre Keith, Max Wilbert
**Schöner grüner Schein**
Warum »grüne« Technologien derselbe Irrweg in Grün sind
*Klappenbroschur, ca. 512 Seiten*
ISBN 978-3-89060-838-9

## Die Lebensprozesse eines gesunden Planeten

Nur die eine Erde erklärt die planetarischen Lebenserhaltungssysteme in ihrer Ganzheit, bietet eine umfassende Gesamtdarstellung der globalen ökologischen Krise und zeigt die uns verbleibenden Optionen auf, um ein zuträgliches Klima und die noch vorhandene Artenvielfalt zu retten, die Verseuchung zu beenden und die Ökosphäre dieses Planeten zu heilen.

Fred Hageneder
**Nur die eine Erde**
Globaler Zusammenbruch oder globale Heilung – unsere Wahl
*Klappenbroschur, 376 Seiten*
ISBN 978-3-89060-796-2

**Alles teilt den einen Atem**

Diese brandaktuelle Sammlung von Essays, geschrieben von Leitfiguren der Spiritualität und des Naturschutzes rund um die Welt, beleuchtet den grundlegenden Zusammenhang unserer gegenwärtigen ökologischen Krise mit unserem fehlenden Bewusstsein für die Heiligkeit der Schöpfung. Diese 20 Beiträge zeigen uns, wie die Menschheit ihre Beziehung zur Erde wandeln und erneuern kann.

Llewellyn Vaughan-Lee (Hrsg.)
**Spirituelle Ökologie**
Der Ruf der Erde
*Paperback, 256 Seiten*
ISBN 978-3-89060-654-5

**Die Anmut der Einfachheit leben**

Elegante Einfachheit bietet eine in sich stimmige Lebensphilosophie, die die Einfachheit des materiellen Lebens, des Denkens und des Geistes miteinander verbindet. Darin destilliert Satish Kumar fünf Jahrzehnte des Nachdenkens und der Weisheit in einen Leitfaden für jedermann, der Folgendes beinhaltet:

- die ökologischen und spirituellen Prinzipien des einfachen Lebens,
- Ablegen von »Zeug« und seelischem Ballast,
- den Geist und das Herz für den tiefen Wert von Beziehungen öffnen,
- Verankerung der Einfachheit in allen Aspekten des Lebens,
- Wissenschaft und Spiritualität zu einer kohärenten Weltanschauung verschmelzen.

Satish Kumar
**Elegante Einfachheit**
Die Kunst, gut zu leben
*Klappenbroschur, 208 Seiten*
ISBN 978-3-89060-834-1

**Wie geht Klima-Heilung?**

Es ist ein seltsamer Widerspruch: Eigentlich weiß jeder, wie dramatisch die globale Lage ist, aber unsere Reaktion auf diese alles Leben bedrohende Situation steht in keinem Verhältnis dazu. Wir tun so, als wäre das alles noch weit weg. So können wir Wut, Trauer und Schmerz ausweichen – und fahren blindlings gegen die Wand. Jack Adam Weber fordert uns auf, uns unserem Schmerz zu stellen, denn eben hier liegt die Quelle der Kraft, um den nötigen Wandel einzuleiten: in uns und damit in der Welt.

Jack Adam Weber
**Klima-Heilung**
Den Wandel einleiten:
in uns und damit in der Welt
*Klappenbroschur, 400 Seiten*
ISBN 978-3-89060-789-4

**Die Wildnis als Spiegel unserer Seele**

Dieses Buch ist eine Einladung, die wilden Landschaften der Erde kennenzulernen, um uns selbst darin wiederzufinden: unser wahrhaftiges und tiefes, unser wildes und freies Selbst. Denn die Landschaften und ihre Attribute finden sich in uns: die Stille der Wüste, die Weisheit der Wälder, die Sehnsucht der Flüsse und Meere, die Festigkeit der Berge oder die Sinnlichkeit der Graslande. Unsere Seele ist der Erde entsprungen, und wir müssen sie wieder mit ihr verbinden, wenn wir ganz und heil sein wollen. Dazu ist dieses Buch ein faszinierender Reiseführer.

Mary Reynolds Thompson
**Der Ruf der wilden Seele**
Wie uns die Landschaften der Erde
unsere Ganzheit zurückgeben
*Paperback, 224 Seiten*
ISBN 978-3-89060-729-0

**Sehnsuchtsort Wald**

Das Buch ist ein liebevoller Begleiter auf dem Weg in die Waldverbundenheit. Es möchte daran erinnern, dass im Wald der Ursprung unseres Lebens liegt, dass wir Menschen Teil der Natur sind. Die im Buch vermittelten Erfahrungen knüpfen an mystische Naturerfahrungen aus der Kindheit an, in denen wir sehr gegenwärtig waren und ganz unmittelbar empfanden, dass alles mit allem verbunden ist.

Andrea Wichterich mit Reiner Angermeier
**Waldverbunden**
Eintauchen in die Präsenz des Waldes
*Klappenbroschur, 176 Seiten, mit Abbildungen*
ISBN 978-3-89060-742-9

**Das praktische Anleitungstool für Yoga draußen in der Natur**

Yoga-NaTour vereint Komponenten aus Kundalini-Yoga, BreathWalk® (meditatives Gehen mit Atemkonzentration) und Waldbaden. Dabei geht es um die Akzeptanz der Veränderung, der wir stetig ausgesetzt sind, und darum, uns dem Kreislauf der Natur hinzugeben. Yoga NaTour spiegelt diesen Kreislauf wider, indem eine Tour durch die Natur, gepaart mit leichten Yoga-Übungen, Atemübungen, Meditationen und meditativem Gehen uns zu mehr Glück und Gelassenheit führen und uns von Angst befreien. Die Verbindung mit unserem Atem spielt dabei eine zentrale Rolle.

Carolina Boretius
**Yoga NaTour**
Bewusste Atmung und Bewegung in der Natur
*Paperback, 144 Seiten, 32 Karten, in Magnetklapp-Box*
ISBN 978-3-89060-807-5

**Ein Jahreskurs in Naturverbundenheit**

Das Buch gibt den Lesern einen Leitfaden an die Hand, um in der Natur wieder wirklich heimisch zu werden. Vier Jahreszeiten lang führt es ihn in 32 Kapiteln durch die Bereiche Naturwahrnehmung, Naturwissen, Naturhandwerk und Naturspiritualität. Diese Bandbreite ermöglicht sowohl ein weites Erfahrungswissen um die Natur, als auch eine kraftvolle Verbindung mit ihr.

Matthias Blaß
**Freundschaft mit der Natur**
Sich verwurzeln – Kraft schöpfen –
Den Himmel berühren
*Klappenbroschur, 368 Seiten*
ISBN 978-3-89060-832-7

**Dein Heilkraut findet dich**

So vieles wird als »Unkraut« betrachtet, nur weil es sich von alleine einstellt und dazu noch zählebig ist – und uns »im Wege«. Doch es ist kein Zufall, wenn sich gewisse Kräuter hartnäckig in unserer Nähe halten. Schon Paracelsus wusste, dass sich die Kräuter die Menschen suchen, denen sie mit ihren Heilkräften zur Gesundheit verhelfen können – oft schon, bevor sie überhaupt akut krank geworden sind!

In diesem Buch von Markus Berger werden 40 Wildkräuter, die im Garten häufig als »Unkraut« vorkommen, in Bild und Text vorgestellt. Praktische Übersichten zu den üblichen Sammelzeiten und eine Übersicht nach Pflanzenfamilien sowie ein Krankheiten-Register schließen das Werk ab.

Markus Berger
**Unkraut – Heilkraut**
Es stellt sich ein, wenn man es braucht
*Paperback, 240 Seiten, mit 80 Stichen und Fotos*
ISBN 978-3-89060-621-7

Hier kann man sich zum **Neue Erde-Newsletter** anmelden:
newsletter.neueerde.de/anmeldung

## NEUE ERDE im Buchhandel

Neue Erde ist ein kleiner unabhängiger Verlag, und der unabhängige Buchhandel ist unser natürlicher Partner. Wir unterstützen die Initiative »buy local«.

Sollte es Lieferschwierigkeiten bei den Büchern von NEUE ERDE geben, lassen Sie immer im VLB (Verzeichnis lieferbarer Bücher) nachsehen, im Internet unter **www.buchhandel.de**

Alle lieferbaren Titel des Verlags sind für den Buchhandel verfügbar.

Sie finden unsere Bücher auch auf unserer Homepage **www.neue-erde.de** oder in unserem Gesamtverzeichnis, welches Sie gerne hier anfordern können:

NEUE ERDE GmbH
Cecilienstr. 29 · 66111 Saarbrücken
info@neue-erde.de

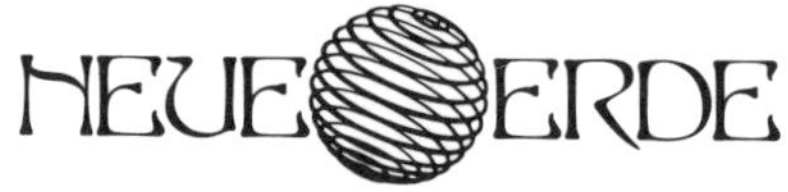